様々なクロロフィルの存在部位

①緑藻ミル（*Codium fragile*）
（写真提供：村上明男）

②花弁に蓄積するクロロフィル
桜の品種の中には淡い緑色を呈するものもある。これはクロロフィルに由来する。（(独)造幣局にて）

③東福寺のカエデ
秋になると紅葉するカエデも、春先にはクロロフィルが多く含まれ、光合成反応を行っている。

④サザエの中腸腺に蓄積されているクロロフィル代謝中間体
サザエは餌として海藻を食べ、そのクロロフィル代謝中間体（フェオフォルバイド）を中腸腺（赤矢印）に蓄積する。アワビ等でも同じことが観測される。

果物に蓄積するクロロフィル
⑤：キーウィでは果実にクロロフィルが蓄積する。
⑥：グリーンレモンの果皮の緑色はクロロフィルに由来する。果皮には登熟するまではクロロフィルを含むものが多い。

i

クロロフィルを含む色素タンパク質の結晶構造

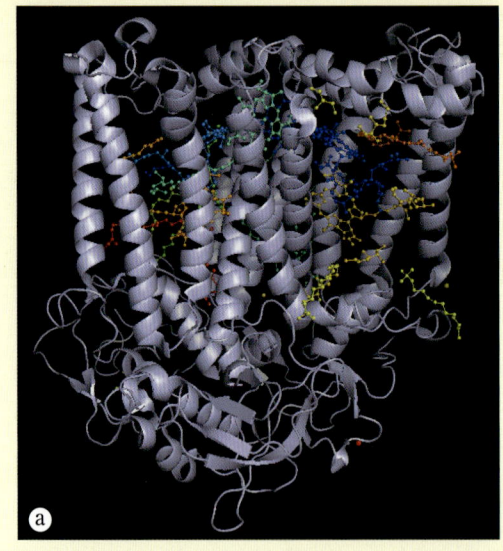

ⓐ *Rhodobacter sphaeroides* の RC

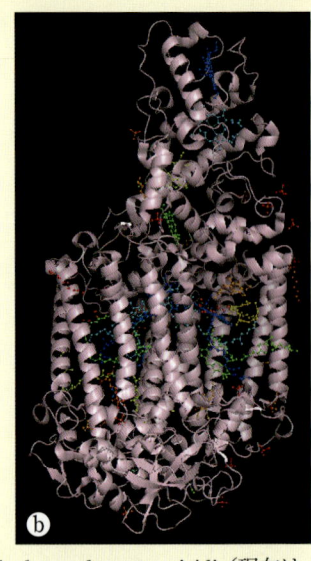

ⓑ *Rhodopseudomonas viridis*（現在は *Blastochloris viridis* に変更）の RC

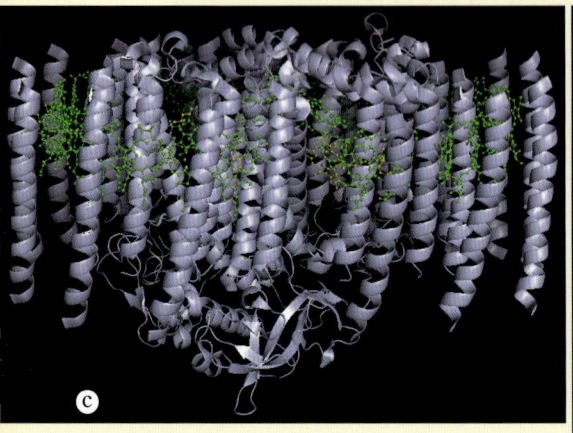

ⓒ *Rhodopseudomonas palustris* の RC-LH1

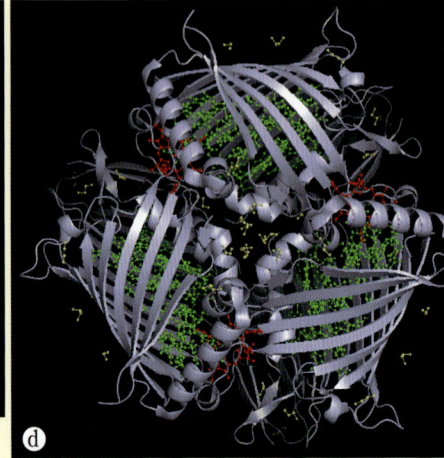

ⓓ *Chlorobium tepidum*（現在は *Chlobaculum tepidum* に変更）の FMO タンパク質

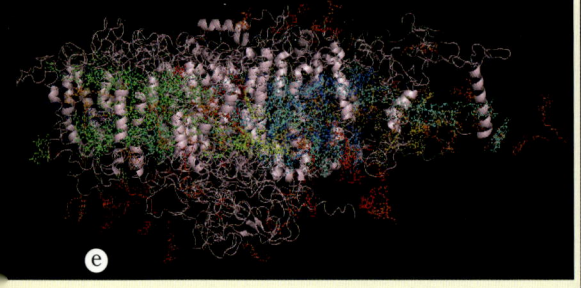

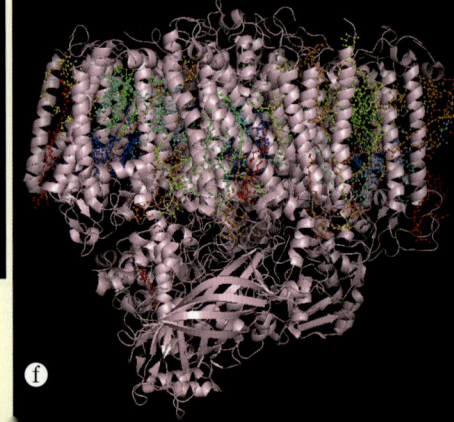

ii シアノバクテリア *Thermosynechococcus elongatus* の PS I（ⓔ）と PS II（ⓕ）

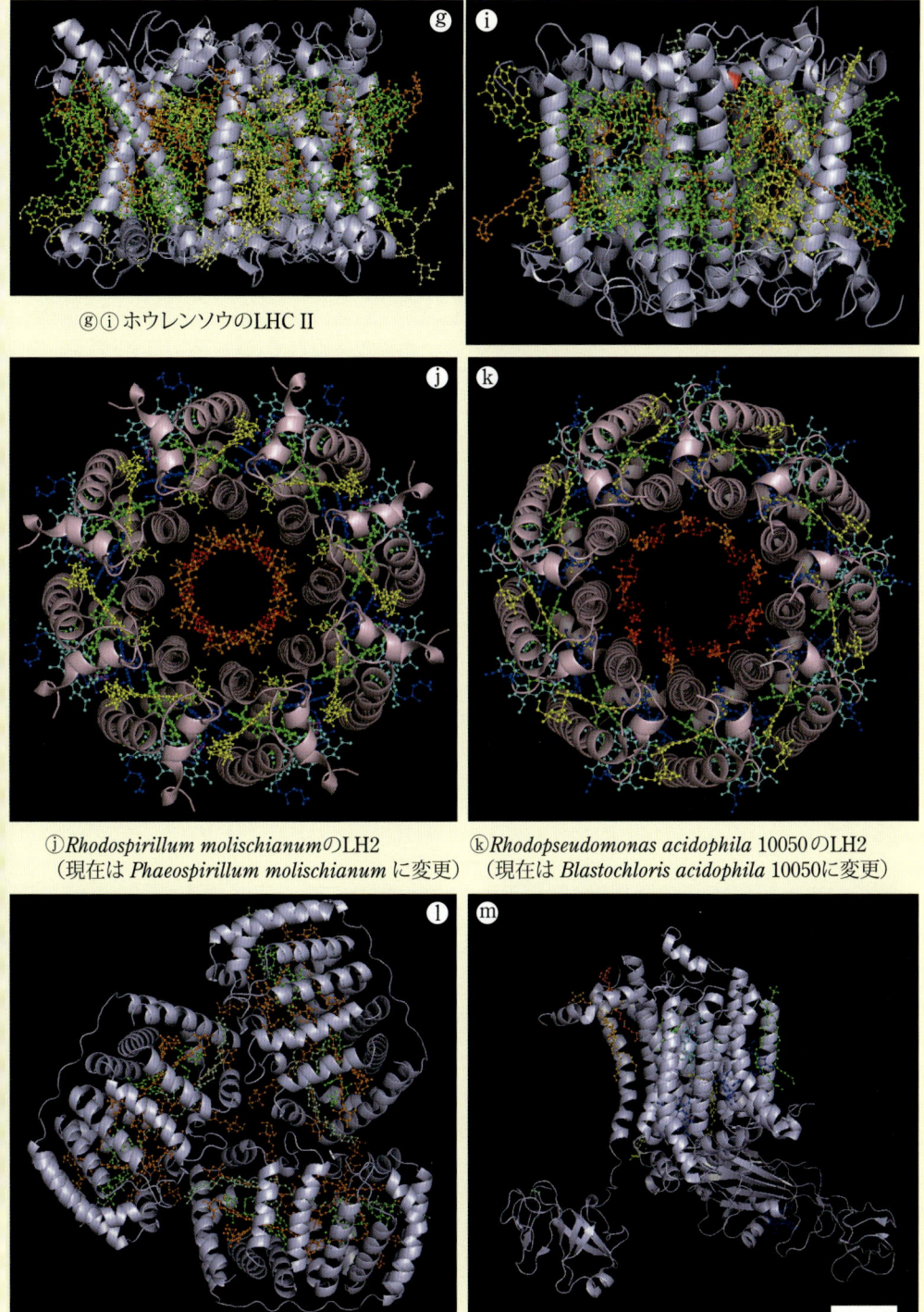

ⓖⓘ ホウレンソウのLHC II

ⓙ *Rhodospirillum molischianum* のLH2
（現在は *Phaeospirillum molischianum* に変更）

ⓚ *Rhodopseudomonas acidophila* 10050のLH2
（現在は *Blastochloris acidophila* 10050に変更）

ⓛ 渦鞭毛藻 *Amphidinium carterae* のPCP

ⓜ シアノバクテリア *Mastigocladus laminosus* のシトクロム $b_6 f$

iii

様々な光合成生物

⑨干潮時の海藻群落（写真提供：村上明男）
様々な光合成生物で埋め尽くされている。
（播磨灘）

藻類の培養
藻類は、無菌状態であるか、無菌でなくとも他の藻類が混じっていない状態で培養され、実験に供される。⑦：シアノバクテリア（左：*Gloeobacter violaceus* PCC7421、中：*Acaryochloris marina* MBIC 11017、右：*Synechocystis* sp. PCC6803）、⑧：珪藻。

⑩様々な無酸素型光合成生物（光合成細菌）の培養（写真提供：嶋田敬三）
光合成細菌の色はほとんどカロテノイドの種類によって決まる。嫌気性から微好気性までの種には、この写真に見られるような大きな変異がある。

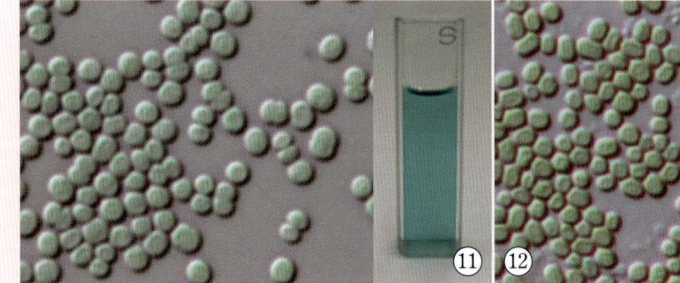

代表的なシアノバクテリア
⑪：クロロフィル *a*（Chl *a*）をもち、形質転換などを通して光合成研究に頻繁に使われるシアノバクテリア *Synechocystis* sp. PCC 6803 と、単離・精製された Chl *a* の青色のアセトン溶液の色を示している。⑫：Chl *d* をもち、光合成研究に大きな変革をもたらそうとしているシアノバクテリア *Acaryochloris marina* MBIC 11017 と、単離・精製された Chl *d* の緑色のアセトン溶液の色を示している。

クロロフィル
―構造・反応・機能―

三室　守
編集

名古屋大学名誉教授　　京都大学教授　　立命館大学教授
垣谷俊昭・三室　守・民秋　均
執筆

裳華房

Chlorophylls

— Structure, Reaction and Function —

by

Mamoru MIMURO, Dr. Sci.
Toshiaki KAKITANI, Dr. Eng.
Hitoshi TAMIAKI, Dr. Sci.

SHOKABO

TOKYO

まえがき

　木々の緑は目に優しい。木漏れ日の中、里山を歩けば、森林浴の効果か、気分が落ち着く。ひるがえって、木々の緑に目を向け、熱帯雨林やツンドラにおける木々の生産性を考えると、そこには地球規模の元素循環を支える光合成による炭素の流れがある。

　木々や草花、さらには海洋中での光合成を支えるのはクロロフィルである。葉緑素という名前の通り、我々が日常目にする木々の緑を呈する色素である。この色素によって太陽光の中の可視光が吸収され、化学反応を経て、二酸化炭素の還元、すなわち糖の生成が起こり、我々が使うことのできるエネルギーとなる。クロロフィルの存在が我々の命をつなぐ源となっている。

　クロロフィルは、カロテノイド、フラボノイド、ベタレインと共に植物色素の代表である。その中で、エネルギーを獲得するために機能するのがクロロフィルであり、多種の植物色素の中でもとりわけ重要性が高い。

　この本ではクロロフィルに関して、生物学的な機能を中心とした記述ばかりではなく、物理学、化学の面からも踏み込むことによって、物質としての性質を明らかにすることを試みる。これは化合物とみなすことによって、その性質を利用することへの道を開く過程であると考えるからである。

　46億年前に地球は誕生し、それからほど遠くない約37〜38億年前に生命は誕生したとされている。光合成生物（光合成細菌）の誕生は生命の誕生から2〜3億年経った約35億年前とされている。光合成生物は、太陽光を利用することにより地球に絶え間なくエネルギーを供給し続け、現在へと至る長い生命の歴史を支えてきた。その間、光合成反応系の本質的な変化は2度起こったと考えられる。水を分解し、酸素発生を行う酸素発生型光合成系の誕生、さらに真核生物中の葉緑体の誕生、がそれに該当する。こうした変化がどのようにして起こり、我々の現在の姿に影響を与えているか、クロロフィルをキーワードに考えていきたい。

まえがき

　この書は3名の著者の執筆による。理論生物物理学、有機化学、植物生理学、を専門とする3名がそれぞれの立場から執筆し、さらに互いの理解を深め、専門としない読者にも理解が容易になるように言葉（とくに専門用語）や表現について話しあい、脱稿へと導いていった。同じ現象を、それぞれの分野で使われる概念を基に解説を行った事項も多い。あえてこうした記述を行ったのは、どの分野から考察しても同じ結論に達することが重要であると同時に、どの分野からでも参入が可能になるように配慮したことによる。こうした作業によって完成したこの本が、読者の理解を得ることができれば幸いである。

三室　守

　本書の執筆と編集作業に尽力された三室先生は、最終校正作業中の2011年2月にお亡くなりになりました。出来上がった本を御自身で手にすることが出来なかったことは悔やまれますが、三室先生がこれまでの研究生活で蓄積してきた多くの知識や知恵を後輩や若手の方々に送り届けることが出来たことは三室先生の夢を実現させたものと思われます。先生のご冥福をお祈りいたします。

垣谷俊昭，民秋　均

本書を読むにあたって

【執筆】 執筆は、それぞれの専門にしたがって分担担当し、全体の調整は3名の合議で行った。

【構造式】 付録 I には、本書に出てくる天然クロロフィルに関して、主なものの構造式を載せた。

【炭素数、炭素番号】 化合物の炭素番号は 3、3^1 のように記した。炭素番号の付け方は、**1-2-1** 項に記した半体系的名称の命名法に基づく。

【生物名】 生物名についてはできる限り和名を用いることとし、『文部省学術用語集　植物学編・増訂版』、『文部省学術用語集　動物学編・増訂版』(以上 丸善)の参考に記載されている和名を原則として採用した。和名のないものは『生物学辞典』(岩波書店)などを参考にしてカタカナ表記を用いた。生物名索引には学名も合わせて記載した。

生物種、とくに光合成細菌によっては、盛んに研究が行われ、多くの論文が書かれた後、属名、種名が変更されている場合もある。そのことに起因する混乱を避けるために、たとえば、初出時に「*Chlorobium tepidum*（現在は *Chlobaculum tepidum* に変更）」とし、以下の文中では「*Chlobaculum tepidum*（*Chlorobium tepidum*）」と表記した。

【遺伝子名、タンパク質名】 遺伝子名は小文字で始まるイタリック体（例：*psaA*）で記し、その産物であるタンパク質は大文字で始まる立体（例：PsaA）で記した。

【専門用語】 専門用語についてはできる限り和訳されたものを用い、適切な訳語のないものについてはカタカナ表記を用いた。原則として『文部省学術用語集　植物学編・増訂版』、『文部省学術用語集　動物学編・増訂版』(以上 丸善)、『文部省学術用語集　化学編・増訂 2 版』(日本化学会)によった。光合成に関する事項については、『光合成事典』(学会出版センター)も参照した。クロロフィルの代謝中間体の表記は、研究者の間でも定まっていないものがあ

本書を読むにあたって

るために、もっとも一般的に使用されていると考えられる表現を用いた。また、必要に応じて本文中に英語綴りも併記した。

【文献の記載】　本文中での引用文献・参考文献の表記は、以下の例にしたがって、括弧内に著者名と年号を記載する形にした。
　　例：(Mimuro, 1997)（民秋，1996）(Kakitani and Tamiaki, 2000)（三室・垣谷，2010）
3名以上の場合は「ら」と「et al.」を使い、同じ内容の複数の論文がある場合には；で区切って列記した。また、同一年に、同一第一著者に複数の文献がある場合には、年号の後にabc…をつけて区別した。
　　例：(三室ら，1995；Kakitani et al., 1999；Tamiaki et al., 2005a)
なお、文献リストは各章ごとに章末に掲載した（下記参照）。

【文献リスト】　引用文献・参考文献の一覧は各章ごとに、章末に記載した。なるべく総説を引用し、学会発表など入手しにくいものは極力避けた。始めに日本語文献を50音順に、次に外国語文献をABC順に並べた。最近の傾向として、文献が正しく引用されていることを示すため、論文のタイトルを加えることが自然な流れである。本書でもこれを踏襲した。また、論文の最終ページも記した。読者の理解を助けるためのreview articleについては、末尾に［**Review**］と付記した。

【原文の引用】　論文や本などの文章をそのまま引用するときは、その部分を「」で挟んで本文と区別が付くようにした。
　　例：「光による障害除去過程においてカロテノイドは重要である」（高市，2000）

【新情報の提供】　本書は2010年までの情報をもとに執筆した。しかし、新規クロロフィルの発見、新しいクロロフィル合成遺伝子の単離、細菌や微細藻類を中心に新しい生物の発見および分類の変更、などが毎年多く発表されている。もちろん機能などの研究の進展もある。そこで今後、重要事項が発見された場合、裳華房のホームページ（http://www.shokabo.co.jp/）に最新情報を記載する予定である。

目　　次

まえがき ……………………………………………………………… vii
本書を読むにあたって ……………………………………………… ix

1. クロロフィルと光合成

1-1　クロロフィルの研究の歴史 ……………………………………… 1
1-2　分子構造と名称 …………………………………………………… 2
　　1-2-1　基本骨格と命名法 ………………………………………… 2
　　1-2-2　クロロフィル ……………………………………………… 7
　　1-2-3　バクテリオクロロフィル ………………………………… 8
　　1-2-4　配位構造 …………………………………………………… 11
　　1-2-5　微量成分 …………………………………………………… 12
　　1-2-6　分子構造と名称の不一致 ………………………………… 14
1-3　クロロフィルの分布 ……………………………………………… 14
　　1-3-1　光合成生物の分類 ………………………………………… 14
　　1-3-2　光合成細菌 ………………………………………………… 15
　　1-3-3　シアノバクテリア ………………………………………… 18
　　1-3-4　酸素発生型光合成生物 …………………………………… 21
　　1-3-5　植物の光合成器官以外での蓄積 ………………………… 21
　　1-3-6　非光合成細菌 ……………………………………………… 23
　　1-3-7　動　物 ……………………………………………………… 24
　　1-3-8　バイオマーカー …………………………………………… 24
1-4　今後の展望 ………………………………………………………… 24
　　1-4-1　結晶構造と反応機構 ……………………………………… 24
　　1-4-2　利用・応用 ………………………………………………… 26
　　1-4-3　環境問題への貢献 ………………………………………… 26
　　1-4-4　地球の生産性の見積り …………………………………… 27
第1章のまとめ ………………………………………………………… 28
第1章の参考文献 ……………………………………………………… 28
コラム1　無酸素型光合成生物　*8*／コラム2　Chl *d* の再発見　*19*／
コラム3　一次共生と二次共生　*19*

xi

目次

2. クロロフィルの化学

- 2-1 光物性 … 31
  - 2-1-1 π骨格 … 32
  - 2-1-2 置換基 … 34
  - 2-1-3 配位（分子間相互作用）… 36
  - 2-1-4 会合体形成 … 37
  - 2-1-5 偏光性 … 38
  - 2-1-6 電子遷移 … 40
- 2-2 化学反応性 … 46
  - 2-2-1 エピマー化 … 46
  - 2-2-2 アロマー化 … 47
  - 2-2-3 フェオフィチン化 … 47
  - 2-2-4 π骨格変化 … 48
  - 2-2-5 酸化還元 … 48
  - 2-2-6 分子軌道法による電子遷移状態の説明 … 49
- 2-3 化学合成 … 52
  - 2-3-1 全合成 … 52
  - 2-3-2 部分合成 … 53
  - 2-3-3 官能基変換 … 58
  - 2-3-4 化学からみた生合成系の合理性 … 63
- 2-4 利用法 … 66
  - 2-4-1 色素増感太陽電池 … 66
  - 2-4-2 人工光合成（水素発生）… 68
  - 2-4-3 光線力学療法（PDT）… 69
  - 2-4-4 環境モニター … 70
- 第2章のまとめ … 71
- 第2章の参考文献 … 72

目　次

3. クロロフィルの物理学

- 3-1 クロロフィル分子の特徴 …………………………………… 75
- 3-2 共役分子の性質 …………………………………………… 75
- 3-3 分子の構造と振電状態 …………………………………… 77
    - 3-3-1 ボルン・オッペンハイマー近似 ………………… 77
    - 3-3-2 分子の電子状態 ………………………………… 79
    - 3-3-3 分子振動 ………………………………………… 81
- 3-4 光吸収と蛍光 ……………………………………………… 82
    - 3-4-1 光吸収の原理 …………………………………… 82
    - 3-4-2 光吸収スペクトル ……………………………… 82
    - 3-4-3 蛍光スペクトル ………………………………… 86
- 3-5 クロロフィル分子の光学的性質 ………………………… 87
    - 3-5-1 クロロフィル分子の光学的実測データ ……… 87
    - 3-5-2 クロロフィル分子の光吸収スペクトルの理論的解釈 … 91
- 3-6 分子会合体の電子状態 …………………………………… 102
    - 3-6-1 二量体の場合 …………………………………… 103
    - 3-6-2 多量体の場合 …………………………………… 107
- 3-7 状態間の遷移 ……………………………………………… 109
    - 3-7-1 無輻射遷移 ……………………………………… 109
    - 3-7-2 電子移動反応 …………………………………… 110
    - 3-7-3 励起エネルギー移動 …………………………… 117
- 3-8 生体電子移動反応 ………………………………………… 121
    - 3-8-1 スペシャルペアの電子状態 …………………… 121
    - 3-8-2 反応中心の電子移動反応 ……………………… 124
    - 3-8-3 タンパク質中での電子移動の速度調節機構 … 127
- 3-9 生体励起エネルギー移動 ………………………………… 130
    - 3-9-1 紅色光合成細菌のアンテナ系での
        励起エネルギー移動の特徴 …………………… 130
    - 3-9-2 B800 から B850 への励起エネルギー移動の機構 …… 131
    - 3-9-3 新しい励起エネルギー移動機構
        （中間結合励起エネルギー移動機構）の可能性 …… 132
- 第3章のまとめ ………………………………………………… 134
- 第3章の参考文献 ……………………………………………… 134
- コラム1　クロロフィルのストークスシフトと線幅　120

xiii

目 次

4. クロロフィルの生物学

- 4-1 光合成系での機能 ……………………………………… *137*
  - 4-1-1 光合成色素（アンテナ系）の概念と構成 …………… *137*
  - 4-1-2 アンテナ系の各論 ……………………………… *141*
  - 4-1-3 エネルギー散逸 ………………………………… *157*
- 4-2 電子伝達系 ………………………………………………… *160*
  - 4-2-1 電子伝達系の概念と構成 ……………………… *160*
  - 4-2-2 電子伝達系の構成成分
     （クロロフィルが関与する部分のみ）……………… *165*
- 4-3 非光合成器官（系）での機能 …………………………… *177*
  - 4-3-1 花 色 ………………………………………………… *178*
  - 4-3-2 果実（果皮）……………………………………… *178*
  - 4-3-3 貯蔵物質 …………………………………………… *178*
  - 4-3-4 非光合成細菌での機能 …………………………… *179*
- 4-4 生合成 ……………………………………………………… *181*
  - 4-4-1 合成経路 …………………………………………… *181*
  - 4-4-2 光合成細菌 ………………………………………… *186*
  - 4-4-3 シアノバクテリア ………………………………… *190*
  - 4-4-4 藻類（Chl c 合成）………………………………… *192*
  - 4-4-5 植物（Chl b 合成）………………………………… *193*
  - 4-4-6 他の光合成色素合成系との共役 ………………… *194*
  - 4-4-7 色素とアポタンパク質との合成調節 …………… *195*
  - 4-4-8 合成経路制御の生理学的意義 …………………… *195*
- 4-5 分解経路 …………………………………………………… *196*
  - 4-5-1 分解系－中間体の適切な処理 …………………… *196*
  - 4-5-2 光阻害時のクロロフィルの代謝回転 …………… *198*
  - 4-5-3 中間代謝産物の（特異的）蓄積 ………………… *198*
- 4-6 光合成生物の多様性と色素・色素系の進化 …………… *198*
  - 4-6-1 アンテナ系の構成と多様性 ……………………… *199*
  - 4-6-2 進化の方向（仮説）……………………………… *200*
  - 4-6-3 クロロフィル合成系の進化と色素系の進化 …… *200*
  - 4-6-4 なぜクロロフィルが必要なのか？
     －クロロフィルのそもそも論－ ………………… *201*
- 第 4 章のまとめ…………………………………………………… *204*

第 4 章の参考文献 ·· *204*
コラム 1　ダルトン　*150*／コラム 2　第一電子受容体、第一電子供与体
　162／コラム 3　ステート変化　*177*

5. クロロフィルの分析法

- 5-1　分離精製法 ··· *211*
  - 5-1-1　各クロロフィルにおける要点 ··································· *211*
  - 5-1-2　抽　出 ··· *214*
  - 5-1-3　精　製 ··· *214*
- 5-2　分析方法 ·· *216*
  - 5-2-1　可視吸収分光法 ·· *216*
  - 5-2-2　質量分析法 ·· *217*
  - 5-2-3　核磁気共鳴法 ··· *218*
  - 5-2-4　振動分光法 ·· *226*
- 5-3　定量法 ··· *227*
  - 5-3-1　生物試料からの抽出法 ··· *227*
  - 5-3-2　分光定量法 ·· *228*
  - 5-3-3　分光定量法の実際 ··· *229*
  - 5-3-4　低温吸収スペクトル法 ··· *231*
- 5-4　蛍光測定法 ··· *232*
  - 5-4-1　定量法 ··· *232*
  - 5-4-2　蛍光スペクトルの測定法（室温） ································ *233*
  - 5-4-3　蛍光スペクトルの測定法（低温） ································ *235*
  - 5-4-4　蛍光スペクトルの測定例 ·· *236*
- 5-5　蛍光偏光法 ··· *240*
  - 5-5-1　原　理 ··· *240*
  - 5-5-2　測定例 ··· *243*
- 5-6　パルス変調時間分解蛍光法（PAM 法） ······························· *245*
  - 5-6-1　原　理 ··· *245*
  - 5-6-2　応用例 ··· *247*
- 5-7　円偏光二色性 ·· *250*
  - 5-7-1　原　理 ··· *250*
  - 5-7-2　測定法 ··· *251*

目　次

　　　5-7-3　応用例 …………………………………………… *252*
　5-8　直線二色性 ………………………………………………… *255*
　　　5-8-1　原　理 …………………………………………… *255*
　　　5-8-2　測定法 …………………………………………… *256*
　　　5-8-3　応用例 …………………………………………… *259*
　5-9　特殊な解析法（過渡吸収法、時間分解蛍光法）………… *259*
　　　5-9-1　過渡吸収の測定例 ……………………………… *260*
　　　5-9-2　時間分解蛍光の測定例 ………………………… *264*
　　　5-9-3　遅延蛍光 ………………………………………… *267*
　第 5 章のまとめ ………………………………………………… *269*
　第 5 章の参考文献 ……………………………………………… *269*

あとがき……………………………………………………………… *273*

付　録

　Ⅰ．天然に存在するクロロフィル分子種の一覧 ……………… *276*
　Ⅱ．クロロフィルの吸収スペクトル …………………………… *282*
　Ⅲ．クロロフィル類の正確な吸収極大の位置 ………………… *289*
　Ⅳ．クロロフィル類のモル吸光係数 …………………………… *292*
　Ⅴ．分光学的手法によるクロロフィルの定量法（文献）…… *293*
　Ⅵ．クロロフィルに関する成書 ………………………………… *295*
　Ⅶ．光合成生物の入手方法 ……………………………………… *296*

生物名索引…………………………………………………………… *298*
事項索引……………………………………………………………… *300*

1 クロロフィルと光合成

1-1　クロロフィルの研究の歴史

　クロロフィルは Mg を配位した環状テトラピロールの金属錯体と定義される。近年、Zn を配位した錯体も日本で発見された。現時点で知られているクロロフィルの分子種の数は 50 を超える。クロロフィルは地球上でもっとも量の多い色素であり、その現存量を正確に見積もることは困難であるが、年間の合成分解量は約 10 億トンにも達すると推定されている（Kräutler, 2008）。光合成による年間の二酸化炭素の固定量が約 1200 億トン（炭素換算）であると言われており、その生産性を支える量が地球上に存在する。「クロロフィル」という名称は、1818 年、Pelletier と Caventou が、緑葉の素となる物質を指す言葉として、ギリシャ語の chloro（緑）＋ phyllon（葉）からつくった。

　物質としての発見の歴史を紐解くと、17 世紀末には Leeuwenhoek は葉肉細胞中に緑の物質があることを顕微鏡観察で見出し、また Grew は、葉をアルコールに浸すと緑色の溶液になることを知っていた。1864 年、Stokes は緑葉のクロロフィルが分光学的に 2 種類あることを発見した（現在のクロロフィル *a* とクロロフィル *b*）。1880 年、Hoppe-Seyler は、クロロフィルが Mg を含み、その基本骨格が血色素と似ていること（両者ともに環状テトラピロールであること）を示した。1915 年、Willstätter はクロロフィルの環状構造を明らかにした。

　物質としての研究の進展は、分子種の発見、単離精製方法の開発と構造決定、さらには化学的な全合成へと進展してきた。近年では、色素の合成酵素（群）、それらの遺伝子、合成制御なども物質としての解析を支える重要な柱となっている。機能面では、光合成系における機能、すなわち、光吸収、励起エネルギー移動、電子移動、過剰エネルギーの散逸、などの過程について、原子レベルの構造解析、分光学的解析、理論的解析、などが行われ、知識の蓄積が大きくなってきている。また色素として、着色剤や食品添加物として使われるほかにも、光線力学療法（Photodynamic therapy；PDT）として医療面への応用も行われている。

クロロフィルは単に植物がもつ色素の一種という枠を越えて、様々な方面での利用が始まっている。この本では、物質としてのクロロフィルについて、まず深く洞察を行い、次に生物内での機能、さらには応用についても考察を拡げる。

1-2　分子構造と名称

クロロフィルには、様々な分子構造のものが天然に存在しており、光合成色素として機能しているものや、その合成中間体や代謝物までもが含まれる（Tamiaki et al., 2007）。ここでは、まずもっとも身近なクロロフィル a の分子構造と名称を詳しく紹介し、その後に他のクロロフィルについて述べることにする。

クロロフィルの中で一番目に単離された化合物がクロロフィル a である。その英語表記法は、chlorophyll a、chlorophyll *a*、chlorophyll **a**、chlorophyll-*a* などがあり、a を標準（plain）／斜体（italic）／太字（bold）にしたものや、*a* の前にスペースの代わりにハイフンをいれたものが見られるが、とくにどれが正しいということは決められておらず、論文中での統一性が見られていれば、問題ないとされている。ただし、プレイン書体でハイフンがないものは、英文では不定冠詞 "a" との区別がつかないこともあるので、避けられることが多い。本書では、英語表記は chlorophyll *a* とする。あわせて日本語表記ではクロロフィル a（斜体の *a* の前にスペースを入れない）とする。また、chlorophyll *a* の略記は Chl *a* とし、文中でも大文字で始めることとする（小文字で始める chl *a* といった略記法も散見されるが、本書では C は大文字とする）。

1-2-1　基本骨格と命名法

Chl *a*（図1-1右）は、2価のマグネシウムカチオンと4座の平面型配位子の2価アニオンとからなる中性錯体である。この配位子をフェオフィチン *a*（pheophytin *a*；Phe *a*）と呼ぶ（図1-1中）。Phe *a* は、含窒素芳香族5員環化合物であるピロール（図1-1左）が四つ環状に連結したポルフィリン様骨格を母核としてもっている。各ピロール環は、その窒素原子の隣の炭素原子（α炭素原子）で、メチン炭素（−CH=）を用いて連結されている。このようなπ骨格を形成しているピロールの一つの（β−β炭素結合間の）二重結合が単結

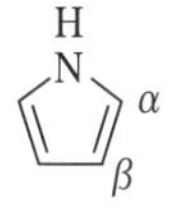

ピロール

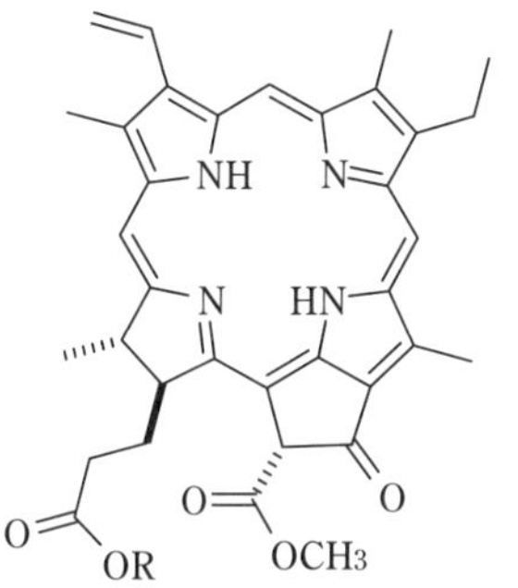

フェオフィチン *a*（R=フィチル）
フェオフォルバイド *a*（R=H）

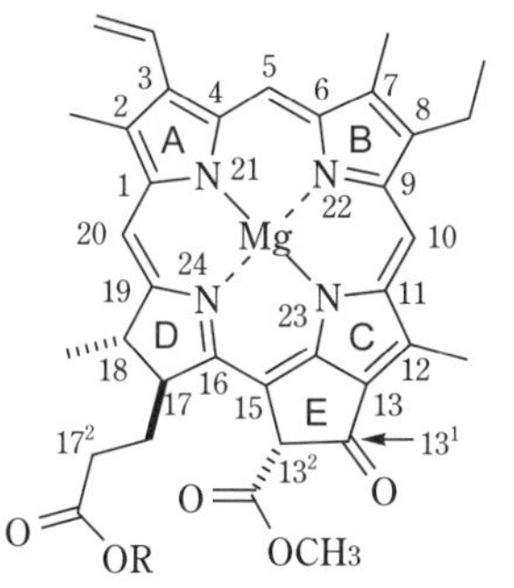

クロロフィル *a*（R=フィチル）
クロロフィリド *a*（R=H）

図1-1　ピロール（左）とフェオフィチン類（フリーベース体：中）とクロロフィル類（マグネシウム錯体：右）の分子構造

合に還元されており（クロリン骨格）、その隣りのピロール環にもう一つ5員環が縮環している。環の内側にある四つの窒素原子がマグネシウムイオンの配位座として利用されている。

クロリン環を形成している四つのピロール環は左上から時計回りにA、B、C、D環と呼ばれ（図 **1-1** 右）、それに縮環した5員環をE環と呼んでいる［以前はこれらの環の名称にローマ数字のⅠ－Ⅴを当てていたこともあるので、古い文献を見るときには注意（今でもこのように呼ぶ研究者もいる）］。A環の窒素原子に近い炭素原子（ピロール環でいう *α* 炭素原子）のD環に近い方に1番の番号を振り当て、時計回りに炭素原子に20番までの位置番号を割り振っている［以前は構成ピロール環の窒素原子から遠い *β* 炭素原子のみに、A、B、C、D環の順に算用数字の1－8（本書での2、3、7、8、12、13、17、18位に対応）を当てて、各環にはさまれたメチン炭素に *α*、*β*、*δ*、*γ*（本書での5、10、15、20位に対応）を当てていたこともあるので注意］。内部の窒素原子にも番号が振られており、A－D環の順に21－24番となる。Chl *a* では、D環ピロールの17－18位の二重結合が還元（トランス型に水素付加）されて単結合になっており、その両者が不斉炭素原子（17位、18位ともに *S* 配置）になっている。

E環は、13位と15位に縮環しているが、その二つの炭素原子には、13位側から 13^1 位、13^2 位の位置番号が付けられている。この環が13位上の置換基を15位に結合させて生合成されたためであり、13^2 位を 15^1 位とは呼ばないこと

になっている。なお、この上付きの番号は骨格位置番号から離れている結合数を表しており、他の位置でも利用可能である。例えば、2位のメチル基では、2^1位の炭素原子に水素原子が三つ付いていることになり、17^2位上にエステルカルボニル基が結合していることになる。

Chl aの骨格には様々な置換基が結合しており、2、7、12、18位にメチル基、3位にビニル基、8位にエチル基、13^1位にオキソ基、13^2位にメトキシカルボニル基、17位に2-(フィチルオキシカルボニル)エチル基が結合する。13^1位のオキソ基は、13位の(ケト)カルボニル基と呼ぶことも可能であるが、13^1位のカルボニル基は誤りである。13^2位は不斉中心であり、R配置を取っている。－COOCH₃基を、カルボキシメチル基と呼んでいることもあるが、この名称は現在の系統的命名法ではカルボキシ基（－COOH）が結合したメチル基を意味し、－CH₂COOHを表すために、使用を避けるべきである。同様に、カルボメトキシ基という呼称も、置換基命名法からすると誤りである。また、プロピオン酸フィチルエステル型であるために、17位の置換基をプロピオネート基（propionate group）と呼ぶことがあるが、曖昧な表現なので避けるべきである。ただし、正しい置換基名は上記のように長くなるので、プロピオネート残基（propionate residue）と呼ぶことは許されている（正しくはプロピオナート残基であるが、本書ではプロピオネート残基を用いる）。なお、プロピオネートという語には、プロピオン酸のエステルという意味以外に、そのアニオンや塩の意味も含まれているので、プロピオネート残基が、エステルを意味しているのか、アニオンを意味しているのかを文脈から取り違えないようにしないといけない。

Chl aでは、17、18位の置換基はトランス型に配置しており、立体的に安定構造をとっている。したがって、17、18位上の水素を引き抜くことはかなり難しい。一方、13^2位の水素は、βケトエステルのα水素であるために、容易に脱プロトン化される（図 **1-2**）。そのようなアニオン（エノラート）はプ

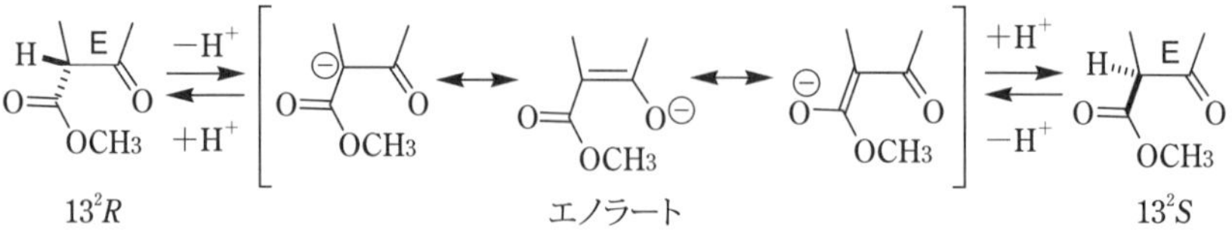

図**1-2** クロロフィルのエピマー化

1-2 分子構造と名称

ロトン化して、βケトエステルを再生するが、13^2位上での立体構造は反転しうる（13^2R から 13^2S へ）。このような立体反転をエピマー化と呼んでいるが、そのようにして生成した立体異性体を 13^2-エピマー体やプライム体と呼び、chlorophyll *a*′（Chl *a*′）と記す。Chl *a* と Chl *a*′ の 17、18 位の立体配置は同じであるので、Chl *a* と Chl *a*′ とはジアステレオマーの関係になる。

Chl *a* の 17、18 位から脱水素して、17、18 位が二重結合になった化合物は、Chl *a* 生合成の前駆体に相当するので、プロト（proto）という言葉を単語の前に付けてプロトクロロフィル *a* と呼ばれる。17、18 位の脱水素化体をプロトという接頭語で一般的に示すことも多い。また、13^2 位のメトキシカルボニル基を水素原子に置き換えた化合物を、そのような化合物が熱分解（pyrolysis）によって合成できることから、ピロ（pyro）という接頭語を付けて呼ぶこともある。13^2-デメトキシカルボニルクロロフィル *a* は、ピロクロロフィル *a* ということになる。

Chl *a* の 17 位上のプロピオネート残基（フィチルエステル）を加水分解す

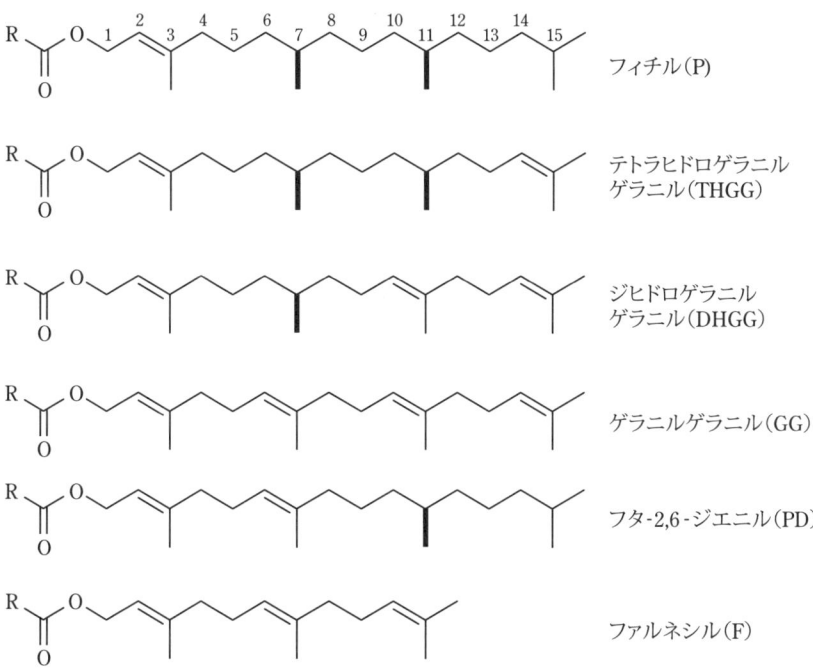

図1-3　17位のプロピオネート残基のエステル鎖

ると 2-カルボキシエチル基となり、そのようなカルボン酸をクロロフィリド a（chlorophyllide a；Chlide a）と呼ぶ（図 1-1 右）。Chl a は、通常フィチルエステルであるが、その生合成中間体として、ゲラニルゲラニル（GG）、ジヒドロゲラニルゲラニル（DHGG）、テトラヒドロゲラニルゲラニル（THGG）エステルが見られることがある（図 1-3）。このようなエステルの長鎖炭化水素基の違いを示したいときに、略記の最後に下付きで炭化水素基を表すことがある。通常の Chl a はフィチル（P）エステルであるので、Chl a_P となる。生合成中間体は、Chl a_{GG}、Chl a_{DHGG}、Chl a_{THGG} のようになる。Chl a_{THGG} の異性体であるフタ-2,6-ジエニル（6,7-デジヒドロフィチル）エステルが、緑色硫黄細菌に見られ、Chl a_{PD} と略されることもある。また、天然には見られないものの、ファルネシル（F）、エチル（E）、メチル（M）エステルを、Chl a_F、Chl a_E、Chl a_M と記すこともある。フィチル基を水素原子（H）に置き換えたものはクロロフィリド a であるが、エステル基の略記法を援用して、Chl a_H と記すことも可能である。

Chl a の中心マグネシウム（II）イオンを二つの水素イオンに置き換えると（フェオフィチン化）、Phe a が生成する。したがって、Phe a 以外に H_2-Chl a と表記される場合もある。さらにクロロフィリド a を脱マグネシウム化した化合物は、フェオフォルバイド a（フェオフォルビドやフェオホルビドとも記されるが、本書ではフェオフォルバイドで統一する）と呼ばれている（図 1-1 中）。

3 位のビニル基を還元してエチル基にしたものを、メソ体と呼ぶことがあり、メソクロロフィル a は、$3^1, 3^2$-ジヒドロクロロフィル a のことである（図 1-4）。Chl a の 3 位のビニル基を酸化分解して合成できるアルデヒト（3-ホル

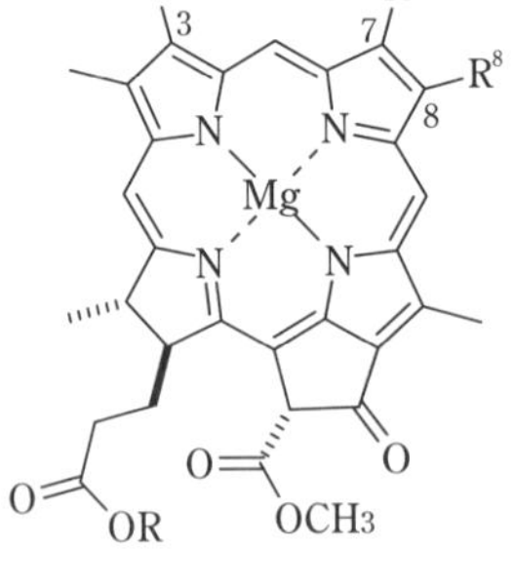

クロロフィル a（R^3＝CH=CH2, R^7＝CH3, R^8＝CH2CH3）
メソクロロフィル a（R^3＝R^8＝CH2CH3, R^7＝CH3）
シビニルクロロフィル a（R^3＝R^8＝CH=CH2, R^7＝CH3）
クロロフィル b（R^3＝CH=CH2, R^7＝CHO, R^8＝CH2CH3）
クロロフィル d（R^3＝CHO, R^7＝CH3, R^8＝CH2CH3）

図 1-4　クロロフィル類（クロリン環）の分子構造（R＝フィチル）

1-2 分子構造と名称

ミル体）は、天然の光合成色素分子であり、クロロフィル d (Chl d) と呼ばれる。Chl a の 7 位のメチル基を酸化してホルミル基にした化合物も、天然の光合成色素分子であり、クロロフィル b (Chl b) と呼ばれる。さらに、Chl a の 8 位のエチル基を脱水素してビニル基にした化合物も、天然の光合成色素分子であるが、3 位と 8 位にビニル基をもっているのでジビニルクロロフィル a (DV-Chl a) と呼ばれる（正しくは $8^1, 8^2$-デジヒドロクロロフィル a：後述のクロロフィル c_2 と対応させてクロロフィル a_2 (Chl a_2) と書かれていることもあるが、一部では使用されるものの広く認められているわけではない）。

1-2-2 クロロフィル

クロロフィルは、酸素発生型の光合成生物から見出された環状テトラピロール類に対して与えられた名称で、発見順に a、b、c、d が割り振られている。Chl a は酸素発生型光合成生物には共通して存在する。Chl b は高等植物等にみられ、クロロフィル c (Chl c) は珪藻や褐藻等にみられ、Chl d は特定のシアノバクテリアにみられる（表 1-1、図 1-12 参照）。Chl c 以外については、上に述べたようなクロリン π 骨格を有する分子である。Chl c の π 骨格は、プロトクロロフィリド a と同じであり、17－18 位が二重結合になったポルフィリン骨格である（図 1-5）。Chl c には現在では主として 3 種類のものが知られているが、すべて 17 位の置換基は 2-カルボキシビニル基であり、アクリル酸残基を有することになる。$17^1, 17^2$ 位の二重結合に関する立体配置は、トランス配置となっている。主たる Chl c はエステル体ではなく、カルボン酸であることから、クロロフィルという名称をもつが、クロロフィリドと同じとなる。三

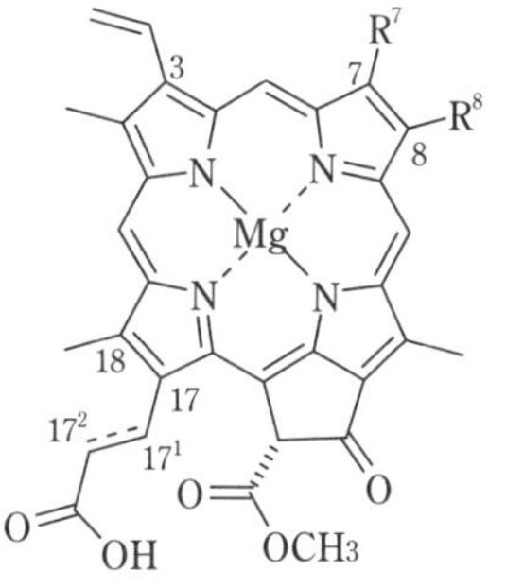

プロトクロロフィリド a (R^7=CH3, R^8=CH2CH3, 17-CH2CH2)
クロロフィル c_1 (R^7=CH3, R^8=CH2CH3, 17-CH=CH)
クロロフィル c_2 (R^7=CH3, R^8=CH=CH2, 17-CH=CH)
クロロフィル c_3 (R^7=COOCH3, R^8=CH=CH2, 17-CH=CH)

図1-5　クロロフィル類（ポルフィリン環）の分子構造

1. クロロフィルと光合成

つの構造に対して、1－3の下付き接尾語を付けて区別しており（上述のエステルを意味するものと表記法が同じであるので注意）、Chl c_1 は Chl a と D 環以外の置換基は同じであり、$17^1,17^2$-ジデヒドロプロトクロロフィリド a と同一である。Chl c_2 は、Chl c_1 の 8-エチル基をビニル基にしたものであり、Chl a と DV-Chl a との関係と同じである。Chl c_3 は、Chl c_2 の 7-メチル基をメトキシカルボニル基にしたものである。このほかにも Chl c 様化合物は、天然から続々見つかっており、今後も増える可能性がある。例えば、モノガラクトシルジグリセリドのガラクトース部位の 6 位のアルコール部で Chl c_2 のアクリル酸残基をエステル化したものや、Chl c_2 のアクリル酸残基をプロピオン酸残基に還元したもの（ジビニルプロトクロロフィリド a に対応）が挙げられる。

1-2-3 バクテリオクロロフィル

バクテリオクロロフィルは、無酸素型の光合成細菌（コラム 1 参照）から見出された環状テトラピロール類に対して与えられた名称で、発見順に a、b、c、d、e、g が割り振られている。バクテリオクロロフィル f はまだ天然からは見つかっていないが、その構造（後述）に対して名称が予約されている。バクテリオクロロフィルのバクテリオに対する略記として大文字の B が用いられる。したがって、バクテリオクロロフィルは BChl と略記することができる。Bchl や bchl の表記も散見されるが、本書では BChl で統一する。バクテリオフェオフィチンに関しても BPhe と略記する。

コラム1　無酸素型光合成生物

英語では anoxygenic photosynthetic organism と表記される。一方、後述の酸素発生型光合成生物は oxygenic photosynthetic organism と表記される。光合成研究では、歴史的に酸素発生型光合成生物を基本として考え、光合成細菌を従属的に考えてきたことから、光合成細菌を非酸素発生型光合成生物と呼ぶこともあるが、本書では生物進化の観点も考慮し、酸素のない条件での光合成を開始した生物であること、さらに anoxygenic を原義に基づき無酸素型と訳すことから、光合成細菌を無酸素型光合成生物と呼ぶ。

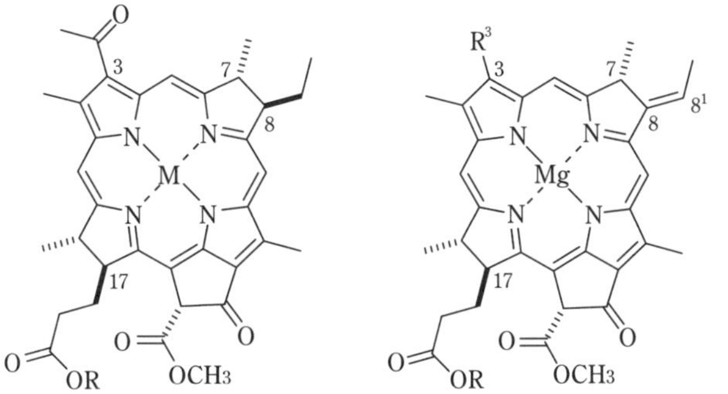

1-2 分子構造と名称

バクテリオクロロフィル *a*
(M=Mg, R=フィチルなど)

亜鉛バクテリオクロロフィル *a*
(M=Zn, R=フィチル)

バクテリオクロロフィル *b*
(R^3=COCH$_3$, R=フィチルなど)

バクテリオクロロフィル *g*
(R^3=CH=CH$_2$, R=ファルネシル)

図1-6 バクテリオクロロフィル類(バクテリオクロロリン環)の分子構造

　バクテリオクロロフィル *a* (BChl *a*) は、Chl *a* の3-ビニル基をアセチル基にし、B環の7－8位の二重結合をトランス型に水素化還元した化合物である(バクテリオクロロリン骨格、図1-6左)。7、8位の立体配置は、ともに *R* 配置である。中心金属が亜鉛に置き換わった亜鉛バクテリオクロロフィル *a* (Zn-BChl *a*) も最近見出されている (Wakao *et al*., 1996)。バクテリオクロロフィル *b* (BChl *b*) は、BChl *a* の8－8^1位から脱水素した化合物であり、8位にエチリデン基を有していることになる(図1-6右)。8－8^1位の二重結合における立体配置は *E* 配置であり、8^1位上のメチル基が7位側に向いている(論文や成書でも間違った *Z* 配置の構造式が示されていることがあるので注意)。これらのバクテリオクロロフィルは、紅色もしくは緑色細菌から単離されており、17位上のエステルは通常フィチル基である。紅色細菌の中には、ゲラニルゲラニルエステル型のBChl *a* (つまりBChl *a*$_{GG}$)のみを有するものや、フィチル基以外のGG、DHGG、THGGをBChl *a* のエステル基としてかなり含んでいるものも見られる。さらには、BChl *b*$_{THGG}$の異性体であるフタ-2,10-ジエニル (10,11-デジヒドロフィチル) エステルも、好塩性紅色細菌の中に見出されている。
　バクテリオクロロフィル *g* (BChl *g*) は、BChl *b* の3位のアセチル基をビニル基に換えたものであり(図1-6右)、その17位上のエステルとしてファルネシル基を有しているもののみが見出されていて、フィチルエステルはまだ発

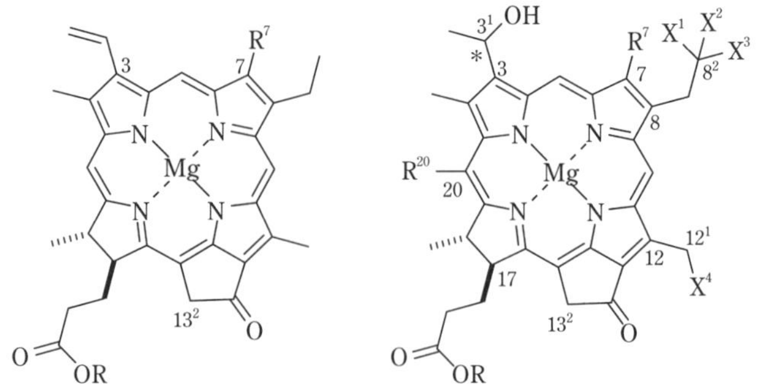

ピロクロロフィル a (R^7=CH$_3$)
ピロクロロフィル b (R^7=CHO)
R=フィチル

バクテリオクロロフィル c (R^7=R^{20}=CH$_3$)
バクテリオクロロフィル d (R^7=CH$_3$, R^{20}=H)
バクテリオクロロフィル e (R^7=CHO, R^{20}=CH$_3$)
バクテリオクロロフィル f (R^7=CHO, R^{20}=H)
X^1, X^2, X^3, X^4=H または CH$_3$
R=ファルネシル, ステアリルなど

図1-7 13^2-デメトキシカルボニルクロロフィル類(クロリン環)の分子構造
ただし、バクテリオクロロフィル f は発見されていない。

見されていない。BChl g_F は、Chl a_F の 7－8 位の二重結合を 8－8^1 位に移動した異性体である。

バクテリオクロロフィル c、d、e、f（BChl c、BChl d、BChl e、BChl f）は、上述のようなバクテリオクロリン骨格ではなく Chl a と同じクロリン骨格を有しており、13^2 位にメトキシカルボニル基をもたないピロクロロフィル a/b（図1-7 左）型の分子構造であり、3 位のビニル基に水分子がマルコフニコフ型で付加した 1-ヒドロキシエチル基を有していることで特徴づけられる（図1-7 右）。BChl c は 20 位にメチル基を有しているが、BChl d は 20 位が水素原子のままである。BChl e は、BChl c の 7-メチル基がホルミル基になったものであり、BChl f は、BChl d の 7-ホルミル体である。BChl c/d と BChl e/f との関係は、Chl a と Chl b との関係と同じである。なお、BChl f は天然からはまだ発見されておらず、その名前が予約されているだけである。

BChl c、BChl d、BChl e は、これまで述べてきたクロロフィルとは異なり、単一の分子構造を示すのではなく、同族体や立体異性体の混合物の総称である。8^2 位や 12^1 位上でメチル化されたものが見つかっており、8 位にはエチル基以外に、プロピル基、イソブチル基、ネオペンチル基が、12 位にはメチル

基以外にエチル基が見られる。3^1位の立体配置は R 体も S 体も見つかっている。さらに、17位上のエステルには、様々な炭化水素基が見られる。ファルネシル基やフィチル基などの分枝状のオリゴイソプレニル基や、直鎖のステアリル基やオレイル基などの（不）飽和炭化水素基などが見られる。その炭素数は 10 から 20 を越えるものまで見られる。

1-2-4 配位構造

　クロロフィルは、環状テトラピロールのマグネシウム（まれに亜鉛）錯体であるので、金属回りの錯体構造は、平面正方型の 4 配位錯体のように一般的には書かれているが、実際には、上下方向に配位可能な部位を有している。特に、マグネシウム型錯体は、天然界では第 5 配位子を常に有しており、4 配位錯体はこれまで検出されていない。また、配位性の高い溶媒（たとえばピリジン）中では、上下方向のアキシアル位から等方的に配位した 6 配位錯体が検出されているが、生体系では 5 配位錯体以外はほとんど見られていない（最近、二つのアキシアル位へ非対称的に 6 配位した錯体の存在が示されている；Frolov et al., 2010）。

　クロロフィルにおける平面 4 配位型配位子 N_4（配位座はすべて窒素原子）の対称性は低く、各配位座の窒素原子は化学的に異なっている。そのようなクロロフィル型マグネシウム錯体 MgN_4 の中心金属の上下方向どちらかにさらに配位子 L が配位すると、5 配位錯体 $LMgN_4$ が形成されるが、金属周りで不斉が生じることになる（図 **1-8**）。つまり、金属周りだけに注目すると、上からの配位錯体と下からの配位錯体とで鏡像体の関係が生じることになる。クロ

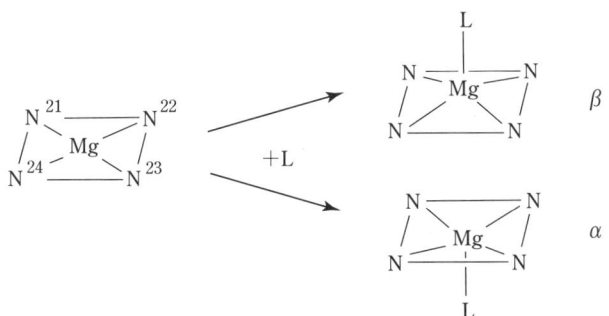

図**1-8**　クロロフィルのアキシアル配位構造（5配位型）

ロフィル錯体におけるフェオフィチン配位子には、不斉炭素原子が通常存在するので、上下方向からの錯体形成によって、ジアステレオマーが生じることになる。このような立体化学に関する問題点は、最近まで特に議論されてこなかったが、クロロフィルタンパク質が多数結晶構造解析されるようになって、ようやく検討されるようになってきた（Oba and Tamiaki, 2005）。

まず、このような立体異性体に対して合理的な名称を付ける必要があるが、まだ合意を得るに至っていない。類似錯体であるポルフィリン鉄錯体（プロトヘム）やコリンコバルト錯体（ビタミンB_{12}）における命名法を援用して、紙面の裏からの配位錯体を α 錯体、表からのものを β 錯体と呼ぶこととする（図 **1-8**）。

クロロフィルの α 錯体と β 錯体とでは、ジアステレオマーの関係になるので、その安定性に差が出ることが予想される。これまで解明されているクロロフィルタンパク質の X 線結晶構造解析像を見ると、α 錯体の方が β 錯体よりも多数見出されている。分子モデル計算結果も α 錯体が β 錯体よりも安定であることを示しており、そのエネルギー差は小さいながらも、クロロフィルでは α 錯体が β 錯体よりも形成されやすいと考えられる。

クロロフィルのマグネシウム（II）に対する配位子の結合力は比較的弱く、溶液中では α 錯体と β 錯体とが素早く変換されるために、その差を見ることはまだできていないが、クロロフィルのガリウム（III）やインジウム（III）錯体では、溶液中での平衡が遅くなるためにその差を見ることが可能であり、立体構造は確定していないものの、一方の 5 配位錯体がもう一方の錯体よりも安定であることが、溶液中で確認されている（Sasaki *et al.*, 2006）。ジアステレオマーは物性も異なるので、α 錯体と β 錯体との物性差が明かになれば、未解明なクロロフィルタンパク質の形成過程も含めた機能解明に一石を投じることになるであろう。

1-2-5 微量成分

これまでに、主要なクロロフィルの構造と名称について述べてきたが、光合成反応中心には、特殊なクロロフィルが多数存在している。生合成的にもきわめて興味深いクロロフィルであるが、含有量が少ないために最近まであまり検討されてこなかった。機器分析手法の高度化と発展に伴い、いくつかの微量の特殊クロロフィル成分が明かになっている。

1-2 分子構造と名称

　酸素発生型光合成生物の光化学系 I（Photosystem I；PS I）の反応中心（Reaction Center；RC）と緑色硫黄細菌やヘリオバクテリアの無酸素型光合成細菌の PS I-RC 類縁型 RC には、クロロフィルの 13^2 位エピマーであるプライム体が見られる（Ohashi et al., 2010）。つまり、Chl a'、Chl d'、BChl a'、BChl g' の存在が確認されている。Chl a は溶液中で容易に Chl a' に異性化するので、当初はプライム体の存在は色素抽出時の異性化物（変性体）であると考えられていたが、慎重な分析と PS I の結晶構造解析の結果から、現在では PS I（型）-RC の構成色素であると認められている。PS I(型)-RC の構成色素でない Chl b、Chl c、BChl b に関するプライム体は、生体内では検出されていない。なお、BChl c、BChl d、BChl e は 13^2 位にメトキシカルボニル基を有さないために、プライム体は存在しえない。

　D、E 環での立体化学をみると、通常のクロロフィル（13^2R 体）では、13^2 位と 17 位とで置換基はトランス配置（π平面に関して反対方向を向く：図 **1-4** と図 **1-6** で紙面の上と下の方向を向く）を取っており、プライム体（13^2S 体）では 13^2 位と 17 位とでシス配置（π平面に関して同じ方向を向く）を取っている。従って、プライム体の方がより込み合っていることになり、エネルギー的にやや不安定になっていることが予想される。実際、Chl a を塩基性溶液中に放置すると徐々にエピマー化が進行して（図 **1-2** 参照）、最終的に 2 割程度が Chl a' になることが知られている。Chl a が Chl a' よりもエネルギー的に安定であることを考慮すれば、この平衡の片寄りはうまく説明が付く。

　酸素発生型光合成生物の光化学系 II（PS II）の RC と紅色細菌や緑色糸状性細菌の無酸素型光合成細菌の PS II-RC 類縁型 RC には、クロロフィルの脱マグネシウム化(フェオフィチン化)体であるフェオフィチンが見られる。つまり、Phe a、BPhe a、BPhe b の存在が確認されている。フェオフィチンでは、中心金属の換わりに 2 個の水素原子が窒素原子上に結合している。その結合位置は、フェオフィチン配位子の非対称性のために、21 と 23 番目の窒素原子上であることが知られている。

　RC 内での特殊なクロロフィルとしては、緑色硫黄細菌やヘリオバクテリアの PS I-RC 類縁型 RC 内の一次電子受容体として機能している Chl a_{PD}（上述）と 8^1-ヒドロキシクロロフィル a（8^1-OH-Chl a_F）も挙げることができる。

1-2-6 分子構造と名称の不一致

　天然のクロロフィルには、その母核π共役系の違いから、ポルフィリンとクロリンとバクテリオクロリンの三つに分類することが可能である。この母核名とクロロフィルの名称とには対応がないことに注意しておく必要がある。つまり、クロロフィルには、クロリン骨格以外に、Chl c のようなポルフィリン骨格があり、バクテリオクロロフィルには、バクテリオクロリン骨格以外に、BChl c、BChl d、BChl e のようなクロリン骨格がある。クロロフィル類の名称は、その色素分子がどの光合成生物から単離されたかということから名付けられたものであり、骨格構造に基づいて命名されていないためである。Chl a、Chl b や BChl a、BChl b しか知られていない時代に、骨格構造が命名されたために生じた混乱であり、注意を要する。

　現在使用されている Chl a、Chl b、Chl c、Chl d、BChl a、BChl b、BChl c、BChl d、BChl e、BChl f（ただし、天然には発見されていない）、BChl g 以外に、クロロフィルの名称を拡大する方向には議論は進んでいない。天然で見出された DV-Chl a、DV-Chl b（上記参照：Chl a_2、Chl b_2）や変異体の構成色素として見出された 8-ビニルバクテリオクロロフィル a に対して、さらには天然で見出されていない 3-アセチルクロロフィル a や 3-ビニルバクテリオクロロフィル a に対して、研究者が独自に名称を付けている場合もあるので、注意しておく必要がある。

1-3　クロロフィルの分布

　クロロフィルは光合成生物に存在するだけではなく、光合成を行わない生物にも存在する（表 1-1；16〜17 頁）。代謝の中間体を含めれば多くの生物中に発見することができる。海藻を餌とする貝類などには高濃度の代謝中間体が蓄積されている（口絵④参照）。それらを含めて、生物界全体でのクロロフィル、およびその代謝中間体の分布をまとめる。

1-3-1　光合成生物の分類

　クロロフィルの名前や分布を理解するためには、光合成生物の分類と系統性を理解しておくことが重要である。光合成生物は 2 種類の基準で、三つのグループに大別される。第一の基準は、原核生物か真核生物かであり、第二は、酸

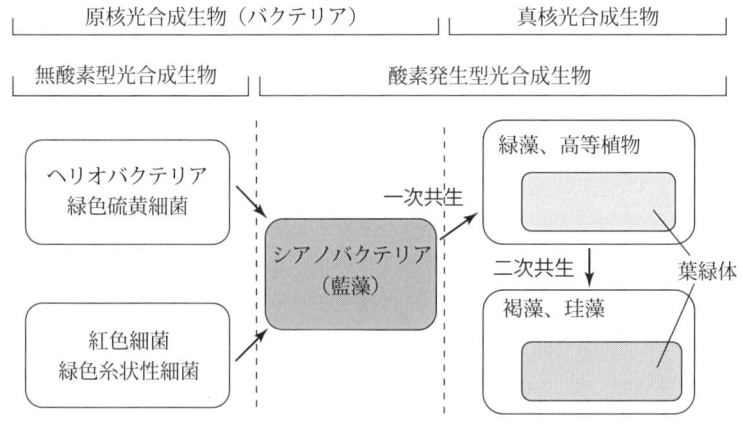

図1-9　光合成生物の分類と系譜

素を出す光合成系か酸素を出さない光合成系か、というものである（図**1-9**）。この基準により、原核生物で酸素を出さない光合成系をもつ光合成細菌、原核生物で酸素を出す光合成系をもつシアノバクテリア、真核生物で酸素を出す光合成系をもつ藻類や高等植物の三つのグループになる。

1-3-2　光合成細菌

一般的には原核無酸素型光合成生物を光合成細菌と呼ぶ（後述のシアノバクテリアも広く光合成細菌に含めることもあるが、本書では含めない）。光合成細菌は大別して4種類に分けられる（近年、ゲノム情報を基に5番目の分類群が考えられはじめている；Bryant *et al.*, 2007）。ヘリオバクテリア、緑色硫黄細菌、緑色糸状性細菌、紅色細菌である。前2者と後2者はその反応中心複合体の構成が大きく異なる。しかし、クロロフィルの種類という意味では、ヘリオバクテリアが BChl *g* をもつのに対して、他の細菌は BChl *a* を基本としている。紅色細菌には例外的に BChl *b* をもつ種もあるが、その数は現在知られている限り、かなり限定されている。緑色細菌はアンテナ色素として BChl *c*、BChl *d*、BChl *e* という特別のバクテリオクロロフィルをもつ。分子構造はクロロフィルと同じ基本骨格（クロリンπ系）をもちながら、光合成細菌に存在することからバクテリオという接頭辞をもつ分子種である（**1-2-6**項参照）。

きわめて特異なバクテリオクロロフィルであるが、中心金属に Mg の代わりに Zn をもつ好酸性光合成細菌が日本で発見された。岩手県の硫黄採掘現場か

1. クロロフィルと光合成

表 1-1　光合成生物におけるクロロフィルとフェオフィチンの分布

	BChl						Chl				DV-Chl		BPhe		Phe
	a	b	c	d	e	g	a	b	c	d	DV-Chl$a$	DV-Chl$b$	a	b	a

無酸素型光合成生物
- ヘリオバクテリア： BChl g
- 緑色硫黄細菌： BChl a, c, d, e
- 緑色糸状性細菌： BChl a, c, e
- 紅色細菌： BChl a, b；BPhe a, b

酸素発生型光合成生物
- シアノバクテリア門： Chl a；Phe a
- 灰色藻門： Chl a；Phe a
- 紅藻門： Chl a；Phe a
- 渦鞭毛藻門： Chl a, c；Phe a
- クリプト藻門： Chl a, c；Phe a
- 不等毛藻門： Chl a, c；Phe a
- 黄金色藻綱： Chl a, c；Phe a
- ラフィド藻綱： Chl a, c；Phe a
- 黄緑藻綱： Chl a, c；Phe a
- 褐藻綱： Chl a, c；Phe a
- 珪藻綱： Chl a, c；Phe a
- 真正眼点藻綱： Chl a；Phe a
- ハプト藻門： Chl a, b, c
- ユーグレナ藻門： Chl a, b
- クロロラクニオン藻門： Chl a, b；DV-Chl$a$, DV-Chl$b$；Phe a

1-3 クロロフィルの分布

表 1-1 (続き)

	BChl							Chl				DV-Chl$a$	DV-Chl$b$	BPhe		Phe
	a	b	c	d	e	g	a	b	c	d			a	b	a
緑色植物門																
プラシノ藻綱							◎	◎							◎
車軸藻綱							◎	◎							◎
緑藻綱							◎	◎							◎
アオサ藻綱							◎	◎							◎
トレボウクシア藻綱							◎	◎							◎
陸上植物綱							◎	◎							◎

上記の他に、ヘリオバクテリアには 8^1-OH-Chl a_F と BChl g_F'、緑色硫黄細菌には Chl a_{PD} と BChl a_P' が微量クロロフィルとして存在する。また、Chl a を有する生物には、必ず Chl a' が微量存在する。
Chl c については、Chl c_1、Chl c_2、Chl c_3、Chl c_F の他にも多くの分子種が発見されているが、普遍性の観点からこのリストには記載していない。
◎はその分類群に属する多くの種に多量に存在するもの、○は必ずしも多くの種に存在するとは限らないが系統学的に特徴的なものを示す。

17

1. クロロフィルと光合成

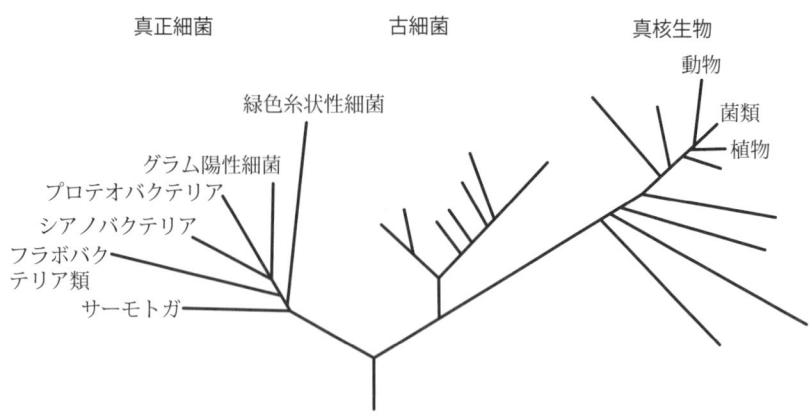

図1-10　16S rRNAまたは18S rRNAを指標にした系統樹

らの排水溝中で見つけられたものであり、紅色光合成細菌の一種に分類される。

この他に、ヘリオバクテリア、緑色硫黄細菌には電子受容体となる特異なクロロフィルが存在する。それらの基本骨格はバクテリオクロリンπ系ではなくクロリンπ系である。その量はRCと化学量論的に存在するが、緑色硫黄細菌では電子受容体として機能する以上に含量が多い。過剰に存在する色素の機能は必ずしも明確ではない。

光合成細菌間の系統性は必ずしも明解にはなっていない。解析に用いる指標によって複数の系統関係が考えられるためである。もっとも一般的な 16S rRNA（真核生物にあっては 18S rRNA）の塩基配列を指標とした場合（図1-10）、嫌気的な緑色硫黄細菌が始原的であり、紅色非硫黄細菌への進化が起こったと考えられる。嫌気的なヘリオバクテリアの系統的な位置は、紅色非硫黄細菌に近いと考えられる指標とむしろシアノバクテリアに近いと考えられる場合とがあり、今後の解析を待たねばならない。

1-3-3　シアノバクテリア

シアノバクテリア（藍藻）は、原核酸素発生型光合成生物であり、クロロフィルの変異が大きい。大半の種は Chl *a* のみを含むが、Chl *b* をもつ種、Chl *d* をもつ種、Chl *a* と Chl *b* の側鎖の一部が変わり、ビニル基を二つもつジビニルクロロフィル *a*（DV-Chl *a*）とジビニルクロロフィル *b*（DV-Chl *b*）をもつ種がある。*Acaryochloris marina* は Chl *d* を主要なクロロフィルとしてもつ（コ

コラム2　Chl *d* の再発見

　Chl *d* は 1943 年にアメリカの Manning と Strain によって紅藻の2番目のクロロフィルとして報告された。しかし、細胞当たりの存在量が少ないこと、定量的に存在しないこと、紅藻の種類によって存在する種と存在しない種があることなどから、その存在は必ずしも支持されなかった。1959 年、Chl *d* が Chl *a* の分解産物中に見出されたことにより、Chl *d* は天然には存在しない分子種と考えられるようになり、歴史から消された。しかし 1996 年、宮下らによって Chl *d* を主要な色素とするシアノバクテリア *Acaryochloris marina* がパラオで発見された（Miyashita *et al.*, 1996）。さらに 2004 年、村上らによって紅藻の葉状体表面から Chl *d* をもつシアノバクテリア *Acaryochloris* spp. が兵庫県淡路島で単離された（Murakami *et al.*, 2004）ことで 1943 年の報告は正しかったことが証明された。一度はクロロフィルの研究の歴史から消された分子が、再び日の目を見ることになった。この発見には日本人研究者の大きな貢献があった。

コラム3　一次共生と二次共生

　光合成生物の進化の中で起こった二つの大きな不連続な過程（図 **1-11**）。一次共生はシアノバクテリアが真核生物と共生し葉緑体を誕生させた過程を呼ぶ。二次共生は、葉緑体を獲得した紅藻などが他の真核生物と共生し、新しい分類群の生物を誕生させた過程を指す。この二次共生で誕生したのが Chl *c* をもつ褐藻、珪藻などである。ただし、光合成細菌が真核生物と共生し、ミトコンドリアが誕生した過程に関しては特別な名前が付けられているわけではない。

　一次共生、二次共生を経て、光合成生物の多様性が増していった。図 **1-12** には現存する光合成生物の進化の道筋をモデルとして描いている。細胞内の分子系統マーカー（例えば 16S rRNA、18S rRNA）などを指標にした系統樹（図 **1-10**）とは大きく異なるが、共生という観点から見ると異なる生物の姿が見えてくる。

1. クロロフィルと光合成

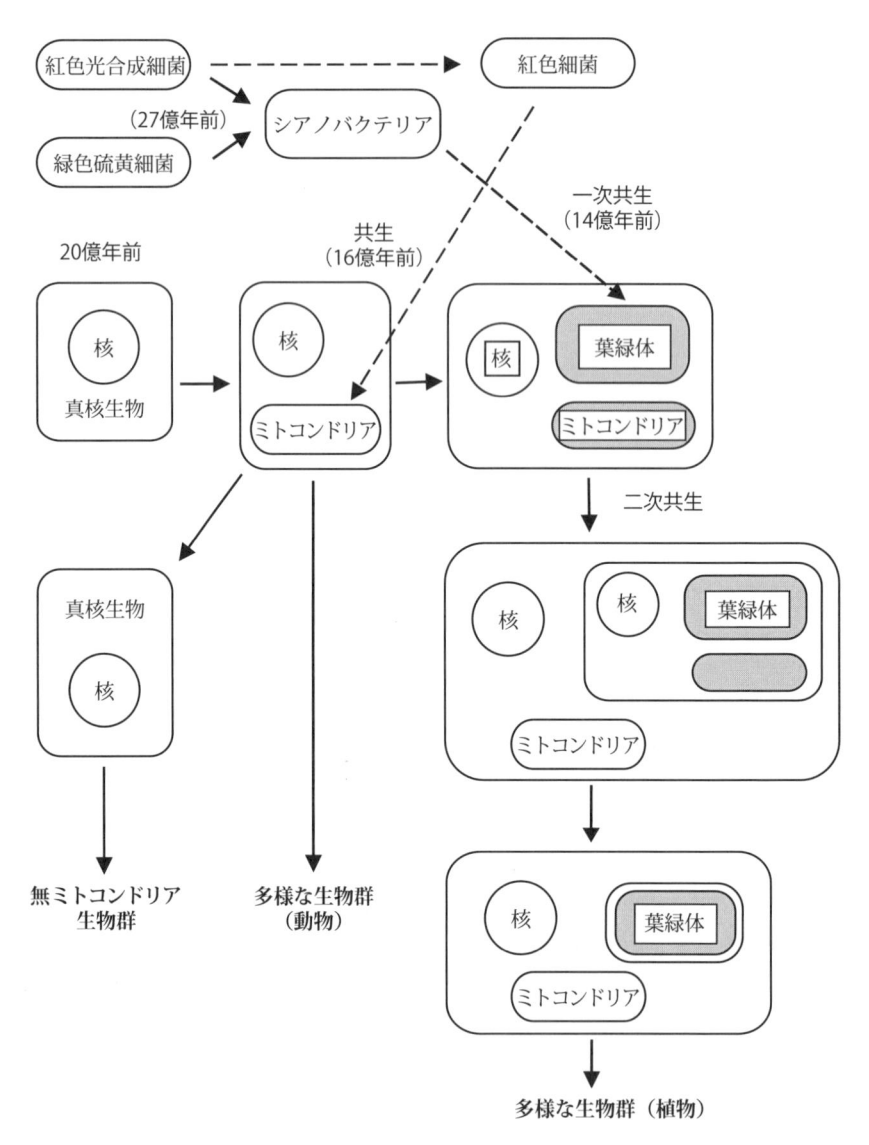

図1-11　一次共生と二次共生

ラム2参照）が、わずかの量の Chl a、その他に Chl c と同じπ電子系をもつジビニルプロトクロロフィリド a(DV-PChlide a)をもつ。これらを総合すると、シアノバクテリアは6種のクロロフィルが存在する系統的に稀な系統群ということができる。おそらくこの性質は、その誕生との関連があると考えられる。光合成細菌からシアノバクテリアへの進化過程に関しては謎が多い。さらに時を経てシアノバクテリアは、一次共生（コラム3参照、図 1-11、図 1-12）と呼ばれる真核生物との共生過程を経て葉緑体になった。

2010年、Chl f と呼ばれる色素が発見されたとの報告がなされた（Chen et al., 2010）。しかし、その存在や機能を含めて詳細が確認されるまでには時間を要するものと考えられる。

1-3-4　酸素発生型光合成生物

酸素発生型光合成生物にはクロロフィルが存在する。海洋性シアノバクテリア Prochlorococcus 種が DV-Chl a をもつという例外を除いて、必ず Chl a が存在する。Prochlorococcus 種は太平洋での大きな生産性に寄与することが知られ、マスとしてとらえれば一次生産性に大きく寄与しているといえる。また、クロロフィルの分布は生物の系統性の指標として使うこともできる。以下に、特徴的な分布について記す。

真核藻類は系統的に多様性の大きな群であるが、一般的には Chl a のみを含む紅藻、灰色藻、Chl a と Chl b を含む緑藻が、一次共生で誕生した一つの大きな系統群であり、二次共生で誕生した Chl c を含む他の系統群（褐藻、珪藻、不等毛藻類など）と大別される。特に Chl c を含む系統群は、その誕生が二次共生（コラム3参照；図 1-11、図 1-12）という過程を経たもので、大きく性質が異なっている。陸上植物は緑藻の一つのグループから誕生したもので、分類系統群としては大きなものではないが、地上のバイオマスの大きさから地球規模での生産性や、人間への食料供給を考えるときにはきわめて重要な意味をもつ。図 1-12 は現在知られている光合成生物の共生過程の模式図である。これらの過程すべてが証明されているわけではないが、きわめて有力な仮説として多くの研究者に受け入れられている。

1-3-5　植物の光合成器官以外での蓄積

植物の中で、葉の光合成器官の他にもクロロフィルを蓄積する種は多い。花

1. クロロフィルと光合成

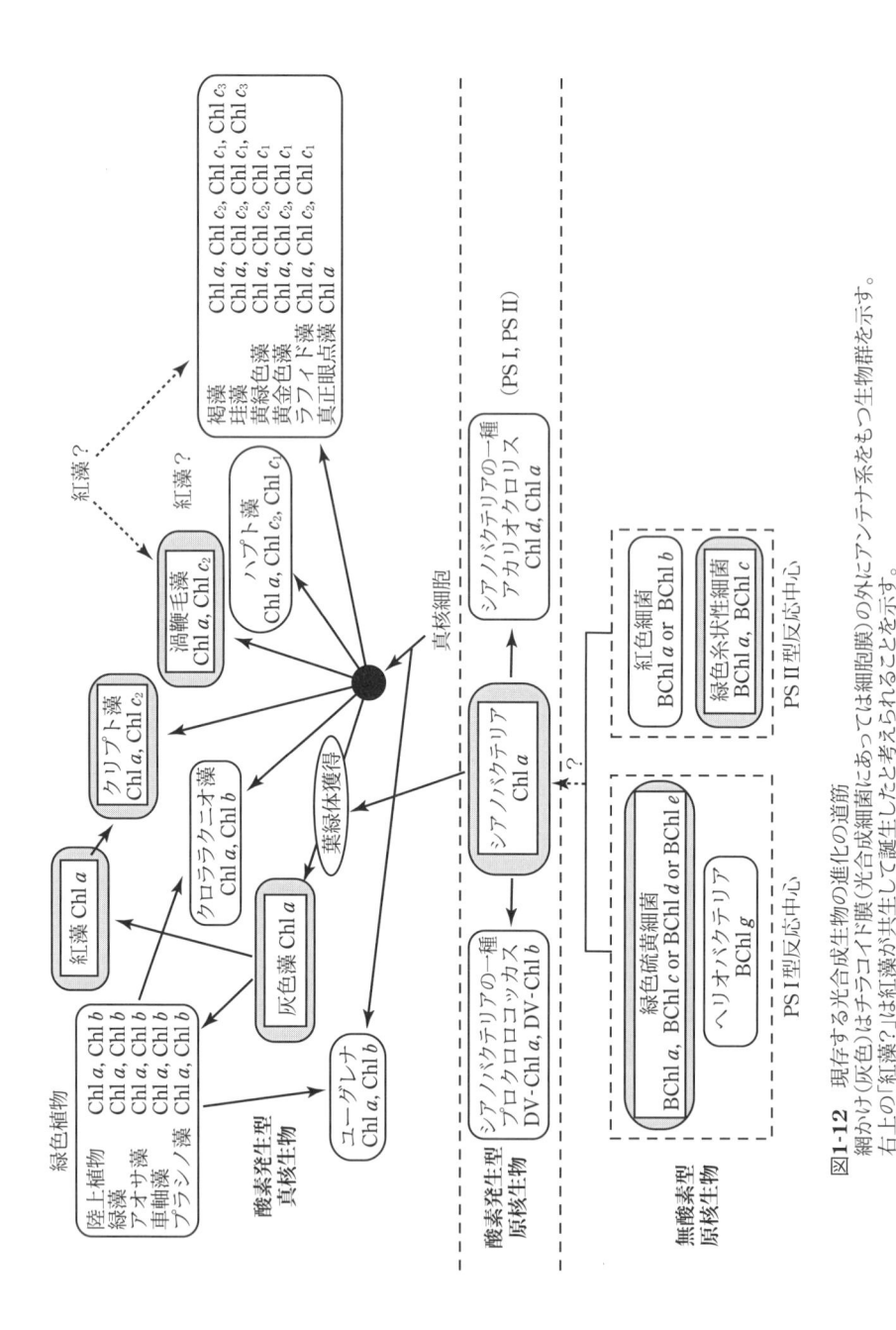

図1-12 現存する光合成生物の進化の道筋
細かけ（灰色藻）はチラコイド膜（光合成膜）の外にアンテナ系をもつ生物群を示す。右上の「紅藻?」は紅藻が共生して誕生したと考えられることを示す。

1-3 クロロフィルの分布

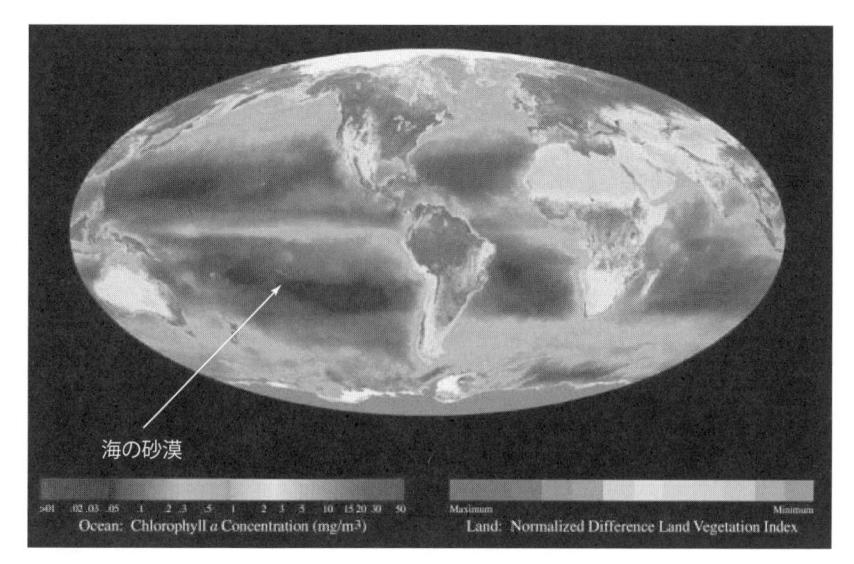

海の砂漠

Ocean: Chlorophyll a Concentration (mg/m³)　　Land: Normalized Difference Land Vegetation Index

図1-13　人工衛星からの映像による地球の第一次生産性の推定
　人工衛星を使って、地球上からのクロロフィルの蛍光強度を測定することにより、地球の第一次生産性の推定がされている。陸上だけでなく、海洋についても同様の測定がなされ、地球全体が対象となっていることに注目することが重要である。(Rutgers大学のWebサイトより)

弁、顎、果皮、茎などの緑色は多くの場合クロロフィルに由来する（口絵⑤⑥⑦参照）。それらは該当する種の代謝系の特異性を反映するものであり、生物学的に重要な指標となる（Dawson, 2009）。

1-3-6　非光合成細菌

　光合成をしない細菌にもクロロフィルを発見することができる。好気性光合成細菌と呼ばれる一群は、紅色細菌の近縁種で、光合成をしないが BChl a をもつ。海洋で発見される紅い色をした細菌の多くはこの仲間であり、日本近海でも数多く発見されている。それらの種の多くは、元来光合成能をもっていたが、進化の途上で光合成能を失い、色素だけを保持した生物と考えられている（Harashima *et al.*, 1978）。現在、この好気性光合成細菌は、海洋、とくに亜熱帯海域での一次生産（二酸化炭素固定量；図 1-13）への大きな寄与があると考えられており、地球の生産性という観点から注目されている。

1-3-7 動物

貝類（軟体動物）の有意な数の種は海藻を餌として食べ、クロロフィルを途中まで分解して消化管に蓄積していることが知られている。アワビ、サザエの中腸腺が緑色を呈しているのは代謝中間体（フェオフォルバイド）が蓄積しているためである（口絵④参照）。同様の現象が数種の貝類において知られている（Trench, 1993）。また蚕は桑の葉を食べ、中間代謝物を蓄積している。中腸線からクロロフィリドを結合したタンパク質が分離され、近年の分析では3種類の赤い蛍光を発するタンパク質が存在するとされている。蛇足ながら、天蚕（ヤママユガ）がつくる繭は緑色を呈しているが、その色素はクロロフィルの中間代謝物ではなく、青色の色素と黄色の色素の混在によってもたらされていることが近年判明している（Sunagar et al., 2008）。

1-3-8 バイオマーカー

クロロフィル、もしくはその分解途上の化合物は、土中などに蓄積されることが起こり、特定の地質時代の分子バイオマーカーとして利用される場合もある。その組成や量などを分析することにより、その時代に生きた生物種や生産活動についての情報を得ることができる。蛇足ながら、キノンや脂質を構成する炭化水素も同じ目的に使われることがあり、それらの組み合わせによって、解明の精度が上昇する。

1-4　今後の展望

1-4-1　結晶構造と反応機構

今後、光合成におけるクロロフィル研究の方向として、エネルギー変換過程である光化学反応中心複合体での電子移動機構の解明がもっとも重要であると考えられる。これに続いて、アンテナ系の構築、エネルギー移動過程の解析、エネルギー移動機構の解明へと向かうと考えられる。これらの解析の前提となるのが結晶構造解析であり、構造の解明なしには議論は進まない。また構造が明らかになった後でも、個々の色素の状態を知るためには、タンパク質との相互作用、クロロフィル間の相互作用などを知ることのできる方法論、例えば分光学が必要となってくる。現在までに結晶構造が知られているクロロフィルを含むタンパク質を表 1-2 に示す。その数は年とともに増えており、情報量は

表 1-2 現在、結晶構造が知られている光合成関連の
タンパク質とタンパク質集合体

光合成細菌（シアノバクテリアを除く）
　光化学反応中心（RC）（アミノ酸の置換体を含む）
　光化学反応中心複合体（RC-LH1）
　アンテナ複合体（LH2）
　アンテナ複合体（FMO タンパク質）
　PufX
　High-Potential Iron-Sulfur protein

シアノバクテリア
　光化学反応複合体（PS I）
　光化学反応複合体（PS II）
　チトクロム b_6f 複合体
　チトクロム c_6
　Fd-NADP reductase
　Psb27
　PsbP
　NblA
　アンテナ複合体（フィコシアニン）
　アンテナ複合体（アロフィコシアニン）
　アンテナ複合体（フィコエリスリン）

酸素発生型光合成生物（シアノバクテリアを除く）
　チトクロム b_6f 複合体
　チトクロム c_6
　プラストシアニン
　PsbQ
　アンテナ複合体（ペリディニン−クロロフィル複合体）
　アンテナ複合体（フィコエリスリン 545）
　アンテナ複合体（LHC II）
　C-terminal processing 酵素
　beta-carboxysomal gamma-Carbonic Anhydrase（CcmM）
　RuBisCO

格段に増加している。こうした傾向は今後も続くと予想される。同時に、複合体間の厳密な相互作用の解析の重要性も増す。

　クロロフィルの合成・分解に関しても、様々なアプローチが考えられる。合成・分解の酵素学、その遺伝子と発現調節に関しては比較的短時間の間に全容が明らかになるのではないかと予想される。しかし、クロロフィル代謝は植物の代謝としてきわめて重要であり、かつその代謝産物の量が多いこととも相ま

って、代謝中間体が何かの信号源であるとか、遺伝子発現調節の因子として働く可能性がある。それらは現時点ではほとんど知られていないが、今後の展開が期待される。

1-4-2 利用・応用

現在、クロロフィルの多様性はかなり知られるところとなった。しかし、海洋生物がもつ光合成色素の多様性は我々の想像を超えたものがある。したがって、まずは多くの生物において多様性を十分に調べることが必要となる。色素の多様性は、同時に合成系の多様性を物語る。合成系は基本的にはほぼ解明されているが、側鎖の修飾には未知の酵素が関与する可能性がある。また、理論的には我々がその存在を予測している分子種が、未だに発見されていないという事実もある。こうした分子種を知ることは重要である。何故なら、現在我々が知っている光反応系が唯一ではないということを証明するものであり、それによって新しい反応系、反応様式、反応機構の解明へと展開し、やがてはそれらを含めた普遍的な理解に到達する可能性があるからである（三室, 2008）。

クロロフィルは光合成における色素という枠を超えて今後利用されることも考えられる。現在すでに光線力学治療（Photodynamic therapy；PDT）へも応用され、癌や悪性新生物の治療に使われている（**2-4-3** 項参照）。合成した色素は毒性面から使いづらいこともあるので、治療には生物起源の色素を使うことが多く、生物の多様性を探り、未知の光合成生物から微量成分などを単離精製して利用することなどがきわめて重要となる。こうした医療への応用はクロロフィルの色素としての可能性を大きく高めるものである。一方で、美容や健康食品としてクロロフィルが使われることがあるが、効能は別として、その科学的根拠が明確にされている事例は多くはない。

1-4-3 環境問題への貢献

21世紀は環境問題が国際的な課題として取り上げられ、我々の存続を掛けた取り組みが必要とされる。地球温暖化の議論では、最初に考えなければならないことは地球の生産性（二酸化炭素固定量）であり、炭素循環のもっとも基礎となるデータである。ここではクロロフィルの物性が議論の対象となるのではなく、光合成の生産性が問題となる。

21世紀後半の大問題はエネルギー問題である。化石燃料のうち、石油の枯渇が憂慮されている。石炭は依然として残るものの、エネルギー獲得の容易さを考えると石油に代替できるエネルギー源が求められる。それは必然的に太陽に向かう。

　地球上に存在する化石燃料の起源を考えると、それは光合成産物の蓄積であり、地中に蓄積された電子のエネルギーである。エネルギーの獲得のためには、太陽エネルギーを直接的に電気エネルギーに変換する方法と、一度は生物の反応系を使った後に電気とは異なる形態のエネルギーにする方法がある。後者の例として、水素発生、バイオエタノール生産、などがある。こうしたエネルギー獲得方法も今後は重要となるであろう。また、油分を蓄積することが知られる藻類の培養も一つの方法である。現在の発電施設から放出される二酸化炭素を直接培養槽に導き、温度と二酸化炭素を供給する設備を整えるならば、培養の効率を上げることも可能となる。太陽エネルギーを一度は生物を使って変換し、それをさらに安定な形態へと変化させる方法は将来的に有望であろう。

　太陽電池の効率を上げる一つの方向性として、クロロフィルを光増感剤として使う方法があり、電池の開発の初期からの構想として挙げられていた（**2-4-1**項参照）。しかし、その化学的安定性を考えると使うことのできる材料とは必ずしもなってはいない。だが、今後の人類の持続的発展を考えると考慮の対象にすべき課題である。色素増感型太陽電池の開発は今後の大きな開発動向といえる（Wang and Tamiaki, 2010）。

1-4-4　地球の生産性の見積り

　地球上の第一次生産性を正しく見積もる方法はけっして容易ではない。多くの場合、モデルを立て、そのシミュレーションに必要なパラメーターをできるだけ正確に求め、モデルに適用して全体の生産性を求めている。そのモデルは比較的単純なものから、多数のパラメーターを使う複雑なものまで各種有り、精度も様々である。後述するように（**2-4-4**項参照）、クロロフィルの蛍光を人工衛星からモニターすることによって、地球の生産性を見積もる方法がある（Håkanson and Blenckner, 2008；Meroni *et al.*, 2009。図 **1-13** も参照）。いずれにしても、クロロフィルは地球の生産性の直接の指標であり、その重要性は揺るがない。

第1章のまとめ

　この章では、クロロフィルの研究の歴史から、現在知られる分子種を網羅的に述べ、さらに生物種での分布、それを基にした光合成生物の進化系統性について概観した。とくに、混乱を招きやすい化学構造と分子の名称の違いや、将来発見されるかもしれない分子種についても述べた。さらに、クロロフィルのもつ様々な可能性、すなわち地球進化や地球環境モニター・改善等の地球科学や、癌検知や抗癌作用等の医療面での応用、などを概観することにより、この分子が単に化学や生物学的な興味よりも遙かに大きな可能性をもつ物質であることまで認識を高めてもらうことに腐心し、この著の紹介とした。

第1章の参考文献

三室　守（2008）これからの光合成研究－生物物理の視点から．生物物理，**48**：88-96.

Bryant, D. A., Costas, A. M. G., Maresca, J. A., Chew, A. G. M., Klatt, C. G., Bateson, M. M., Tallon, L. J., Hostetler, J., Nelson, W. C., Heidelberg, J. F. and Ward, D. M.（2007）*Candidatus Chloracidobacterium thermophilum*：an aerobic phototrophic acidobacterium. *Science*, **317**：523-526.

Chen, M., Schliep, M., Willows, R. D., Cai, Z.-L., Neilan, B. A. and Scheer, H.（2010）A redshifted chlorophyll. *Science*, **329**：1318-1319.

Dawson, T. L.（2009）Biosynthesis and synthesis of natural colours. *Color Technol.*, **125**：61-73. [**Review**]

Frolov, D., Marsh, M., Crouch, L. I., Fyfe, P. K., Robert, B., van Grondelle, R., Hadfield, A. and Jones, M. R.（2010）Structural and spectroscopic consequences of hexacoordination of a bacteriochlorophyll cofactor in the *Rhodobacter sphaeroides* reaction center. *Biochemistry*, **49**：1882-1892.

Håkanson, L. and Blenckner, T.（2008）A review on operational bio-indicators for sustainable coastal management-Criteria, motives and relationships. *Ocean Coastal Management*, **51**：43-72. [**Review**]

Harashima, K., Shiba, T., Totsuka, T., Shimidu, U. and Taga, N.（1978）Occurrenceof bacteriochlorophyll *a* in a strain of an aerobic heterotrophic bacterium. *Agric. Biol. Chem.*, **42**：1627-1628.

Kräutler, B.（2008）Chlorophyll breakdown and chlorophyll catabolites in leaves and fruit. *Photochem. Photobiol. Sci.*, **7**：1114-1120. [**Review**]

Meroni, M., Rossini, M., Guanter, L., Alonso, L., Rascher, U., Colombo, R. and Moreno, J.（2009）Remote sensing of solar-induced chlorophyll fluorescence: review of methods and applications. *Remote Sensing Environ.*, **113**：2037-2051. [**Review**]

Miyashita, H., Ikemoto, H., Kurano, N., Adachi, K., Chihara, M. and Miyachi, S. (1996) Chlorophyll *d* as a major pigment. *Nature*, **383**: 402.

Murakami, A., Miyashita, H., Iseki, M., Adachi, K. and Mimuro, M. (2004) Chlorophyll d in an epiphytic cyanobacterium of red algae. *Science*, **303**: 1633.

Oba, T. and Tamiaki, H. (2005) Effects of peripheral substituents on diastereoselectivity of the fifth ligand-binding to chlorophylls, and nomenclature of the asymmetric axial coordination sites. *Bioorg. Med. Chem.*, **13**: 5733-5739.

Ohashi, S., Iemura, T., Okada, N. Itoh, S., Furukawa, H., Okuda, M., Ohnishi-Kameyama, M., Ogawa, T., Miyashita, H., Watanabe, T., Itoh, S., Oh-oka, H., Inoue, K. and Kobayashi, M. (2010) An overview on chlorophylls and quinones in the photosystem I-type reaction centers. *Photosynth. Res.*, **104**: 305-319. [Review]

Sasaki, S., Mizoguchi, T. and Tamiaki, H. (2006) Gallium(III) complexes of methyl pyropheophorbide-*a* as synthetic models for investigation of diastereomerically controlled axial ligation towards chlorophylls. *Bioorg. Med. Chem. Lett.*, **16**: 1168-1171.

Sunagar, S. G., Lakkappan, V. J., Ingalhalli, S. S., Savanurmath, C. J. and Hinchigeri, S. B. (2008) Characterization of the photochromic pigments in red fluorescent proteins purified from the gut juice of the silkworm *Bombyx mori* L. *Photochem. Photobiol.*, **84**: 1440-1444.

Tamiaki, H., Shibata, R. and Mizoguchi, T. (2007) The 17-propionate function of (bacterio) chlorophylls: biological implication of their long esterifying chains in photosynthetic systems. *Photochem. Photobiol.*, **83**: 152-162. [Review]

Trench, R. K. (1993) Microalgal-invertebrate symbioses: a review. *Endocytobiosis Cell Res.*, **9**: 135-175. [Review]

Wakao,N., Yokoi, N., Isoyama, N., Hiraishi, A., Shimada, K., Kobayashi, M., Kise, H., Iwaki, M., Itoh, S., Takaichi, S. and Sakurai, Y. (1996) Discovery of natural photosynthesis using Zn-containing bacteriochlorophyll in an aerobic bacterium *Acidiphilium rubrum*. *Plant Cell Physiol.*, **37**: 889-893.

Wang, X.-F. and Tamiaki, H. (2010) Cyclic tetrapyrrole based molecules for dye-sensitized solar cells. *Energy Environ. Sci.*, **3**: 94-106. [Review]

2 クロロフィルの化学

2-1 光物性

　クロロフィルは、大環状π電子系を骨格として有しているために、その電子遷移に伴う吸収帯が可視から近赤外領域にまでわたっている。このために、太陽光を効率よく吸収することが可能となり、その光エネルギーによって励起されたクロロフィルが、光合成におけるエネルギー変換を担うことになる。ここでは、クロロフィルの基本的な光吸収を、その分子構造と関連させて述べることにする（Hoober *et al.*, 2007；Tamiaki and Kunieda, 2010）。

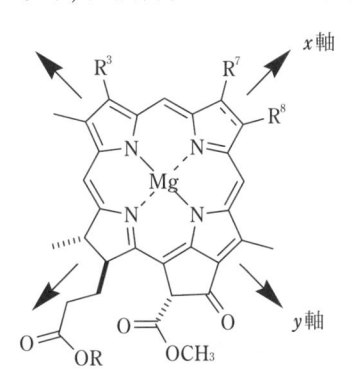

　クロロフィルを含むπ共役したテトラピロールであるポルフィリン化合物は、長波長側からQ帯とB帯（もしくはソーレー (Soret) 帯）の二つの吸収帯を有している。クロロフィル分子はその構造の非対称性のために、Q帯とB帯の両方がさらに二つに分裂して、長波長側からQy、Qx、By、Bx帯を与える。ただし、By、Bxの帰属に関しては完全には決まっていない。このxとyは分子における遷移モーメントに対応しており、図2-1で示されるような分子における直交したx軸とy軸にほぼ平行である（Linke *et al.*, 2010）。これらの四つの吸収帯において、さらに振動構造が見られ、各吸収帯に (0,0)、(0,1)、(0,2)…を付けて区別している。(0,0) 吸収帯がもっとも長波長側で、より高い振動

図2-1　クロロフィルの分子構造と遷移モーメント

構造準位に励起される吸収帯ほど短波長側にシフトしていくことになる。すなわち、(0,0)、(0,1)、(0,2)…の順で短波長側に吸収帯が移動することになる。

なお第2章、第4章、第5章においては、分子軸についてはx軸、y軸と小文字で表記する。遷移モーメント（x,y）については立体の小文字を使うが、とくに下付にはしない。また、吸収帯（Q帯、B帯）は立体で表記する。振動構造については立体の小文字を使うこととする。したがって、Qy(0,1)遷移、Qx帯などと表記される。必ずしも用例が多いわけではないが、この表現は微量成分（Chl a'やPhe aなど）にも適用される。これらの表現は、最近、クロロフィルを研究する有機化学者、生物学者の間でもっとも一般的に使われているが、厳密な命名規定があるわけではない。

クロロフィル分子は様々な官能基を有するために、その実際の光吸収スペクトルは複雑であるが、簡単のために、まず孤立分子（単量体）における吸収帯について以下に述べることにする。

2-1-1 π骨格

クロリン骨格を有するChl aを極性有機溶媒に溶かすと、その溶媒によく分散して単量体として存在するようになる。このような溶液は、大きなQy帯とソーレー帯を可視部に与え、その吸収帯の間に小さなQx帯を与えることになる（図2-2b）。この大きなQy(0,0)帯の短波長側には、小さなQy(0,1)帯が観測される。バクテリオクロリン骨格を有するBChl aも、極性有機溶媒中で単量体になり、類似の吸収帯を与える（図2-2c）。その違いは、Qx帯が比較的大きくなることと、Qy帯が長波長側に、ソーレー帯が短波長側にシフトすることである。バクテリオクロリン型π電子系は、クロリン型π電子系よりも、π共役度が下がっているにも関わらず、最長吸収波長帯が長波長側にシフトすることは大変興味深い。一般的なπ電子共役系有機化合物は、π共役度が増大することによって光吸収端を長波長シフトさせている。つまり、エチレンよりもブタジエンが、ベンゼンよりもナフタレンの方が長波長の光を吸収できるようになる。このルールに則れば、共役度の高いクロリン型分子が、共役度のより低いバクテリオクロリン型分子よりも長波長シフトした最長波長吸収帯（Qy帯）を有することになる。しかし、実際には、その逆となっている。バクテリオクロリン型分子では、クロリン型分子の7－8位の二重結合が単結合になることで（図2-2右下）、よりy軸方向にπ電子系が偏在し、このためにQy帯

2-1 光物性

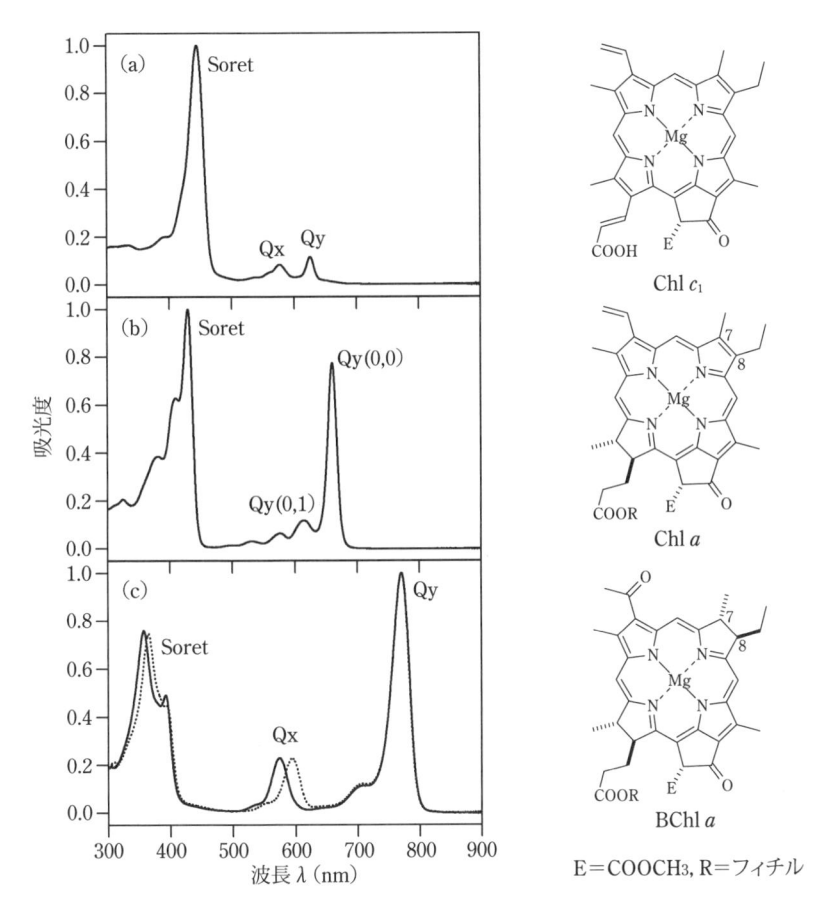

図2-2 吸収スペクトル
(a)クロロフィルc_1、(b)クロロフィルa、(c)バクテリオクロロフィルa。実線はジエチルエーテル中で、点線はテトラヒドロフラン中。

が長波長シフトしたと説明できる。π共役度の減少にも関わらず、Qy帯が大きく長波長シフトしている点は、分子の対称性が吸収帯に大きく影響を与える系として興味深い。ポルフィリン骨格を有するChl c_1では（図2-2右上）、π電子系の対称性が高くなるためにy軸方向へのπ電子系の偏在が減少し、さほど大きなQy帯は見られなくなり、Qx帯と同程度の大きさまで小さくなる（図2-2a）。さらに、π共役度の増大に伴い、前述の予想通りにQy帯が短波長シフトするようになる。

2-1-2 置換基

クロロフィルの光吸収スペクトルは、π共役系の違いによる変化以外に、そのπ共役系に直結した官能基によっても影響を受ける。Chl *a* の7位のメチル基をホルミル基にすると Chl *b* になるが（図2-3）、この酸化によって Qy 帯の短波長シフトと強度の減少、ならびにソーレー帯の長波長シフトが見られる（付録Ⅱ①参照）。この置換基変化で、7位を含む *x* 軸上での共役系が伸張し、相対的に *y* 軸上の共役系が減少することになる。そこで、上記のような吸収スペクトルが変化したと説明ができる。BChl *c*（7-メチル体）から BChl *e*（7-ホルミル体）の変化でも同様の変化が見られる（付録Ⅱ③参照）。

Chl *a* の3位のビニル基をホルミル基にすると Chl *d* になるが、この酸化によって Qy 帯とソーレー（By）帯の長波長シフトが見られる（付録Ⅱ①参照）。この電子求引能の増大（ビニル→ホルミル基）で、3位にある *y* 軸上へのπ電子共役系がより偏在し、*y* 軸に対応する吸収帯が長波長シフトしたと説明できる。BChl *g*（3-ビニル体）から BChl *b*（3-アセチル体）でも類似の変化が見られる（付録Ⅱ②参照）。さらに、Chl *a*（3-ビニル体）から BChl *d*（3-(1-ヒドロキシエチル)体）による Qy 帯とソーレー帯の短波長シフトも（付録Ⅲ参照）、13^2 位のメトキシカルボニル基のなくなる効果が一部あるものの、*y* 軸上でのπ共役の減少によるということで説明が可能である。このような3位上でのπ共役度の変化による吸収変化が、紅色細菌のペリフェラルアンテナでも見られる。つまり、構成色素である BChl *a*（図2-3右下）の3-アセチル基のπ系がバクテリオクロリンπ系平面から大きくねじれてπ共役しづらくなり、そのような色素分子（回転配座異性体）では、通常の BChl *a* よりも Qy 帯の短波長シフトが観測されている。

BChl *d* の20位をメチル化することで BChl *c* が得られるが、このメチル化によって Qy 帯とソーレー帯がともに長波長シフトする（付録Ⅱ③参照）。メチル基の電子的な効果も一部あるが、主として次のような立体的な効果でこの長波長シフトを説明できる。20位のメチル基の導入で、隣接した2位と18位のメチル基との立体反発が生じて、π共役平面が歪むことになる（図2-3上中）。その結果、π電子準位が変化して長波長シフトするようになったと考えられる。同じメチル化でも、BChl *c*、BChl *d*、BChl *e* の同族体における 8^2 位や 12^1 位のメチル化ではπ共役系に直接関与しないために、単量体の吸収スペクトルに

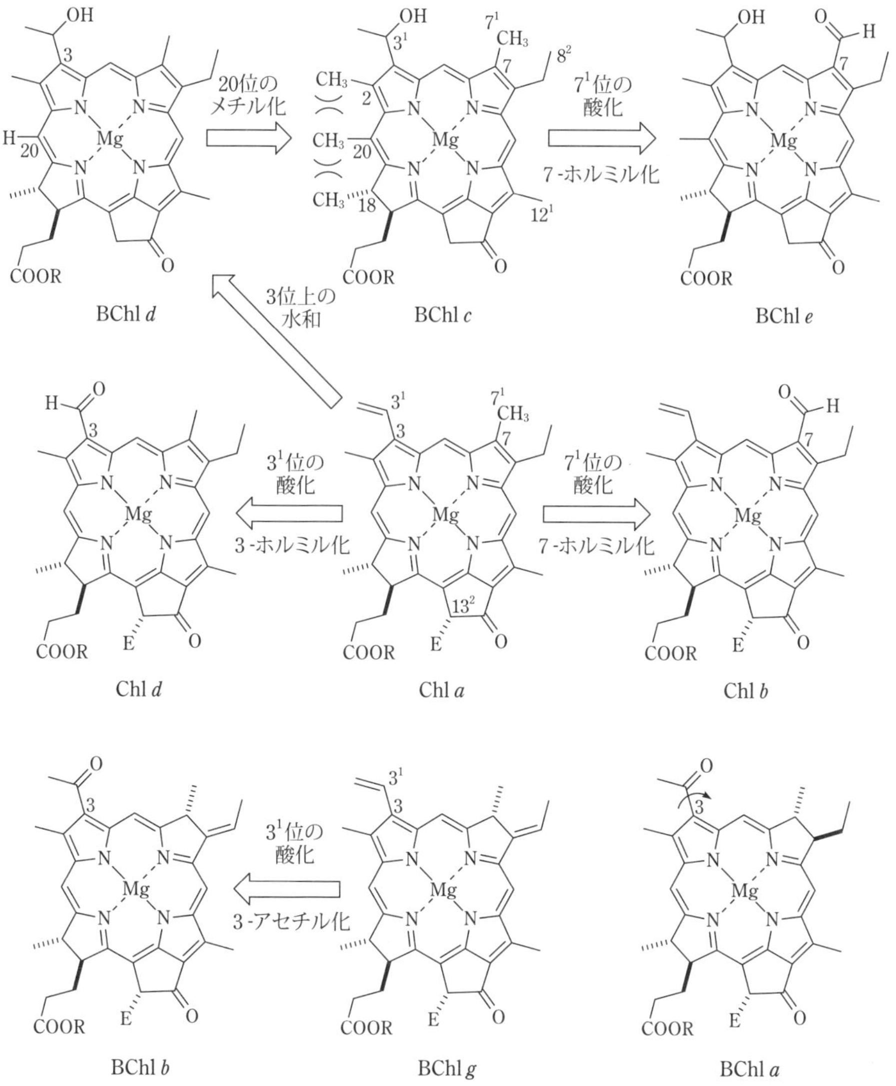

2-1 光物性

図2-3 クロロフィル類の分子構造（E＝COOCH₃）

ほとんど影響を与えない。π共役系に直接関与しないという意味では、BChl c、BChl d、BChl e での 3^1 位の立体配置変化（R体とS体）や、通常体とプライム体での 13^2 位の立体配置変化も、それらのエピマー体の吸収スペクトルにほとんど影響を与えない（**2-1-5項参照**）。

2-1-3 配位（分子間相互作用）

クロロフィルの中心金属（通常は Mg）への配位も、吸収スペクトルに影響を与える。**1-2-4** 項で述べたように、中心 Mg は常にアキシアル配位子を少なくとも一つ有しているが、その結合力は配位子に大きく依存している。弱い配位子では、Mg は π 平面から少ししか浮いていないが、強い配位子ではピラミッド型錯体となり、π 平面から大きくずれてくる（図 **2-4**）。そのために、強い配位子による 5 配位型錯体では、π 共役平面への摂動が大きく、吸収帯が短波長シフトすることになる。きわめて強い配位子が系内に大量にあると 6 配位錯体になり、Mg が π 共役平面内に戻ってくるようになり、そのような短波長シフトは解消される。この配位によるシフトはとくに Q_x 帯で顕著であり、Q_x 帯の吸収強度の大きいバクテリオクロリン骨格を有する分子では、配位による Q_x 帯のシフトによって、その配位状態を確認しやすい（図 **2-2**c 参照：ジエチルエーテル中で 5 配位、テトラヒドロフラン中で 6 配位）。さらに、中心 Mg 金属を失ってフェオフィチンになると、吸収スペクトルは大きく変化する。その変化は場合に依存し、一概にその違いを述べることはできない。例えば、Chl *a* が Phe *a* に変換されると、Q_y 帯は少し長波長シフトし、Q_x 帯とソーレー帯は短波長シフトする（付録Ⅱ④参照）。比較的 Q_x 帯が大きくなるので、溶液の色も緑色から黒っぽい色に変化する。逆に Phe *a* をマグネシウムや亜鉛のような 2 価金属イオンで錯体化すると、緑っぽい色に溶液が変化するので、金属錯体形成が容易に判断できる。一方、BChl *a* が BPhe *a* に変換されると、すべての吸収帯が短波長シフトする（付録Ⅱ⑥参照）。

配位以外にも、様々な分子間相互作用によって、クロロフィルの吸収スペクトルは変化する。例えば、テトラピロール π 共役系に直結したカルボニル基（3-ホルミル基、3-アセチル基、7-ホルミル基、13-ケト基など）に水素結合がな

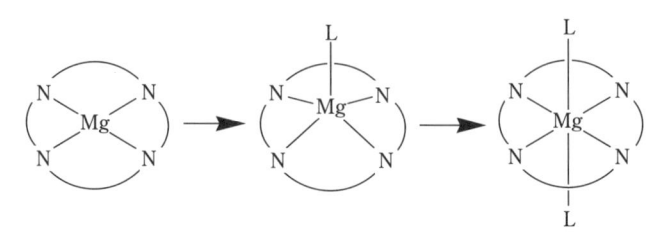

図2-4　クロロフィルへのアキシャル配位

されると、吸収スペクトルに変化が現れる。このとき、同じカルボニル基でも 17 位上のエステルカルボニル基は π 共役系に直結していないので、水素結合を受けても単量体の吸収スペクトルに変化がほとんど見られない。クロロフィル分子周辺の環境も、吸収スペクトルに大きな影響を与える。均一溶液中での溶媒効果はもちろんのこと、オリゴペプチドを含む高分子内に固定化された場合には、基底状態と励起状態における電子状態の安定化の差が大きく現れ、それぞれの電子準位に大きな影響を与えるので、吸収スペクトルが大きく変化する。とくに電荷を含む極性官能基が近傍にあるときには、大きな影響が見られることがある。

2-1-4 会合体形成

これまで、クロロフィル分子の単量体の吸収について述べてきたが、以下ではクロロフィルの多量体（会合体）の吸収スペクトルについても触れてみる。

クロロフィルは、大きな π 平面をもつ化合物であるので、π－π 相互作用によって容易に会合して多量体を形成する性質を有している。一般に、クロロフィル分子が溶液中で自己会合する場合には、その会合度を制御することは難しく、様々なサイズの会合体（多量体）が形成されることになる。そして、会合体同士が集合して巨大な集積体を形成すると、その巨大集積体の溶解度が低下し、不溶性の固体物質を与えるようになる。したがって、クロロフィル分子が自己集積すると、通常はその構成している会合体（多量体）の不均一性から吸収帯が幅広になり、また 100 nm を超えるような巨大集積体の形成に伴う光散乱のために短波長側で吸収強度の増大（ベースラインの上昇）が見られるようになる。

一方、規則正しくクロロフィル分子が会合して多量体を形成する場合には、

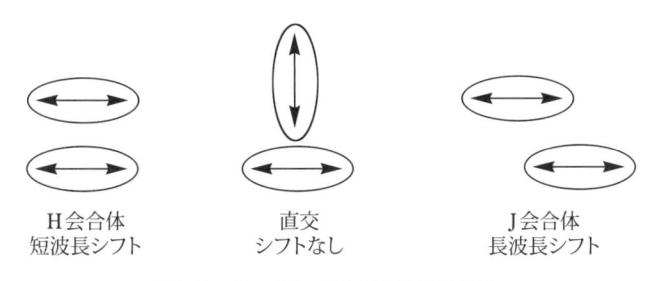

図2-5 クロロフィル分子の二量体構造

その超分子構造に対応した吸収スペクトルを与えるようになる。たとえばクロロフィル分子同士が分子軸を揃えて、完全にπ平面を重なり合わせて二量体（H型）を形成すると（図 2-5 左）、その分子軸に沿った遷移モーメントの励起子相互作用により、その吸収帯の短波長シフトが見られる。たとえば、y 軸同士を揃えた H 型二量体では、大きな吸収帯である Qy 帯が短波長にシフトするようになる。H 型二量体を形成するクロロフィル分子の一方をその分子平面内で 90°回転させると（図 2-5 中）、分子間での遷移モーメントの相互作用がなくなり、吸収スペクトルは変化しなくなる。また、H 型二量体を形成するクロロフィル分子の一方を、その分子軸に沿ってπ平面に関してずらすと（図 2-5 右）、長波長シフトした吸収帯が見られるようになり、J 型二量体を形成するようになる。理論的な取り扱いは、**3-6-1** 項参照のこと。

以上のように、クロロフィル分子の配置によって、多量体の吸収スペクトルは大きく変化するが、π平面同士が近接するほど励起子相互作用は大きくなり、そのシフト値は増大する。また、会合に関与するクロロフィル分子の数が増えるにつれて、上記の励起子相互作用による変化は増大し、シフト値は大きくなる。たとえば、光合成細菌の反応中心で見られるスペシャルペアは、バクテリオクロロフィル分子の J 型二量体であり、単量体よりも長波長シフトした Qy 帯を有している。また、紅色細菌の光合成アンテナである LH1 や緑色細菌の光合成アンテナであるクロロゾームでは、構成するバクテリオクロロフィル分子が J 型多量体を形成して、長波長シフトした Qy 吸収帯を与える（クロロゾームの構造と機能については **2-1-6(3)** 項参照）。

2-1-5　偏 光 性

ほとんどのクロロフィル分子には、不斉炭素原子が存在するために、その不斉に基づく光吸収の摂動を偏光分光法によって観測することができる。ここでは、円偏光二色性（CD）スペクトルについて少し述べてみることにする。

Chl *a* には、13^2 位と 17 位と 18 位に不斉炭素原子が存在しているが、その炭素原子は、環状テトラピロールのπ共役系には直接関与していない。したがって、可視部における吸収スペクトルには大きな影響を与えておらず、可視部における CD スペクトルにおいても、小さなピークを与えるのに留まっている（図 **2-6a** の実線）。しかし、13^2 位における立体異性体である Chl *a*′ は、その立体反転に伴いわずかであるがπ平面に変化が生じて、より大きな CD ピーク

2-1 光物性

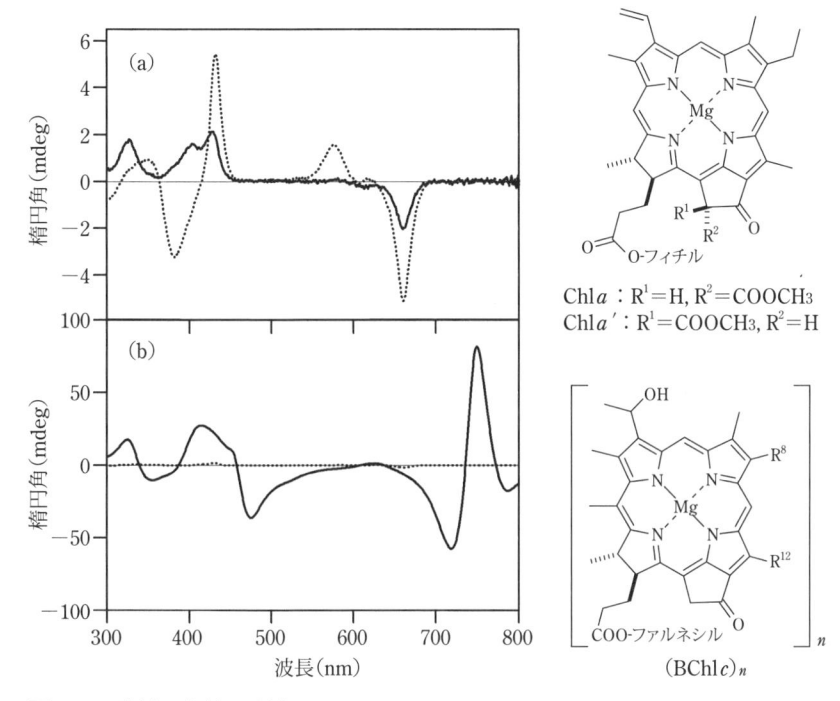

図2-6 円偏光二色性スペクトル
(a)ジエチルエーテル中でのクロロフィルa(実線)とクロロフィルa'(点線)のCDスペクトル。
(b)緩衝水溶液(50mM Tris-HCl, pH=8.0)中での*Chlorobium tepidum*由来のクロロゾーム(実線)とジエチルエーテル中でのその構成バクテリオクロロフィルc(点線)のCDスペクトル。点線はベースラインとほぼ等しく、観測されにくいので注意すること。

Chl$a$: R^1=H, R^2=COOCH$_3$
Chla' : R^1=COOCH$_3$, R^2=H

(BChl$c$)$_n$

を与えるようになる（図 2-6aの点線）。この変化は吸収スペクトルに影響を与えるほどのものではないが、CDスペクトルでは比較的大きな影響を与えるので、13^{2}位のエピマー化によるプライム体の形成の検出に威力を発揮する。

単量体におけるクロロフィル分子のCDスペクトルは、さほど大きなものではないが、励起子相互作用が生じるような系では、大きなCDスペクトルを与えるようになる（図 2-6b）。クロロフィル分子系で大きなCDスペクトルを与える系は、励起子相互作用が生じている可能性が高く、その超分子構造の解析にも大いに役立つ。また、オリゴペプチドのような不斉な環境にクロロフィル分子が固定化されると大きなCDスペクトルを与えるようになる場合もある。

2. クロロフィルの化学

2-1-6 電子遷移

クロロフィル分子が光を吸収すると、基底状態の電子が様々な、より電子準位の高い状態に励起される。最終的には熱緩和によって最低励起一重項電子状態（S_1 状態）に落ち着くことになる（図2-7）。クロロフィルの S_1 状態は、単量体として孤立していれば、光（蛍光）を発して基底状態（S_0 状態）に戻るか、熱を放出して基底状態（S_0 状態）に戻るか、最低励起三重項電子状態（T_1 状態）に変化することになる。この単量体のクロロフィル S_1 状態は、上記のような変化を受けるものの、室温下の溶液中で数ナノ秒の寿命を有しているので、近傍に反応しうる種が存在すると、様々な反応をするようになる。ここではまず、S_1 状態について概観したうえで、その反応性を述べる。その後で T_1 状態についても触れる。

（1）励起一重項状態

クロロフィルは様々な吸収帯を有しており、Qy 帯、Qx 帯の吸収によって生じる励起状態が S_1 状態であり、ソーレー帯の吸収によって生じる励起状態が S_2 状態である。高エネルギー状態である S_2 状態からは直ちにより低エネルギーの S_1 状態へと変化し、高い振動構造状態からはもっとも低い振動構造状態の励起エネルギー準位へと変化する。したがって、もっとも吸収波長の長いQy(0,0) 帯に対応する励起状態まで緩和することになる。この状態から蛍光を発することが可能であり、その発光スペクトルを観測することができる（ただし、実験の時間分解能の向上によって、S_1 状態より高い励起状態からの蛍光

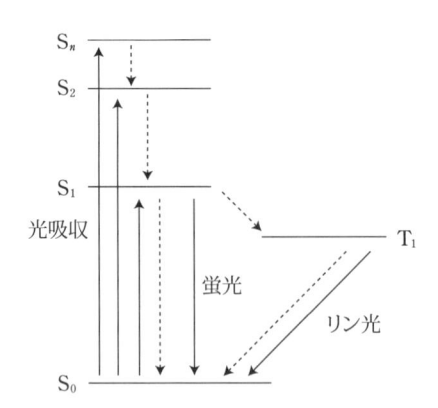

図2-7 クロロフィルの光励起時のエネルギー準位図
実線の矢印は光の吸収・放出、点線の矢印は熱放出。

2-1 光物性

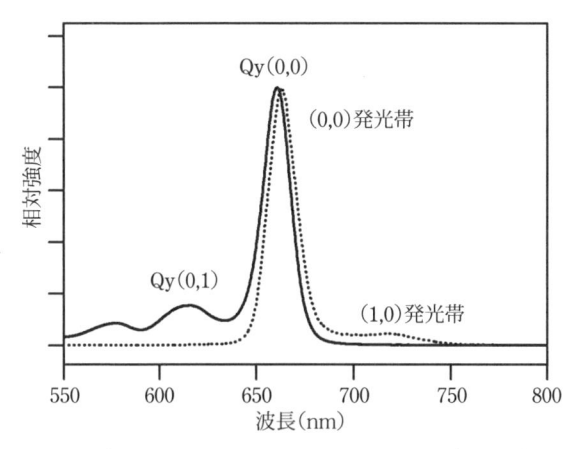

図2-8 ジエチルエーテル中のクロロフィル a の吸収(実線)と発光スペクトル(点線:429 nm 励起)

も観測されている)。吸収スペクトルとの鏡像の関係の発光スペクトルを与えて、通常大きな (0,0) 発光帯とその長波長側に振動構造に由来する小さい (1,0) 発光帯が見られる(図 2-8）: (1,0) 発光帯が問題視されることはきわめて限定的であるため、ほとんどの場合、発光帯といえば (0,0) 発光帯を指す。Qy(0,0) 帯の吸収極大と (0,0) 発光帯の発光極大の差を、ストークスシフトと呼び、クロロフィルの単量体では、数 nm であることが多い（第 3 章コラム 1 参照）。S_1 状態のエネルギー準位は、Qy(0,0) 帯と (0,0) 発光帯とを同じ強度に描いたときのスペクトルの交わる波長に対応するが、通常のクロロフィルではストークスシフトが小さいことから、Qy(0,0) 帯の吸収極大で S_1 状態のエネルギーと考えてよく、サイトエネルギーと呼ぶことも多い。したがって、クロロフィルの S_1 状態を Qy(0,0) 吸収極大値で援用できるので、エネルギーレベルについては、すでに述べた分子構造と Qy(0,0) 帯との関係をもとにすればよい。その寿命は、構造との関連から予想することは通常難しいが、室温で数ナノ秒で、低温で十ナノ秒程度であることが多い。

　光励起されたクロロフィルの近傍に、その S_1 エネルギーよりも低い S_1 エネルギーを有する化合物が存在すると、励起エネルギーの移動が観測される。つまり、光励起クロロフィル分子 C^* が失活して基底状態 C に戻り、代わりに近傍の基底状態にあった化学種 B が励起状態 B^* になる（図 2-9 上）。このような過程を（励起）エネルギー移動といい、その理論的な取り扱いがなされてい

41

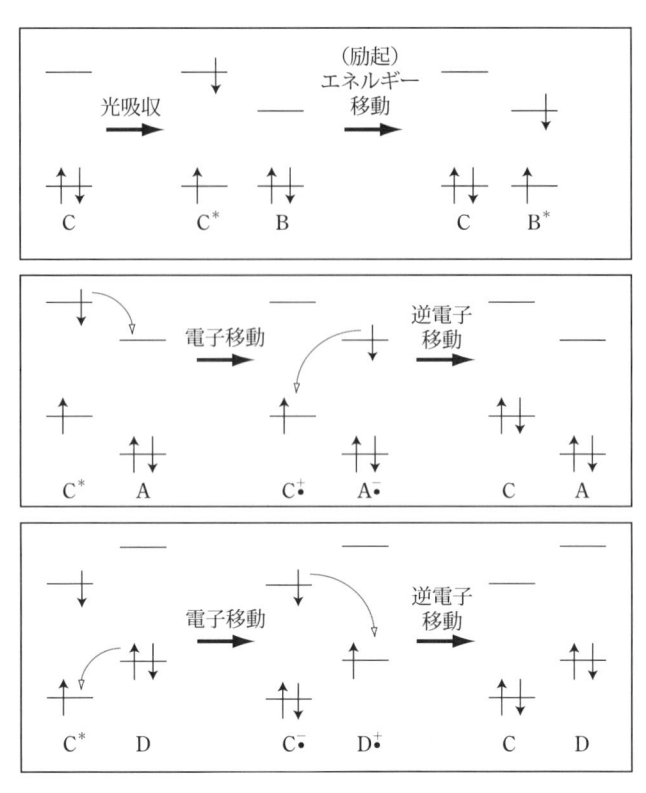

図2-9 光励起エネルギー・電子移動
A:電子受容体、B:(励起)エネルギー受容体、C:クロロフィル、D:電子供与体。＊は励起一重項状態を示す。

る（3-7-3項参照）。クロロフィルの励起一重項状態C^*は反応を起こすことも可能であり、とくに電子移動反応が重要である。たとえば近傍に一電子還元されやすい化合物Aが存在すると、クロロフィルのS_1状態（C^*）における励起準位の電子が、そのような化合物Aに電子を与えるようになる（図2-9中）。その結果、電荷分離状態$C^{+}_{\cdot}A^{-}_{\cdot}$が生じることになる。このような状態は不安定であるので、直ちに電子が逆に戻されて、クロロフィルの一電子酸化種$C^{+}_{\cdot}$（カチオンラジカル）から中性の基底状態Cが再生される。つまり、吸収された光エネルギーを失ったことになる。ただ、初発の電荷分離状態から、さらに後続反応（電子移動を含む）が進行すると、逆電子移動が阻止されることになる。一方、クロロフィルの光励起種C^*の近傍に、一電子酸化されやすい化合物D

が存在すれば、クロロフィルへの電子移動がまず起こることになる（図2-9下）。クロロフィルのS_1状態の寿命が十分に長いと、近傍の化学種とエネルギーや電子をやりとりしやすい。また、そのような化学種との距離が短ければ、同様にやり取りしやすい。

(2) 励起三重項状態

クロロフィルのS_1状態からは、かなりの高い確率でT_1状態に変化する（項間交差；図2-7参照）。励起されたT_1状態から基底状態（S_0）への失活は、電子スピンの反転が必要なために、電子スピンの変化を伴わないS_1からS_0状態への失活に比べて、かなり起こりにくい。つまり、T_1状態の寿命はかなり長いことになる（ミリ秒程度）。このためにクロロフィルのT_1状態からは、様々な反応が起こりやすい。（励起）エネルギーや電子移動はもちろんのこと、化学種との直接的な反応も起こりうる。（励起）エネルギー移動では、基底状態が三重項状態である酸素分子へ起こり、一重項酸素が生成しうる。このようにして生じた酸素分子の励起一重項状態は、大変反応性（活性）が高く、様々な酸化反応を誘起する。一重項酸素は生体内では厄介かつ危険な代物で、なるべく除去するような仕組みが施されている。たとえば、クロロフィルのT_1状態が生じそうな箇所には、その励起三重項状態から（励起）エネルギーを直ちに受け取ることが可能なカロテノイドが配置されていることが多い。三重項励起エネルギーを受け取ったカロテノイドは、その低エネルギー準位のためにもはや基底状態の酸素分子に三重項励起エネルギーを与えることができず、熱としてそのエネルギーを発して失活するので、厄介な一重項酸素の発生を阻止できる（4-1-3項参照）。

(3) 多量体の励起状態

ここまで、クロロフィル単量体の励起状態について述べてきたが、その多量体の励起状態についても以下で述べる。

クロロフィル多量体の吸収スペクトルについては、すでに2-1-4項で述べたとおりであり、その超分子構造によって、励起一重項状態のエネルギーレベルが変化する。クロロフィルを構成するテトラピロールπ電子系同士が近接すると、相互作用を生じることがあり、励起状態のエネルギーレベルとともにその寿命も変化することが多い。たとえばJ(H)型の二量体の場合（図2-5参照）、構成するクロロフィルのQy遷移双極子モーメント同士の相互作用のために、許容な励起状態のエネルギーレベルが低下（増大）し、吸収帯は長（短）波長

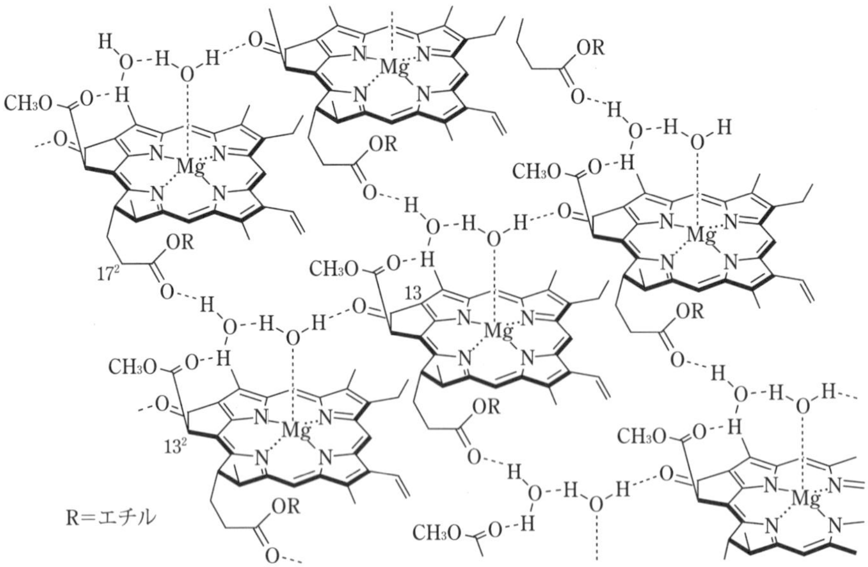

2. クロロフィルの化学

図2-10 エチルクロロフィリド*a*二水和物の集積体における超分子構造

シフトすることになるが、そのような励起状態の寿命は J 型、H 型を問わず溶液中では減少することが多い。これは、クロロフィルの二量体が比較的弱い分子間結合によって構築されているために、その分子振動によって励起状態から基底状態への熱的失活が活発化するためである。ただし、強固な二量体を形成することで、単量体における分子内での振動が抑制されて、熱失活過程が制限されるようになり、発光寿命が増大することもまれに見られる。

　Chl *a* は低極性有機溶媒や水中で集積しやすく、そのエチルエステル体の水分子を介した多量体の超分子構造が、結晶構造解析によって解明されている（図2-10；Chow *et al.*, 1975）。そのような多量体では、Chl *a* 誘導体の中心金属である Mg にまず水分子の酸素原子が配位し（配位結合）、その配位した水分子の一方の水素原子が、隣接した Chl *a* 誘導体の 13 位のケトカルボニル基と結合している（水素結合）。配位水のもう一方の水素原子は、もう一つの水分子と結合し、この水分子はさらに最初の分子の 13^2 位のメトキシカルボニル基のカルボニル基と隣接した第三の分子の 17^2 位のエステルカルボニル基とに結合している。このように、Chl *a* 誘導体分子が二つの水分子によって、一つの配位結合と四つの水素結合を通して、大きなネットワークを構築して多量体をつ

くり上げている。Chl *a* でも類似の水和多量体を構築しやすいと想像されている。これらの多量体は J 型の多量体であり、Qy 吸収帯が長波長側（740 nm 付近）に現れる。その蛍光発光はきわめて弱く、多数のクロロフィル分子が近接したことによる励起エネルギーの失活過程が生じたことを示している（濃度消光）。おそらく、多量体内にごく少量の構造欠陥が生じて、その部分での素早い励起エネルギー失活が生じるためであろうと考えられている。

一方、緑色細菌の主たる光合成アンテナであるクロロゾームにはクロロフィルの J 型多量体（J 型自己会合体）が存在しているが、そのような濃度消光は見られず、きわめて効率のよい（励起）エネルギー移動が多量体内の長距離（数十 nm 以上）にわたって生じていることが示されている（Oostergetel *et al.*, 2010）。その超分子構造については今のところ未解明であるが、多量体で通常見られる濃度消光がないことから、きわめて秩序だっていることが想像されている。また、クロロゾームのクロロフィル多量体（自己会合体）の吸収帯は長波長にシフトしていることから、構成しているクロロフィル分子（BChl *c*、BChl *d*、BChl *e*）が *y* 軸に沿って集積して、J 型多量体を形成していることも間違いない。さらに、そのような方向性の整った π−π 相互作用を形成させているのは、クロロフィル分子の中心金属である Mg への他のクロロフィル分子

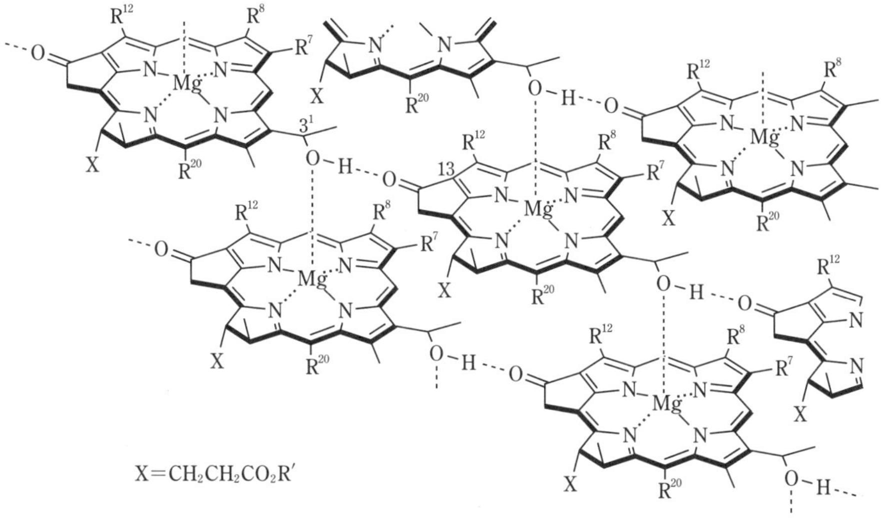

図2-11　クロロゾーム中でのクロロフィル多量体の超分子構造

の3^1位のヒドロキシ基の配位結合と、その配位したヒドロキシ基と第三のクロロフィル分子の13位のケトカルボニル基との水素結合であることが、多くのデータから示されている（図2-11；Saga et al., 2010）。クロロゾーム中でのクロロフィルのJ型多量体が、水分子を介してはいないものの、Chl a の水和J型多量体と超分子構造形成モチーフにおいて類似していることと、同じようなモチーフを用いながらJ型多量体の励起状態の寿命が大きく異なっていることは、大変興味深い。なお、BChl c、BChl d、BChl e が、水分子がなくても秩序正しい自己会合型のJ型多量体を形成するのは、3^1位に配位性のヒドロキシ基と、隣接したメトキシカルボニル基を欠くため、立体的に空隙のある（したがって相互作用のしやすい）13位のケトカルボニル基とを、特異的に分子内のy軸上に有しているためであり、このことは他のどのクロロフィル分子とも構造上異なっている点である。

2-2 化学反応性

マグネシウム錯体である天然産のクロロフィルは、溶液中で単量体として存在しているときには不安定であり、光、熱、酸素等の外的刺激によって容易に化学修飾される。そうした化学反応性について以下にまとめる。

2-2-1 エピマー化

多くのクロロフィルが、E環上にβケトエステル基を有しており、この部位がもっとも化学反応性に富んでいる。塩基が存在すると、13^2位の水素が脱プロトン化して、アニオンが発生する。このカルバニオンをプロトン化する際には、上下方向からの攻撃が可能であり、13^2位での立体反転（エピマー化）が見られ、プライム体が合成される（図1-2参照）。近傍の17位上の置換基との立体反発により、プライム体は比較的不安定であり、Chl a の場合で20%程度のエピマー化が溶液中での平衡状態で生じることになる。天然でもプライム体が機能性クロロフィルとして見出されるが（1-2-5項参照）、上記のように非酵素的に合成されているのか、酵素的に合成されているのかは、まだわかっていない。なお通常、鎖状のβケトエステル体では、エノール体が比較的安定であり、その存在が中性条件化でも確認されるものの、クロロフィルの中性溶液では、E環上のβケトエステル基についてはエノール体が確認されない。こ

れは、環状になっているために歪みがかかっており、エノール体が不安定化しているためである。

2-2-2 アロマー化

クロロフィルを生体から抽出する際に、メタノールを利用すると、13^2位にメトキシ基やヒドロキシ基が導入されることがある（図 **2-12**）。このような反応をアロマー化と呼んでおり、純粋なクロロフィルの単離精製にとっては厄介な問題になる。クロロフィルがメタノールに溶解している際に、塩基として機能する不純物が微量でも共存していると、容易に13^2位の脱プロトン化が起こり、このカルバニオンと酸素分子との反応により、一電子酸化が起こって13^2位上にラジカルが生成し、このラジカル種がメタノールと反応することで、最終的にメトキシ付加体が生じる。また、酸素分子が反応することで、ペルオキシドラジカルを経て、ヒドロキシ付加体が生じうる。さらには、ラジカル種に水分子が反応して、ヒドロキシ付加体が生じることもある。このような抽出の際の望ましくない反応は、クロロフィルの光励起による電子移動反応で促進されうるし、高温でも化学反応が促進されるので、暗所、かつ低温での生体からのクロロフィルの抽出が必要である。

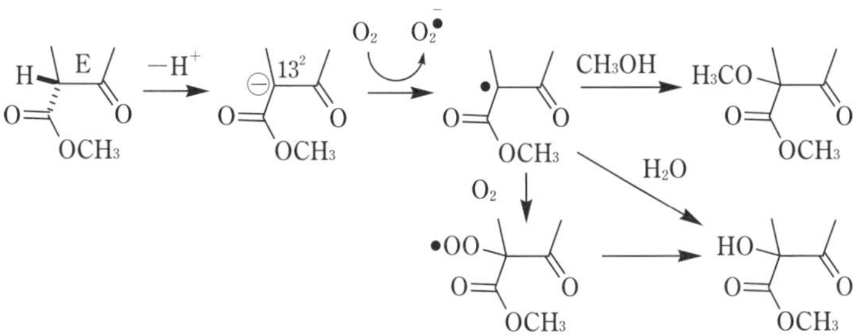

図**2-12** クロロフィルのアロマー化

2-2-3 フェオフィチン化

クロロフィルは酸性条件下で、容易に中心金属である Mg イオンを脱離させて、フェオフィチンに変換される（フェオフィチン化）。これは、水素イオンの窒素原子への攻撃によって開始されるが、中心マグネシウムへのアキシアル配位子を介したプロトン化でも起こりうる。酸による亜鉛イオンの脱離は、マグネシウムよりも起こりにくく、モデル錯体として多用されている。フェオフ

ィチン化は、溶媒や酸性度だけでなく、環周辺の置換基によっても大きく影響を受ける。たとえば、7位にホルミル基が導入されると、その電子的効果によって酸によるフェオフィチン化が大きく抑制される。

2-2-4 π骨格変化

BChl *a* の7－8位の単結合は、17－18位の単結合よりも不安定で、容易に酸化されてクロリン環へと変換される（図 **2-13** 上）。たとえば、空気中でBChl *a* 溶液を放置すると、徐々に3位がアセチル化された Chl *a* に変換される。また、8位にエチリデン基を有する BChl *b*, BChl *g* は、酸性条件下で容易に異性化して、それぞれ安定なクロリン環（3-アセチルクロロフィル *a*, Chl *a*）へと変換される（図 **2-13**）。

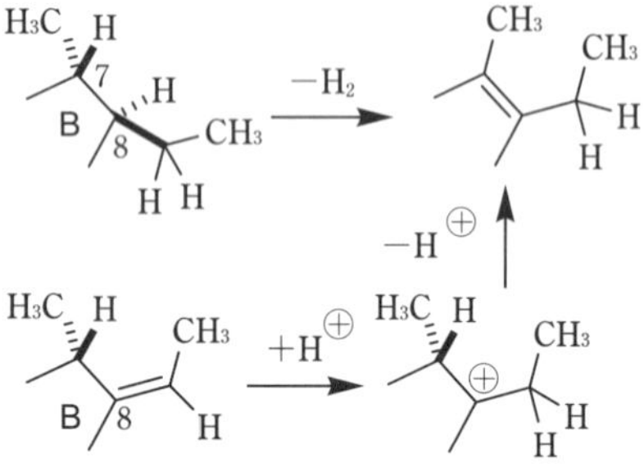

図**2-13** バクテリオクロロフィル*a*の酸化によるクロリン化（上）とバクテリオクロロフィル*b*や*g*の異性化によるクロリン化（下から上）

2-2-5 酸化還元

クロロフィル分子は、大環状のπ共役系化合物であるので、一電子酸化や還元を受けやすい。電気化学的にその酸化や還元電位を測定すると、Chl *a* よりも Chl *b* の方が、酸化されにくく、還元されやすい。これは、7位のメチル基が電子求引性のホルミル基に変換されることによる置換基効果で説明が可能である（図 **2-3** 参照）。同様の理由で、Chl *a*（3-ビニル基）よりも Chl *d*（3-ホルミル基）の方が、酸化されにくく、還元されやすい。また、（バクテリオ）クロロフィル（マグネシウム錯体）よりも、（バクテリオ）フェオフィチン（フリーベース体）の方が、酸化されにくく、還元されやすい。一方、Chl *d*（3-ホルミル基）よりも BChl *a*（3-アセチル基）の方が、酸化も還元もされやすい。

これは、クロリン環化合物よりもバクテリオクロリン環化合物の方が、酸化や還元を受けやすいためと考えられる。

以上の酸化還元挙動は、クロロフィル類の溶液中の単量体における測定値であるが、自己会合体（多量体）になると、その値が大きく変化しうる。たとえば、Chl *a* 誘導体の H 型二量体（**2-1-4** 項参照）が、対応する単量体よりも酸化されやすいことが知られている。これは、二量体における π 系の拡張によって、酸化されやすくなったということで説明できる。天然の光合成反応中心で見られる二量体（スペシャルペア）でも、酸化されやすいことが知られているが、これも同様に説明できる。

2-2-6 分子軌道法による電子遷移状態の説明

これまで、光吸収や酸化還元能を定性的に述べてきたが、ここからは分子軌道法を用いて、簡単に説明する。

分子において電子が関与した諸現象は、電子が収容される分子軌道を用いて説明することが可能である。分子を構成している原子は、それぞれその原子に固有の電子をもっている。たとえば、中性状態の炭素原子は 6 個の原子を持っており、その数は原子番号と一致している。分子は構成原子の全電子を有することになり、その総電子と同じだけの数の分子軌道をもっている（構成原子の各占有軌道の線形結合に基づく）。たとえば、メタンは炭素原子（6 電子保有）が 1 個と水素原子（1 電子保有）が 4 個とからなるので、総電子数は 10 となり、分子軌道も 10 個あることになる。すべての電子が分子を構成する上で重要になってくるわけではなく、原子核からみてもっとも外側にある電子（最外殻電子）が原子間の結合に関与し、電子のやり取りに関わってくる。つまり、内側にある電子（内殻電子）は、分子軌道を考えるときには無視してよいことが多い。それでも、クロロフィルのような複雑な分子では簡単に分子軌道を正しく描ききることが容易でないことは、想像に難くない。

分子には、その総電子数に対応した数の分子軌道が存在するが、その軌道には固有のエネルギー準位があり、低いエネルギー準位の軌道から電子が収容されていく。また、各軌道には 2 個の電子が収容できるので、エネルギー準位の低い方から高い方にかけての半分の軌道に電子が占められていくことになる。エネルギー準位の高い半分の軌道は電子の収容されていない空軌道となる。電子の収容されている軌道の中でもっともエネルギー準位の高い軌道のこと

図2-14 光励起のエネルギー図

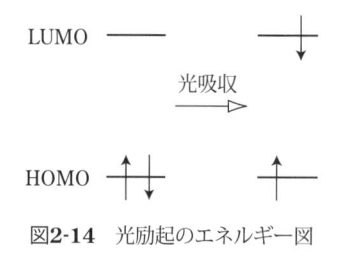

を、最高被占分子軌道（HOMO；Highest Occupied Molecular Orbital）と呼び、電子の収容されていない空軌道の中でもっともエネルギー準位の低い軌道のことを、最低空分子軌道（LUMO；Lowest Unoccupied Molecular Orbital）と呼ぶ（図 2-14；3 章 3-3-2 項参照）。分子における電子のやり取りを含む光吸収や酸化還元能に関しては、この HOMO と LUMO とを使うことで、一義的には説明することが可能である（詳細に解析を行う際には、それ以外の分子軌道も考慮する必要がある）。

クロロフィルで重要な性質である光の吸収は、電子遷移に伴う現象であり、HOMO にある 2 個の電子の内の一方が、光エネルギーを吸収して、LUMO に移動するということで生じることになる（図 2-14）。つまり HOMO と LUMO のエネルギー差に応じた光を吸収して励起状態に遷移することなる。この光吸収は、最低の電子エネルギー遷移に基づくので、実際の吸収スペクトルの最低エネルギー（最長波長）側の $Q_y(0,0)$ 帯に対応することになる。1 分子の吸収では、1 個の電子遷移であるために、1 本の線のような吸収になる。通常の溶液中での光吸収では、多数の分子が存在するために、分子の環境や分子自身の構造の微小な乱れなどによって、すべての分子がまったく同じ吸収帯を与えるのではなく、あるエネルギー分布をもって吸収をすることになる。このために、光吸収は線ではなく、帯状になる（このため吸収線ではなく吸収帯となっている）。

光の吸収では、HOMO と LUMO とのエネルギー差が重要な因子であり、その固有のエネルギー準位は関与してこない。光吸収に続く発光や（励起）エネルギー移動にも、絶対的なエネルギー準位は関係なく、その相対的なエネルギー差というものが重要となる。一方、ある分子から電子を 1 個奪ったり、与えたりするという酸化還元現象では、それらのエネルギー準位が重要な役割を果たすようになる。

分子を一電子酸化するということは、分子から 1 個電子を奪うことであり、もっとも電子を放出しやすいのは、エネルギー準位のもっとも高い HOMO の軌道にある電子ということになる。つまり、電気化学的に分子を酸化するためには、HOMO 軌道のエネルギー準位まで電位を下げればよいことになり、

2-2 化学反応性

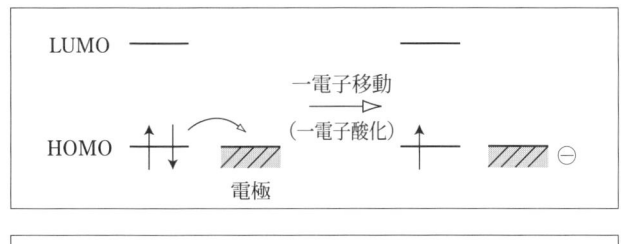

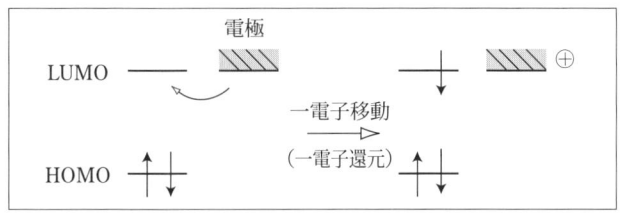

図2-15 電気化学的一電子酸化還元（移動）

HOMO 軌道のエネルギー準位が酸化電位に対応することになる（図 2-15 上）。逆に、分子を一電子還元するということは、LUMO の軌道に電子を 1 個注入することであり、電気化学的にはその準位まで電位を上げればよいことになり、LUMO 軌道のエネルギー準位が還元電位に対応することになる（図 2-15 下）。つまり、酸化還元電位を測定すれば、HOMO と LUMO のエネルギー準位を求めることが可能となる。さらに、そのエネルギー差は、$Q_y(0,0)$ 帯に対応することにもなる。

　光吸収は、HOMO と LUMO とのエネルギー準位差に対応するので、同じ Q_y 吸収極大値を与えるような異なるクロロフィル分子同士が、同じ HOMO と LUMO のエネルギー準位を有するとは限らない（つまり酸化還元電位は異なりうる）。HOMO と LUMO とのエネルギー準位が同じ方向に同じだけ移動すると、各エネルギー準位は異なるものの、エネルギー準位差に変化が生じないからである。

　最後に、光励起に伴う電子移動反応について分子軌道を用いて少し述べる。光励起電子移動反応は、光合成反応中心における光電変換においてもっとも重要な過程であるので、様々な手法を用いて詳細な検討が行われている。ここでは、HOMO と LUMO を用いた簡単な説明を行うことにする（図 2-9 参照）。基底状態の分子が光を吸収して最低励起状態になるということは、HOMO から LUMO への電子遷移に対応する。この光励起状態では、基底状態における

51

HOMO と LUMO とに一つずつ電子が収容されていることになる。この励起種から電子を1個奪う際には（一電子酸化）、その LUMO にある電子を奪えばよいことになる。つまり、基底状態における LUMO のエネルギー準位が、光励起種の酸化電位に対応することになり、基底状態よりも酸化しやすいことになる（HOMO レベルではなく、LUMO レベルまで電位を下げることでよいことになるため）。一方、この励起種に電子を1個与える際には（一電子還元）、HOMO の軌道に電子を注入すればよいことになる。つまり、基底状態における HOMO のエネルギー準位が、光励起種の還元電位に対応することになり、基底状態よりも還元しやすいことになる（LUMO レベルではなく、より低い HOMO レベルまで電位を上げることでよいことになるため）。

　光励起状態から生じた酸化還元種は、基底状態から生じた酸化還元種と同等であるが、光エネルギーを分子にあらかじめ投入しているために、より酸化還元しやすくなっていることに注目することが重要である。光合成反応中心では、クロロフィルの光励起種の電子供与性が増大して、近傍のクロロフィル分子への一電子移動が自発的に（発熱的に）生じる。つまり、光励起されたクロロフィル分子は酸化種（カチオンラジカル）となり、近傍のクロロフィル分子は還元種（アニオンラジカル）となる。この電子移動によって生じた酸化還元種の両方はその後続の電子伝達（リレー）を経て、中性種に戻される。酸化種での還元では、基底状態における HOMO の軌道への一電子注入が行われ、還元種での酸化では、基底状態における LUMO の軌道からの一電子奪取が行われることになる。

2-3　化 学 合 成

2-3-1　全 合 成

　構成ピロールの合成とそれらの環化四量化に伴う Chl *a* の全合成が、1960年に Woodward らによってなされている。そのような成果に対して、Robert B. Woodward は 1965 年にノーベル化学賞を単独受賞している。詳細は、論文（Woodward *et al*., 1990）を参照されたい。この合成は、複雑な立体構造を有する生理活性天然化合物を完全に有機合成したという意味で、同氏らによるビタミン B_{12} の全合成とともに、20 世紀の金字塔的な研究である。これら合成の過程で、様々な合成法や分析方法が見出された。とくに Woodward-Hoffmann

則と呼ばれるπ電子のペリ環状反応の選択則は、分子軌道法による化学反応機構の解釈に大きな影響を与えた。なお、その理論的な面に対して、Roald Hoffmannには福井謙一とともに、1981年のノーベル化学賞が授与されている（この受賞時にWoodwardはすでに他界しており、二度目の化学賞受賞とはならなかった）。

2-3-2　部分合成

天然産のクロロフィル類やその前駆体・誘導体を官能基変換して、他のクロロフィルを合成しようとする試みが、クロロフィル生合成系の解明とあいまって、いくつか進められている。中心にMg金属を有するクロロフィルは、化学的には不安定であり（**2-2-3**項参照）、完全なクロロフィル型Mg錯体の合成は、あまり行われていない。フェオフォルバイド類の合成までは行われるものの、その後のMg化や長鎖エステル基の導入については未完のものが多い。

また、クロロフィル生合成系に関わる酵素を用いて、クロロフィルを試験管内（*in vitro*）で合成しようとする試みも行われているが、多くはその合成をHPLCで確認できる程度の微量であり、化学合成といえる程の量（mg以上）を合成するまでに至っていないことが多い。以下には、7位のホルミル化と20位のメチル化に焦点を絞って述べることにする。

（1）7-ホルミル化

7位にホルミル基を有するクロロフィルには、Chl *b*、BChl *e*、BChl *f* がある。生体ではChl *a* の7-メチル基が酸化されて、Chl *b* が合成されることは知られている。このような位置選択的な酸化反応は、酵素反応のなせる技であるので、人工的に酸化してもそう簡単にはうまくはいかない。Chl *a* からChl *b* 誘導体（メチルフェオフォルバイド *b*）への有機合成化学的手法による合成経路を簡単に説明しよう（Inhoffen *et al.*, 1971）。

Chl *a* の中心マグネシウムを酸処理によって除去し（フェオフィチン化）、長鎖のフィチルエステルをメチルエステルに変換して、メチルフェオフォルバイド *a* をまず合成する。そして、E環を塩基のメトキシドアニオン処理によって開環して、クロリン e_6 トリメチルエステルを得る。これを原料として、電気化学的還元、光酸化、脱水、異性体分離、酸化を経て、7-メチル基がホルミル基に変換される（図**2-16**；正確な収率は論文に未記載であるが、1％よりもかなり低い）。最終的にE環へと閉環してメチルフェオフォルバイド *b* が合

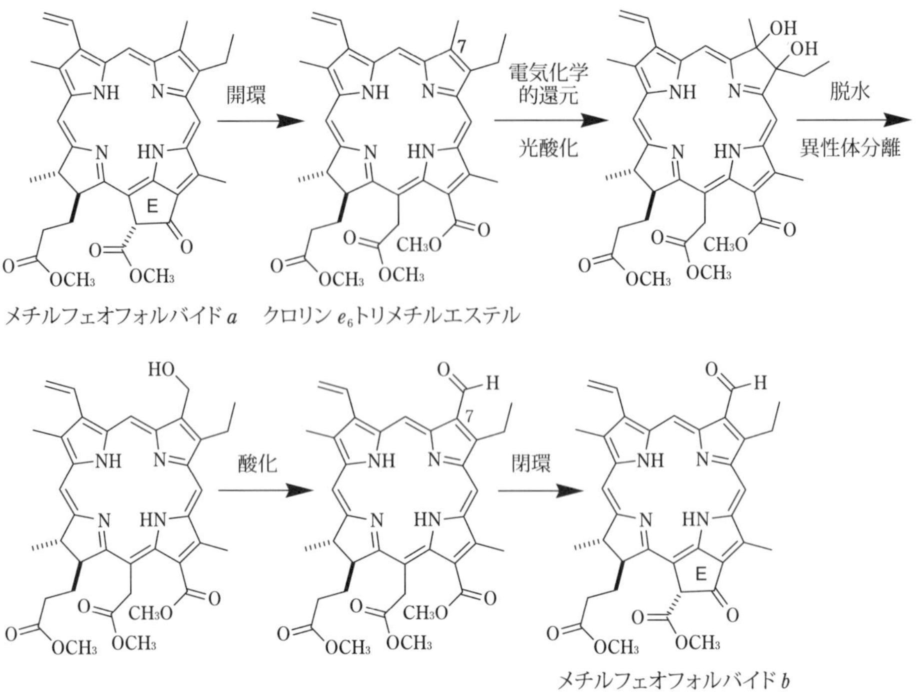

2. クロロフィルの化学

図2-16 クロロフィル a 誘導体の 7-メチル基の酸化（ホルミル化）による
クロロフィル b 誘導体の合成

成される。後は、フィチルエステル変換とマグネシウム化を行うことで、Chl b が合成できることになる。7-メチル基のホルミル基への変換反応のために、不安定な官能基（中心マグネシウムとフィチルエステルとメトキシカルボニル基を有する E 環）を除去することが必要になっていることに注目したい。

Chl a と Chl b の関係は、BChl c、BChl d と BChl e、BChl f との関係に対応している。そこで、BChl c、BChl d から BChl e、BChl f 誘導体（メチルバクテリオフェオフォルバイド e、メチルバクテリオフェオフォルバイド f）を合成しようとする試みもなされている（Tamiaki et al., 2003）。BChl c の各同族体を分離後、メチルバクテリオフェオフォルバイド c に変換する。これを原料として、酸化（収率約 50%）、脱水、異性体分離（収率約 10%）、酸化（収率約 50%）を経て、7-メチル基がホルミル基に変換される（図 2-17；最終的な収率として 2～3%）。E 環上に不安定化要素のメトキシカルボニル基がない

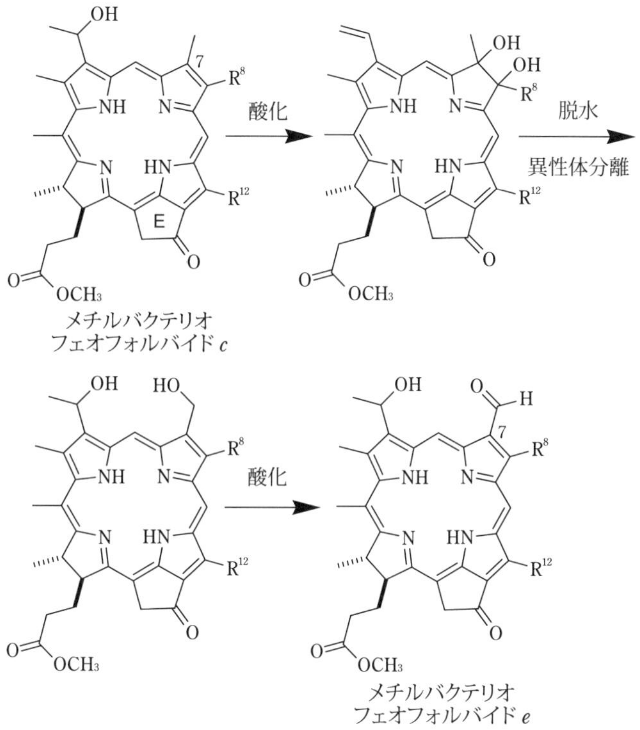

図2-17 バクテリオクロロフィル c 誘導体の7-メチル基の酸化（ホルミル化）によるバクテリオクロロフィル e 誘導体の合成

ために、E 環の保護を行う必要がない点に注目したい。同様にして、分離した BChl d 同族体（20 位が H）から、対応したメチルバクテリオフェオフォルバイド f も合成されている（図 2-18；20 位にメチル基がない点だけが図 2-17 と異なる）。合成されたメチルバクテリオフェオフォルバイド f は、ファルネシルエステルにしてから、マグネシウムの挿入によって BChl f にも変換されている。天然からは未発見である BChl f を人工的に合成できるわけである。

(2) 20-メチル化

20 位にメチル基を有するのは、BChl c、BChl e である。緑色光合成細菌の生合成系では、S-アデノシルメチオニン（SAM）をメチル化剤として、BchU と名付けられた酵素によって、20 位のメチル化が行われている。生合成経路における基質についてはまだ確定していないが、試験管内（生体外）での酵素

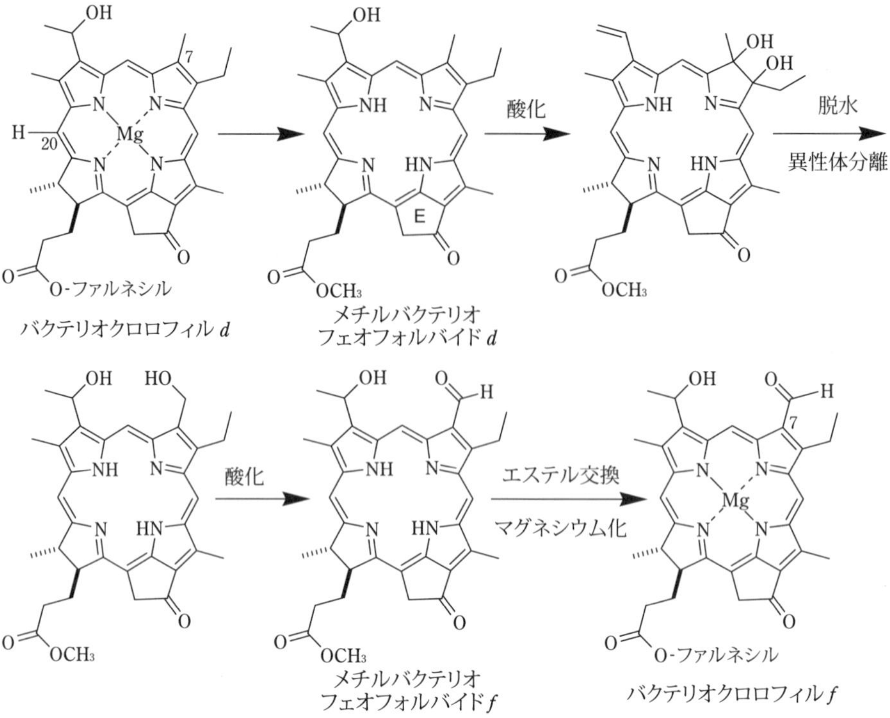

2. クロロフィルの化学

図2-18 バクテリオクロロフィル d の7-メチル基の酸化(ホルミル化)によるバクテリオクロロフィル f の合成

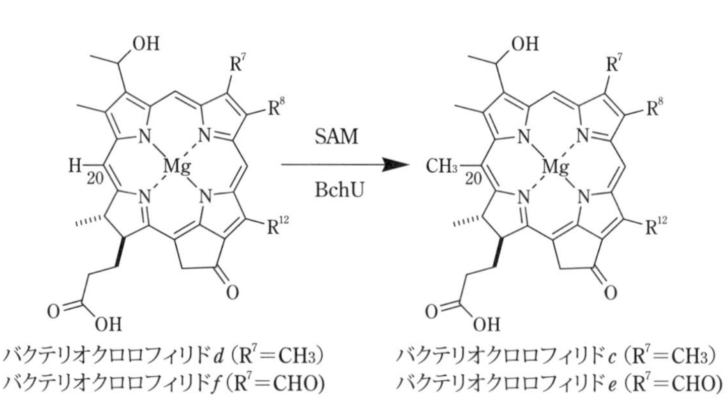

バクテリオクロロフィリド d (R^7=CH$_3$)
バクテリオクロロフィリド f (R^7=CHO)

バクテリオクロロフィリド c (R^7=CH$_3$)
バクテリオクロロフィリド e (R^7=CHO)

図2-19 バクテリオクロロフィリド d、バクテリオクロロフィリド f の酵素的20-メチル化によるバクテリオクロロフィリド c、バクテリオクロロフィリド e の合成
SAM:S-アデノシルメチオニン。

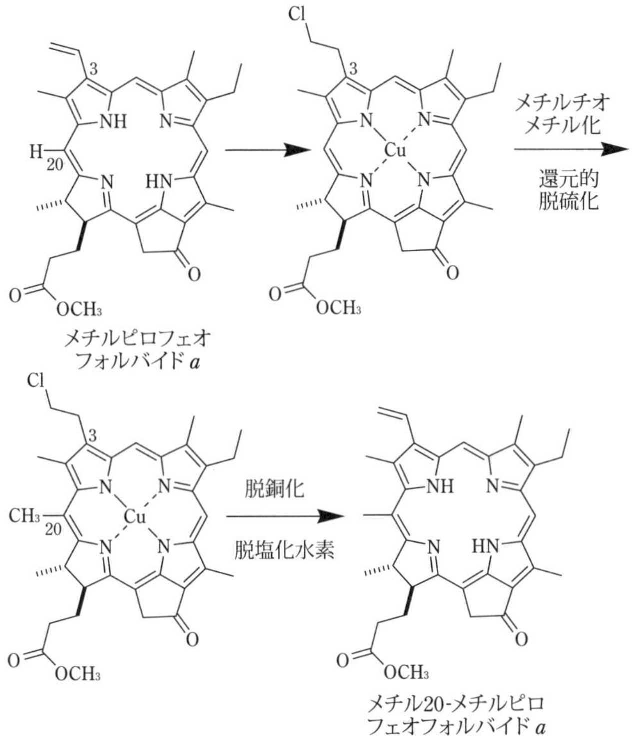

図2-20　クロロフィル a 誘導体の 20-メチル化（3-ビニル基の保護を伴う）

反応により、バクテリオクロロフィリド d、バクテリオクロロフィリド f が基質として働くことは推定されている（図 2-19；Harada *et al.*, 2005）。このようなメチル化を人工的に再現することは、それほど容易なことではない。これまでに成功しているもののうち、以下の 2 例について述べることにする。

　メチルピロフェオフォルバイド a の 3- ビニル基を 2- クロロエチル基に変換後、銅錯体にし、20 位のメチルチオメチル化とその還元的脱硫化によってメチル基の導入がなされた（図 **2-20**；Smith *et al.*, 1985）。銅を抜いた後の 3 位上での脱塩化水素によるビニル基の再生によって、20 位がメチル化されたメチルピロフェオフォルバイド a が合成された。この 20 位メチル化では、反応性の高い 3- ビニル基を保護する必要があり、20 位の置換のために銅錯化が不可欠であるので、回りくどい合成となっている。メチルピロフェオフォルバイド a の 20 位メチル化のための総収率は 8% と低いものになっていた。

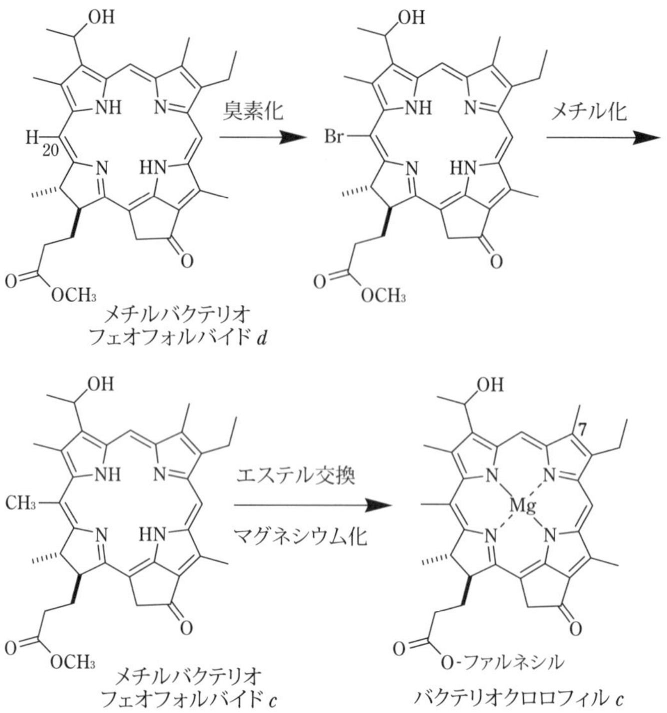

2. クロロフィルの化学

図2-21 バクテリオクロロフィル d 誘導体の20-メチル化による
バクテリオクロロフィル c の合成

　上記のルートでは、多段階反応によって合成がなされているが、より簡単なルートでの BChl c の合成が最近報告されている（Sasaki et al., 2007）。メチルバクテリオフェオフォルバイド d の 20 位を臭素化し、パラジウム触媒による鈴木カップリングによって 20 位の臭素原子をメチル基に変換できた（図 **2-21**；2 段階で収率 70％）。官能基の保護の必要がまったくなく、生合成経路に匹敵する変換効率である点は大いに注目できる。この化合物は、ファルネシルエステル化とマグネシウム化によって BChl c に変換できることも確認されている。

2-3-3 官能基変換

　光合成生物中でのクロロフィルは通常タンパク質と相互作用しているために安定であるものの、生体外での溶液中では比較的不安定である（**2-2-1 項**〜

2-2-4 項参照)。さらに、いくつかの官能基が環周辺部にあるために、選択的に化学修飾することも困難を伴うことが多い。そこで、そのような官能基を保護することで、問題を解決しようとすることも行われている。ここでは、大量入手が容易な Chl *a* と BChl *a* の直接的な（他の官能基の保護を伴わない）官能基変換をまず述べることにする。

(1) (B)Chl *a* の官能基変換

Chl *a* の中心金属は Mg であるが、弱い酸で処理しても簡単に脱マグネシウム化（フェオフィチン化）が起こって、Phe *a* を与える（図 **2-22**）。溶液の色が緑から黒っぽい色に変化するので、目で見てもよくわかる。可視吸収スペクトルも大きく変化するので、容易に進行が判断できる。シリカゲル上でも簡単にフェオフィチン化するので、マグネシウム錯体であるクロロフィルの精製には、シリカゲルによる分離は特別な条件を除いて避けるほうがよい。

Chl *a* の 17 位上のエステル基を切断するには、アルカリ処理が利用できる。酸で処理するとフェオフィチン化が先行してしまうからである。ただし、アルカリ処理では、E 環上でのエピマー化やアロマー化も進行するので、望みのクロロフィリド *a* 入手には、慎重な精製が必要であり、変換収率も低い。クロロフィラーゼが入手可能であれば、クロロフィリド *a* への変換は容易である。たとえば、Chl *a* のアセトン溶液に、生体由来のクロロフィラーゼ（未精製でもよい）の緩衝水溶液を加えて、30℃で撹拌するだけで、Phe *a* が定量的に生成する。

Chl *a* を溶媒中で加熱分解すると、13^2 位のメトキシカルボニル基が脱離して、ピロクロロフィル *a* を与える。たとえば、コリジン（2,4,6-トリメチルピリジン；沸点 171 〜 172℃）中で加熱還流すると、13^2 位のメトキシカルボニル基は加水分解（コリジンに含まれる少量の水による）によってカルボキシ基になり、さらに脱炭酸して水素原子に変換される。

Chl *a* をアセトン中、パラジウム炭素上で接触水素添加すると、3-ビニル基が還元されて 3-エチル基に変換されて、メソクロロフィル *a* になり、アセトン中で 2,3-ジクロロ-5,6-ジシアノベンゾキノン（DDQ）で処理すると、17－18 位の炭素－炭素単結合が酸化されて二重結合になり、プロトクロロフィル *a* になる。一方、BChl *a* を水素化ホウ素ナトリウムで処理すると、3 位のアセチル基がまず還元されて、1-ヒドロキシエチル基を与えるが、DDQ で処理すると、7－8 位の炭素－炭素単結合が酸化されて二重結合になり、3-アセチ

2. クロロフィルの化学

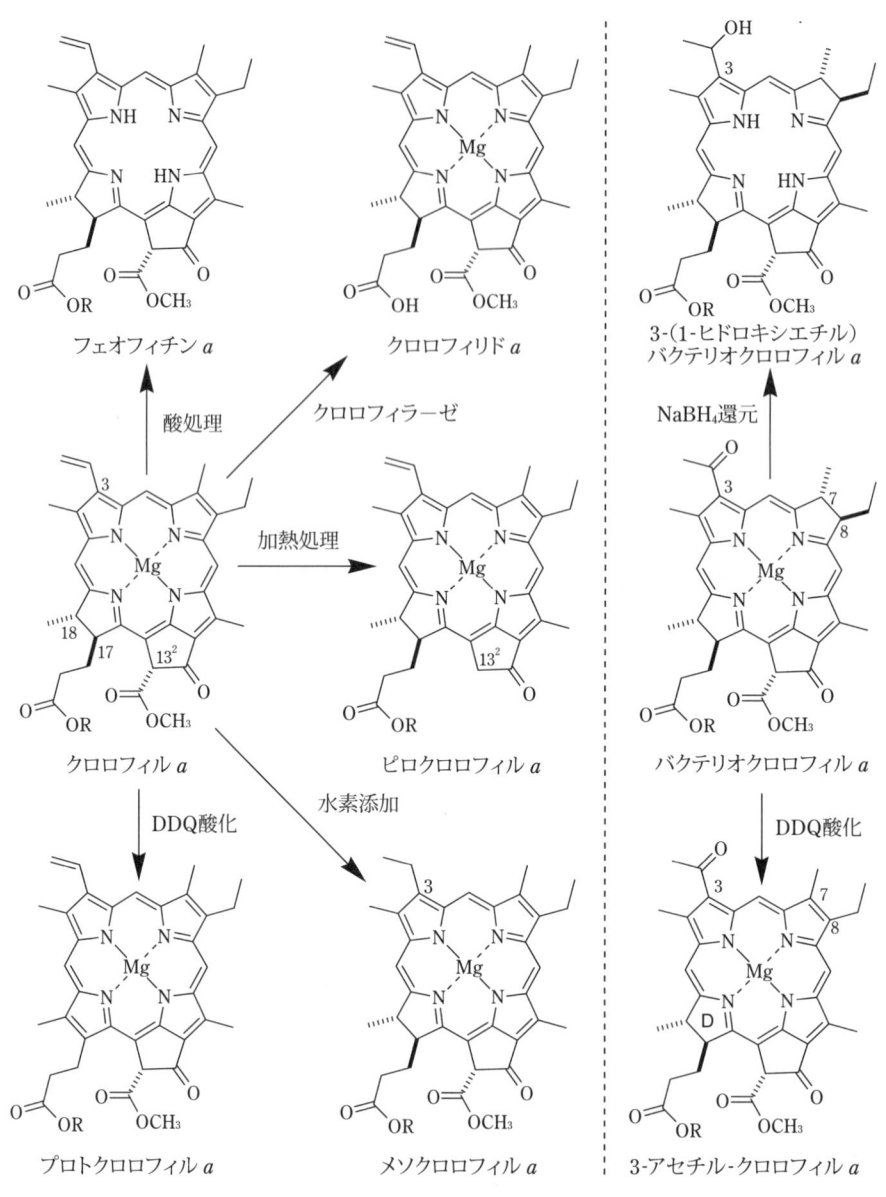

図2-22 クロロフィルa（左と中）とバクテリオクロロフィルaの化学的修飾（右）
R：フィチル、DDQ：2,3-ジクロロ-5,6-ジシアノベンゾキノン。

ルクロロフィル a になる。いずれの反応も、過反応（ケトカルボニル基の還元や D 環上での脱水素）が起こりうるので、反応の終点を十分に見極める必要があり、吸収スペクトルでモニターすることが肝要である。

(2) メチルピロフェオフォルバイドの 3-ビニル基変換

クロロフィルは、酸に対して過敏なマグネシウム錯体であるので、プロトンが関与するような反応を利用した官能基変換は、フェオフィチン等のフリーベース体を用いて行う必要がある。Chl a は、反応性の高いビニル基を 3 位に有している。その官能基変換を述べる（エチル基への還元は **2-3-3(1)** 項参照）。

比較的安定なメチルピロフェオフォルバイド a の 3-ビニル基は、次のような変換が可能である（図 **2-23**）。まず、酢酸中の臭化水素酸で処理すると、HBr がマルコフニコフ型で付加して 1-ブロモエチル基が得られる。この化合物は反応性が高く、水で処理すると臭素原子がヒドロキシ基に置換されて 1-ヒドロキシエチル基になり、アルコールで処理すると臭素原子がアルコキシ基に置換されて 1-アルコキシエチル基になる。ここで得られた 1-ヒドロキシエチル基は、酸化することでアセチル基に変換可能である。

3-ビニル基に四酸化オスミウムを付加させ、生成したオスメートを硫化水素で分解すると、1,2-ジヒドロキシエチル基になる（シス-ジオールの生成）。このジオールを過ヨウ素酸ナトリウムで酸化的に分解すれば、ホルミル基に変換できる。このアルケン（3-CH = CH$_2$）からアルデヒド（3-CHO）への変換は、触媒量の四酸化オスミウムと過剰量の過ヨウ素酸ナトリウムで処理することやオゾン酸化することで、一工程で行うことも可能である（最近、酸性条件下でチオフェノール処理することで一工程変換が可能であることが示された）。さらに、メチルピロフェオフォルバイド a の 17 位上のメチルエステルは、酸やスズ触媒の存在下で望みのアルコールでエステル交換可能である。

(3) フェオフィチンの金属錯化

ポルフィリン化合物の中心にマグネシウムを挿入するのは、通常厳しい条件が必要である。たとえば、有機溶媒に対する溶解度の高い過塩素酸マグネシウムとピリジン（沸点 115℃）中で加熱還流することで、マグネシウム化が行われている。これは、マグネシウムイオンが水と強く結合するために、その結合を切ってポルフィリン環の内部窒素原子と結合することが必要なためである。そこで、水のない条件下でマグネシウム化を行うと、温和な条件（室温での撹拌）で進行することがわかっている。ただしこの方法では、ルイス酸触媒が必

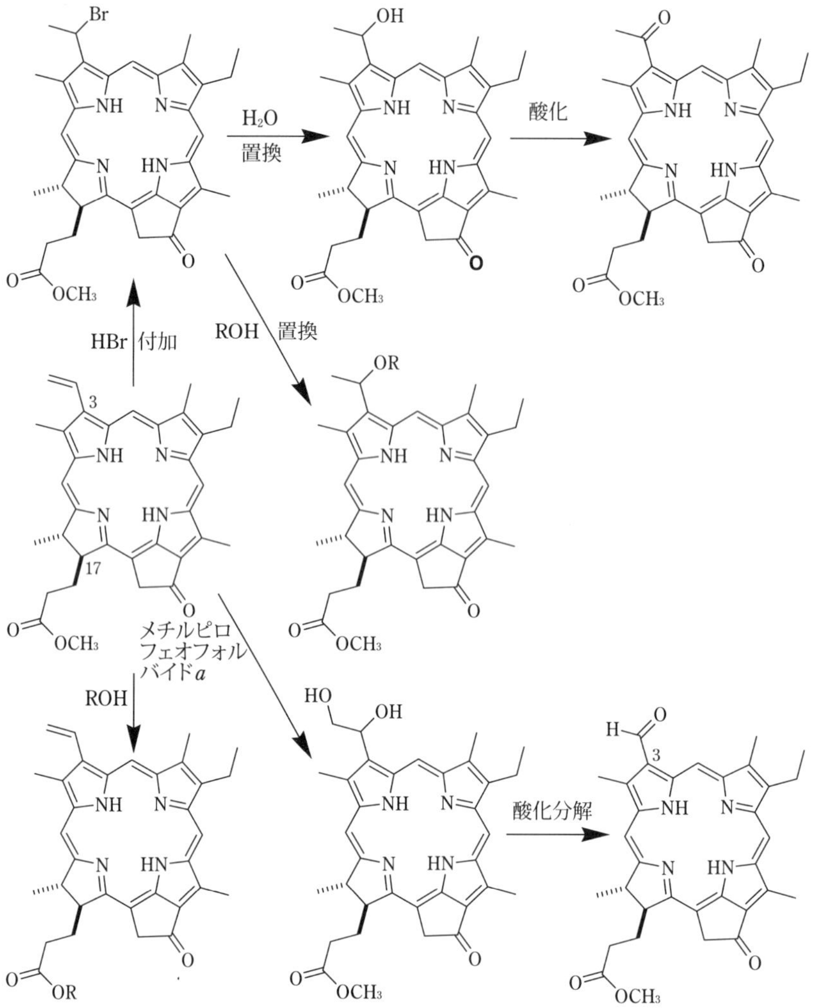

2. クロロフィルの化学

図2-23 クロロフィル a 誘導体の3-ビニル基の化学的修飾

要であるので、フェオフィチンのような反応性の高い配位子ではうまくいかない。そこで、グリニャール試薬を利用したマグネシウム化が、フェオフィチンに対しては用いられている。

亜鉛化は温和な条件で進行するので、亜鉛クロロフィルの合成は簡単である。たとえば、酢酸亜鉛をメタノールに溶かし、フェオフィチンの適当な溶液に加

2-3 化学合成

えて室温で撹拌するだけで、通常すぐに挿入反応が起こる。銅イオンも容易に挿入される。したがって、フェオフィチンを取り扱っているときに、微量のこれらの金属イオンが混入していると、金属錯体化が起こってしまうことがある。吸収スペクトルが大きく変化するので、直ちにそのようなことが起こったことが判明する（濃い溶液であれば色の変化でもわかる）。微量のフェオフィチンを取り扱っているときにはとくに注意を要する。

2-3-4 化学からみた生合成系の合理性

クロロフィルの生合成経路は、5-アミノレブリン酸から始まる複雑な経路である（**4-4**節参照）。その合成系の中で、ヘムとクロロフィルの合成の分岐点であるプロトポルフィリンIXの合成より後の生合成経路に注目して、その各

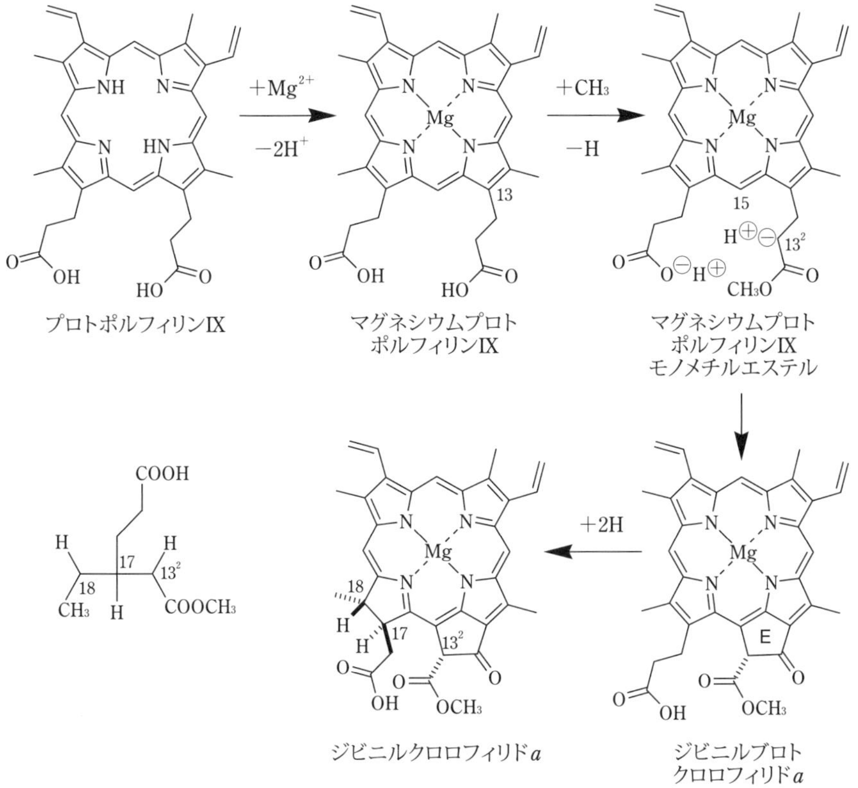

図2-24 プロトポルフィリンIXからジビニルクロロフィリドaへの生合成経路

63

2. クロロフィルの化学

反応を化学からの視点で考える。

(1) Chl a（図 2-24 参照）
・Mg キラターゼによる Mg 化で ATP を利用するのはなぜか？
　Mg^{2+} に配位した水を取り除いて、テトラピロールと配位するためには、系にエネルギーを加える必要があるためである。

・プロトプルフィリン IX の 13 位のプロピオネート残基へのメチルエステル化をあらかじめ行うのはなぜか？
　COO^- は電子供与基で、$COOCH_3$ は電子求引基であるので、メチルエステル化によって 13^2 位の炭素原子の反応性を上げて、脱プロトン化されやすくするためである。このアニオン種が 15 位を求核的に攻撃して E 環が形成されるようになる。

・17－18 位はなぜトランス水素化されるのか？
　シス体の場合すぐに酸化（脱水素）されて元のポルフィリン（プロト体）に戻ってしまうためである（バクテリオクロリン環における 7－8 位のトランス水素化も同じ）。また、17 位のプロピオネート残基が上向き（S 配置）なのは、13^2 位の下向き（R 配置）の $COOCH_3$ 基との立体的な反発（不安定化）を和らげるためである。

・17 位上でアリル型（フィチル）エステルが導入されるのはなぜか？
　アルキル型エステルと比較して化学的に不安定であるが、生分解しやすさを考慮しているためである。

(2) BChl a（図 2-25 参照）
・なぜ 3 位にアセチル基が導入されるのか？
　電子求引基によって酸化されにくくなり（とくに 7－8 位での脱水素による酸化）、化学的安定性が増大する可能性が高い。BChl g のような 3-ビニル体が 7,8-ジヒドロ体に存在しないのもそのせいかもしれない。

(3) Chl c（図 2-26 参照）
・17 位がアクリル酸残基であるのはなぜか？
　17－18 位の二重結合と共役することによって、17－18 位の反応性（還元されてクロリン環になる）を低下させている可能性がある。プロピオン酸残基に比べて、平面的なアクリル酸残基が 13^2 位の $COOCH_3$ 基との立体的な反発（不安定化）を和らげていることも一因である。

2-3 化学合成

図2-25 バクテリオクロリン環の酸化に伴うクロリン環の調製

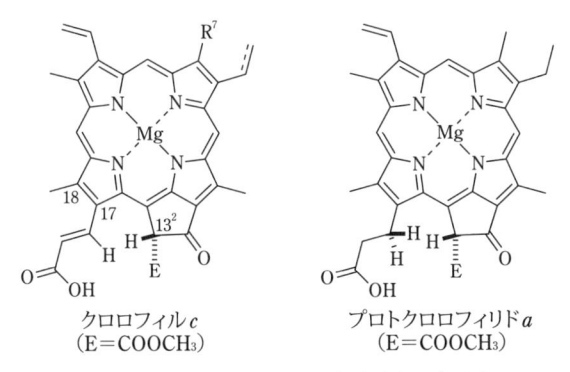

図2-26 クロロフィルc（アクリル酸型：左）とプロトクロロフィリドa（プロピオン酸型：右）の分子構造

65

2. クロロフィルの化学

化学合成系と生合成系の違いが顕著になると、生物が採用している方法の利点が理解されてくる。分子遺伝学的手法との組合せにより、これらをさらに発展させて、自然界には存在しない材料を入手し、利用を図る意味も自ずと理解できる。

2-4 利 用 法

2-4-1 色素増感太陽電池

光エネルギーを化学エネルギーへ変換する光合成でもっとも重要な機能をもつクロロフィルは、単体としても、また他のエネルギー変換系に組み込まれても、様々な利用法がある。以下には、それらのいくつかを紹介する（Barber, 2009）。

色素分子を光励起することで生じる大きな酸化／還元能力を利用した光電池が、これまで多数検討されている。光合成反応中心における光励起電子移動反応も、原理的には同じ過程を経てエネルギー変換を行っている。そこで光合成のモデルとして、クロロフィルを光吸収型分子（色素増感剤）として利用した光電池も多数提案されている。太陽光の利用を念頭にいれているので、このような光電池を太陽電池と呼ぶことが多い。

最初に、色素増感太陽電池（湿式型）の簡単な原理を説明し、その後にクロロフィル分子を利用したものの現況に触れたい（**1-4-3**項参照）。

電極（作用電極）上に色素分子を固定化し、電子伝達体を含む電解質溶液中に対極とともに入れた後、電極上の色素分子に光照射すると、電極間で電気が流れるようになり、外部に電気エネルギーを取り出すことが可能になる。一例を挙げてみよう（図**2-27**）。色素分子の光励起種から作用電極への電子移動

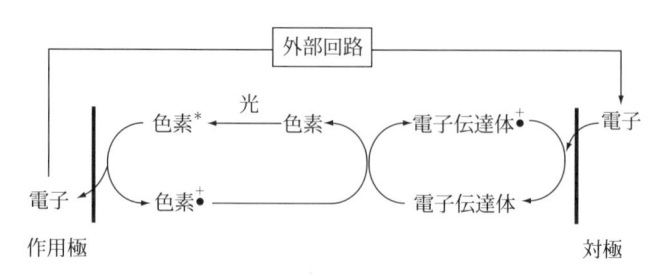

図2-27　色素増感太陽電池（アノード光電流発生）の模式図

が起こり、これにより生じた色素分子のカチオン種に溶液中の電子伝達体から電子が移動して、基底状態の色素分子に戻る。電子を失った電子伝達体は対極から電子を受け取り、対極が正電荷に、作用電極が負電荷を帯びるようになり、対極と作用電極との間に起電力が生じるようになる。このようにして、電気エネルギーを外部回路に取り出すことが可能となる。この場合の光電池では、光励起色素分子種から作用電極上への一電子移動反応（色素の酸化反応）が起こり、アノード（陽極）光電流が生じたという。外部回路では、作用電極側から対極側に電子が流れるようになり、電流はその逆に流れるようになるので、電池としては作用電極が負極（陰極）で、対極が正極（陽極）ということになる。電子伝達体から光励起色素分子種への電子移動が最初に起こっても、同じような現象が見られることになる。この場合には、色素分子のアニオン種から作用電極への一電子移動がその後に生じることになる。

　上記の例とは逆に、作用電極から光励起色素分子種への電子移動が生じた場合には、カソード（陰極）光電流が生じることになり、電池としては作用電極が正極（陽極）で、対極が負極（陰極）となる。また、同じ現象が、光励起色素分子種から電子伝達体への電子移動が最初の反応であっても生じることになる。

　このような色素増感太陽電池は、いかに効率よく電荷分離状態を形成し、それを電気エネルギーとして外部に取り出せるかにかかっている。電荷分離状態は高エネルギー状態なので、速やかに逆電子移動をして基底状態の色素分子に戻ってしまいやすい（**2-1-6(1)**項参照）。つまり、光エネルギーがふたたび熱エネルギーに変化されて、色素分子が起電力能のない状態に戻ってしまうことになる。光励起種からの電荷分離状態の形成効率の増大もさることながら、この失活過程をどのように抑えるかが、高い変換効率を得るためのポイントとなる。

　クロロフィル分子は通常脂溶性であり、水に溶けることはないので、電解質溶液として水溶液を用いても、クロロフィル分子が溶液側に漏出することはまずない。そこで、クロロフィル分子を電極上に固定化（修飾）して、電解質水溶液中で光照射すると、光に応答した電流発生を検出することが可能となる。通常、発生電流量はきわめて低く、変換効率も1％よりかなり低い。この原因の一つとして、クロロフィル分子は大きなπ平面を有しており、乱雑に自己会合して多量体を形成しやすいことが挙げられる。そのような多量体は濃度消光

のために、光励起種の寿命は短いことが多い（**2-1-6(3)**項参照）。したがって、いかにクロロフィル分子を分散させて電極上に修飾するかということが、クロロフィルを利用した色素増感太陽電池には必要となってくる。これまでに色素増感太陽電池としてかなりの成功を収めている「グレッツェルセル」方式（変換効率が最大で約10％）を用いて、このような問題点を解決しようとする試みが行われている。比表面積を上げた二酸化チタン半導体電極上に、この電極との相性のよいカルボキシ基（COOH）を有するクロロフィル誘導体を修飾することで、アノード光電流が検出されている。誘導体の分子構造にもよるが、変換効率は数％から8％を越えるものまで報告されている（Wang *et al.*, 2010）。電極（色素）の安定性と変換効率の上昇が今後望まれる。

2-4-2　人工光合成（水素発生）

上述の色素増感太陽電池も人工光合成の一種であり、光エネルギーの電気エネルギーへのエネルギー変換系である。ここでは、光エネルギーの化学エネルギーへの変換系である人工光合成について述べることにする。

酸素発生型光合成では、二酸化炭素と水から高エネルギー化合物と酸素が生産される。高エネルギー化合物としては、炭水化物（糖類）やATPやNADPHなどが挙げられるが、いずれもその化学結合の中に高いエネルギーを秘めている（その結合を切ることで大きなエネルギーを放出することができる）。無酸素型光合成でも、電子供給源が水ではないものの、同様にして高エネルギー化合物を合成している。そのような光合成を行う光合成細菌の中には、水素を発生するものがある。水素分子は、人工的に利用価値の高い物質であり、次世代エネルギー源として現在注目を浴びている（Allakhverdiev *et al.*, 2010）。

そこで、クロロフィルを利用して光エネルギーで水素を発生させようとする試みが行われている（図**2-28**；Amao *et al.*, 2009）。原理は色素増感太陽電池と同じで、色素分子の光励起種の高い還元能を利用して、水素発生触媒を介し

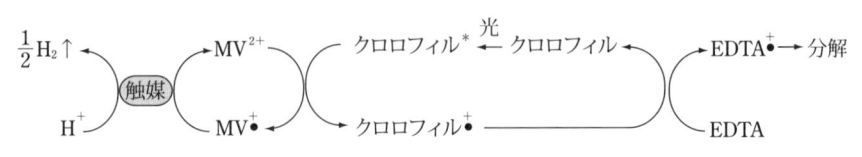

図**2-28**　クロロフィルの光励起による水素発生系の模式図

て、水素イオンから水素分子を発生させるものである。成功している例としては、クロロフィルの光励起種（クロロフィル*）から電子を直接受け取る物質（電子伝達体）としてメチルビオローゲン（MV^{2+}）を用い、メチルビオローゲンの還元体（$MV^{+}_{\cdot}$）からヒドロゲナーゼや白金コロイドを触媒として、水素イオンに電子が渡されて水素発生が行われている。この際に、クロロフィルのカチオン種（クロロフィル$^{+}_{\cdot}$）は、トリエタノールアミンやEDTAなどの還元剤から電子を受け取り中性のクロロフィルが再生される。この還元剤はどんどん消費（分解）されるので、犠牲剤ともいわれている。今のところ、変換効率は1％に遠く及ばないレベルであるが、今後の水素社会の発展のためにも、一層の展開が望まれる。なお、この系での電子伝達体としてよく利用されるメチルビオローゲンは、光合成系の電子伝達系を遮断する能力を有しており、除草剤（パラコート）として利用されていた（現在はその毒性の高さのために農薬としては国内生産中止）。

2-4-3　光線力学療法（PDT）

癌細胞は、活発に細胞分裂して増殖しており、大きなπ平面を有する脂溶性のポルフィリン化合物を取り込みやすい。そこで、この取り込みやすさ（滞留しやすさ）を利用して、癌細胞と正常細胞とを区別することが可能となる。つまり、癌部の診断が可能となり、摘出時に最低限の正常細胞部の除去に留まることができるようになる。診断には、ポルフィリン化合物の光吸収と発光を利用できるが、細胞表面から深い部分には、可視光は到達できない（ヘムなどの生体色素分子が吸収するため）。そこで、より長波長側に吸収のあるクロロフィル分子が利用されつつある（Ethirajan et al., 2010）。癌細胞に選択吸着する近赤外領域に強い吸収帯を有するクロロフィル分子群が、現在臨床実験に用いられている。

このような診断用クロロフィル分子は、抗癌作用もあり、光線力学療法（PDT；Photodynamic Therapy）と呼ばれている。クロロフィル分子が光励起されると、三重項励起状態になって、一重項酸素分子を発生しうる性質を利用したものである（**2-1-6(2)** 項参照）。一重項酸素分子は活性酸素種の一つであり、細胞破壊能にすぐれている。癌細胞に選択吸着したクロロフィル類を光励起して、癌細胞を破壊しようとするものである。外科的手術による除去が難しい癌の破壊に利用可能であるが、患部にまで光照射を行うことが必要であり、細胞表面も

しくは表面付近（せいぜい数 mm まで）の癌細胞に有効である。光照射による一重項酸素分子発生能の高いクロロフィル類や光照射用器具（微小光ファイバーなど）の開発はもちろんのこと、光照射後におけるクロロフィル分子の代謝や体外排出の促進なども望まれている。

2-4-4 環境モニター

21世紀に解決すべき大きな問題として、持続的な発展が可能な地球環境の維持、保全、という問題がある。とくに温室効果ガスの蓄積による地球温暖化の防止は、猶予がない喫緊の問題として意識され、また様々な解決方法が論じられている。科学の立場からは、現状を直視し、現実に起こっている問題点を科学的に明らかにし、問題点を明示すること、さらに問題点の解決策を講じること、が求められる。マスコミが一般大衆に向かって、声高に、しかし、一面的にしか報道しないことの深層を明らかにすることが重要である。そこで、以下に、クロロフィルを中心として、この問題に関して論考を進める。それは、地球の第一次生産性という点である（**1-4-3**項参照）。

温室効果ガスとして、二酸化炭素（CO_2）、メタン（CH_4）、亜酸化窒素（N_2O）、六フッ化硫黄（SF_6）、ハイドロフルオロカーボン類（HFCs）、パーフルオロカーボン類（PFCs）などが知られる。この中で、生物起源のガスとして、前3者がとくに問題となる。この中でもCO_2は、化石燃料の使用、より広い意味では、大気中の炭素化合物の動態との関連でとくに注目されている。この基になるデータとして、地球上の生産性の見積もりが重要視される。

その生産性を支えるのは、酸素発生型光合成生物である。もちろん光合成細菌も生産性への寄与はあるが、定量的には把握されておらず、全光合成量に対する寄与率も未確定である。光合成細菌は一般には嫌気的条件下でのみ二酸化炭素固定を行うが、嫌気的な環境は、湖沼の深部、土中、地球からの還元力の供給される地域（温泉や熱水鉱床など）に限定されるために、その寄与は小さいと考えられる。一方、酸素発生型光合成生物は、極地から熱帯域まで、また海中から森林限界を越える高地に至るまで、遍く存在するために、その寄与を正確に評価することが重要である（図 **1-13** 参照）。

現時点で、地球の第一次生産性（Primary production、以下 PP と略記）が正しく評価されているとは、必ずしも言えない。PP は以下の要素によって決定されると考えられている。

$$\Sigma \mathrm{PP} = \iiint \Phi(\lambda, t, z) \times \mathrm{PAR}(\lambda, t, z) \times a(\lambda, z) \times \mathrm{Chl}\,(z)\, d\lambda\, dt\, dz \qquad (4.1)$$

ここでΦは光合成の量子収率、PARは光合成有効放射、aは吸収効率、λは波長、tは日照時間、zは光合成生物の垂直分布を意味する。これらの指標は、地域、日照時間など、比較的広範囲に適用可能な指標の他に、個々の生物種、生育条件、などに強く依存する要因があり、この式に基づいて、生産性を評価することは、一般的にはきわめて難しいことである。実際の生産性の見積もりは、特定の個体（たとえば、大きな1本の木）とか、特定の地域（一定の耕地面積をもつ畑作地帯）、特定の海洋などについて、アイソトープやCO_2の濃度変化などの分光学的測定によって得た生産量を、地球全体に拡げる操作を行って推定値として評価しているのが現状である。したがって、この方法で正しい値が得られているかどうか、不確かな部分も多い。

　これに代わる方法がいくつか考案されている。その一つが人工衛星を使った方法である（**1-4-4**項参照）。具体的には人工衛星を使って地表から発されるクロロフィル、主にChl aからの蛍光強度をモニターすることにより、生産性を推定する方法である。人工衛星にはいくつかの受光素子が組み込まれており、その中で、680 nmを中心波長とする光を検出し、生産性の評価に使う。この光強度は直接生産性を表すものではなく、クロロフィルの現存量として評価されるが、他の実験で得られた換算式を使って生産量に換算される。ただし、この換算式もいくつかの仮定の上に成立したものであり、確実というわけではない。今後もこうした算定式の改良が進められると考えられる。その上で、地球上の炭素動態の基礎となる第一次生産性の評価が行われるものと考えられる。

第2章のまとめ

　この章では、クロロフィル分子の構造と光物性との関連を明かにしてから、それらの化学的な反応性を概観した。また、クロロフィルの大環状π共役系の周辺置換基を修飾することで、クロロフィルの人工的な部分合成を示しつつ、天然における生合成経路についても化学の観点から論述した。さらに、このようなクロロフィルの化学を基礎にして、人工光合成や光を利用した抗癌作用への応用面にも触れた。クロロフィル（あるいはその誘導体）の分子構造を知るこ

とで、その基礎的な性質(物性)を予想することが可能となり、生体における機能発現や代謝から、人工系での利用方法まで明らかにされつつある。クロロフィル分子の様々な性質を明かにすることが、分子科学(理学)ばかりでなく、生命科学や工学・農学・医療での応用面でも強く求められており、今後益々の発展が期待されている。

第2章の参考文献

上原 赫・吉川 遥 監修(2005)有機薄膜太陽電池の最新技術, シーエムシー出版.

Allakhverdiev, S. I., Thavasi, V., Kreslavski, V. D., Zharmukhamedov, S. K., Klimov, V. V., Ramakrishna, S., Los, D. A., Mimuro, M., Nishihara, H. and Carpentier, R. (2010) Photosynthetic hydrogen production. *J. Photochem. Photobiol. C: Photochem. Reviews*, **11**:101-113. [**Review**]

Amao, Y., Maki, Y. and Fuchino, Y. (2009) Photoinduced hydrogen production with artificial photosynthesis system based on carotenoid-chlorophyll conjugated micelles. *J. Phys. Chem. C*, **113**:16811-16815.

Barber, J. (2009) Photosynthetic energy conversion: natural and artificial. *Chem. Soc. Rev.*, **38**:185-196. [**Review**]

Chow, H.-C., Serlin, R. and Strouse, C. E. (1975) The crystal and molecular structure and absolute configuration of ethyl chlorophyllide *a* dihydrate. A model for the different spectral forms of chlorophyll *a*. *J. Am. Chem. Soc.*, **97**:7230-7237.

Ethirajan, M., Patel, N. J. and Pandey, R. K. (2010) Porphyrin-based multifunctional agents for tumor-imaging and photodynaimc therapy (PDT). In : Handbook of Porphyrin Science (Kadish, K. M., Smith, K. M. and Guilard, R. eds.), World Scientific Publishing, Singapore, Vol. 4, Chap. 19, pp. 249-323. [**Review**]

Harada, J., Saga, Y., Yaeda, Y., Oh-oka, H. and Tamiaki, H. (2005) In vitro activity of C-20 methyltransferase, BchU, involved in bacteriochlorophyll *c* biosynthetic pathway in green sulfur bacteria. *FEBS Lett.*, **579**:1983-1987.

Hoober, J. K., Eggink, L. L. and Chen, M. (2007) Chlorophylls, ligands and assembly of light-harvesting complexes in chloroplasts. *Photosynth. Res.*, **94**:387-400. [**Review**]

Inhoffen, H. H., Jäger, P. and Mählhop, R. (1971) Partialsynthese von Rhodin-g_7-trimethylester aus Chlorin-e_6-trimethylester, zugleich Vollendung der Harvard-Synthese des Chlorophylls a zum Chlorophyll b. *Liebigs Ann. Chem.*, **749**:109-116.

Linke, M., Theisen, M., von Haimberger, T., Madjet, M. E.-A., Zacarias, A., Fidder, H. and Heyne, K. (2010) Determining the three-dimensional electronic transition dipole moment orientation: influence of an isomeric mixture. *Chem. Phys. Chem.*, **11**:1283-1288.

Oostergetel, G. T., van Amerongen, H. and Boekema, E. J. (2010) The chlorosome: a prototype for efficient light harvesting in photosynthesis. *Photosynth. Res.*, **104**:245-255. [**Review**]

Saga, Y., Shibata, Y. and Tamiaki, H. (2010) Spectral properties of single light-harvesting complexes in bacterial photosynthesis. *J. Photochem. Photobiol. C: Photochem. Rev.*, **11**: 15-24. [**Review**]

Sasaki, S., Mizoguchi, T. and Tamiaki, H. (2007) A facile synthetic method for conversion of chlorophyll-*a* to bacteriochlorophyll-*c*. *J. Org. Chem.*, **72**: 4566-4569.

Smith, K. M., Goff, D. A. and Simpson, D. J. (1985) *Meso* substitution of chlorophyll derivatives: direct route for transformation of bacteriopheophorbides *d* into bacteriopheophorbides *c*. *J. Am. Chem. Soc.*, **107**: 4946-4954.

Tamiaki, H., Omoda, M., Saga, Y. and Morishita, H. (2003) Synthesis of homologously pure bacteriochlorophyll-*e* and *f* analogues from BChls-*c*/*d* via transformation of the 7-methyl to formyl group and self-aggregation of synthetic zinc methyl bacteriopheophorbides-*c*/*d*/*e*/*f* in non-polar organic solvent. *Tetrahedron*, **59**: 4337-4350.

Tamiaki, H. and Kunieda, M. (2010) Photochemistry of chlorophylls and their synthetic analogs. In: Handbook of Porphyrin Science (Kadish, K. M., Smith, K. M. and Guilard, R. eds.), World Scientific Publishing, Singapore, Vol. 11, Chap. 51, pp. 223-290. [**Review**]

Wang, X.-F., Tamiaki, H., Wang, L., Tamai, N., Kitao, O., Zhou, H. and Sasaki, S. (2010) Chlorophyll-*a* derivatives with various hydrocarbon ester groups for efficient dye-sensitized solar cells: Static and ultrafast evaluations on electron injection and charge collection processes. *Langmuir*, **26**: 6320-6327.

Woodward, R. B., Ayer, W. A., Beaton, J. M., Bickelhaupt, F., Bonnett, R., Buchschacher, P., Closs, G. L., Dutler, H., Hannah, J., Hauck, F. P., Itô, S., Langemann, A., Goff, E. L., Leimgruber, W., Lwowski, W., Sauer, J., Valenta, Z. and Volz, H. (1990) The total synthesis of chlorophyll *a*. *Tetrahedron*, **46**: 7599-7659.

3 クロロフィルの物理学

3-1 クロロフィル分子の特徴

　クロロフィルは大環状共役分子である。クロロフィルは可視光域に強い吸収バンドをもつ。それは広い共役領域に非局在するπ電子によっている。また、各種クロロフィル分子はわずかな構造の違いによって、光吸収スペクトルが大きく変化する。これは光吸収スペクトルがπ電子の非局在の仕方に強く影響を受けることによる。また、クロロフィル分子の電子状態が分子をとりまく環境の影響を受けやすい。クロロフィルのこれらの特徴が生体の様々な化学反応（たとえば励起エネルギー移動や電子移動）に活用されている。本章では、これらクロロフィル分子の特徴がどのような物理的理由によって起こっているのかを説明し、それらを活用する生体反応の例を示す。

3-2 共役分子の性質

　はじめに共役分子の性質とその分子的基礎を説明する。共役分子は分子構造において二重結合と一重結合が交互に連なった共役領域をもつ。クロロフィル分子の共役領域は、炭素—炭素原子、炭素—窒素原子、炭素—酸素原子の一重もしくは二重結合からなる。通常この共役領域は平面構造をもつ。一重結合は二つの原子の向き合うsp^2混成軌道の重なりによってできる。この化学結合では結合軸のまわりに任意の角度を回転しても軌道の形が変わらないのでσ結合と呼び、その結合軌道に入っている電子をσ電子と呼ぶ。同時にσ反結合軌道もつくられる（これをσ^*軌道という）が、安定な分子ではこの軌道に電子は充填されない。不安定な分子や化学反応過程ではこの反結合軌道も利用される。σ軌道とσ^*軌道のエネルギー差をσ分裂という。σ分裂エネルギーは非常に大きい（通常数eV）。σ結合にあずかる電子はその結合にほぼ局在している。

　二重結合にはもう一種類別の結合が働いている。それはsp^2混成軌道に垂直

方向（z軸方向）に伸びた二つの隣り合う$2p_z$軌道同士の重なりによってできる。この化学結合では結合軸のまわりに180°回転すると軌道の符号が逆転するのでπ結合という。π結合は結合軸のまわりの回転に対してエネルギー障壁を作る。したがって、共役領域は平面構造を保とうとする。π結合軌道に入っている電子をπ電子という。それと同時にπ反結合軌道もつくられる（これをπ^*軌道という）。π軌道とπ^*軌道のエネルギー差をπ分裂という。通常π分裂エネルギーはσ分裂エネルギーほど大きくない。共役分子では隣り合う$2p_z$軌道が互いにπ結合をつくるので、π結合が共役領域全体に次々に繋がりあっていく。このπ電子は共役領域を自由に動き回ることができる。すなわちπ電子は非局在化する。この非局在化によりπ結合エネルギー準位が多数のエネルギー準位に分裂する。また、π反結合エネルギー準位も多数のエネルギー準位に分裂する。クロロフィル分子のように大きな共役領域をもつ分子では、π共役エネルギー準位の数が増え、エネルギー準位間の間隔が狭くなり、$\pi - \pi^*$遷移のエネルギーが小さくなる。その結果、大きな共役分子では長波長領域に光吸収スペクトルをもつようになる。共役領域の形や共役領域に隣接する側鎖もπ軌道エネルギー準位や電子相関の大きさに影響を与え、光吸収スペクトルが微妙に変化する。

　クロロフィル分子のように大きな分子ではσ結合エネルギーやσ^*反結合エネルギー準位も多数のエネルギー準位に分裂する。しかし、σ軌道の結合と反結合間のエネルギー分裂は非常に大きいので、σ軌道エネルギー準位がπ共役軌道エネルギー準位の間に割ってくることは少ない。したがって、π共役分子軌道のみを考慮した近似（π電子近似）による取り扱いが多くの場合有効になる。

　分子は多数の正電荷をもつ原子核と多数の負電荷をもつ電子が集合してできている。その安定構造はどうして決まるのか、それを支える電子状態はどのようになっているのか、また原子核が熱ゆらぎをしたときの分子振動はどのようにして決まるのか。複雑で大きな分子の構造と電子状態と振動状態を正しく捉えるには、ある程度の理論的枠組みを理解する必要がある。その基本的な項目を次節で述べる。

3-3 分子の構造と振電状態

3-3-1 ボルン・オッペンハイマー近似

分子中の電子と原子核は強く相互作用しており、その運動を正確に解くことはできない。通常電子の運動は速く、原子核の運動にすぐに追随できるというボルン・オッペンハイマー近似（Born-Oppenheimer approximation）を用いて解かれる。分子の全ハミルトニアン $H(r,R)$ は次のように表される。

$$H(r,R) = H_e(r) + H_n(R) + H_{int}(r,R) \tag{3-1}$$

ここで r, R はすべての電子と原子核の座標を表す。また $H_e(r)$、$H_n(R)$、$H_{int}(r,R)$ はそれぞれ電子のハミルトニアン、原子核のハミルトニアン、電子と原子核の相互作用エネルギーであり、次のように表される。

$$H_e(r) = -\sum_i \frac{\hbar^2}{2m}\nabla_i^2 + \sum_i\sum_{i>j} \frac{e^2}{|r_i - r_j|} \tag{3-2}$$

$$H_n(R) = -\sum_a \frac{\hbar^2}{2M_a}\nabla_a^2 + \sum_a\sum_{a>b} \frac{Z_a Z_b e^2}{|R_a - R_b|} \tag{3-3}$$

$$H_{int}(r,R) = -\sum_i\sum_a \frac{Z_a e^2}{|r_i - R_a|} \tag{3-4}$$

ここで、r_i、m、M_a、e、Z_a は i 番目の電子の座標、電子の質量、a 番目の原子核の質量、素電荷、a 番目の原子の原子価である。ナブラ ∇_i、∇_a はそれぞれ電子の座標での微分、原子核の座標での微分を表す。$\hbar$ はプランク定数 h を 2π で割ったものである。式 (3-1) のハミルトニアンの分割は物理上明確ではあるが、相互作用項 $H_{int}(r,R)$ が非常に大きくなっており、これを摂動で取り扱うことは適切でない。また、$H_e(r)$、$H_n(R)$ はクーロン反発項のみを含むので、それぞれのハミルトニアンに対して安定な電子状態と分子構造が得られない。そこで、分子の基底状態で安定な構造をとるようにハミルトニアンの組み換えを次のように行う（垣谷, 2001）。

$$H(r,R) = H_e'(r) + H_{vib}(R) + H_{int}'(r,R) \tag{3-5}$$

$$H_e'(r) = H_e(r) - \sum_i\sum_a \frac{Z_a e^2}{|r_i - R_a^0|} \tag{3-6}$$

3. クロロフィルの物理学

$$H_{vib}(R) = -\sum_a \frac{\hbar^2}{2M_a}\nabla_a^2 + U(R) \tag{3-7}$$

$$H'_{int}(r,R) = -\sum_i\sum_a\left(\frac{Z_a e^2}{|r_i - R_a|} - \frac{Z_a e^2}{|r_i - R_a^0|}\right) + \sum_{a>b}\frac{Z_a Z_b e^2}{|R_a - R_b|} - U(R) \tag{3-8}$$

ここで、$U(R)$ は適当な原子核の座標の関数で、R_a^0 は a 番目の原子核の平衡の位置を表す。$U(R)$ は後で自己無撞着的に決められる。$U(R)$ を適切に選ぶと、H'_{int} が小さくなり、摂動論を適用できる。このように組み替えたハミルトニアンを用いて、まず電子に関する部分についてシュレーディンガー（Schrödinger）方程式を立てる。

$$[H'_e(r) + H'_{int}(r,R)]\Psi_l(r,R) = W_l(R)\Psi_l(r,R) \tag{3-9}$$

ここで$\Psi_l(r,R)$ と $W_l(R)$ は電子状態 l の波動関数とその固有エネルギーである。式 (3-9) で R はパラメータとして扱われる。次に全波動関数を次のように書く。

$$\Phi(r,R) = \sum_l \Psi_l(r,R)\zeta_l(R) \tag{3-10}$$

ここで$\zeta_l(R)$ は R をパラメータとして含む係数である。式 (3-10) を全体のシュレーディンガー方程式に代入し、次式を得る。

$$[H'_e(r) + H'_{int}(r,R) + H_{vib}(R)]\sum_l\Psi_l(r,R)\zeta_l(R) = E\sum_l\Psi_l(r,R)\zeta_l(R) \tag{3-11}$$

式 (3-9) を式 (3-11) に代入し、整理すると次式が得られる。

$$[H_{vib}(R) + W_l(R) - E]\zeta_l(R) = \sum_k L_{lk}(R)\zeta_k(R) \tag{3-12}$$

ここで $L_{lk}(R)$ は非断熱演算式で、次のように表される。

$$L_{kl}(R) = -\sum_a\frac{\hbar^2}{2M_a}\left[\int\Psi_k^*(r,R)\nabla_a^2\Psi_l(r,R)d\tau_r + 2\int\Psi_k^*(r,R)\nabla_a\Psi_l(r,R)d\tau_r\nabla_a\right] \tag{3-13}$$

原子核の質量が電子の質量に比べて数千倍大きいため、原子核の動きに応じて電子の動きはすぐに対応できる。極限として瞬時に対応できると仮定すると、式 (3-12) の右辺は零になる。このような近似を断熱近似、あるいはボルン・オッペンハイマー近似という。このとき式 (3-10) と式 (3-12) を書き換えると次式を得る。

3-3 分子の構造と振電状態

$$\left[-\sum_a \frac{\hbar^2}{2M_a}\nabla_a^2 + U(R) + W_l(R) - E_{lv}\right]\xi_{lv} = 0 \quad (3\text{-}14)$$

$$\Phi_{lv}(r,R) = \Psi_l(r,R) \cdot \xi_{lv}(R) \quad (3\text{-}15)$$

式 (3-14) は原子核の運動に対するシュレーディンガー方程式である。Φ_{lv}、E_{lv}、$\Psi_l(R)$、$\xi_{lv}(R)$ はそれぞれ振電波動関数、振電エネルギー、電子波動関数、振動波動関数である。式 (3-14) から $U(R) + W_l(R)$ は R 依存性を持ち、電子状態 l における断熱ポテンシャルとなる。$U(R)$ を基底状態における断熱ポテンシャルになるように自己無撞着 (self-consistent) に選べば、l が基底状態のとき $W_l(R)$ が零になる。l が励起状態のときには、$W_l(R)$ は励起状態の断熱ポテンシャルの変化分のみを表すことになり、これを摂動論で求めることができる。断熱ポテンシャルの極小点に原子核を配置したとき、分子の平衡構造が得られる。

式 (3-13) の $L_{kl}(R)$ は小さな値をとるので式 (3-14) のように通常無視されるが、無輻射遷移ではこの項が励起状態から基底状態への遷移の原動力になる。

3-3-2 分子の電子状態

分子の電子状態は通常、分子軌道法に基づいて表される。これは、原子に原子軌道があるように、分子にも固有の分子軌道があると考える方法である。多原子分子の多電子状態を議論するためにはいくつかの工夫が必要である。以下に多電子理論の概略を説明する。

分子軌道 ψ_i を次のように原子軌道 ϕ_j の線形結合で近似的に表す。

$$\psi_i = \sum_j C_{ij}\phi_j \quad (3\text{-}16)$$

ここで C_{ij} は係数である。

多原子分子の基底状態の全電子波動関数 Φ_G は通常、電子の交換相互作用の効果を考慮して、分子軌道のスレーター (Slater) 行列式を用いて次のように表す。

3. クロロフィルの物理学

$$\Phi_G = \frac{1}{\sqrt{(2n)!}} \begin{vmatrix} \psi_{1\alpha}(1) & \psi_{1\beta}(1) & \cdots & \psi_{n\beta}(1) \\ \psi_{1\alpha}(2) & \psi_{1\beta}(2) & \cdots & \psi_{n\beta}(2) \\ \vdots & \vdots & & \vdots \\ \psi_{1\alpha}(2n) & \psi_{1\beta}(2n) & \cdots & \psi_{n\beta}(2n) \end{vmatrix} \tag{3-17}$$

ここで α と β は電子のアップスピンとダウンスピンを表す。$2n$ は考慮する全電子数である。この電子波導関数 Φ_G は次の全電子に関するシュレーディンガー方程式を満たす。

$$H_e' \Phi_G = E_G \Phi_G \tag{3-18}$$

ここで E_G は基底状態のエネルギーである。式 (3-6) を式 (3-18) に代入し整理すると、注目する電子以外の電子の分布の効果を考慮した1電子に関するフォック（Fock）方程式が得られる。

$$F\psi_i = \varepsilon_i \psi_i \tag{3-19}$$

フォック演算式 F 中には C_{ij} が含まれており、式 (3-19) が自己無撞着（self-consistent）に満たされるまで C_{ij} を変化させる。この方法をハートレー・フォック（Hartree-Fock）の方法という。式 (3-19) の解は $2n$ 個の分子軌道エネルギー ε_i ($i = 1, 2, \cdots, n$) と $2n$ 個の分子軌道 ψ_i を与える。基底状態では式 (3-17) で示すように、軌道エネルギーが低い n 個の分子軌道ごとに α と β の2個の電子によって占有される。軌道エネルギーの最高占有軌道を HOMO（Highest Occupied Molecular Orbital）といい、軌道エネルギーの最低非占有軌道を LUMO（Lowest Unoccupied Molecular Orbital）という。ハートレー・フォックの方法で求められた全電子エネルギーと真のエネルギーの差を電子相間のエネルギーという。

励起状態は占有軌道 $\{\psi_i\}$ にいる電子を非占有軌道 $\{\psi_j\}$ に移すことによって得られる。ここで $\{\ \}$ は軌道の組を表す。それぞれの電子励起した状態を電子配置（Configuration）と呼ぶ。様々な電子配置 Φ_I を混合し、配置間相互作用（Configuration Interaction；CI）を考慮した波動関数 Ψ^{CI} を、次のように定義する。

$$\Psi^{CI} = \sum_{I=1}^{L} C_I \Phi_I \tag{3-20}$$

Ψ^{CI} は次のシュレーディンガー方程式を解くことによって求められる。

$$H_e' \Psi_k^{CI} = E_k \Psi_k^{CI} \tag{3-21}$$

1電子励起状態を混合して得られる励起状態を一電子励起CI（Single Excitation CI；SCI）と呼ぶ。SCIによってかなりの程度、電子相関効果を取り入れることができる。

3-3-3 分子振動

分子は平衡構造を中心にして微振動する。これを分子振動という。有限温度のときは熱ゆらぎの微振動がある。絶対零度でも量子力学的な零点振動がある。基底状態で平衡構造からの変位が小さいうちは変位の2乗に比例して断熱ポテンシャル $U(R)$ が上昇する。このとき分子振動は互いに独立な調和振動子の集まりになる。そのときの分子振動はとびとびの状態をもった基準振動数と基準座標で特徴付けられる。励起状態では断熱ポテンシャルに $W_i(R)$ が追加される。これを R で展開し、1次の項で止めて基準振動解析を行うと、励起状態の分子振動は基底状態のものと比べて基準振動数が変わらず、基準座標が平行移動する。

調和振動子近似では、振動の波動関数は各振動モードの波動関数の積で表される。基底状態の振動の量子状態を $u = u(n_1, n_2, \cdots, n_N)$ とし、励起状態の振動の量子状態を $v = v(m_1, m_2, \cdots, m_N)$ とすると、それらの波動関数は次のように書ける。

$$\xi_{gu}(Q) = \prod_{j=1}^{N} \chi_{n_j}(Q_j) \tag{3-22}$$

$$\xi_{ev}(Q) = \prod_{j=1}^{N} \chi_{m_j}(Q_j - \Delta Q_j) \tag{3-23}$$

ここで Q_j、ΔQ_j はそれぞれ基底状態での j モードの基準座標と、励起状態での j モードの基準座標のシフトを表す。Q は分子振動の全基準座標を表す。n_j の分布はボース・アインシュタイン統計に従う。N は全基準座標数である。

基底振電状態 gu と励起振電状態 ev のエネルギーは次式で表される。

$$E_{gu} = \varepsilon_g + \sum_j \hbar \omega_j \left(n_j + \frac{1}{2} \right) \tag{3-24}$$

$$E_{ev} = \varepsilon_e - \frac{1}{2}\sum_j \hbar\omega_j \Delta Q_j^2 + \sum_j \hbar\omega_j\left(m_j + \frac{1}{2}\right) \tag{3-25}$$

ここで ε_g、ε_e、ω_j はそれぞれ基底状態と励起状態の全電子エネルギー、j モードの振動の角周波数である。式 (3-25) の右辺第 2 項は電子励起に伴う再配置エネルギーと呼ばれる。$\hbar\omega_j \gg k_B T$ のとき、基底状態で j モードの振動はほとんど $n_j = 0$ の状態にある。

3-4 光吸収と蛍光

本節では、前節の電子・振動理論に基づいて、分子の光学的性質について解説する。

3-4-1 光吸収の原理

光は電磁波であり、波長によって紫外線（波長 1 nm 〜 約 400 nm）、可視光線（波長約 400 nm 〜 約 750 nm）、赤外線（波長約 750 nm 〜 1 mm）などに分けられる。実際すべての物質は何らかの光を吸収し、放出することが可能である。分子に電磁波が照射されると、分子中の荷電粒子（電子と原子核）の運動の固有振動数と電磁波の振動数が一致すれば両者に共鳴現象が起こる。この共鳴現象を通じて、振動する電磁波のエネルギーの最小単位（光子）の吸収あるいは放出が起こる。電子の運動の状態遷移によって可視光または紫外光の吸収・放出が起こる。分子振動の状態遷移によって長波長域の赤外光の吸収・放出が起こる。

量子化された荷電粒子の運動の固有振動数は荷電粒子の基底状態と励起状態のエネルギーの差 ΔE をプランク定数 h で割ったものである。すなわち電磁波との共鳴条件は電磁波の周波数を ν として次式で表される。

$$\nu = \Delta E / h \tag{3-26}$$

3-4-2 光吸収スペクトル

光吸収スペクトルは通常次のような原理で測定される。
振動数 ν で単位面積あたりのエネルギー強度 I_0 の光を試料に照射し、エネ

ルギー強度 I の光が透過する。試料は濃度 C（mol/l）で厚さ l（cm）のセルの中に入れられる。試料の濃度が薄いときには、光が dx 進む間に、エネルギー強度が $-dI(v)$ 変化し、次の関係式の成り立つことが実験的に知られている。

$$-dI(v) = \ln 10 \cdot \varepsilon(v) C l I(v) dx \tag{3-27}$$

ここで $\varepsilon(v)$ は v のみに依存する定数で、モル吸光係数（molar extinction coefficient）と呼ばれる（分子吸光係数の言い方もあるが、本書ではモル吸光係数に統一する）。式 (3-27) を積分し、次式を得る。

$$I(v) = I_0(v) \cdot 10^{-\varepsilon(v)Cl} \tag{3-28}$$

式 (3-28) はエネルギー強度 $I(v)$ が光路長 l とともに指数関数的に減衰することを示しており、ランベルト・ベール（Lambert-Beer）の法則と呼ばれる。

次にモル吸光係数の分子的基礎を考える。いま振電状態 gu から振電状態 ev に電磁波を吸収して電子遷移したとする。時間依存の摂動論を用いて、単位時間あたりの遷移確率は次式で与えられる。

$$w_{gu \to ev} = \frac{2\pi |E_0|^2 \cdot |M_{ev,gu}|^2}{\hbar} \delta(E_{ev} - E_{gu} - hv) \tag{3-29}$$

ここで E_0 は電磁波の電場の振幅である。$M_{ev,gu}$ は電子の遷移双極子モーメントで、次式で定義される。

$$M_{ev,gu} = \iint \Phi_{ev}^*(r,Q)(-\sum_i e r_i)\Phi_{gu}(r,Q) d\tau_r d\tau_Q \tag{3-30}$$

$d\tau_r$、$d\tau_Q$ はそれぞれ電子座標での積分と核座標での積分を表す。

さて、$|E_0|^2$ は入射光子の数に比例している。モル吸光係数は 1 光子が入射し、1 mol/l の濃度の試料によって吸収される光エネルギーの消失速度に対応する。このことを考慮して、モル吸光係数は次のように表される（垣谷、2001）。

$$\varepsilon(v) = Ahv \sum_u \sum_v B_u |M_{ev,gu}|^2 \delta(E_{ev} - E_{gu} - hv) \tag{3-31}$$

$$A = \frac{10^{-3}}{\ln 10} \cdot \frac{8\pi^3 N_A}{3nch} \tag{3-32}$$

ここで N_A、n、c は、それぞれアヴォガドロ数、媒質の屈折率、光速である。また、B_u は規格化したボルツマン因子で、次式で与えられる。

3. クロロフィルの物理学

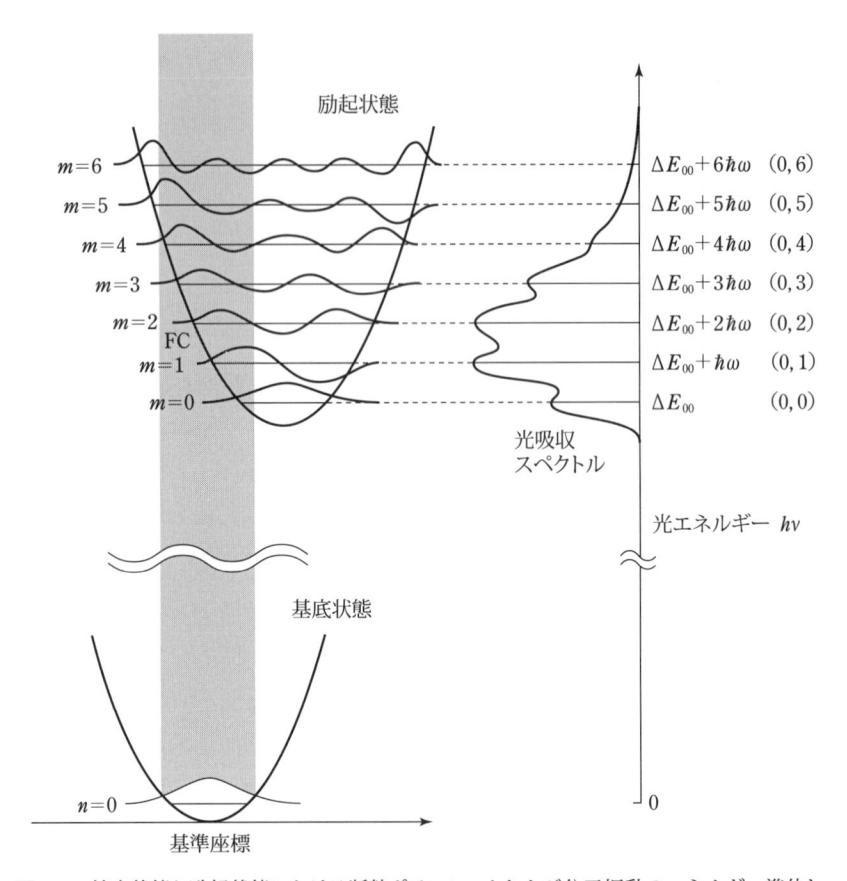

図3-1 基底状態と励起状態における断熱ポテンシャルおよび分子振動のエネルギー準位と振動の波動関数(左図)と光吸収スペクトル形状(右図)

この振動の1量子エネルギー$\hbar\omega$は熱平均エネルギーk_BTより非常に大きいので、基底状態では実質上$n=0$のレベルが使われる。$n=0$の振動の波動関数の広がりの主要部分を網掛け領域で示す。励起状態の振動の波動関数がこの網掛け領域に大きな振幅をもつ振動量子数のところで大きなフランク・コンドン因子を与え、それが光吸収強度に比例する。励起状態の各振動エネルギー準位にフランク・コンド因子の強度を分布させ(右図)、それぞれに線幅を付与して強度を加えたものが光吸収スペクトル形状になる。線幅が狭いとき(低温などで)光吸収スペクトルに振動構造のピークが現れる。ピークには(0,0)、(0,1)などの名称がつけられる。実験で得られた振動ピークの強度分布を式(3-39)の強度分布と比較することにより基準座標のシフトΔの値を推定することができる。

$$B_u = \frac{\exp[-E_{gu}/(k_B T)]}{\sum_u \exp[-E_{gu}/(k_B T)]} \tag{3-33}$$

電子波導関数の振動座標依存性は一般に大きくない。そこで光吸収の許容遷移では振動座標依存性を無視する。このような取り扱いをコンドン（Condon）近似という。このとき遷移双極子モーメントは次のように書ける。

$$|M_{ev,gu}|^2 = |m_{eg}|^2 \times |\langle u|v\rangle|^2 \tag{3-34}$$

ここで $|m_{eg}|^2$、$|\langle u|v\rangle|^2$ はそれぞれ光学遷移の電子因子、フランク・コンドン（Franck-Condon）因子と呼ばれ、次のように定義される。

$$m_{eg} = \int \Psi_e(r)^* (-\sum_i e r_i) \Psi_g(r) d\tau_r \tag{3-35}$$

$$|\langle u|v\rangle|^2 = \left| \int \xi_{ev}(Q) \xi_{gu}(Q) d\tau_Q \right|^2 \tag{3-36}$$

電子因子は光の吸収の強度を支配する。式 (3-36) を式 (3-31) に代入し、次式を得る。

$$\varepsilon(\nu) = A_1 \nu \sum_u \sum_v B_u |\langle u|v\rangle|^2 \delta(E_{ev} - E_{gu} - h\nu) \tag{3-37}$$

$$A_1 = Ah|m_{eg}|^2 = \frac{10^{-3}}{\ln 10} \cdot \frac{8\pi^3 N_A |m_{eg}|^2}{3nc} \tag{3-38}$$

基底状態の振動の量子が 0 のとき、1 モードのフランク・コンドン因子は次式で与えられる。

$$|\langle m|0\rangle|^2 = e^{-\Delta^2/2} \cdot \frac{(\Delta^2/2)^m}{m!} \tag{3-39}$$

ここで Δ は基準座標のシフトの大きさを示す。式 (3-39) は励起状態の振動量子数 m に対してポアソン分布することを示している。図 3-1 に 1 モードで $\Delta = 2.0$ の場合にフランク・コンドン因子の分布と光吸収スペクトルの関係を示す。スペクトルには $\hbar\omega$ の間隔をもつピーク系列 (progression) が現れ、(0,1) ピークと (0,2) ピークで強度が最大になる。$\Delta < \sqrt{2}$ のとき、(0,0) ピークが最大強度をもつ。

3-4-3 蛍光スペクトル

光吸収と蛍光（fluorescence）は互いに密接な関係にある。アインシュタインが指摘したように、光誘導型の光吸収と発光があり、励起状態からは自然放射型の発光がある。通常、自然放射型の発光は励起状態で熱平衡分布に達してから起こると考えられる。さらに、熱平衡状態では光吸収の速度と2種類の発光の速度がバランスしている。これらの関係から蛍光スペクトル $f(v)$ を導出することができ、次のように求まる（垣谷, 2001）。

$$f(v) = C_1 v^3 \sum_u \sum_v B_v |\langle v|u \rangle|^2 \delta(E_{ev} - E_{gu} - hv) \tag{3-40}$$

$$C_1 = \frac{64\pi^4 n \tau_0 |m_{eg}|^2}{3c^3 h} \tag{3-41}$$

ここで、τ_0 は励起状態の自然寿命である。蛍光が強く出るためには、τ_0、n、$|m_{eg}|^2$ などが大きくなることが必要である。また、$f(v)$ が v^3 に比例するため短波長の光ほど蛍光を出しやすいことがわかる。

式 (3-37) と式 (3-40) はきわめて類似している。それらを次のように変形する。

$$\frac{1}{A_1} \cdot \frac{\varepsilon(v)}{v} = \sum_u \sum_v B_u |\langle v|u \rangle|^2 \delta(E_{ev} - E_{gu} - hv) \tag{3-42}$$

$$\frac{1}{C_1} \cdot \frac{f(v)}{v^3} = \sum_u \sum_v B_v |\langle v|u \rangle|^2 \delta(E_{ev} - E_{gu} - hv) \tag{3-43}$$

式 (3-42) と式 (3-43) の右辺は B_u（基底状態で熱平衡が成り立っている）と B_v（励起状態で熱平衡が成り立っている）の違いがあるのみである。このことは式 (3-42) と式 (3-43) の右辺が厳密に鏡像の関係にあることを意味する。通常このスペクトルの広がりのエネルギー幅はスペクトルのピークに相当する hv に比べて非常に小さいので、左辺における因子 v と v^3 の違いはほとんど無視できる。したがって、光吸収スペクトル $\varepsilon(v)$ と蛍光スペクトル $f(v)$ はほとんど鏡像の関係にある。

自然寿命 τ_0 は吸収スペクトルと蛍光スペクトルを用いて、近似的に次式によって計算で求めることができる。

$$\frac{1}{\tau_0} = \frac{10^3 \ln 10 \cdot 8\pi n^2}{c^2 N_A} \langle v_f^{-3} \rangle^{-1} \int \frac{\varepsilon(v)}{v} dv \tag{3-44}$$

$$\langle v_f^{-3} \rangle^{-1} = \frac{\int f(v)dv}{\int f(v)v^{-3}dv} \tag{3-45}$$

式 (3-44) はストリックラー・ベルグ（Strickler-Berg）の式と呼ばれる。

一般に分子の励起状態からは蛍光の他に無輻射遷移が起こる。そのときの蛍光の量子収率 ϕ_f は次式で書ける。

$$\phi_f = \frac{\dfrac{1}{\tau_0}}{\dfrac{1}{\tau_f}} = \frac{\dfrac{1}{\tau_0}}{\dfrac{1}{\tau_0} + k_n} = \frac{1}{1 + \tau_0 k_n} \tag{3-46}$$

ここで τ_f, k_n はそれぞれ実測の蛍光の寿命と無輻射遷移速度である。実測した ϕ_f を用いて、式 (3-46) から k_n を求めることができる。

励起状態の分子が他の分子と相互作用するときは励起エネルギー移動や電子移動の反応が起こって消光に寄与することがある。このとき蛍光の量子収率 ϕ_r は次式で定義される。

$$\phi_r = \frac{\dfrac{1}{\tau_0}}{\dfrac{1}{\tau_r}} = \frac{\dfrac{1}{\tau_0}}{\dfrac{1}{\tau_0} + k_n + k_r} = \frac{1}{1 + \tau_0(k_n + k_r)} = \frac{\phi_f}{1 + \phi_f \tau_0 k_r} \tag{3-47}$$

ここで、k_r は励起状態からの反応の速度定数である。ϕ_f, ϕ_r を実測することによって、式 (3-47) から電子移動や励起エネルギー移動などの速度定数 k_r を実験的に求めることができる。

3-5　クロロフィル分子の光学的性質

3-5-1　クロロフィル分子の光学的実測データ

Chl *a* 分子と BChl *a* 分子のジエチルエーテル中の吸収スペクトル（300 nm 〜 850 nm）を図 **3-2** に示す。図 **3-2** の Chl *a* の各ピークに長波長側から①〜⑧の番号を付け、BChl *a* のピークには長波長側から⑨〜⑬の番号を付けた。

Chl *a* では 660 nm 近傍（①）と 430 nm 近傍（⑤）に大きな吸収ピークがあり、BChl *a* では 770 nm 近傍（⑨）と 360 nm 近傍（⑬）に大きな吸収ピークが見られる。その他にも多数の小さなピークが存在する。従来の研究で 500 nm よ

3. クロロフィルの物理学

り長波長のバンドは Q バンドと呼ばれ、X 軸方向に遷移双極子モーメントをもつ Q_x バンドと Y 軸方向に遷移双極子モーメントをもつ Q_y バンドからなる（X 軸と Y 軸の方向は図 2-1 参照。本章では、分子軸と吸収帯は大文字の斜体で、吸収バンド名については小文字の斜体［下付］で表記する）。Chl a の 660 nm 近傍のピーク①と BChl a の 770 nm 近傍のピーク⑨を Q_y(0,0) に帰属することは、研究者間で合意が得られている。また、BChl a の 570 nm 近傍のピーク⑪は Q_x(0,0) バンドに帰属されている。500 nm より短波長のバンドは B バンド（または Soret バンド）と呼ばれ、X 軸方向に遷移双極子モーメントをもつ B_x バンドと、Y 軸方向に遷移双極子モーメントをもつ B_y バンドからなる。クレイトンは Chl a の 430 nm 近傍のピーク⑤を B_x(0,0)、BChl a の 360 nm 近傍のピーク⑬を B_y(0,0) に帰属させているが（Clayton, 1980）、現在まで B バンドの帰属について研究者間で合意が得られているわけではない。光吸収スペクトルの帰属は分子の性質を知る上で重要なことであるので、図 3-2 の各吸収ピークの帰属が早急になされることが望まれる。そのような動機付けを与える意味で、ここでは吸収スペクトルの振動構造解析に基づいて、理論的推論を交えて各吸収ピークの帰属を試みる。

最初に Chl a の Q バンドの帰属を行う。ピーク①、②、③、④の吸収エネ

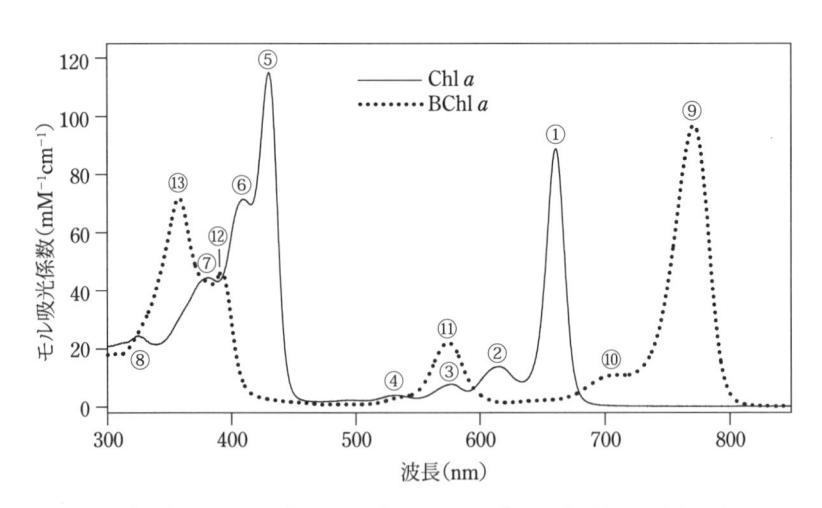

図3-2　ジエチルエーテル中のChl a 分子とBChl a 分子の光吸収スペクトル（300～850nm）の実測データ（民秋研究室による測定）
　①～⑧はChl a のピーク、⑨～⑬はBChl a のピークを示す。

3-5 クロロフィル分子の光学的性質

ルギーを比べると、①と②の間隔、②と③の間隔、③と④の間隔は波数単位でそれぞれ $1130\,\text{cm}^{-1}$、$1100\,\text{cm}^{-1}$、$1510\,\text{cm}^{-1}$ である。前二者のエネルギー間隔はほぼ等しく、それらの値は電子励起に伴う大環状共役分子の環全体の分子変形に相当する分子振動の波数である。これらの振動の量子エネルギーは常温の $k_B T$（約 $200\,\text{cm}^{-1}$）より相当大きい。ピーク②の線幅はピーク①の線幅より少し広くなっており、振動波数の近い複数の振動モードが寄与している可能性がある。ピーク③とピーク④のエネルギー間隔 $1510\,\text{cm}^{-1}$ は炭素—炭素二重結合の比較的局所的な伸縮振動に相当するもので、ピーク④は他のピーク系列と関連がないと考えられる。このことからピーク①、②、③は振動波数約 $1130\,\text{cm}^{-1}$ の系列と一応考えられるが、ピークの強度分布をみると問題が生じる。ピーク①とピーク②の強度比からポアソン分布（式 (3-39)）の Δ の値を評価すると 0.53 になる。この値を用いてピーク①とピーク③の強度比を計算すると $1:0.007$ になる。実測のピーク比は $1:0.24$ であるので、ピーク③の強度は理論値の 30 倍以上である。したがって、ピーク③の主要部分は Q_y バンドのピーク系列とは別に $Q_x(0,0)$ に帰属するのが妥当である。そして、ピーク①を $Q_y(0,0)$、ピーク②を $Q_y(0,1)$ に帰属する。すでに見たように、Q_x バンドの強度は Q_y バンドの強度に比べて非常に小さい。これは Q_x 励起状態の π 電子の広がりが比較的小さいためであると考えられる。そのため Q_x バンドへの電子励起とカップルする分子振動は比較的局所的で高波数のものになると考えられる。したがって、$Q_x(0,0)$ のピークから $1510\,\text{cm}^{-1}$ 離れたピーク④を $Q_x(0,1)$ に帰属する。これとは別に、ピーク②の線幅が広いので、$Q_x(0,0)$ がピーク②に重なっているという考えもある。そうすると、ピーク②、③、④を Q_x バンドの系列とみなさなければならないが、これらのピークが等間隔にないため無理が生じるので、ここではこの考えをとらない。

次に Chl a の B バンドの帰属を行う。B バンドについては B_y バンドと B_x バンドのどちらが長波長側にあるか現在まで明確でないので、そこを不確定にして帰属を進める。ピーク⑤、⑥、⑦、⑧の吸収エネルギーを比べると、⑤と⑥の間隔、⑥と⑦の間隔、⑦と⑧の間隔は波数単位で、それぞれ、$1190\,\text{cm}^{-1}$、$1730\,\text{cm}^{-1}$、$4520\,\text{cm}^{-1}$ である。ピーク⑤と⑥のエネルギー間隔が Q_y バンドのピーク間隔のエネルギーに近い。B バンドの強度は非常に大きいので、B バンドの励起状態で π 電子は環状分子に広く分布しており、比較的小さな振動波数 $1190\,\text{cm}^{-1}$ の振動モードとカップルしていると考えられる。したがって、ピ

表 3-1 ジエチルエーテル中の Chl a と BChl a の光吸収スペクトルのバンド帰属とピーク波長 λ とモル吸光係数 ε

帰属	ピーク番号	Chl a λ (nm)	ε (mM^{-1}cm^{-1})	ピーク番号	BChl a λ (nm)	ε (mM^{-1}cm^{-1})
$Q_y(0,0)$	①	661	89	⑨	771	97
$Q_y(0,1)$	②	615	14	⑩	704	11
$Q_x(0,0)$	③	576	8	⑪	574	22
$Q_x(0,1)$	④	530	4	—	—	—
$B_{x(y)}(0,0)$	⑤	430	115	⑫	392	46
$B_{x(y)}(0,1)$	⑥	409	71	—	—	—
$B_{y(x)}(0,0)$	⑦	382	45	⑬	358	72

※ $B_{x(y)}$ は B_x バンドまたは B_y バンドを表す。

表 3-2 常温における各種クロロフィル分子の蛍光寿命 τ_f と蛍光の量子収率 ϕ_f の実測データおよび自然寿命 τ_0 の計算値

色素	溶媒のタイプ*	τ_0(ns)	τ_f(ns)	ϕ_f
Chl a	H	18	6.44	0.35
	P	17	6.1	0.36
Chl b	P	31	3.6	0.11 ~ 0.12
Phe a	P	41	7.3	0.18
BChl a	H	14	3.5 ~ 3.6	0.24 ~ 0.26
	P	16	2.9 ~ 3.2	0.18 ~ 0.20
BPhe a	P	35	2.5	0.13
	A	22	2.0	0.09

* 溶媒のタイプは Chl a と BChl a の中心金属 Mg イオンに配位するリガンドの数で表し、H が 6 配位（ピリジン、テトラヒドロフラン、ジオキサンなど）、P が 5 配位（アセトン、アセトニトリルなど）のもの。A はアルコールやアルコールを含む混合物で配位子の数に関係しない。

ーク⑤を $B_{x(y)}(0,0)$ に、ピーク⑥を $B_{x(y)}(0,1)$ に帰属させる。$B_{x(y)}$ の下付き文字は B_x バンドまたは B_y バンドを示す。ピーク⑥と⑦の間隔およびピーク⑦と⑧の間隔のエネルギーは通常の π 電子励起と強く結合する振動モードの波数に比べて大きすぎる。そこで、ピーク⑦を $B_{y(x)}(0,0)$ に帰属させ、ピーク⑧は B バンドより高いエネルギー準位への電子遷移によるものと考えられる。

次に BChl a の Q バンドの帰属を行う。ピーク⑨とピーク⑩のエネルギー間隔は 1235 cm^{-1} で、二つのピーク強度比は 1：0.10 である。これらの値は Chl a のピーク①とピーク②の関係と比較的似ている。そこでピーク⑨を $Q_y(0,0)$ に帰属し、ピーク⑩を $Q_y(0,1)$ に帰属する。ピーク⑪はピーク⑨から 200 nm 近く離れていて振動構造と関係がなく、上述の通り $Q_x(0,0)$ バンドに帰属されている。

最後に BChl a の B バンドの帰属を行う。B_y バンドと B_x バンドのどちらが長波長側にあるか現在まで明確でないので、Chl a の B バンドと同じように、そこを不確定にして帰属を進める。ピーク⑫とピーク⑬のエネルギー間隔は 2420 cm^{-1} で、π 電子遷移に強くカップルする振動モードの波数にしては大きすぎる。そのためピーク⑫を $B_{x(y)}(0,0)$ に帰属し、ピーク⑬を $B_{y(x)}(0,0)$ に帰属する。

以上の結果を表 3-1 にまとめる。バンドの各ピークの帰属には理論的推論が多く含まれていることに注意したい。Q バンドのピークの帰属に関してはクレイトンの予測（Clayton, 1980）とほぼ一致している。

次に、溶液中のクロロフィル分子の蛍光の寿命と蛍光の量子収率の実測データを表 3-2 に載せる。これからクロロフィル分子の自然寿命 τ_0 は 10〜40 ns のオーダーで、蛍光寿命 τ_f は 2〜7 ns のオーダーであることがわかる。また蛍光の量子収率 ϕ_f が 0.1〜0.35 の範囲にあることがわかる。なかでも Chl a の ϕ_f はもっとも大きな値をもつ。

3-5-2 クロロフィル分子の光吸収スペクトルの理論的解釈

図 3-2 で示したクロロフィルの光吸収スペクトルの特徴は、可視光域のほぼ長波長端と短波長端で非常に強い吸収ピークをもつことである。この二つの吸収ピークの間にはいくつかの弱い吸収ピークが存在するのみである。これはきわめて特異な吸収スペクトルで、他にあまり例を見ない。そこで、クロロフィルの吸収スペクトルがなぜこのように特異なのか、という問題が存在する。

クロロフィル分子は大環状共役分子で電子相関の役割が非常に大きい。したがって、理論的に定量的な議論を行うには大規模な数値計算が必要になるが、現在でも B バンドについて正確な結果を得るのは容易でない。本項では、定性的ではあるが、基本的な電子相関を考慮した、見通しの良いグーターマン（M. Gouterman）の 4 軌道モデル（Gouterman, 1961）に基づいて、スペクトルの

3. クロロフィルの物理学

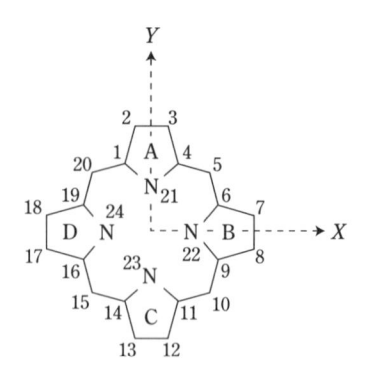

図3-3 ポルフィリンのπ共役領域の構造

理論的解釈を行う。とくに、クロロフィルの吸収スペクトルの特異な"大域的特徴"の起源を明らかにすることに焦点をあてる。以下では最大吸収波長を議論するので、振動に関しては (0,0) ピークが該当する。

グーターマンの4軌道モデルではクロロフィルについて、次の取り扱いをする。(1) 対称性の高い同族分子であるポルフィリンの電子状態を出発点とする。(2) π電子近似を採用する。(3) 側鎖はすべて水素原子とする。したがって、Chl a をクロリンに、BChl a をバクテリオクロリンに置き換える。Chl a や BChl a の側鎖の影響は必要に応じて摂動として考慮する。

図3-3にポルフィリンのπ共役の基本骨格を示す。四つの N 原子の中央に何も配位しないポルフィリンジアニオンの電子状態を出発点にする。クロリンはC17とC18の間の二重結合が還元され、D 環の左側のπ共役結合がなくなる。バクテリオクロリンでは C7 と C8 ならびに C17 と C18 の間の二重結合が還元されて、B 環の右側と D 環の左側のπ共役結合がなくなる。

ポルフィリンのπ骨格構造は4回回転対称軸をもち、対称群 D_{4h} に属する。HOMO と HOMO−1 の分子軌道は対称性から a_{2u} と a_{1u} と名付けられる。以後簡単のため軌道の表示を対称性の名称を用いて行う。通常の MO 理論計算を行うと、a_{2u} 軌道のエネルギー準位は a_{1u} 軌道のエネルギー準位より非常に高くなる。しかしながら、グーターマンの4軌道モデルの理論では a_{2u} 軌道エネルギーと a_{1u} 軌道エネルギーがほとんど等しいとおく。その根拠は後述するようにポルフィリン、あるいは Chl c_1 の Q バンドの強度が非常に小さいという実験結果を再現することにある。このエネルギー準位の調整は SCI 以外の

3-5 クロロフィル分子の光学的性質

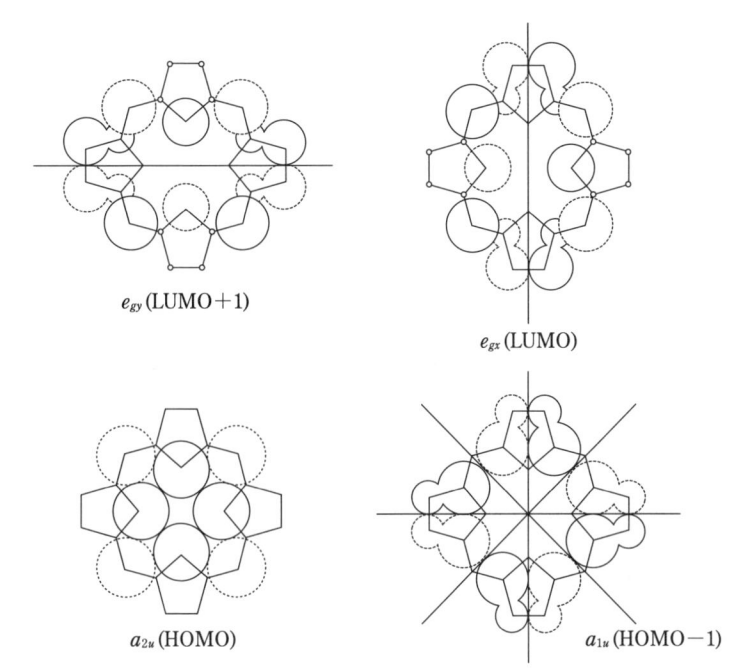

e_{gy}(LUMO+1)

e_{gx}(LUMO)

a_{2u}(HOMO)

a_{1u}(HOMO−1)

図3-4 ポルフィリンの四つの分子軌道a_{2u}, a_{1u}, e_{gy}, e_{gx}の波動関数の分布
実線の円弧は正の原子波動関数、破線の円弧は負の原子波動関数、円弧の半径の大きさは原子波動関数の寄与の大きさを表す。直線は分子面内の対称軸を示す(Gouterman, 1961より改変)。

電子相関の効果をかなり取り入れたものになっており、グーターマンの4軌道モデルの真髄である。

LUMOとLUMO+1の軌道エネルギーは縮退しており、分子軌道は対称性からe_{gx}とe_{gy}と名付けられる。これらの分子軌道の波動関数を図**3-4**に示す。a_{2u}とe_{gx}の分子軌道はC7、C8、C17とC18上に軌道の広がりがないので、それらの結合を還元してもa_{2u}とe_{gx}の軌道エネルギーはほとんど変化しない。これに対してa_{1u}とe_{gy}の分子軌道はC7、C8、C17とC18上に広がりがあるので、C7とC8もしくはC17とC18の間の二重結合を還元すればa_{1u}とe_{gy}の軌道エネルギーが上昇する（e_{gy}の軌道エネルギーの上昇の方がa_{1u}の軌道エネルギーの上昇より大きい）。以上の考察によってポルフィリン、クロリン、バクテリオクロリンの四つの軌道エネルギー準位は図**3-5**のように描かれる。クロリンとバクテリオクロリンのπ骨格構造はD_{4h}の対称性を失っているが、便

3. クロロフィルの物理学

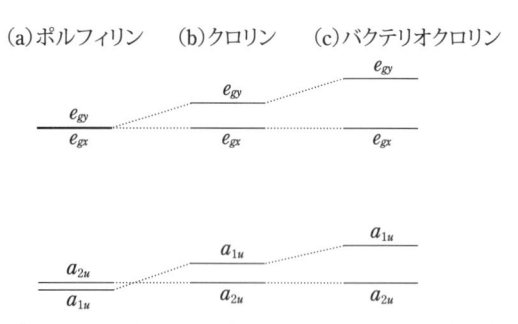

(a)ポルフィリン　(b)クロリン　(c)バクテリオクロリン

図3-5　ポルフィリン、クロリン、バクテリオクロリンの四つの分子軌道

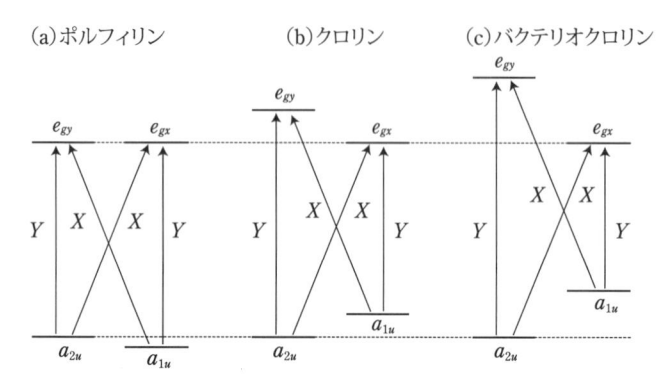

図3-6　ポルフィリン、クロリン、バクテリオクロリンにおける4種類の
　　　　分子軌道エネルギー準位間の1電子励起の様子
　　　　XとYは遷移電子密度分布のモーメントの方向を表す。

宜上ポルフィリンの軌道の名称を踏襲している。クロリンとバクテリオクロリンの構造がポルフィリンの構造から異なる効果はa_{1u}とe_{gy}の軌道エネルギーの変化として考慮されている。

　グーターマンの4軌道モデルの理論では、上のHOMO、HOMO－1、LUMO、LUMO＋1の4分子軌道間の1電子励起の配置間相互作用（SCI）を適用し、SCIレベルの電子相関を考慮した励起状態のエネルギーと波動関数を求める。図3-5に基づいて求められたポルフィリン、クロリン、バクテリオクロリンにおける4種類の軌道間1電子励起のダイアグラムを図3-6に示す。以後、軌道間1電子励起を1電子励起と簡略化して表記する。XとYは1電子励起に伴う遷移電子密度分布の双極子モーメントの方向を示す。配置間相互作用はXとX、YとYのように同じ方向の1電子励起状態間においてのみ起こる。

94

3-5 クロロフィル分子の光学的性質

図3-6を用いて4種類の1電子励起状態のエネルギー準位を求めた。図3-7の左側にY方向の1電子励起状態の配置間相互作用のエネルギーダイアグラム、右側にX方向の1電子励起状態の配置間相互作用のエネルギーダイアグラムを示す。ここで$(a_{2u}e_{gy})$は基底状態から$a_{2u} \to e_{gy}$の1電子励起を行った励起状態を表す。他も同様である。ポルフィリン、クロリン、バクテリオクロリンの基底状態のエネルギー準位G（すべて同じ高さに取っている）から測った$(a_{2u}e_{gx})$のエネルギー準位はすべて同じ高さにある（点線で結ばれている）。これに対して、ポルフィリン、クロリン、バクテリオクロリンと移るに従って、$(a_{2u}e_{gy})$のエネルギー準位は大きく上昇し、$(a_{1u}e_{gx})$のエネルギー準位は大きく下降する。そのため$(a_{2u}e_{gy})$と$(a_{1u}e_{gx})$のエネルギー準位の差は非常に大きくなっていく。他方、$(a_{1u}e_{gy})$のエネルギーは徐々に上昇し、$(a_{2u}e_{gx})$と$(a_{1u}e_{gy})$のエネルギー準位の差は徐々に大きくなる。図3-7の1電子励起状態のエネルギー準位に挟まれた中央の分裂した二つの準位が、これから求めるSCI励起状態のエネルギー準位である。

ポルフィリンの上の四つの1電子励起状態の波動関数の対称性を考慮してSCIを行うと、電子相関を取り入れた次の四つの励起状態が得られる。

$$\Psi_{Bx} = \cos\theta_1 \Phi(a_{1u}e_{gy}) + \sin\theta_1 \Phi(a_{2u}e_{gx}) \qquad (3\text{-}48)$$

$$\Psi_{Qx} = \sin\theta_1 \Phi(a_{1u}e_{gy}) - \cos\theta_1 \Phi(a_{2u}e_{gx}) \qquad (3\text{-}49)$$

$$\Psi_{By} = \cos\theta_2 \Phi(a_{1u}e_{gx}) + \sin\theta_2 \Phi(a_{2u}e_{gy}) \qquad (3\text{-}50)$$

$$\Psi_{Qy} = \sin\theta_2 \Phi(a_{1u}e_{gx}) - \cos\theta_2 \Phi(a_{2u}e_{gx}) \qquad (3\text{-}51)$$

ここで、$\Phi(a_{1u}e_{gy})$は基底状態Ψ_Gから$a_{1u} \to e_{gy}$の1電子励起を行ったときの波動関数である。他も同様である。$\cos\theta_1$、$\cos\theta_2$などはCIの係数である。Ψ_{Bx}は高いエネルギー準位のSCI励起状態（吸収のB_xバンド）に相当し、Ψ_{Qx}は低いエネルギー準位のSCI励起状態（吸収のQ_xバンド）に相当する。またΨ_{By}は高いエネルギー準位のSCI励起状態（吸収のB_yバンド）に相当し、Ψ_{Qy}は低いエネルギー準位のSCI励起状態（吸収のQ_yバンド）に相当する。CIの係数とSCI励起エネルギー準位はシュレーディンガー方程式を解いて求められる。

3. クロロフィルの物理学

(a) ポルフィリン

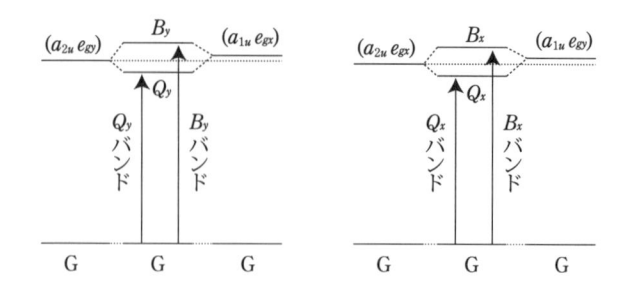

(b) クロリン

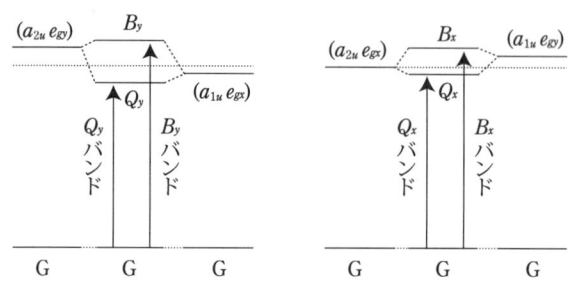

(c) バクテリオクロリン

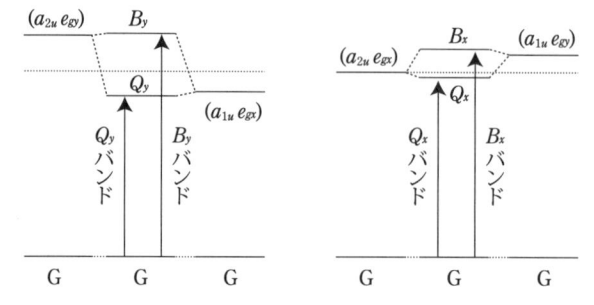

図3-7 4軌道モデルに基づいたポルフィリン、クロリン、バクテリオクロリンの1電子励起状態エネルギー準位(各ダイアグラムの両端)と配置間相互作用を考慮したエネルギー準位(各ダイアグラムの中央)
1電子励起状態($a_{2u}e_{gx}$)のエネルギー準位はすべての場合に同じ位置に来るため、エネルギーの基準として点線で示している。4種類の電子遷移をQ_x, Q_y, B_x, B_yバンドに帰属させている。Gは基底状態を示す。

3-5 クロロフィル分子の光学的性質

さて、その解析を進める前に、次のモデルケースで SCI による 1 電子励起波動関数の混合とエネルギーシフトの一般的性質を導いておく。任意のエネルギー E_1 と E_2 ($E_1 < E_2$) をもつ二つの 1 電子励起状態波動関数 Φ_1 と Φ_2 を混合して、SCI 波動関数 Ψ^{CI} をつくる。

$$\Psi^{CI} = C_1 \Phi_1 + C_2 \Phi_2 \tag{3-52}$$

ここで C_1、C_2 は係数で、$C_1^2 + C_2^2 = 1$ を満たす。この Ψ^{CI} が式 (3-21) のシュレーディンガー方程式を満たすとき、次の 2 種類の固有エネルギーが得られる。

$$E_+ = \frac{1}{2}(E_1 + E_2) + \sqrt{\frac{1}{4}(E_1 - E_2)^2 + V_{12}^2} \tag{3-53}$$

$$E_- = \frac{1}{2}(E_1 + E_2) - \sqrt{\frac{1}{4}(E_1 - E_2)^2 + V_{12}^2} \tag{3-54}$$

ここで V_{12} は配置間相互作用エネルギーを表し、次式で定義される。

$$V_{12} = \int \Phi_1^* H_e' \Phi_2 \, d\tau \tag{3-55}$$

式 (3-53) と式 (3-54) から E_+ が E_1 より大きく、E_- は E_2 より小さいことがわかる。また $E_1 - E_2 \ll |V_{12}|$ のとき、V_{12} の効果が顕著で E_+ は $E_1 + |V_{12}|$ に接近し、E_- は $E_2 - |V_{12}|$ に接近する。逆に $E_1 - E_2 \gg |V_{12}|$ のとき、V_{12} の効果はほとんど無く、E_+ は E_1 に接近し、E_- は E_2 に接近する。

固有エネルギー E_+ と E_- に対応する波動関数は、次のように求まる。

$$\Psi_+^{CI} = C_1^+ \Phi_1 + C_2^+ \Phi_2 \tag{3-56}$$

$$\Psi_-^{CI} = C_1^- \Phi_1 + C_2^- \Phi_2 \tag{3-57}$$

$$C_1^+ = \frac{|V_{12}|}{\sqrt{(E_+ - E_1)^2 + V_{12}^2}}, \quad C_2^+ = \frac{E_+ - E_1}{\sqrt{(E_+ - E_1)^2 + V_{12}^2}} \tag{3-58}$$

$$C_1^- = \frac{E_2 - E_-}{\sqrt{(E_2 - E_-)^2 + V_{12}^2}}, \quad C_2^- = -\frac{|V_{12}|}{\sqrt{(E_2 - E_-)^2 + V_{12}^2}} \tag{3-59}$$

$E_1 - E_2 \ll |V_{12}|$ のとき、$E_+ - E_1$ と $E_2 - E_-$ は共に $|V_{12}|$ に接近する。そのとき $|C_1^\pm|^2$ と $|C_2^\pm|^2$ は 0.5 に近い値になる。したがって、$\Psi_\pm$ は二つの電子状態 Φ_1 と Φ_2 の十分大きな混合によってつくられる。他方、$E_1 - E_2 \gg |V_{12}|$ のとき、

$E_+ - E_1$ と $E_2 - E_-$ は共に 0 に接近する。そのとき $|C_1^+|^2$ と $|C_2^-|^2$ は 1 に近い値となり、$|C_2^+|$ と $|C_1^-|$ は共に 0 に接近する。したがって、二つの電子状態 Φ_1 と Φ_2 の混合はほとんど起こらない。

次に光吸収強度についての考察を行う。一般に基底状態 Ψ_G から SCI で得られた励起状態 $\Psi_\pm^{CI}$ への遷移双極子モーメントは次式で計算される。

$$m_{G\pm} = C_1^\pm m_{G1} + C_2^\pm m_{G2} \tag{3-60}$$

$$m_{G\pm} = \int \Psi_G^* r \Psi_\pm^{CI} d\tau_r, \quad m_{G1} = \int \Psi_G^* r \Psi_1 d\tau_r, \quad m_{G2} = \int \Psi_G^* r \Psi_2 d\tau_r \tag{3-61}$$

$|C_1^-|$ と $|C_2^-|$ が同程度の値をとるとき、$m_{G-} \approx 0$ になる。モル吸光係数 ε は $|m_{G\pm}|^2$ に比例する。

以上の SCI の一般的性質に基づいて、ポルフィリンの光吸収スペクトルを考察しよう。図 3-7(a) の各エネルギーダイアグラムの左端と右端に示すように $(a_{1u}e_{gx})$ のエネルギー準位は $(a_{2u}e_{gy})$ のエネルギー準位より少し高いだけである。したがって、$\Phi(a_{1u}e_{gx})$ と $\Phi(a_{2u}e_{gy})$ の混合が強く起こり、すなわち式 (3-48) と式 (3-49) で $\theta_1 \approx \pi/4$ となり、混合によるエネルギー準位の分裂が大きくなる。図 3-7(a) のダイアグラムの中央に描かれた B_y と Q_y のエネルギー準位が大きく分裂しているのは、この混合による効果である。同様に $(a_{1u}e_{gy})$ のエネルギー準位は $(a_{2u}e_{gx})$ のエネルギー準位より少し高いだけであるので、二つの状態の混合が強く起こる ($\theta_2 \approx \pi/4$)。このようにして得られる B_y バンドと B_x バンド、Q_y バンドと Q_x バンドは同じ位置にくる。すなわち、二つのバンドは重なっている。したがって、両者を合わせて B バンドと Q バンドと呼ぶのがふさわしい。Q バンドでは式 (3-49) と式 (3-51) に見られるように、二つの CI 係数の値がほぼ等しく反対符号であるので遷移双極子モーメントが非常に小さくなり、モル吸光係数 ε が小さくなる。これを光学禁制という。これに対して B バンドでは、二つの CI 係数の値がほぼ等しく同符号であるので遷移双極子モーメントが非常に大きくなる。これらの性質より、ポルフィリンあるいは Chl c_1 の Q バンドの吸収が非常に小さくなり、B バンドの吸収が非常に大きくなる。これは図 2-2(a) の Chl c_1 の吸収スペクトルの強度分布をよく説明する。Chl c_1 の Q バンドの分裂はポルフィリン側鎖の影響である。

次に、クロリンとバクテリオクロリンの光吸収スペクトルを考察しよう。

図 3-7 の左側の三つのダイアグラムでは、(a) ポルフィリン、(b) クロリン、(c)

3-5 クロロフィル分子の光学的性質

バクテリオクロリンに移っていくにつれて、1電子励起状態 $(a_{2u}e_{gy})$ と $(a_{1u}e_{gx})$ のエネルギー準位の差が急激に拡大していき、二つの波動関数 $\Phi(a_{2u}e_{gy})$ と $\Phi(a_{1u}e_{gx})$ の混合が急激に減少していく。前者の効果が後者の効果を上回るために、各ダイアグラムの中央に示されているように、上の二つの1電子励起状態のSCIで得られるB_yバンドとQ_yバンドのエネルギー準位の差は急激に拡大していく。クロリンでは比較的高い準位にある1電子励起状態の $\Phi(a_{2u}e_{gy})$ と比較的低い準位にある1電子励起状態の $\Phi(a_{1u}e_{gx})$ との混合がポルフィリンに比べて弱くなる。そのため、Q_yバンドの光学禁制の条件がはずれ、Q_yバンドがかなり大きな吸収強度をもつようになる。バクテリオクロリンでは $\Phi(a_{2u}e_{gy})$ と $\Phi(a_{1u}e_{gx})$ の混合はさらに小さくなる。バクテリオクロリンの Q_y バンドがクロリンの Q_y バンドより長波長側にくるのは、バクテリオクロリンの $(a_{1u}e_{gx})$ のエネルギー準位がクロリンの $(a_{1u}e_{gx})$ のエネルギー準位より十分低い位置にあるためである。

図3-7の右側の三つのダイアグラムでは、ポルフィリンからクロリン、バクテリオクロリンに移っていくにつれて、$(a_{1u}e_{gy})$ のエネルギー準位が徐々に上昇し、$(a_{1u}e_{gy})$ と $(a_{2u}e_{gx})$ のエネルギー準位の間隔が狭いまま、ごくわずかずつ大きくなる（縮退の条件が徐々に解除される）。その結果、$\Phi(a_{1u}e_{gy})$ と $\Phi(a_{2u}e_{gx})$ の混合が大きいけれども徐々に減少していき、Q_xバンドの準位を押し下げる効果が徐々に減少していく。したがって、ポルフィリン、クロリン、バクテリオクロリンと移るにつれて Q_x バンドが少しずつ短波長側にシフトする。Q_x バンドの強度はポルフィリン、クロリン、バクテリオクロリンのいずれにおいても、$(a_{2u}e_{gx})$ と $(a_{1u}e_{gy})$ のエネルギー準位が全体として接近しており、それら二つの波動関数の混合が強いため光学禁制の効果が強く働き、モル吸光係数 ε が小さくなる。クロリンとバクテリオクロリンの間の関係を詳しく見れば、バクテリオクロリンの方がクロリンより混合が小さく、モル吸光係数 ε は少し大きくなる。B_x バンドについて言えば、$(a_{1u}e_{gy})$ のエネルギー準位が徐々に上昇する一方、$\Phi(a_{1u}e_{gy})$ と $\Phi(a_{2u}e_{gx})$ の混合によって B_x バンドのエネルギー準位が押し上げられ、それらの効果が一部相殺する。その結果、ポルフィリン、クロリン、バクテリオクロリンと移るにしたがって、B_x バンドは少しずつ短波長シフトする。

以上の結果は Chl c_1、Chl a、BChl a の実測の吸収スペクトルと符合する点が多い。

3. クロロフィルの物理学

　これまでの4軌道モデルによる解析では、ポルフィリン等の側鎖の役割を無視してきた。以下では側鎖がπ共役骨格の電子状態に対して摂動として働くものとして取り扱い、側鎖の影響を評価してみる。第2章2-2節で、有機化学の立場から側鎖の効果が議論されているので、それと併行して分子軌道の立場から側鎖の効果を議論する。まずChl aとChl bを比較すると、前者の7位のメチル基が後者ではホルミル基に置き換わっている。メチル基からホルミル基への置換により、側鎖の電子吸引性が増大する。これは見掛け上、側鎖から正の電荷の影響を受けることに等しくなる。そうすると、7位における分子軌道の振幅の大きさに応じ分子軌道エネルギー準位が下がる。図3-4からわかるように、分子軌道e_{gy}の7位における振幅が大きいので、その軌道エネルギー準位はかなり下がる。分子軌道a_{1u}の7位における振幅は比較的小さいので、その軌道エネルギー準位は少し下がる。分子軌道e_{gx}とa_{2u}の7位における振幅は零であるので、それらの軌道エネルギー準位は変わらない。その結果、図3-7(b)の左側のエネルギーダイアグラムにおいて、$(a_{2u}e_{gy})$のエネルギー準位はかなり下がり、$(a_{1u}e_{gx})$のエネルギー準位は少し上がる。この二つのエネルギー準位の間隔が置換基の効果で狭くなり、二つの波動関数の混合の増加が起こる。したがって、主として$(a_{1u}e_{gx})$のエネルギー準位の上昇によって、Q_yバンドは少し短波長シフトする。また、波動関数の混合の増加により光学禁制の条件がゆるくあてはまり、Q_yバンドのモル吸光係数がかなり減少する。また、主として$(a_{2u}e_{gy})$のエネルギー準位の下降によって、B_yバンドは長波長シフトする。図3-7(b)の右側のエネルギーダイアグラムにおいて、$(a_{2u}e_{gx})$のエネルギー準位は変わらず、$(a_{1u}e_{gy})$のエネルギー準位は少し下降する。主として$(a_{2u}e_{gx})$のエネルギー準位が変わらないためにQ_xバンドはあまり変わらない。また、主として$(a_{1u}e_{gy})$のエネルギー準位が少し下降するためにB_xバンドは少し長波長シフトする。付録II①に実測したChl aとChl bの吸収スペクトルが載せられている。帰属が明確なQ_yバンドについてみれば、Chl bはChl aより短波長シフトしており、吸収エネルギーで見たシフトの大きさは＋0.06 eV程度である。また、Chl bのQ_yバンドの吸収強度はChl aに比べて非常に小さい。これは上で予想された置換基効果と定性的に合っている。

　次にChl aとChl dを比較すると、前者では3位のビニル基が後者ではホルミル基に置き換わっている。ビニル基からホルミル基への置換により、側鎖の電子吸引性が増大する。そうすると、上の例と同じ理由で、3位における分子

3-5 クロロフィル分子の光学的性質

軌道の振幅の大きさに応じて分子軌道のエネルギー準位が下がる。図 **3-4** からわかるように、分子軌道 e_{gx} の3位における振幅が大きいので、その軌道エネルギー準位はかなり下がる。分子軌道 a_{1u} の3位における振幅は比較的小さいので、その軌道エネルギー準位は少し下がる。分子軌道 e_{gy} と a_{2u} の3位における振幅は零であるので、それらの軌道エネルギー準位は変わらない。その結果、図 **3-7(b)** の左側のエネルギーダイアグラムにおいて、$(a_{2u}e_{gy})$ のエネルギー準位は変わらず、$(a_{1u}e_{gx})$ のエネルギー準位は少し下降する。主として $(a_{1u}e_{gx})$ エネルギー準位の下降のために Q_y バンドは少し長波長シフトする。B_y バンドは変わらない。図 **3-7(b)** の右側のエネルギーダイアグラムにおいて、$(a_{2u}e_{gx})$ のエネルギー順位はかなり下降し、$(a_{1u}e_{gy})$ のエネルギー準位は少し上昇する。主として $(a_{1u}e_{gy})$ のエネルギー準位の上昇のために B_x バンドは少し短波長シフトする。主として $(a_{2u}e_{gx})$ のエネルギー準位の下降のために Q_x バンドはかなり長波長シフトする。付録Ⅱに実測した Chl a と Chl d の吸収スペクトルが載せられている。帰属が明確な Q_y バンドについてみれば、Chl d は Chl a より長波長シフトしており、吸収エネルギーで見たシフトの大きさは $-0.07\,\mathrm{eV}$ 程度である。これは上で予想された置換基効果と定性的に合っている。

次に Chl a と BChl a を比較すると、前者では3位のビニル基が後者ではアセチル基に置き換わっている。Chl a と BChl a で π 共役骨格は異なるが、それが置換基効果に影響しないと仮定すると、Chl a と Chl d の間の置換基効果と同じように扱える（Chl d の3位はホルミル基で、BChl a の3位はアセチル基であるので、3位の側鎖が異なるが、両者は類似したカルボニル型電子吸引基であるので、電子吸引性は同じとみなす）。そうすると Q_y バンドに少しの長波長シフト（約 $-0.07\,\mathrm{eV}$ の吸収エネルギーシフト）が期待される。図 **3-2** に Chl a と BChl a の吸収スペクトルが載せられている。帰属が明確な Q_y バンドについてみれば、BChl a は Chl a より大きく長波長シフトしており、吸収エネルギーで見たシフトの大きさは $-0.27\,\mathrm{eV}$ である。これは上の置換基効果より約4倍大きいシフトである。このことを単純に解釈すれば、π 共役骨格の違い（クロリンとバクテリオクロリン）による吸収エネルギーシフトの大きさが側鎖の置換による吸収エネルギーのシフトの大きさの約3倍あることを意味する。すなわち、置換基効果は無視できぬほどの大きさをもつが、クロロフィルの基本的なスペクトルは π 共役骨格の構造で決められていることを示す。したがって、Chl c_1、Chl a、BChl a のスペクトルの大域的特徴を、ポルフィリン、

クロリン、バクテリオクロリンのスペクトルによって議論することは、第一義的には許されるものであろう。なお 2-2 節では、置換基効果が Y (X) 軸上への π 電子共役系の偏在の有無で議論されたが、本章では特定の軌道エネルギー準位の下降（上昇）の有無で議論し、スペクトルシフトに関して同じ結論を得た。相互の見方にどのような関連があるかを調べるのは興味のもたれるところである。

以上の 4 軌道モデルによる解析から、Chl a と BChl a などのクロロフィル分子が二つの強い Q_y バンドと B バンドが大きく離れて存在するという特異な大域的特徴のある吸収スペクトルをもつ理由を、次のようにまとめることができる。ポルフィリンの π 共役骨格が D_{4h} の対称性を保つときに $(a_{1u}e_{gx})$ と $(a_{2u}e_{gy})$ のエネルギー準位がほぼ縮退していたが、クロリンやバクテリオクロリンでは X 方向にのみ π 共役領域を狭めて D_{4h} の対称性を破るために、ⅰ) 分子軌道 e_{gy} のエネルギー準位が大きく上昇し、分子軌道 a_{1u} のエネルギー準位がある程度上昇したこと、そのため、ⅱ) $(a_{2u}e_{gy})$ のエネルギー準位が大きく上昇し、$(a_{1u}e_{gx})$ のエネルギー準位がある程度下降し、$(a_{1u}e_{gx})$ と $(a_{2u}e_{gy})$ のエネルギー準位の開きが非常に大きくなったこと、そのため、ⅲ) $\Phi(a_{1u}e_{gx})$ と $\Phi(a_{2u}e_{gy})$ の混合の割合が小さくなり、Q_y バンドが光学禁制の条件から解放され、吸収強度が増大したことによる。

定量的に光吸収スペクトルの実験データとの比較を行うためには、クロロフィル分子の分子構造を適切に考慮した計算を行う必要がある。また、エネルギー準位の高い 1 電子励起状態のみならず、多電子励起状態を取り入れた高いレベルの電子相関を考慮する必要がある。そのとき低エネルギー状態に遷移する Q バンドにはその影響が比較的少なく、高エネルギー状態に遷移する B バンドに影響が強く表れると予想される。そのため B_x バンドと B_y バンドの帰属は慎重に行う必要があり、今後の理論的課題である。

3-6　分子会合体の電子状態

大きな共役分子が互いに接近すると、たとえ中性の分子同士であっても溶液中で会合状態をつくることがある。また、共役分子をタンパク質媒体に埋め込むか、ブリッジを用いた化学結合で固定することによりにより、会合体を特定の配置状態に設定することができる。基底状態では部分電荷間の引力やファン

デルワールス力が基本になる。しかし、励起状態では新たな力が働き、励起子という新しい励起状態をつくる。

3-6-1 二量体の場合

会合体が2分子の場合、すなわち二量体（ダイマー）の場合を考える。二量体のハミルトニアンを次のように表す。

$$H = H_a + H_b + V \tag{3-62}$$

ここで、H_a、H_b、V はそれぞれA分子とB分子単量体（モノマー）のハミルトニアン、A分子とB分子の相互作用ポテンシャルである。A分子の基底状態と励起状態の波動関数を ϕ_a、ϕ_a' とする。また、B分子の基底状態と励起状態の波動関数を ϕ_b、ϕ_b' とする。

二量体の基底状態の波動関数は次式で与えられる。

$$\Phi_G = \phi_a \phi_b \tag{3-63}$$

二量体の基底状態のエネルギーはシュレーディンガー方程式 $H\Phi_G = W_G \Phi_G$ より、次のように求まる。

$$W_G = w_a^0 + w_b^0 + V_{ab} \tag{3-64}$$

ここで、w_a^0、w_b^0、V_{ab} はそれぞれA分子とB分子の基底状態のエネルギー、基底状態でのA分子とB分子の相互作用エネルギーである。

二量体の励起状態の波動関数は2種類あり、次式で与えられる。

$$\Phi_+ = \cos\alpha \, \phi_a' \phi_b + \sin\alpha \, \phi_a \phi_b' \tag{3-65}$$

$$\Phi_- = \sin\alpha \, \phi_a' \phi_b - \cos\alpha \, \phi_a \phi_b' \tag{3-66}$$

ここで $\cos\alpha$、$\sin\alpha$ は係数で、シュレーディンガー方程式

$$H\Phi_\pm = W_\pm \Phi_\pm \tag{3-67}$$

を満たすように決められる。

式 (3-62)、式 (3-65)、式 (3-66) を式 (3-67) に代入し、次式を得る。

3. クロロフィルの物理学

$$\tan 2\alpha = \frac{2U}{W_{a'b} - W_{ab'}}, \quad 0 \le \alpha \le \frac{\pi}{2} \tag{3-68}$$

$W_\pm$ は二つの状態 $\Phi_\pm$ の固有エネルギーで、次式によって与えられる。

$$W_\pm = \frac{1}{2}(W_{a'b} + W_{ab'}) \pm \frac{W_{a'b} - W_{ab'}}{2\cos 2\alpha} = \frac{1}{2}(W_{a'b} + W_{ab'}) \pm \frac{U}{\sin 2\alpha} \tag{3-69}$$

ここで $W_{a'b}$ と $W_{ab'}$ は状態 $\phi_a'\phi_b$ と $\phi_a\phi_b'$ のエネルギーで、次式で与えられる。

$$W_{a'b} = w_a' + w_b^0 + V_{ab}', \quad W_{ab'} = w_a^0 + w_b' + V_{ba}' \tag{3-70}$$

V_{ab}' は A 分子が励起状態にあり B 分子が基底状態にあるときの相互作用エネルギーを表し、V_{ba}' は A 分子が基底状態にあり、B 分子が励起状態にあるときの相互作用エネルギーを表す。

式 (3-68)、式 (3-69) の U は次式で与えられる。

$$U = \iint \phi_a'\phi_b V_{ab} \phi_a \phi_b' d\tau_a d\tau_b \tag{3-71}$$

式 (3-71) は遷移電荷密度 $\phi_a'\phi_a$ と $\phi_b\phi_b'$ 間の擬クーロン相互作用である。以下で U を共鳴相互作用エネルギーと呼ぶ。分子間距離がある程度離れ、双極子―双極子相互作用が優勢な範囲では次式で近似される。

$$U = \frac{1}{n^2 R^3}\left[\bm{m}_a \bm{m}_b - 3(\bm{m}_a \cdot \bm{e}_{ab})(\bm{m}_b \cdot \bm{e}_{ab})\right] \tag{3-72}$$

ここで、R, $\bm{e}_{ab}$, n はそれぞれ A 分子の中心から B 分子の中心間の距離、中心間を結ぶ単位ベクトル、媒質の屈折率である。$\bm{m}_a$ と $\bm{m}_b$ は A 分子と B 分子の遷移双極子モーメントで、次式で定義される。

$$\bm{m}_a = \int \phi_a'(-\sum_i e\bm{r}_i)\phi_a d\tau_a, \quad \bm{m}_b = \int \phi_b'(-\sum_i e\bm{r}_i)\phi_b d\tau_b \tag{3-73}$$

式 (3-69) は励起状態のエネルギー準位が二つの準位に分裂することを示す。とくに、$2U \gg |W_{a'b} - W_{ab'}|$ のとき $\alpha \approx \pi/4$ となり、固有関数と固有値は次のようになる。

$$\Phi_\pm \approx \frac{1}{\sqrt{2}}(\phi_a'\phi_b \pm \phi_a\phi_b') \tag{3-74}$$

$$W_\pm \approx \frac{1}{2}(W_{a'b} + W_{ab'}) \pm U \tag{3-75}$$

このとき共鳴条件を満たしており、励起状態がA分子とB分子の間を等しい確率で往復する。このように二つの分子の励起状態が強く結合してコヒーレントな状態をつくるとき、それを励起子（exciton）という。このようにUは励起子を記述する上で本質的に重要な働きをする。

上に述べたように、共鳴相互作用エネルギーが非常に大きく、電子励起状態が分子振動等に乱されることなく、コヒーレンス（量子力学的位相の進行が保たれること）を保ったまま、2分子間で励起状態が移動する場合を強結合という。

二量体を構成する分子配置によって励起子のエネルギー準位と光学遷移の選択則が変わる。図3-8に同種の分子からなる二量体の配置を4種類示す。黒い領域と白い領域はそれぞれ正の遷移電荷密度分布と負の遷移電荷密度分布を模式的に示した。白い領域から黒い領域に結ぶ方向に単量体の遷移双極子モーメントmができる。図3-8には二量体の各配置に対する双極子近似のUの値が書かれている。

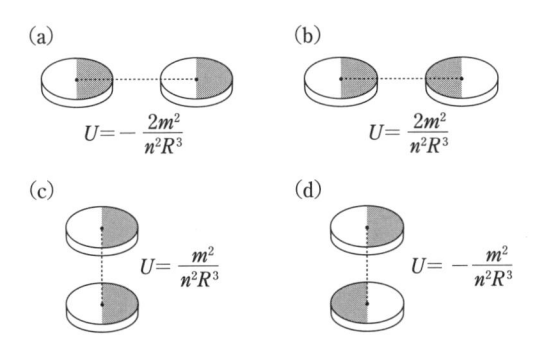

(a) $U = -\dfrac{2m^2}{n^2 R^3}$

(b) $U = \dfrac{2m^2}{n^2 R^3}$

(c) $U = \dfrac{m^2}{n^2 R^3}$

(d) $U = -\dfrac{m^2}{n^2 R^3}$

図3-8　二量体を構成するモノマーの各種配置と共鳴相互作用エネルギー
　この図では、簡単のために、遷移電荷密度が正の領域（灰色の部分）と負の領域（白色の部分）に分かれて存在するように模式化した。二量体のπ共役領域を微小空間に区切り、各微小空間ごとに遷移電荷量を求め、二量体間で遷移電荷－遷移電荷のクーロン相互作用エネルギーの総和を求めれば、正しい共鳴相互作用エネルギーが得られる。図中のUは、モノマーの遷移電荷密度分布を遷移双極子モーメントで近似して得られた共鳴相互作用エネルギーを表す。

3. クロロフィルの物理学

二量体励起子に対する遷移双極子モーメント $M_\pm$ は一般に次式で与えられる。

$$M_\pm = \int \Phi_\pm^* (-\sum_i er_i) \Phi_G d\tau_a d\tau_b = \frac{1}{\sqrt{2}}(m_a \pm m_b) \tag{3-76}$$

図3-9に同種二量体の4種類の配置における励起子のエネルギー準位(以下、励起子準位と簡略化する)$W_\pm$ と遷移双極子モーメントの絶対値が書かれている。図3-9(a)では、基底状態から励起子準位 W_+ への遷移双極子モーメントの絶対値は $\sqrt{2}m$ になる。W_+ の励起子準位は単量体のエネルギー準位より低く、光学遷移では長波長シフトする。光学遷移(光吸収または蛍光)強度は $|M_\pm|^2$ に比例するので励起子準位 W_+ への光学遷移強度は $2m^2$ に比例する。励起子準位 W_- への光学遷移は禁制になる。図3-9(b)では、励起子準位 W_- への光学遷移が許容で(長波長シフトをし)、遷移双極子モーメントの絶対値は $\sqrt{2}m$ である。励起子準位 W_+ への光学遷移は禁制である。図3-9(c)では、励起子準位 W_+ への光学遷移が許容で(短波長シフトし)、遷移双極子モーメントの絶対値は $\sqrt{2}m$ である。励起子準位 W_- への光学遷移は禁制である。図3-9(d)では、励起子準位 W_- への光学遷移が許容で(短波長シフトをし)、遷移双極子モーメントの絶対値は $\sqrt{2}m$ である。励起子準位 W_+ への光学遷移は禁制である。図3-9(a)と図3-9(b)の二量体の配位をJ型、図3-9(c)と図3-9(d)の配位をH

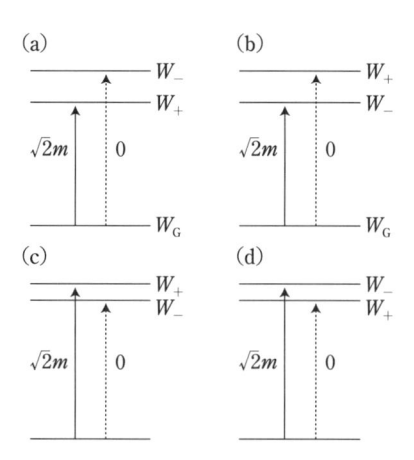

図3-9　図3-8の二量体配置における励起子エネルギー準位と遷移双極子モーメント

型と呼ぶことがある。

3-6-2 多量体の場合

図 **3-10** に示すように $2n$ 個の同一色素が環状に均一に配列した多量体を考える。環状面内に X 軸と Y 軸を取り、環状面に垂直に Z 軸を取る。XY 平面内でのみ隣接する色素間で共鳴相互作用エネルギー U（< 0）が働くものとする。色素の遷移双極子モーメントが Z 軸方向に m_z、環状の接線の方向に m_t、環状の動径方向に m_r の成分をもつとする。基底状態の波動関数とエネルギーを次のように書く。

$$\Phi_G = \prod_{l=1}^{2n} \phi_l \tag{3-77}$$

$$W_G = 2nw^0 + 2nV_{ab} \tag{3-78}$$

ここで w^0、V_{ab} はそれぞれ色素の基底状態のエネルギー、隣り合う色素間の相互作用エネルギーである。多量体の中で一つの色素だけ励起した状態を考える。この励起状態を対角化すると $2n$ 個の励起子状態が得られ、その波動関数とエネルギーは次のように書ける。

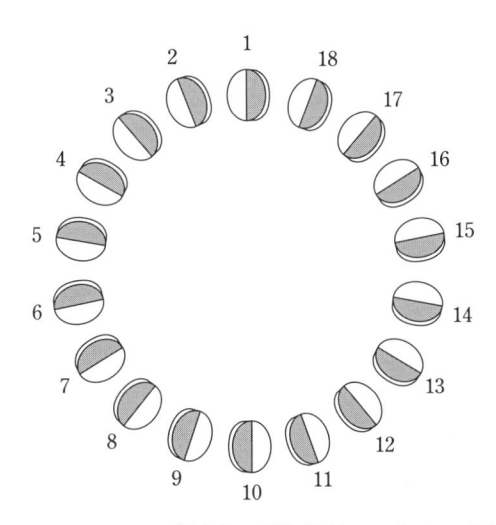

図**3-10** モノマーが対称的に環状配置してつくった 18 量体

3. クロロフィルの物理学

$$\Phi_k = \frac{1}{\sqrt{2n}} \sum_{l=1}^{2n} \exp\left(\frac{i2\pi kl}{2n}\right) \phi_l' \prod_{m(\approx l)} \phi_m \tag{3-79}$$

$$W_k = W_G + w' - w^0 + 2(V_{ab}' - V_{ab}) + 2U\cos\left(\frac{2\pi k}{2n}\right) \tag{3-80}$$

ここで、V_{ab}' は隣り合う二つの色素の一方が励起状態にあり、他方が基底状態にあったときの相互作用エネルギーである。k は励起子状態を表す指標で、0、±1、±2、…、±$(n-1)$、n の値をもつ。図 **3-11** に示すように±の指標をもつエネルギー準位は互いに縮退している。遷移双極子モーメントを次のように書くことができる。

$$M(k) = \frac{1}{\sqrt{2n}} \sum_{l=1}^{2n} \exp\left(\frac{i2\pi kl}{2n}\right) m_l \tag{3-81}$$

m_l を X、Y、Z 方向の各成分で表すと、

$$m_l = e_x\left\{m_r\cos\left(\frac{2\pi l}{2n}\right) - m_t\sin\left(\frac{2\pi l}{2n}\right)\right\} + e_y\left\{m_r\sin\left(\frac{2\pi l}{2n}\right) + m_t\cos\left(\frac{2\pi l}{2n}\right)\right\} + e_z m_z \tag{3-82}$$

式 (3-82) を式 (3-81) に代入し、±k のレベルが互いに縮退していることを考慮すると、多量体の光学許容励起子準位の波動関数 Φ_{1x}、Φ_{1y} と遷移双極子モー

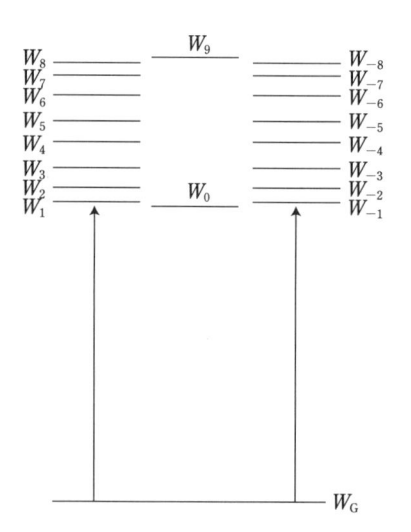

図3-11 図3-10に対応する18量体における励起子状態のエネルギー準位 W_0 と W_9 の準位以外は2重に縮退している。

メントの2乗の成分は次のように書ける。

$$\Phi_{1x} = \frac{1}{\sqrt{2}}(\Phi_1 + \Phi_{-1}) = \frac{1}{\sqrt{n}}\sum_{l=1}^{2n}\cos\left(\frac{2\pi l}{2n}\right)\phi_l' \prod_{m(\approx l)}\phi_m \tag{3-83}$$

$$\Phi_{1y} = \frac{i}{\sqrt{2}}(\Phi_1 - \Phi_{-1}) = \frac{1}{\sqrt{n}}\sum_{l=1}^{2n}\sin\left(\frac{2\pi l}{2n}\right)\phi_l' \prod_{m(\approx l)}\phi_m \tag{3-84}$$

$$\Phi_0 = \frac{1}{\sqrt{2n}}\sum_{l=1}^{2n}\phi_l' \prod_{m(\approx l)}\phi_m \tag{3-85}$$

$$|M_{1x}|^2 = |M_{1y}|^2 = n(m_t^2 + m_r^2) \tag{3-86}$$

$$|M_{0z}| = 2nm_z^2 \tag{3-87}$$

ここで $1x$, $1y$ は $k = \pm 1$ レベルの X 成分、Y 成分を表す。また、$0z$ は $k = 0$ レベルの Z 成分を表す。これ以外のすべてのエネルギー準位の遷移双極子モーメントは 0 である。

3-7 状態間の遷移

この節では、各種反応（無輻射遷移、励起エネルギー移動、電子移動）の速度を考察する。これは 3-4 節で述べた光学遷移の 2 状態遷移とまったく同等の形式で論じることができる。しかし同時に、それぞれの状態遷移には固有の特徴がある。以下で各状態遷移を比較しながら説明をしていく。

3-7-1 無輻射遷移

無輻射遷移は、励起状態から基底状態へ光を発せずに遷移する現象である。それが可能なのは、ボルン・オッペンハイマー近似を破る式 (3-13) の非断熱演算子 $L_{kl}(R)$ が働くからである。無輻射遷移には、1 重項励起状態から 1 重項基底状態に遷移する内部転換（internal conversion）と 1 重項励起状態から 3 重項状態に遷移する項間交差（intersystem crossing）がある。内部転換においては、遷移速度 k_{co} は次式で与えられる。

$$k_{co} = A_{co}\sum_u \sum_v B_v |\langle v|u\rangle|^2 \delta(E_{ev} - E_{gu}) \tag{3-88}$$

ここで A_{co} は内部転換の電子因子で、次式で与えられる。

$$A_{co} = \frac{2\pi}{\hbar}(\sum_j \hbar\omega_j L_j)^2 \tag{3-89}$$

ここで L_j は式 (3-13) の非断熱演算子 $L_{kl}(R)$ の主要な電子部分で、次式で与えられる。

$$L_j = -\int \Psi_e^*(r,Q) \frac{\delta}{\delta Q_j} \Psi_g(r,Q) d\tau_r \Big|_{Q=Q_0} \tag{3-90}$$

式 (3-88) は電子因子を除いて、光学遷移の式 (3-37)、式 (3-40) と同等の形をしていることに注意したい。項間交差においても同等の式で表すことができる。無輻射遷移においては、励起状態の断熱ポテンシャル面と基底状態の断熱ポテンシャル面の交線は励起状態の断熱ポテンシャルの極小点よりはるか高いところに位置する。基底状態と励起状態のエネルギー差が非常に大きいので、二つの断熱ポテンシャル面の交差線近傍では超えるべきポテンシャル障壁の厚みが非常に薄くなっていて、核がトンネル効果で二つのポテンシャル間を移動することが容易になっている。したがって、無輻射遷移において、励起状態における核の零点振動によるトンネル効果で基底状態の断熱ポテンシャル面に移動する過程が主要となる。最も効果的な分子振動は C-H 伸縮振動などの高周波数モードである。多くの高周波数の振動モードが寄与するため、トンネル移動の経路が多く存在し、それらが協力的に起こるため、全体として無輻射遷移が比較的容易になる。エングルマンとジョルトナー（Englman and Jortner, 1970）はこのような考えに基づいて無輻射遷移の核因子を理論計算し、k_{co} に対して次式を得た。

$$k_{co} = \frac{A_{co}}{\sqrt{2\pi\hbar\omega_M \Delta E}} \exp\left(-\frac{\gamma \Delta E_{00}}{\hbar\omega_M}\right) \tag{3-91}$$

ここで大きな分子振動数をもつもののうち ΔQ_{je} がある程度以上の値をもつモードを選び出し、その数を γ、平均の角振動数を ω_M とした。式 (3-91) でわかるように、k_{co} がエネルギーギャップ ΔE_{00} に対して指数関数的に減少するという特徴がある。これを**エングルマン・ジョルトナーの無輻射遷移のエネルギーギャップ則**という。式 (3-91) の k_{co} が温度依存性のないことに注意したい。

3-7-2 電子移動反応

2 種類の分子間で電子が移動する現象を電子移動（Electron transfer；ET）

3-7 状態間の遷移

反応、あるいは酸化還元反応と呼び、分子系のエネルギー変換において中心的役割を果たす。電子を与える分子をドナー（D）、電子を受容する分子をアクセプター（A）と呼び、電子移動反応は次のように書ける。

$$DA \rightarrow D^+A^- \tag{3-92}$$

ドナーとアクセプターは一般には電荷をもっている場合も可能であるが、記述を簡単化するため、DもAも中性の場合を扱う。式 (3-92) の左辺を始状態、右辺を終状態と呼ぶ。DとAがファンデルワールス接触する距離より離れているときには外圏型電子移動になり、この電子移動はトンネル効果で進行する。したがって、この電子移動が実測可能であるためには、Dの波動関数とAの波動関数の重なりが十分にあることと、トンネル移動時にエネルギーが保存されるという二つの条件が満たされなければならない。このことから電子移動反応は電子移動前の始状態iと電子移動後の終状態f間の2状態遷移の問題に帰着する。これから電子移動速度 k_{ET} は次式で表される。

$$k_{ET} = \frac{2\pi}{\hbar} |T_{DA}|^2 \cdot \sum_u \sum_v B_u |\langle u|v\rangle|^2 \delta(E_{iu} - E_{fv}) \tag{3-93}$$

ここで $|T_{DA}|^2$ を電子トンネルの電子因子、二重和の項を核因子という。式 (3-93) は光学遷移の式 (3-37)、式 (3-40) と同じ形式であることが判る。u、v は始状態および終状態の振動状態を指し、分子内振動のみならず分子環境（媒質）のゆらぎをも含んでいる。

はじめに核因子の評価を行う。一般に電子移動前後の平衡状態で、ドナーおよびアクセプター分子と媒質間の相互作用の様子が大きく変化し、それに伴い相互作用エネルギーが変化する。さらに、電子の運動に比べて溶媒分子の運動は格段に遅いので、電子のトンネル移動時の前後ですべての核座標が同じでなければならない。溶媒の運動がこの条件を満たすようにして電子移動速度を求めるためには、近年開発された反応座標理論によるのが便利である（垣谷, 1998）。最初に分子内振動の寄与を無視した場合を考える。まず、分子動力学シミュレーション等によって始状態および終状態にあるドナーとアクセプターをとりまく溶媒分子の配置ゆらぎに関する二つのアンサンブルを用意する。始状態のアンサンブルを用いて、全系の始状態と終状態のエネルギー差がある値 x となる溶媒配置の状態和 $Z_i(x)$ を求める。x はいろいろな値を取り得るので変数になり、反応座標あるいは溶媒和座標と呼ばれる。ここで x がエネルギー

3. クロロフィルの物理学

の次元をもつことに注意したい。これから始状態の自由エネルギー関数 $F_i(x)$ を $F_i(x) = -k_B T \ln Z_i(x)$ の関係式から求める。同様に終状態のアンサンブルを用いて全系の始状態と終状態のエネルギー差が x となる状態和 $Z_f(x)$ を求め、終状態の自由エネルギー関数 $F_f(x)$ を $F_f(x) = -k_B T \ln Z_f(x) + \Delta E + \Delta \Delta G_s$ の関係式から求める。ここで、ΔE は終状態と始状態の電子エネルギーの差、$-\Delta \Delta G_s$ は終状態と始状態の溶媒和エネルギーの差である。実際に数値計算をして $F_i(x)$ と $F_f(x)$ を求めると、非常に良い精度で放物線になる。$F_i(x)$ と $F_f(x)$ の相対関係のみが重要であるので、簡単化のために座標シフトして、次のように表す。

$$F_i(x) = ax^2 \tag{3-94}$$

$$F_f(x) = a(x + \Delta x)^2 + \Delta G \tag{3-95}$$

ここで $-\Delta G$ は、終状態の最低の自由エネルギーから始状態の最低の自由エネルギーを差し引いたもので、電子移動反応のエネルギーギャップと呼ばれる。a と Δx は定数である。反応座標理論における $F_i(x)$ と $F_f(x)$ の関係に関する公式（垣谷, 1998）を用いて、$\Delta x = 1/(2a)$ の関係式が成り立つことが導かれる。これらの自由エネルギー曲線が放物線で表されることは、電子移動に伴う電場変化に応答する溶媒の分極変化が線形であることを意味する。電子の電荷 1 個分が変化する激しい電子移動反応において線形応答の理論があてはまることは注目すべきことである。Δx は分極変化の大きさに比例しており、大きな双極子モーメントをもつ溶媒分子ほど大きな値をもつ。図 3-12 に $\Delta G < 0$ の場合の自由エネルギーダイアグラムを図示する。二つの自由エネルギー曲線は $(x^\ddagger, \Delta G^\ddagger)$ で交わる。この交点では電子移動に伴う始状態と終状態のエネルギー差が 0 になる（エネルギー保存を満たす）すべての溶媒配置を集めており、電子移動反応の遷移状態になる。ここで $\Delta G^\ddagger$ は反応の活性化エネルギーと呼ばれる。簡単な計算により次式が求まる。

$$\Delta G^\ddagger = \frac{(-\Delta G - \lambda)^2}{4\lambda} \tag{3-96}$$

ここで $\lambda = a(\Delta x)^2$ である。λ は媒質の再配置エネルギーと呼ばれる。マーカス（Marcus）の連続誘電体モデルによる動的電磁気学の理論によれば、電子移動に働く溶媒の再配置エネルギーは次のように求められる。

$$\lambda = \frac{e^2}{2}\left(\frac{1}{n^2} - \frac{1}{\varepsilon}\right)\left(\frac{1}{r_\mathrm{D}} + \frac{1}{r_\mathrm{A}} - \frac{2}{R}\right) \tag{3-97}$$

ここで ε、r_D、r_A、R はそれぞれ媒質の静的誘電率、ドナーの分子半径、アクセプターの分子半径、ドナーとアクセプター間の距離である。

式 (3-93) の核因子が図 **3-12** の遷移状態に達するときの規格化した確率に等しいとおくと、電子移動速度は次のように求まる。

$$k_\mathrm{ET} = \frac{2\pi}{\hbar} \frac{|T_\mathrm{DA}|^2}{\sqrt{4\pi\lambda k_\mathrm{B} T}} \exp\left\{-\frac{(-\Delta G - \lambda)^2}{4\lambda k_\mathrm{B} T}\right\} \tag{3-98}$$

式 (3-98) は**マーカスの電子移動のエネルギーギャップ則**と呼ばれる。k_ET がエネルギーギャップ（$-\Delta G$）に対してガウス関数の依存性を示す。

高周波数の分子内振動の効果を取り入れると、次式に拡張される（垣谷, 1998）。

$$k_\mathrm{ET} = \frac{2\pi}{\hbar} \frac{|T_\mathrm{DA}|^2}{\sqrt{4\pi\lambda k_\mathrm{B} T}} \sum_{p=0}^{\infty} \exp\left\{-\frac{(-\Delta G - \lambda - p\hbar\omega_q)^2}{4\lambda k_\mathrm{B} T}\right\} \exp(-S_q) \frac{S_q^p}{p!} \tag{3-99}$$

ここで ω_q と $\hbar\omega_q S_q$ はそれぞれ分子角振動周波数および分子内再配置エネルギーである。

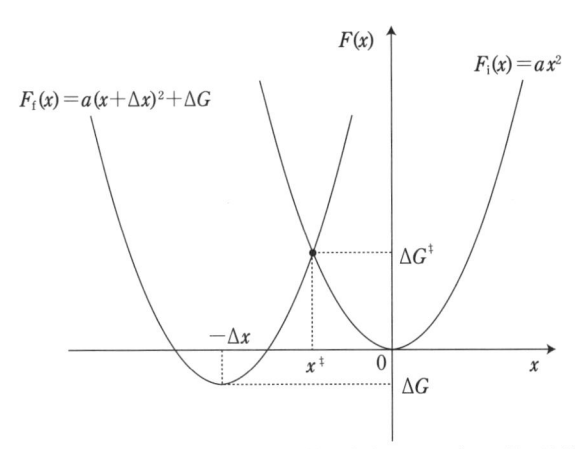

図3-12 電子移動反応における始状態の自由エネルギー関数と終状態の自由エネルギー関数
　　x は反応座標（または溶媒和座標と呼ばれる）を表す。

式 (3-98) または式 (3-99) を用いて、前方向の電子移動速度 $k(\mathrm{DA} \to \mathrm{D}^+\mathrm{A}^-)$ と逆方向の電子移動速度 $k(\mathrm{D}^+\mathrm{A}^- \to \mathrm{DA})$ の比を次のように求めることができる。

$$\frac{k(\mathrm{DA} \to \mathrm{D}^+\mathrm{A}^-)}{k(\mathrm{D}^+\mathrm{A}^- \to \mathrm{DA})} = \exp\left(-\frac{\Delta G}{k_\mathrm{B} T}\right) \tag{3-100}$$

ここで ΔG は上で述べたように $\mathrm{D}^+\mathrm{A}^-$ と DA の平衡状態における自由エネルギー差である。式 (3-100) により**詳細釣り合い**の条件を満たすことがわかる。これから $-\Delta G > 0$ のとき前方向の反応が容易に進み、$-\Delta G < 0$ のとき逆方向の反応が容易に進行する。これは一般的に自由エネルギーが減少する方向に電子移動は容易に進行することを示す。式 (3-98)〜式 (3-100) を用いて、電子移動速度がエネルギーギャップ $-\Delta G$ や媒質の再配置エネルギー λ を変化させることによって、電子移動速度や電子移動経路を大きく変化することができる。この性質は生体の電子移動速度の調節に活用される。

次に電子因子 $|T_{\mathrm{DA}}|^2$ を評価する。溶液中で D と A が十分離れていると、D と A の相対配向にあまり依存せず、D と A 間の距離 R に強く依存する。トンネル効果の性質を反映して電子因子は概略次のように表される。

$$|T_{\mathrm{DA}}|^2 = A\exp(-\beta R) \tag{3-101}$$

ここで A、β は定数で、分子環境によって値が変わる。β はとくに重要なパラメータで、この値が小さいとき D と A が遠く離れたときも電子トンネルが可能になる。β の値は、媒質が真空のとき $2.8\,\mathrm{Å}^{-1}$、有機溶媒中では $1.0\sim1.2\,\mathrm{Å}^{-1}$、タンパク質中では $1.4\,\mathrm{Å}^{-1}$ になると見積もられている (Marcus and Sutin, 1985; Moser *et al.*, 1992)。真空中に比べて有機溶媒中の β が小さいのは、電子トンネル過程で媒質の電子状態を借用することによって実質的にトンネルバリアーを低くしているためである。この機構を超交換 (superexchange) 機構という。タンパク質媒体の β が有機溶媒中の β より大きいのはタンパク質内部の原子の詰まり方が十分でなく隙間があるためであると考えられている。D と A を任意の位置に固定し、距離を変えることによって電子因子の大きさを調節することが可能である。生体電子移動はこの電子因子調節機構を活用している。

電子移動反応は個々の物質のエネルギー状態を調べるのに使うことができ

る。ある均一溶液中の物質が次のように酸化状態 ox と還元状態 red の間で平衡状態にあったとする。

$$\text{ox} + \text{e}^- \rightleftarrows \text{red} \tag{3-102}$$

この溶液の電位を E とすると、E は酸化還元電位（redox potential）と呼ばれる。ox の活量を a_ox、red の活量を a_red とすると、E は次のように書くことができる。

$$E = E_0 + 2.303 \frac{k_\text{B}T}{\text{e}} \log \frac{a_\text{ox}}{a_\text{red}} \tag{3-103}$$

ここで E_0 は標準酸化還元電位（standard redox potential）と呼ばれる。電位0 の基準値は標準水素電極（NHE；1 気圧の水素ガスが飽和した 1mol/l の水素イオンの活量を含む水溶液と平衡状態にある）に選ばれる。しかしながら、通常は実験的に便利な飽和甘コウ電極（SCE）が参照電極として用いられる。SCE の基準で測定した電位に 0.2676 V を加えると NHE の基準の電位が得られる。

活量は物質と溶媒との相互作用の効果を取り入れた実効的な濃度であり、実際の濃度 C との間に $a = \gamma C$ の関係が成り立つ。ここで γ は活量係数と呼ばれる。E_0 は物質固有の性質を表し、その値が負の大きな値をもつほど電子を放出しやすくなっており、電子のエネルギー準位が高い。逆に、E_0 の値が正の大きな値をもつほど電子を受け入れやすくなっており、電子のエネルギー準位が低い。

この標準酸化還元電位を用いて電子移動反応のエネルギーギャップを求めることができる。たとえば、光誘起電荷分離反応（$\text{D}^* \cdots \text{A} \rightarrow \text{D}^- \cdots \text{A}^+$）のエネルギーギャップ $-\Delta G_\text{CS}$ は次のように書くことができる。

$$-\Delta G_\text{CS} = -\text{e}\left\{E_0(\text{D}^+/\text{D}) - E_0(\text{A}/\text{A}^-)\right\} + \frac{\text{e}^2}{\varepsilon R} + \Delta E_{00} \tag{3-104}$$

ここで ΔE_{00} はドナー分子の光吸収の 0-0 遷移エネルギーである。また、$\text{e}^2/\varepsilon R$ は溶媒中で距離 R だけ離れたイオン対をつくったときに得られる遮蔽クーロン相互作用による安定化エネルギーである。$E_0(\text{A}/\text{A}^-)$ と $E_0(\text{D}^+/\text{D})$ はそれぞれ A の還元反応、D の酸化反応の標準酸化還元電位である。これらをそれぞれ A の E_red、B の E_ox と書くことがある。

分子系に外力がかからなければ、E_0 の大きな分子から小さな E_0 の分子へ電子移動は起こらない。ところが、外部から光エネルギーが与えられると ΔE_{00}

表 3-3 アセトニトリル中の各種クロロフィル分子の標準酸化還元電位（NHE 基準）（小林・大橋, 2006）

	E_{red}(V)	E_{ox}(V)	$E_{ox} - E_{red}$(V)
Chl a	-1.12	$+0.81$	1.93
Chl b	-1.02	$+0.94$	1.96
Phe a	-0.75	$+1.14$	1.89
BChl a	-0.75	$+0.66$	1.41

が加わり、式 (3-104) に示されるように E_0 の大きな分子から小さな E_0 の分子へ電子移動が可能（$-\Delta G_{CS} > 0$）になる。これが光合成反応中心などで行われる光誘起電荷分離の特徴である（**2-2-6 項参照**）。

サイクリック・ボルタンメトリ（Cyclic Voltammetry）によって測定されたアセトニトリル中のクロロフィル分子の標準酸化還元電位（NHE 基準）の値を表 3-3 に載せる。これらの値は溶媒によってかなり変化するが、電解質の種類によっても多少変化する。E_{red} の値は Chl a ＜ Chl b ＜ BChl a ≈ Phe a の順序になる（**2-2-5 項参照**）。Phe a や BChl a は Chl a や Chl b より還元されやすいことがわかる。E_{ox} の値は BChl a ＜ Chl a ＜ Chl b ＜ Phe a の順序になる（**2-2-5 項参照**）。BChl a だけが E_{red} の順序と異なっている。そのため BChl a の $E_{ox} - E_{red}$ の値が他の値と比べて非常に小さくなっている。BChl a がもっとも酸化されやすく、Phe a がもっとも酸化されにくいことがわかる。

次に、標準酸化還元電位は溶媒によってどのように影響を受けるかを考える。例として酸化反応

$$D \rightleftarrows D^+ + e^- \text{(HE)} \quad (3\text{-}105)$$

を取り上げる。ここで HE は水素電極であり、右辺第 2 項は水素電極に電子を与えることを意味する。式 (3-105) の両辺の自由エネルギーを等しいと置き、水素電極の電位を 0V にすると

$$E_{ox} = -\frac{1}{e}\left[I(D) - \Delta G_s(D^+)\right] \quad (3\text{-}106)$$

が得られる。ここで $I(D)$ は D のイオン化エネルギー、$-\Delta G_s(D^+)$ はイオンの溶媒和エネルギーである。同様に、次の還元反応では

$$A + e^-(HE) \rightleftarrows A^- \qquad (3\text{-}107)$$

$$E_{red} = -\frac{1}{e}\left[A(A) + \Delta G_s(A^-)\right] \qquad (3\text{-}108)$$

が得られる。ここで $A(A)$ は A の電子親和力である。

　溶媒を連続誘電体に仮定すると、ボルンによって溶媒和エネルギーは次のように求められた。

$$-\Delta G_s = \frac{e^2}{2a}\left(1 - \frac{1}{\varepsilon}\right) \qquad (3\text{-}109)$$

ここで a は D^+ または A^- を取り巻く溶媒分子の配向効果を取り入れた実効分子半径である。式 (3-109) から溶媒和エネルギー $-\Delta G_s$ は誘電率 ε が大きいほど大きくなる。したがって、式 (3-106) と式 (3-108) から ε が大きい（親水的環境）ほど E_{ox} は負の方向に大きくなり、E_{red} は正の方向に大きくなる。逆に、ε が 1 に近い（疎水的環境）ほど E_{ox} は正の方向に大きくなり、E_{red} は負の方向に大きくなる。

3-7-3　励起エネルギー移動

　3-6 節で述べたように、基底状態でほとんど相互作用が無い二つの分子において電子励起が行われると、新しい共鳴相互作用が発生する。その共鳴相互作用エネルギーが強いとき（強結合）には、励起子として量子力学的にコヒーレントな状態が存在する。共鳴相互作用エネルギーが非常に弱いとき（弱結合）には、分子振動や分子環境のゆらぎによって励起子のコヒーレントな運動が途中で妨げられ、二つの分子の間で励起状態がインコヒーレントに移動し、これをフェルスター（Förster）型の励起エネルギー移動（Excitation energy transfer；EET）という。共鳴相互作用エネルギーがある程度大きいが、分子振動によって少し乱される場合には、中間結合励起エネルギー移動機構が働く。これについては **3-9-3** 項で述べる。以下では、弱結合の場合の励起エネルギー移動速度を求める。

　A 分子の励起状態 A^* から B 分子に励起エネルギー移動が起こる場合を考えよう。反応式として次のように書ける。

$$A^*B \rightarrow AB^* \qquad (3\text{-}110)$$

左辺を始状態、右辺を終状態とみなすと、励起エネルギー移動を二状態遷移の問題に捉えることができる。したがって、二つの分子の振動状態を別々に考え、始状態の振動状態を $v_a u_b$、終状態の振動状態を $u_a v_b$ とおくと、励起エネルギー移動速度 k_{EET} は次式で与えられる（垣谷, 1998）。

$$k_{EET} = \frac{2\pi}{\hbar} U^2 \sum_{u_a}\sum_{u_b}\sum_{v_a}\sum_{v_b} \frac{1}{Z_a Z_b} \exp\left[-(E_{va}+E_{ub})/k_B T\right]$$
$$\times \left|\langle v_a u_b | u_a v_b \rangle\right|^2 \delta(E_I - E_F) \tag{3-111}$$

ここで E_{va}, E_{ub} は振動状態 $v_a u_b$ と $v_b u_a$ のエネルギーである。また、

$$E_I = \Delta\varepsilon_a + E_{va} + E_{ub}, \quad E_F = \Delta\varepsilon_b + E_{vb} + E_{ua} \tag{3-112}$$

$$Z_a = \sum_{va}\exp\left[-E_{va}/(k_B T)\right], \quad Z_b = \sum_{ub}\exp\left[-E_{ub}/(k_B T)\right] \tag{3-113}$$

である。$\Delta\varepsilon_a$, $\Delta\varepsilon_b$ はそれぞれA分子とB分子の 0-0 遷移エネルギーである。式 (3-71) の共鳴相互作用エネルギーを次のように書き換える。

$$U = \frac{\kappa}{n^2 R^3} |\boldsymbol{m}_a|\cdot|\boldsymbol{m}_b| \tag{3-114}$$

$$\kappa = \cos\theta_{ab} - 3\cos\theta_a \cdot \cos\theta_b \tag{3-115}$$

ここで κ は角度因子と呼ばれ、θ_{ab} は $\boldsymbol{m}_a$ と $\boldsymbol{m}_b$ の成す角度、θ_a と θ_b はそれぞれ $\boldsymbol{m}_a$ と $\boldsymbol{m}_b$ が $\boldsymbol{e}_{ab}$ と成す角度である。

式 (3-112)〜式 (3-114) を式 (3-111) に代入して整理すると次式を得る（垣谷, 1998）。

$$k_{EET} = \frac{2\pi}{\hbar}\frac{\kappa^2}{n^4 R^6}\int_{-\infty}^{\infty} dE \left[|\boldsymbol{m}_a|^2 \frac{1}{Z_a}\sum_{u_a}\sum_{v_a}\exp(-E_{va}/k_B T)\cdot\left|\langle v_a|u_a\rangle\right|^2 \delta(E - \Delta E_{auv})\right]$$
$$\times \left[|\boldsymbol{m}_b|^2 \frac{1}{Z_b}\sum_{u_b}\sum_{v_b}\exp(-E_{ub}/k_B T)\cdot\left|\langle v_b|u_b\rangle\right|^2 \delta(E - \Delta E_{buv})\right] \tag{3-116}$$

ここで ΔE_{auv}、ΔE_{buv} は次式で定義される。

$$\Delta E_{auv} = \Delta\varepsilon_a + E_{va} - E_{ua}, \quad \Delta E_{buv} = \Delta\varepsilon_b + E_{bv} - E_{ub} \tag{3-117}$$

式 (3-116) の二つの [ ] はそれぞれ分子Aの蛍光スペクトル $f_a(\nu)$（式 (3-40))、

分子 B の吸収スペクトル $\varepsilon_b(\nu)$（式 (3-31)）の二重和に相当する。そこで，$E = h\nu$ とおいて式 (3-116) を書き換えると，次式を得る。

$$k_{\mathrm{EET}} = \frac{9000c^4 \ln 10}{128\pi^5 n^4 N_A \tau_0} \frac{\kappa^2}{R^6} \int f_a(\nu)\varepsilon_b(\nu)\frac{d\nu}{\nu^4} \qquad (3\text{-}118)$$

式 (3-118) は励起エネルギー移動速度が A 分子の蛍光スペクトルと B 分子の吸収スペクトルの重なり積分に比例することを示す。これを**フェルスターのエネルギー移動の公式**という。この励起エネルギー移動速度は分子間距離に対して R^{-6} に比例して減衰するので，比較的長距離の励起エネルギーの移動が可能である。

3-4-3 項で示したように，吸収スペクトルと蛍光スペクトルは近似的に鏡像の関係にあり，A 分子の極大蛍光強度に対応する周波数 $\nu_{\max}^{fl}(A)$ は A 分子の極大吸収強度周波数 $\nu_{\max}^{ab}(A)$ より小さい。式 (3-118) で示されるように，励起エネルギー移動速度が大きくなるのは A 分子の蛍光スペクトルと B 分子の蛍光スペクトルの重なりが大きいときである。すなわち $\nu_{\max}^{fl}(A)$ と $\nu_{\max}^{ab}(B)$ が一致するときである。したがって，励起エネルギー移動が効率よく起こるためには，$\nu_{\max}^{fl}(A) > \nu_{\max}^{ab}(B)$ が成り立たなければならない。すなわち，励起エネルギーが減少する方向に励起エネルギー移動は効率よく進む。実際 A → B の励起エネルギー移動速度 $k_{\mathrm{EET}}^{A \to B}$ と B → A への励起エネルギー移動速度 $k_{\mathrm{EET}}^{B \to A}$ の比には次の関係がある。

$$\frac{k_{\mathrm{EET}}^{A \to B}}{k_{\mathrm{EET}}^{B \to A}} = \exp\left[-\Delta G/(k_B T)\right] \qquad (3\text{-}119)$$

ここで ΔG は B^*A の自由エネルギーから A^*B の自由エネルギーを差し引いたものである。$\Delta G < 0$ のとき $k_{\mathrm{EET}}^{A \to B} > k_{\mathrm{EET}}^{B \to A}$ であることがわかる。

3. クロロフィルの物理学

コラム1 クロロフィルのストークスシフトと線幅

2-1-6項で述べた実測のクロロフィル溶液の $Q_y(0,0)$ 吸収ピークは $Q_y(0,0)$ 蛍光ピークと一致せず、小さなストークスシフトを生じる（図 2-8 参照）。もしすべての分子振動と分子運動の量子数が0の時には光吸収の (0,0) ピークと蛍光の (0,0) ピークは一致しなければいけない（式 (3-42) と式 (3-43) 参照）。しかしながら、ここで名付けた $Q_y(0,0)$ ピークは分子振動の量子数のみに対応しており、溶液中では溶媒分子の熱運動がこれらのピークの位置と幅に影響を及ぼす。クロロフィル分子が励起されると、π 電子密度の分布が変わり、溶媒分子との相互作用が変わる。そして、クロロフィルの基底状態と励起状態で溶媒分子の配置の平衡構造が変わり、溶媒の再配置エネルギーが生じる（形式的には式 (3-25) 参照）。その結果、光吸収の (0,0) ピークは短波長側に再配置エネルギー分だけシフトし、蛍光の (0,0) ピークは長波長側に再配置エネルギー分だけシフトする。溶媒の再配置エネルギーの2倍がストークスシフトである。ストークスシフトと線幅の実質的な計算は、3-7-2 項で述べた電子移動反応の研究で開発された反応座標理論に基づいて行うのが便利である。まずクロロフィル分子の基底状態および励起状態で溶媒分子の配置ゆらぎに関する二つのアンサンブルを用意する。基底状態のアンサンブルを用いて、全系の基底状態と励起状態の電子エネルギー差がある値 x となる溶媒ゆらぎの状態和 $Z_g(x)$ を求め、基底状態の自由エネルギー関数 $F_g(x) = -k_B T \ln Z_g(x)$ を求める。同様に励起状態のアンサンブルを用いて励起状態の状態和 $Z_e(x)$ を求め、励起状態の自由エネルギー関数 $F_e(x) = -k_B T \ln Z_e(x) + \Delta E_{00} + \Delta\Delta G_s$ を求める。ここで、$-\Delta\Delta G_s$ は励起状態と基底状態の溶媒和エネルギーの差である。二つの自由エネルギー関数は良い精度で同じ曲率 $2a$ をもつ放物線で表される。両者の放物線の底にあたる x の値が Δx シフトしているとき、再配置エネルギー $\lambda = a(\Delta x)^2 = \Delta x/2$ が得られる。この二つの自由エネルギーダイアグラムは図 3-12 において $-\Delta G \gg \lambda$ の場合に相当し、$-\Delta G \rightarrow \Delta E_{00} + \Delta\Delta G_s$、$F_i(x) \rightarrow F_e(x)$、$F_f(x) \rightarrow F_g(x)$ の置き換えをしたものになる。吸収ピークの形状は $\exp[-F_g(x)/(k_B T)]$ で表され、蛍光ピークの形状は $\exp[-(F_e(x) - \Delta E_{00} - \Delta\Delta G_s)/(k_B T)]$ で表される。両者とも $2\sqrt{\ln 2 k_B T}/\sqrt{a}$ を半値幅（線幅）とするガウス関数であり、T が大きいときほど線幅が広い。二つのピーク間隔から、ストークスシフトの大きさは Δx となり、その値は 2λ に等しい。

3-8 生体電子移動反応

　生命は能動的な活動をするために常に莫大なエネルギーを消費し続けなければならない。そのために生体は効率的なエネルギー変換を行っている。その中心を成すのが生体分子の電子移動反応（酸化還元反応）である。生体電子移動反応は生物進化の過程を経て、きわめて巧妙に行われる。本節では、典型例として光合成反応中心（Reaction Center；RC）における生体電子移動反応について解説する。

3-8-1　スペシャルペアの電子状態

　すべての光合成反応中心にはスペシャルペア P（スペシャルダイマーとも言われ、クロロフィルもしくはバクテリオクロロフィルの二量体である）が存在する。Pの光吸収波長は大きな長波長シフトをしている。表 3-4 に種々の反応中心Pの光吸収波長を載せる。それぞれの P は溶液中のクロロフィルの光吸収波長に比べて、20〜100 nm の長波長シフトしていることがわかる。アンテナ系で光エネルギーを集め、それを励起エネルギー移動によって反応中心の P に渡す。すなわち P を励起する。効率よく励起エネルギー移動が行われるためには、移動の方向に向かって励起エネルギーが小さくならなければならない。したがって、P の光吸収波長はアンテナ系の分子や反応中心の他分子よりも光吸収波長が大きくなければならないと考えられる。実際多くのアンテナ色素−タンパク質複合体はその条件を満たしている。しかし、例外もある。紅色細菌の LH1 の吸収波長は 875 nm で P870 より少し長波長にある。また、高等植物

表 3-4　種々の反応中心におけるスペシャルペア P の光吸収波長

反応中心の型	呼び名	分子構成	光吸収波長（nm）
紅色光合成細菌	P870	$(BChl\,a)_2$	870
緑色硫黄光合成細菌型[*]	P840	$(BChl\,a')_2$	840
高等植物光化学系 I	P700	$(Chl\,a\,Chl\,a')$	700
高等植物光化学系 II	P680	$(Chl\,a)_2$	680

[*] P840 は $(BChl\,a)_2$ と $(BChl\,a')_2$ の両方の可能性がある。
ジエチルエーテル中の Chl a、BChl a の $Q_y(0,0)$ バンドの光吸収波長はそれぞれ、661 nm、771 nm である（表 3-1 参照）。

の光化学系IIではアクセサリークロロフィルの吸収波長が685nmでP680より少し長波長である。この励起エネルギー移動がup-hillの過程（エネルギー勾配に逆う過程）を含むことによって、従来の光誘起電荷分離反応のプロセスについて部分的修正が必要か否かについて現在研究が進められている。いずれにしても、Pの光吸収波長は遊離のクロロフィルの光吸収波長よりも長波長になっている。そして、Pはすべての光合成反応中心でダイマーになっている。

スペシャルペアが長波長に光吸収波長をもつ理由は3-6-1項で述べた二量体の励起子分裂の光吸収スペクトルを参照すれば理解できる。最近の光合成反応中心のX線結晶構造解析の結果によると、スペシャルペアの構造はすべて模式的に図3-13のように表される。Q_yバンドに相当する遷移双極子モーメントは二つのクロロフィルでほぼ反対の方向を向いている。また、二つのクロロフィルは共役面をほぼ平行にして分子の端でファンデルワールス接触している。面間の垂直距離aは3.5～3.8Åである。面間の水平距離bは6～8Åである。このような二量体の配置においては、式(3-114)と式(3-115)で$\kappa > 0$、$U > 0$となる。また、bの値はaの値より2倍ほど大きいので、この二量体の配置は図**3-8(b)**のケースに近い。したがって、励起状態は図**3-9(b)**のようになる。そうすると励起子分裂した下の準位W_-が許容遷移となり、長波長の光吸収波長が得られる。二量体がファンデルワールス接触をして相互作用Uが大きいので、励起子分裂が大きく、モノマーの波長に比べて非常な長波長シフトが実現する。励起子分裂機構が二量体の長波長シフトにもっとも大きく寄与すると考えられる。長波長シフトにはこの他に、二量体がタンパク質中に埋め込まれていることにより、タンパク質の内部の部分電荷による強い局所電場の効果も幾分働くものと思われる。

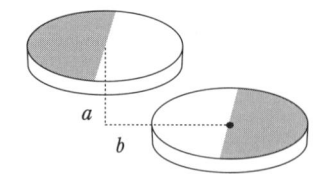

図3-13　スペシャルペアの模型図
aはダイマー中心間の垂直距離、bはダイマー中心間の水平距離を表す。bはaの2倍程度である。

3-8 生体電子移動反応

電荷分離後の反応中心のカチオンダイマー P^+ における電荷分布が ENDOR や FTIR などの実験で調べられた。その結果、二つのクロロフィル分子間で 1：3 から 1：10 の比率で非対称に電荷が分布していることが明らかにされた。この非対称性はスペシャルペアの分子環境（タンパク質環境）が非対称であることを示し、強い局所電場の効果によるものと思われる。

後述するように、スペシャルペアの励起状態から種々の電子移動（電荷分離・電荷移動）が系統的に進行する。そのためには各酸化還元体の標準酸化還元電位が調整されて、電位の勾配に沿ってスムーズに電子移動が進行するシステムが構築されていなければならない。高等植物のZスキーム（図 4-9 参照）はこのことを実現している。この酸化還元電位の調節にタンパク質が関与しているが、スペシャルペアを例にして、どの程度の調節が行われているかを表 3-5 に示す。これらの値は文献により多少変るが、よく用いられる値を載せた。

これから P870 と P700 の酸化電位 E_{ox} は表 3-3 の有機溶媒中の BChl a と Chl a の E_{ox} よりそれぞれ 0.16 V、0.38 V だけ低電位側にシフトしていることがわかる。したがって、これらのスペシャルペアのタンパク質環境は有機溶媒より親水性が強く（ε が大きい）、スペシャルペアの近傍を部分負電荷が取り巻くタンパク質環境であると考えられる。有機溶媒アセトニトリルの誘電率はすでに大きい値をもつので、スペシャルペアを取り巻くタンパク質環境が強い負の電気的雰囲気になっていることが不可欠である。それに対して、P680 の E_{ox} は有機溶媒中の Chl a の E_{ox} より 0.39 V も高電位側にシフトしている。このことは P680 のタンパク質環境は有機溶媒より疎水性が強い（ε が小さい）こと

表 3-5 種々の反応中心におけるスペシャルペア P の酸化電位（NHE 基準）

スペシャルペア	E_{ox}(V)
紅色光合成細菌（P870）	0.50
光化学系 I（P700）	0.43
光化学系 II（P680）	1.20

アセトニトリル中の Chl a、BChl a の酸化電位はそれぞれ 0.81 V と +0.66 V である（表 3-3 参照）。

を示している。さらに、スペシャルペアの近傍は部分正電荷の取り巻くタンパク質環境であると考えられる。現在反応中心のX線結晶構造解析がなされているので、タンパク質の3次元立体構造に基づいてタンパク質環境の性質を分子論的・電子論的に議論する段階にある。

3-8-2 反応中心の電子移動反応

スペシャルペアPに励起エネルギーが伝達されると、反応中心内に埋め込まれた色素分子を利用して、光誘起電荷分離反応および電子移動反応が次々に系統的に起こり、全体として生体膜を横断するベクトル的電子移動が達成される。例として、図4-4(9)(10)と口絵 *ii* (a) にX線構造解析で明らかにされた紅色光合成細菌 *Rhodobactor sphaeroides* の反応中心内の色素配置を示す。これら色素はL鎖、M鎖、H鎖という3本のポリペプチドの折れたたまれた分子構造の中に配置されている。この反応中心は膜タンパク質であり、生体膜中にはめ込まれている。図3-14に反応中心の色素配置の模式図を示す。図においてPはスペシャルペア、B_AとB_Bはバクテリオクロロフィル、H_AとH_Bはバクテリオフェオフィチン、Q_Aは第一キノン、Q_Bは第二キノンである。これら

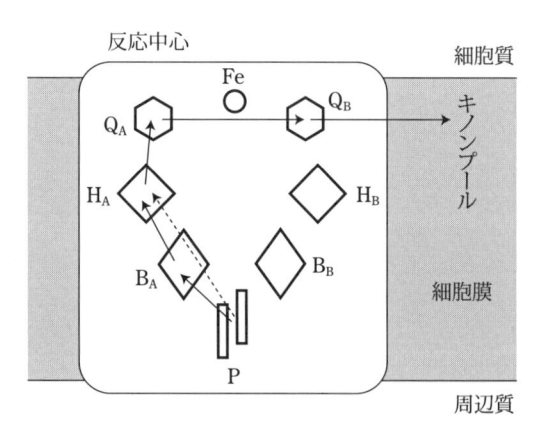

図3-14 紅色光合成細菌の反応中心に埋め込まれた色素群の配置と電子移動経路の模式図
P:スペシャルペア、B:バクテリオクロロフィル、H:バクテリオフェオフィチン、Q:キノン。各色素の下付き文字AとBは、それぞれ電子移動経路のAブランチとBブランチに位置することを示す。実線の矢印は隣接する色素間のsequential機構の電子移動、点線の矢印はsuperexchange機構の電子移動を示す。PからHへの電子移動がsequential機構か、superexchange機構か、それとも両機構の併存かはまだ確定していない。

の色素が膜を横断して電子が流れるチャンネルを構成する。Q_A と Q_B の中央部に Fe がある。P を除いてこれらの色素は二つずつあり、P と Fe を結ぶ線に対して擬 2 回回転対称の位置にあり、P を出発点として 2 本のブランチ A、B が構成されるが、A ブランチのみが主として利用される。アンテナ系からのエネルギー移動によってスペシャルペア P が励起されると、光誘起電荷分離反応が次のように起こる。

$$P^*BH \rightarrow P^+BH^- \tag{3-120}$$

ここで B に電子が移動してから H に電子が渡される sequential 機構なのか、P から直接 H に電子を渡し、B は超交換（superexchange）機構の媒体として関与しているのか、あるいは両者の機構が量子力学的に混合して起こっているのかについて、まだ明確な結論が得られていない。

H に移された電子は $H \rightarrow Q_A \rightarrow Q_B$ と次々に移動する。この過程が 2 度起こり、Q_B に二つ電子が運ばれると生体膜外から二つのプロトンを取り込んで、ハイドロキノン QH_2 となる。QH_2 は結合サイトから離れ、膜中のキノンプールに入り、シトクロム bc_1 複合体を介してプロトンを生体膜の反対側にプロトンを放出する。このようにして電子の流れがプロトンの流れに変換される。シトクロム bc_1 複合体を通り抜けた電子は可溶性シトクロム c、反応中心に結合したシトクロム c_2 を経由し、最終的に P^+ に電子移動して中性の P に戻す。

反応中心の A ブランチの電子移動過程における各状態のエネルギー準位と状態間遷移の速度を図 **3-15** に示す。図からわかるように、A ブランチにそっての各電子移動過程は次のように連鎖的に膜を横断する方向（ベクトル的）に進行する。

$$P^*H_AQ_AQ_B \xrightarrow{3\,ps} P^+H_A^-Q_AQ_B \xrightarrow{200\,ps} P^+H_AQ_A^-Q_B \xrightarrow{100\,\mu s} P^+H_AQ_AQ_B^- \xrightarrow{1\,ms} \tag{3-121}$$

最後の矢印は Q_B が 2 度還元されたあと 2 個のプロトンを結合し、キノンプールに抜けていく過程を示す。

このような電子の流れは膜電位形成に働くので、生産的（productive）電子移動と呼ばれる。電子移動速度は、初めの段階は非常に早いが、後続の段階になるに連れて非常に遅くなっていくことがわかる。また、これらの反応はエネルギーの下り勾配に沿っていることがわかる。このことは、前方に進む電子移

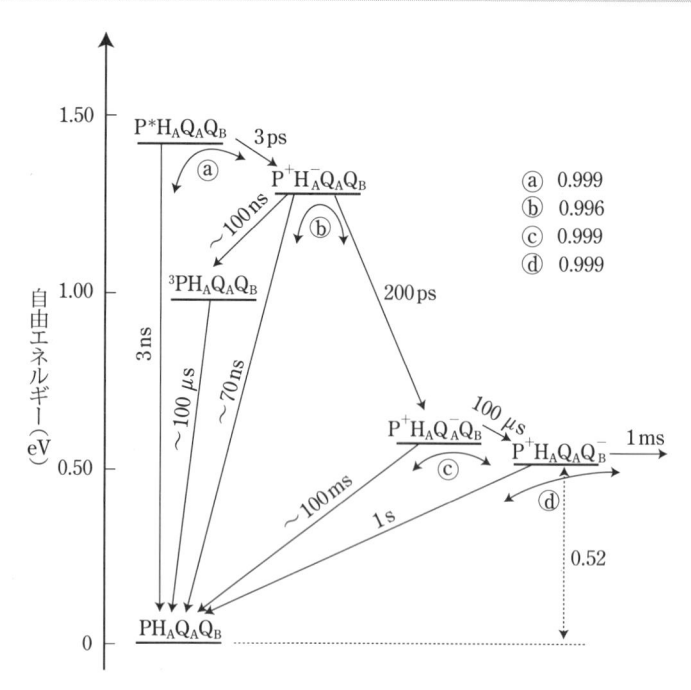

図3-15 光合成細菌 *Rhodobacter sphaeroides* の反応中心の電子移動におけるエナジェティクスとキネティクス（垣谷，1998より改変）
ⓐ～ⓓは分岐点における前方向の量子収率を表す。

動速度が逆方向に進む（上り勾配の）電子移動速度より圧倒的に速くなり、膜横断の連鎖的電子移動を効率よく進ませることを保証する。

また、各電子移動の流れの途中で無輻射遷移や電荷再結合反応などによって、電子エネルギーを消失する過程が存在する。すなわち、$P^*H_AQ_AQ_B$ からは無輻射遷移と蛍光放出によって3nsで基底状態 $PH_AQ_AQ_B$ に戻る。$P^+H_A^-Q_AQ_B$ からは三重項状態 $^3PH_AQ_AQ_B$ へ100nsで無輻射過程によって遷移し、電荷再結合反応によって70nsで基底状態に戻る。$P^+H_AQ_A^-Q_B$ からは電荷再結合反応で100msで基底状態に戻る。$P^+H_AQ_AQ_B^-$ からは1sで電荷再結合反応で基底状態に戻る。これらは膜電位形成を妨げるので非生産的（non-productive）電子移動と呼ばれる。各電子移動状態から生産的電子移動に進む量子収率 η を次式で定義する。

$$\eta = \frac{k_p}{k_p + k_{np}} \tag{3-122}$$

ここで k_p, k_{np} はそれぞれ生産的電子移動速度、非生産的電子移動速度である。これを各電子移動状態で計算すると、図 **3-15** に書き込まれているように、η はすべての中間状態の分岐点で 0.996 よりも大きいことがわかる。非常に高い量子収率である。非生産的電子移動反応は後段階の電荷再結合反応になるにつれてドナーとアクセプター間の距離が離れていくので電子トンネル因子が小さくなり、再結合速度が急激に遅くなる。そこで生産的電子移動速度も、量子収率を 0.996～0.999 に保ったまま後段階になるほど遅くなるように速度調節されていることがわかる。

3-8-3 タンパク質中での電子移動の速度調節機構

式 (3-93) で示したように、電子移動速度は二つの因子（電子因子と核因子）の積で表される。したがって、タンパク質中での電子移動の調節はこの二つの因子を通して行われる。最初に核因子について考察する。

溶媒分子の運動のみを考慮すると、式 (3-98) に示すように $-\Delta G = \lambda$ が満たされるとき、核因子が最大になる。また、分子内振動も同時に考慮すれば式 (3-99) を用いて、$-\Delta G = \lambda + \hbar \omega_q S_q$ が満たされるとき、核因子がほぼ最大になることを示すことができる。これを核因子の最適化条件という。上の反応中心の生産的電子移動のすべての過程で最適化条件が満たされており、非生産的電子移動のほとんどすべての過程で最適化条件から大きく外れていることが知られている。

生産的電子移動過程で上記の最適化条件が示された実験例を以下に示そう。植物の光化学系 I における最初の電子受容体 Chl a (A_0^-) から第 2 の電子受容体フィロキノン (Q) への電子移動反応（$P700^+ A_0^- Q \rightarrow P700^+ A_0 Q^-$）に対してエネルギーギャップ則が調べられた（Iwaki *et al.*, 1996）。エネルギーギャップを変化させるために、反応中心からフィロキノンをはずし、異なった酸化還元電位をもつキノンアナログを挿入し、電子移動速度を測定した。その結果、図 **3-16** の黒丸に見られるような電子移動速度のエネルギーギャップ依存性が得られた。エネルギーギャップ（$-\Delta G^0$）が $-0.2\,\text{eV}$ から $1.1\,\text{eV}$ に変わる間に電子移動速度が 3 桁も変化していることがわかる。実線は式 (3-99) に基

3. クロロフィルの物理学

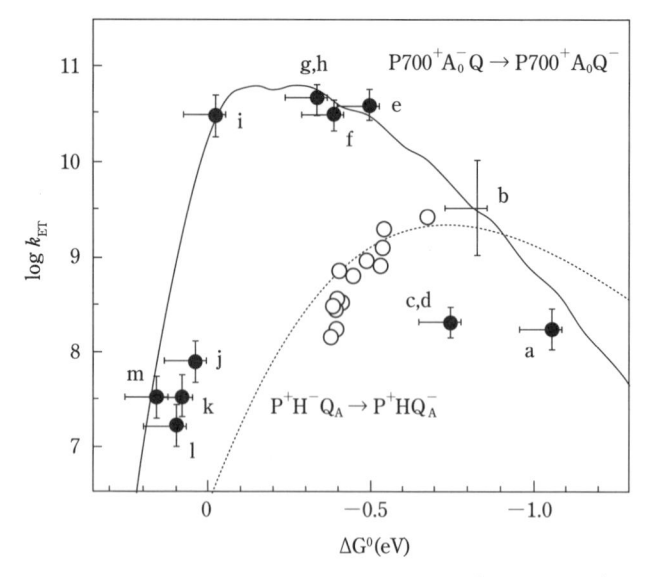

図3-16 ホウレンソウのPSIにおける電子移動反応 $P700^+A_0^-Q \rightarrow P700^+A_0Q^-$ のエネルギーギャップ則。黒丸は実験データ(Iwaki *et al.*, 1996)、実線は式(3-99)を用いた理論曲線。下の曲線は光合成細菌 *Rhodobacter sphaeroides* の反応中心の電子移動反応 $P^+H^-Q_A \rightarrow P^+HQ_A^-$ のエネルギーギャップ則。白丸は実験データ(Gunner and Dutton, 1989)、点線は式(3-99)を用いた理論曲線。

づいて計算した理論曲線である。これから、理論曲線は実験データをうまくフィットさせていることがわかる。天然のフィロキノンの実験データは記号hで記されており、エネルギーギャップ則の頂点にあり、核因子の最適化条件を満たしていることがわかる。また、図中の白丸は紅色光合成細菌 *Rhodobactor sphaeroides* の反応中心における電子移動反応 $P^+H^-Q_A \rightarrow P^+HQ_A^-$ のエネルギーギャップ則の実験結果を示す（Gunner and Dutton, 1989）。ここでエネルギーギャップの変化は、さまざまな酸化還元電位をもつキノンアナログに置換することによって実現された。点線は式(3-99)に基づいて計算した理論曲線である。実験データは正常領域に集中しているが、理論曲線に比較的うまく乗っていることがわかる。この場合も天然のキノンは－0.7 eVの白丸にあり、エネルギーギャップ則の頂点に位置し、核因子の最適化条件を満たしている。植物の光化学系Iでは紅色細菌に比べて最適のエネルギーギャップが非常に小さいことがわかる。これはフィロキノンの分子環境が疎水的であり（εが小さい）、

再配置エネルギー λ を小さくする（式 (3-97) 参照）ことによって実現されている。また、植物のフィロキノンの周りを疎水的環境にする（ε が小さい）ことによって還元電位を低く保ち（式 (3-108) 参照）、$P^+A_0^-Q \rightarrow P^+A_0Q^-$ の電子移動においてエネルギー消費ができるだけ少なくなるようにしている。紅色細菌ではこのような要請がほとんどないため、キノンの酸化還元電位が高く、$P^+H^-Q_A \rightarrow P^+HQ_A^-$ の電子移動における最適なエネルギーギャップが大きくなっていると考えられる。

　図 3-14 で示したように光合成細菌 *Rhodobacter sphaeroides* の反応中心では、生産的な電子移動はAブランチのみでほとんど進み、Bブランチがほとんど使われない（約100倍の速度の違いがある）。その理由は、多くの実験的・理論的研究により、Aブランチの光誘起電荷分離反応（$P^*H \rightarrow P^+H^-$）がエネルギー下り勾配の反応（$-\Delta G = 0.15\text{eV}$）であるのに対し、Bブランチの反応はエネルギーの勾配がないか少し昇り勾配になるためであると考えられている。ここでもエネルギーギャップ則が電子移動速度制御ひいては電子移動ブランチの選択に重要な役割をしていることがわかる。

　電子移動速度を調節する第2の因子は電子因子である。これは電子のトンネル行列要素の2乗であり、ドナーとアクセプター間の距離 R に強く依存する。数多くのタンパク質中電子移動のデータから、核因子のエネルギーギャップ則（式 (3-98)）が最適化されているものを集めて整理すると、電子移動速度は次の式で近似的に表すことができる（Moser *et al.*, 1992）。

$$k_{\text{ET}} = 10^{13} \exp[-1.4(R - 3.6)] \quad (\text{s}^{-1}) \quad (3\text{-}123)$$

ここで R はドナー分子とアクセプター分子の端と端（edge-to-edge）を結ぶ距離であり、Å 単位で表されている。したがって、電子移動速度の調節はドナーとアクセプター間の距離を調節することによって可能になる。この距離の調節はタンパク質の中でドナー分子とアクセプター分子を適当な位置に固定することによって実現している。たとえば、光合成細菌 *Rhodobacter sphaeroides* の反応中心およびそれと結合したシトクロム c_2 などに埋め込まれた多くの酸化還元体間の距離を測ると、10〜20Å くらいの間隔のものが多い。もしシトクロムから Q_B まで直接に電子移動をさせるとすれば、その距離 R は非常に大きくなる。たとえば R を 50Å とすれば、式 (3-123) より電子移動速度は〜 10^{-15}s^{-1} になり、とても膜を横断してシトクロム c_2 から Q_B に電子を渡すこと

ができない。しかし、たとえば全電子移動過程を4段階に分けて10〜20Åごとに電子移動のステップを刻んでやると、全体の電子移動速度が $10^3 s^{-1}$ 程度のものになり、生体が要求する電子移動速度を満たすことができる。すなわち、タンパク質中に多数の色素を埋め込み多段階の電子移動を行うことにより長距離の電子移動を効率よく、速く進行させることができる。

3-9 生体励起エネルギー移動

3-9-1 紅色光合成細菌のアンテナ系での励起エネルギー移動の特徴

光合成生物は太陽光を効率よく吸収するために、反応中心のまわりに多くのクロロフィル分子を配置するアンテナ系を発達させた。紅色細菌のアンテナ系はシンプルで美しい構造をもつ。*Rhodopseudomonas acidophila* では、反応中心を取り囲み環状の光捕集系1（Light-Harvesting Complex 1；LH1）が形成され、それとは別に小さな環状の光捕集系2（Light-Harvesting Complex 2；LH2）が数多く存在する。口絵 *iii* (k) と図 **4-4(2)** に示されているように、LH2 では BChl *a* 分子が2種類の環状の配置をしている。内側の配置では18分子の BChl *a* が環面に垂直に配列し、850 nm の吸収波長をもつ（*Rhodospirillum molischianum*［現在は *Phaeospirillum molischianum* に変更］の RC-LH1 の構造が図 **4-4(3′)** に示されている）。これを B850 リングと呼ぶ。外側の配置では9分子の BChl *a* が環面に平行に配列し、800 nm の吸収波長をもつ。これを B800 リングと呼ぶ。LH1 では32分子の BChl *a* の分子面が環がつくる面に垂直に配列し、875 nm の吸収波長をもつ。励起エネルギー移動は B800 リング（800 nm）→ B850 リング（850 nm）→ LH1（875 nm）→反応中心の P870（870 nm）の順に起こる。B800 から LH1 までのエネルギー移動はエネルギーの下り勾配に沿って行われるので、スムーズに進行する。実際、常温で B800 から B850 への励起エネルギー移動は 0.9 ps の短い時間で起こり、B850 から LH1 への励起エネルギー移動は 3〜5 ps で起こる。LH1 から P870 への励起エネルギー移動は少しエネルギーの上り勾配に沿って行われる。この励起エネルギー移動は 35 ps で起こる。最終の励起エネルギー移動の過程でかなり時間がかかるのは、LH1 の BChl *a* 分子からスペシャルダイマーまでの距離が大きいということと、エネルギーの上り勾配に沿って行われることが原因であろうと思われる。

3-9-2　B800からB850への励起エネルギー移動の機構

B850リングのBChl a 分子は互いにファンデルワールス接触するくらいに密に配置しているので、共鳴相互作用エネルギー U は大きい。したがって、B850リングは励起子状態を実現していると考えられる。3-6-2項で示したように、完全な円状に配置した偶数個の色素が励起子をつくる場合、最低準位から2番目の縮退した準位（$k = \pm 1$ の x 成分と y 成分）のみが光学遷移が許容になる。最近のLH2の1分子分光法測定により、理論的に予想される励起子準位の吸収が観測されている（van Oijen et al., 1999：1分子測定の実験系ではLH2のリングがひずんでいるため、縮退した二つの準位は分離して観測される）。他方、B800リングのBChl a 分子は互いにかなり離れているので、U は比較的小さく、励起状態はほぼ1分子に局在している（1分子分光で局在を示すピークが観測されている）。したがって、B800からB850への励起エネルギー移動は、800 nmに吸収波長をもつ局在したBChl a 分子の励起状態から、850 nmに吸収波長をもつリングに広がった励起子状態へフェルスター機構による遷移であると考えられる。LH1のBChl a 分子も密に配列しているので、励起子状態をつくっている。したがって、B850からLH1への励起エネルギー移動はB850の環状の励起子状態からLH1の環状の励起子状態へのフェルスター機構による遷移である。

さて、B800の吸収ピークはB850の吸収ピークからかなり離れている。そのためB800の蛍光スペクトルとB850の吸収スペクトルをガウス関数形に近似して計算すると、両者の重なり積分はかなり小さくなる。このときフェルスター機構による励起エネルギー移動速度は20 ns程度になり、実験値0.9 psよりはるかに長い時間がかかる。そこで、実測したB800の吸収スペクトル（短波長側に長いテールと小さなピークをもつ）から鏡像関係を利用してB800の蛍光スペクトルを求め、それと実測したB850の吸収スペクトルの重なりを計算してフェルスター機構による遷移時間を求めると5 psの値になり、実験値の5倍程度にまで接近する。

他方、巨大な環状の励起子状態とBChl a 分子の間の励起エネルギー移動に単純なフェルスター機構を当てはめるのに無理があるのではないかという考えがある。なぜなら、単純なフェルスター機構では共鳴相互作用エネルギー U を遷移双極子－遷移双極子相互作用で近似している。分子間距離に比べて、ドナーないしアクセプター分子の大きさが同じ程度かそれよりも大きいような と

きにはこの近似が悪くなる。それに代わって、ドナー分子とアクセプター分子の各原子で遷移電荷密度を求め、ドナーとアクセプターのあらゆる遷移電荷密度間のクーロン相互作用（必然的に多重極子－多重極子相互作用が取り入れられている）として共鳴相互作用エネルギーを求める必要がある（図 3-8 の脚注参照）。このとき、光学的に禁制であった励起子準位も励起エネルギー移動に関与することができるようになる。すなわち、程度の差こそあれ、すべての励起子準位が励起エネルギー移動に寄与する。このような機構の励起エネルギー移動を一般化フェルスター機構という。B800 から B850 の励起エネルギー移動の時間を一般化フェルスター機構で理論計算すると、1ps 程度の値が得られ（Mukai *et al.*, 1999；Scholes *et al.*, 2000）、実験値にきわめてよく一致する。

　これに対して実験サイドから次のデータが示された。B800 を修飾することによってドナーのエネルギーレベルを変え、そのことによる励起エネルギー移動時間への影響が調べられた（Herek *et al.*, 2000）。すなわち、B800 の BChl *a* 分子を種々のクロロフィルアナログ分子に置換して吸収波長を変化させ、そのときの B850 への励起エネルギー移動時間を測定した。実測値 τ^{ex} を表 3-6 の右から 3 番目の列に載せる。ドナーの吸収波長が短くなるにつれて、τ^{ex} は大きくなっていることがわかる。この実験データは、励起エネルギー理論がただ一つの系で励起エネルギー移動速度を説明するだけでなく、ドナーとアクセプターの位置を変えずにエネルギー差のみを変化させた系で、それらの励起エネルギー移動速度を統一的に説明することができるかどうかを検証するために重要な役割を果たす。

3-9-3　新しい励起エネルギー移動機構（中間結合励起エネルギー移動機構）の可能性

　B800 のドナーを改変した系について励起エネルギー移動時間を一般化フェルスター機構で計算した値 τ^{GF} を表 3-6 の右から 2 番目の列に載せる。τ^{GF} の変化の傾向は τ^{ex} の変化に定性的に対応しているが、詳しく見ると、前者は短波長吸収の置換色素に対して変化が非常に大きくなり、理論と実験の一致が悪くなる。表 3-6 の一番右側の列に載せた計算値 τ^{GM} は一般化マスター方程式（generalized master equation）を解いて得られたものである。一般化マスター方程式は、各色素へ励起エネルギーが局在している状態を元に、局在状態が非局在状態に広がっていく動的過程を追跡する方法である。B800 → B850

3-9 生体励起エネルギー移動

表 3-6 B800 の BChl *a* 色素を他のクロロフィルに置換したものの吸収波長、蛍光波長、B850 への励起エネルギー移動時間の実測値 τ^{ex}、一般化フェルスター機構での計算値 τ^{GF}、一般化マスター方程式での計算値 τ^{GM}

置換色素	吸収波長 (nm)	蛍光波長 (nm)	τ^{ex} (a) (ps)	τ^{GF} (b) (ps)	τ^{GM} (c) (ps)
BChl *a*	800	805	0.9 ± 0.1	0.91	0.83
Zn-BPhe *a*	794	799	0.8		0.85
3-vinyl-BChl *a*	765	770	1.4 ± 0.1	0.75	1.56
3^1-OH-BChl *a*	753	758	1.8 ± 0.2	1.34	1.66
3-acetyl-Chl *a*	694	698	4.4 ± 0.5	13.8	3.49
Chl *a*	670	674	8.3 ± 0.5	43.7	9.84

(a) Herek *et al.*, 2000 ; (b) Scholeo and Fleming, 2000 ;
(c) Kimura and Kakitani, 2003.

励起エネルギー移動においては、最初励起エネルギーが B800 のモノマーに局在していて、それが B850 中の最隣接 BChl *a* 分子に移動し、そこから B800 中の他の色素にコヒーレントに次々に移動していくモデルである (Kimura and Kakitani, 2003)。一般化マスター方程式では、各分子の励起状態が励起エネルギー移動により有限の寿命をもつ過程を積極的に取り入れ記憶関数として表現している。上の計算では、コヒーレンスの記憶関数としてドナーの発光スペクトルとアクセプターの吸収スペクトルの畳み込みを行い、それをフーリエ変換したものを用いている。表 3-6 の τ^{GF} はすべての色素置換において実測値 τ^{ex} にきわめてよく一致していることがわかる。一般化マスター方程式のエネルギー移動の描像では、励起状態が環状に広がって励起子を成長させようとする過程と、励起状態の寿命のため励起子のコヒーレンスを失わせようとする過程とが拮抗した状態での動的な励起エネルギー移動を表している。このような励起エネルギー移動機構は理論的には中間結合励起エネルギー移動 (Kimura *et al.*, 2000) に分類される。色素がタンパク質中に密に集合した多くの生体系の励起エネルギー移動が中間結合励起エネルギー移動になっている可能性があり、今後の理論的・実験的検証が望まれる。

第3章のまとめ

　この章では、クロロフィル分子が光合成など光化学反応系で広く使われている理由を物理学的に解説した。すなわちクロロフィル分子は大きな環状 π 共役系を保持しており、共役領域を修飾したり、側鎖を置換することによって近赤外、可視、紫外域の広い波長範囲にわたって光吸収帯を変化させている。これは地球に届く太陽光の強度の強い波長領域をカバーしており、生物による太陽光の有効利用に結びついている。さらに、クロロフィル分子は固有の会合体をつくり、またタンパク質と相互作用して、吸収波長を変化させ、酸化還元電位を有意に調節している。それによって、一方向性の生産的な励起エネルギー移動と電子移動を実現させている。タンパク質に埋め込まれたクロロフィル分子間の励起エネルギー移動や電子移動はそれぞれ巧妙な速度調節がなされており、溶液中では見られない特徴（分子配置によって制御された光化学反応系としての特徴）をもつ。このためタンパク質を介したクロロフィル分子間の励起エネルギー移動と電子移動は、現代生物学・物理化学の最先端技術の応用と理論研究のフロンティアになっている。

第3章の参考文献

垣谷俊昭（1998）『光・物質・生命と反応（下）』、丸善株式会社.
垣谷俊昭（2001）『光・物質・生命と反応（上）（改訂版）』、丸善株式会社.
小林正美・大橋俊介（2006）「光合成微生物の色素―クロロフィル」.『光合成微生物の機能と応用』（上原 赫 監修）シーエムシー出版，第1章3, pp.38-55.
Clayton, R. K.（1980）Photosynthesis: physical mechanisms and chemical patterns. Cambridge University Press, Cambridge.
Englman, R. and Jortner, J.（1970）The energy gap law for radiationless transitions in large molecules. *Mol. Phys.*, **18**：145-164.
Gouterman, M.（1961）Spectra of porphyrins. *J. Mol. Spectrosc.*, **6**：138-163.
Gunner, M. R. and Dutton, P. L.（1989）Temperature and $-\Delta G^0$ dependence of the electron transfer from BPh^- to Q_A in reaction center protein from *Rhodobacter sphaeroides* with different quinones as Q_A. *J. Am. Chem. Soc.*, **111**：3400-3412.
Herek, J. L., Fraser, N. J., Pullerits, T., Martinsson, P., Polivka, T., Sheer, H., Cogdell, R. J. and Sundstrom, V.（2000）B800 → B850 energy transfer mechanism in bacterial LH2 complexes investigated by B800 pigment exchange. *Biophys. J.*, **78**：2590-2596.
Iwaki, M., Kumazaki, S., Yoshihara, K., Erabi, T. and Itoh, S.（1996）ΔG^0 dependence of the

electron transfer rate in photosynthetic reaction center of plant photosystem I: natural optimization of reaction between chlorophyll *a* (A_0) and quinone. *J. Phys. Chem.*, **100**：10802-10809.

Kimura, A., Kakitani, T. and Yamato, T. (2000) Theory of excitation energy transfer in the intermediate coupling case. II. Criterion for intermediate coupling excitation energy transfer mechanism and application to photosynthetic antenna system. *J. Phys, Chem. B*, **104**：9276-9287.

Kimura, A. and Kakitani, T. (2003) Theoretical analysis of the energy gap dependence of the reconstituted B800 → B850 excitation energy transfer rate in bacterial LH2 complexes. *J. Phys. Chem. B*, **107**：7932-7939.

Marcus, R. A. and Sutin, N. (1985) Electron transfer in chemistry and biology. *Biochim. Biopys. Acta*, **811**：265-322.

Moser, C. C., Keske, J. M., Warncke, K., Farid, R. S. and Dutton, P. L. (1992) Nature of biological electron transfer. *Nature*, **355**：796-802.

Mukai, K. Abe, S. and Sumi, H. (1999) Theory of rapid excitation-energy transfer from B800 to optically-forbidden exciton states of B850 in the antenna system LH2 of photosynthetic purple bacteria. *J. Phys. Chem. B*, **103**：6096-6102.

Scholes, G. D. and Fleming, G. R. (2000) On the mechanism of light-harvesting in photosynthetic purple bacteria: B800 to B850 energy transfer. *J. Phys. Chem. B*, **104**：1854-1868.

van Oijen, A. M., Ketelaars, M., Köhler, J., Aartsma, T. J. and Schmidt, J. (1999) Unraveling the electronic structure of individual photosynthetic pigment-protein complexes. *Science*, **285**：400-402.

4 クロロフィルの生物学

4-1 光合成系での機能

　クロロフィルは植物の代謝系の中でもっとも重要な光合成系で機能する色素である。光合成は、光という物理学的なエネルギーを、いくつかの反応過程を経て、最終的には糖の合成、すなわち還元反応による化学結合の生成、という化学的エネルギーへと変換する過程（図 **4-1**）である。その中でクロロフィルが機能するのは、光エネルギーの吸収と光化学反応中心分子への励起エネルギー伝達、光化学反応中心分子での電子移動反応の駆動、の2点である。前者を光捕集色素として機能するといい、後者を電子移動反応系として機能するという。この2種類の機能は、多くの反応素過程から構成される複雑な反応系によるものである。光合成細菌から酸素発生型光合成生物までの反応系の保存性という観点に立てば、光捕集性色素としての機能では低く、電子移動反応系としての機能では高い。

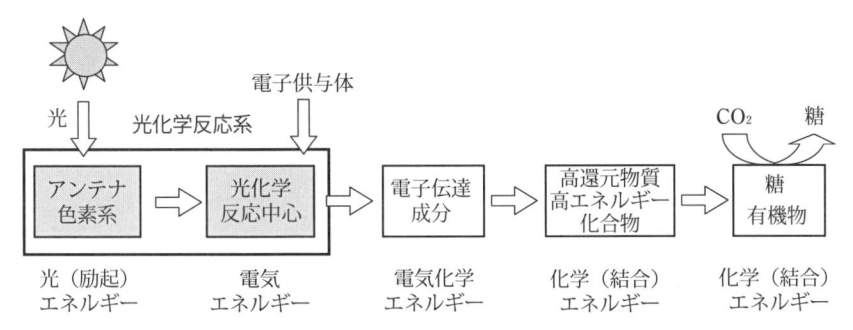

図**4-1**　光合成におけるエネルギー変換様式
　光（励起）エネルギーから化学（結合）エネルギーへの変換過程を示す。アンテナ色素系でのエネルギー移動、反応中心複合体での電子移動反応を光化学反応系と呼ぶ。

4-1-1　光合成色素（アンテナ系）の概念と構成

　光合成色素系は、光化学反応を行う光化学反応中心（Reaction Center；RC）複合体に励起エネルギーを供給する色素タンパク質複合体を指す（図 **4-2**）。

4. クロロフィルの生物学

表 4-1　光合成生物の分類と光合成反応系の特徴

		光合成生物名			
		ヘリオバクテリア	緑色硫黄細菌	緑色糸状性細菌	紅色細菌
原核・真核		原核	原核	原核	原核
酸素発生の有無		無酸素型	無酸素型	無酸素型	無酸素型
反応中心の型		PS I 型	PS I 型	PS II 型	PS II 型
色素		BChl g	BChl a、BChl c BChl d、BChl e	BChl a、BChl c	BChl a (BChl b)
色素系		一体型	一体型	分離型	分離型
反応中心 (PS I 型)	タンパク質構成	homodimer PshA	homodimer PscA	——	——
	第一電子供与体	(BChl g')$_2$ or (BChl g)$_2$ (P798)	(BChl a')$_2$ or (BChl a)$_2$ (P840)	——	——
	第一電子受容体	8^1-OH-Chl a	Chl a_{PD} (BChl 663)	——	——
	中心集光装置	一体型	一体型	——	——
	周辺集光装置	無し	クロロゾーム、ベースプレート、FMO タンパク質	——	——
	中心集光装置 /P	25 − 40	16 − 35	——	——
反応中心 (PS II 型)	タンパク質構成	——	——	heterodimer	heterodimer
	第一電子供与体	——	——	(BChl a)$_2$	(BChl a)$_2$ ((BChl b)$_2$)
	第一電子受容体	——	——	BPhe a	BPhe a (BPhe b)
	中心集光装置	——	——	B806 − 866	LH1
	周辺集光装置	——	——	クロロゾーム、ベースプレート	LH2
	中心集光装置 /P	——	——		30 〜 32
電子移動	最終電子供与体	H$_2$S、S、有機酸	H$_2$S、S、チオ硫酸塩	H$_2$S、有機酸	H$_2$S、有機酸
	H$^+$移動成分	cyt bc	cyt bc	cyt bc_1	cyt bc_1
	最終電子受容体		NAD$^+$	NAD$^+$	NAD$^+$
細胞内膜系		細胞膜	細胞膜	細胞膜	細胞膜、クロマトフォア
炭酸固定回路			還元的 TCA 回路	3-hydroxy-propionate 回路	還元的ペントースリン酸回路 (カルビン回路)

※二次共生によって誕生したと考えられる生物群については、分類体系や共通する遺伝的形質について十分な解析が行われていないので、この表に加えるには時期尚早と判断している。

4-1 光合成系での機能

	光合成生物名			
	シアノバクテリア	紅藻	緑藻	高等植物
	原核 酸素発生型 PS I、PS II 協調型	真核 酸素発生型 PS I、PS II 協調型	真核 酸素発生型 PS I、PS II 協調型	真核 酸素発生型 PS I、PS II 協調型
	Chl a(Chl b、Chl d、DV-Chl a、 DV-Chl b、Mg-DVP) 一体型＋分離型	Chl a 一体型＋分離型	Chl a、Chl b 一体型＋分離型	Chl a、Chl b 一体型＋分離型
	heterodimer PsaA/B (Chl a/a') (P700)	homodimer PsaA/B (Chl a/a') (P700)	homodimer PsaA/B (Chl a/a') (P700)	homodimer PsaA/B (Chl a/a') (P700)
	Chl a 一体型 (CP43')	Chl a 一体型 LHC I	Chl a 一体型 LHC I	Chl a 一体型 LHC I
	～100	～100	～100	～100
	heterodimer PsbA/D (Chl a)$_2$ (P680) Phe a	heterodimer PsbA/D (Chl a)$_2$ (P680) Phe a	heterodimer PsbA/D (Chl a)$_2$ (P680) Phe a	heterodimer PsbA/D (Chl a)$_2$ (P680) Phe a
	CP43/CP47 フィコビリソーム ～36	CP43/CP47 フィコビリソーム ～36	CP43/CP47 CP24/CP26/CP29/ LHC II ～36	CP43/CP47 CP24/CP26/CP29/ LHC II ～36
	H_2O cyt b_6f $NADP^+$	H_2O cyt b_6f $NADP^+$	H_2O cyt b_6f $NADP^+$	H_2O cyt b_6f $NADP^+$
	チラコイド膜、細胞膜 還元的ペントース 　リン酸回路 　（カルビン回路）	葉緑体チラコイド膜 還元的ペントース 　リン酸回路 　（カルビン回路）	葉緑体チラコイド膜 還元的ペントース 　リン酸回路 　（カルビン回路）	葉緑体チラコイド膜 還元的ペントース 　リン酸回路 　（カルビン回路）

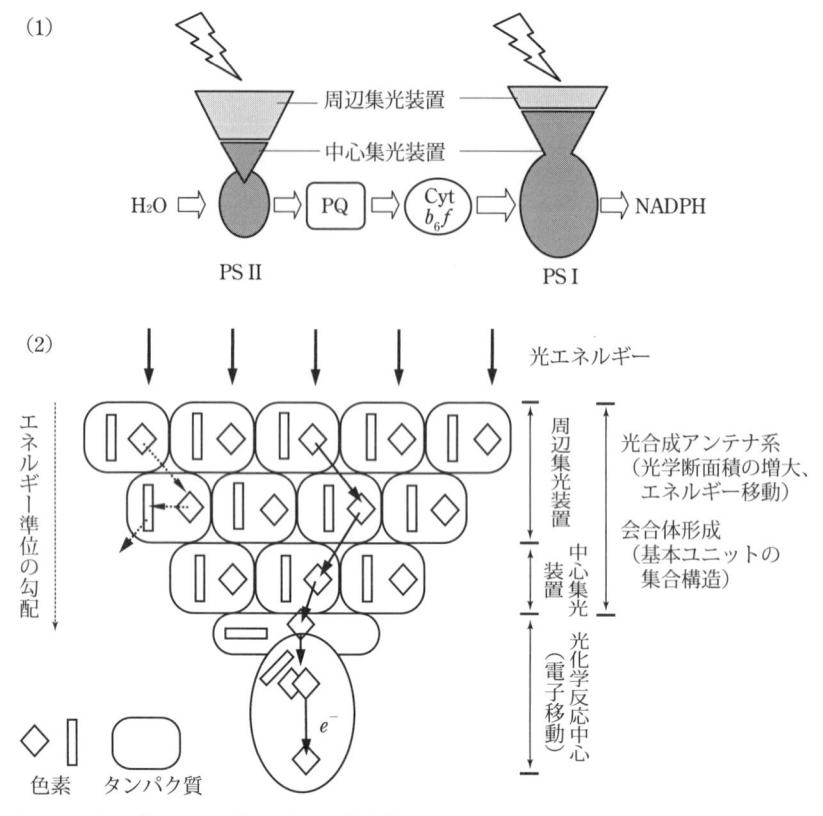

図4-2 光合成アンテナ系と反応中心複合体
(1) 酸素発生型光合成系の光化学反応系の構成。反応中心と一体型の複合体を形成するPS I型と、分離型の複合体を形成するPS II型の違いを示す。
(2) 光合成アンテナ系の概念図。中心集光装置と周辺集光装置の違いを示す。両者は共にアンテナとして機能するが、前者は常に反応中心複合体と結合しているが、後者は強光下では合成が抑制され、それによってエネルギーの流入量が調節されることになる。

反応中心複合体と同一タンパク質複合体に存在する場合（一体型）と、異なる複合体に存在する場合（分離型）に大別される（表4-1参照）。光化学系 I 型反応中心（PS I 型 RC）は前者、光化学系 II 型反応中心（PS II 型 RC）は後者である（図4-2(1)）。分離型の場合、色素タンパク質複合体はさらに二つのグループに分けられる。一つは反応中心複合体と化学量論的に結合する中心集光装置（コアアンテナ）であり、他は中心集光装置に結合するが、反応中心複合体とは直接は結合しない周辺集光装置（ペリフェラルアンテナ）である。ペリ

フェラルアンテナは光強度によってその合成が制御される（図 4-2(2)）。強光下では合成が抑制され、結果的に反応中心複合体への励起エネルギーの流入が抑制される。樹木の群落において、光の強い木の先端部分は色が淡く、基部にいくに従って色が濃くなるのはこうした光条件による色素濃度の違いを反映している。

中心集光装置には、酸素発生型光合成生物ではクロロフィル、また光合成細菌においてはバクテリオクロロフィルが必ず結合しているが、酸素発生型光合成生物では周辺集光装置にはクロロフィルが結合していない場合もある。結合していない例として、シアノバクテリア、紅藻やクリプト藻がもつ周辺集光装置であるフィコビリンタンパク質がある。中心集光装置、周辺集光装置を問わず、クロロフィル（またはバクテリオクロロフィル）が存在する場合、基本的にカロテノイドが存在し、両者は協働的に機能を担う。

4-1-2 アンテナ系の各論

クロロフィルの大部分は光合成系で光を吸収し、少数の光化学反応を担う分子への励起エネルギー移動を担う。これはいわゆる「増感剤」としての機能である。そこでまず、アンテナ色素として多様性が高く、かつ系統性を色濃く反映する周辺集光装置での機能と、それを実現するための分子構造やエネルギー準位の決定に効果をもつ相互作用などの分子機構を、光合成生物の分類体系や系統性に沿って解説する。基本的には同じ原理で構築されていても、個々の系では色素やアポタンパク質に独自の様式があり、それらを知ることで統一的な理解に結びつくと考えられる（Schmid, 2008）。

(1) ヘリオバクテリア、緑色硫黄細菌

ヘリオバクテリア、緑色硫黄細菌のアンテナ系は、反応中心複合体と同一の複合体から構成される一体型である。両者の体制は同じであるが、使われる色素は前者が BChl g であるのに対して、後者は BChl a である。光化学反応過程は PS I 型である。

ヘリオバクテリアの反応中心複合体の結晶構造は現時点では未解明である。したがって、色素の結合様式は理解されていない。反応中心複合体は同一タンパク質が 2 分子会合したホモダイマーであり、結合する色素の配置に関しては対称性が高いことが予想される（図 4-3(1)）。結合する BChl g の数は 25 ～ 40 分子とされており、数は明確ではない。一方、緑色硫黄細菌においても結晶構

4. クロロフィルの生物学

(1) ヘリオバクテリア

(2) 緑色硫黄細菌

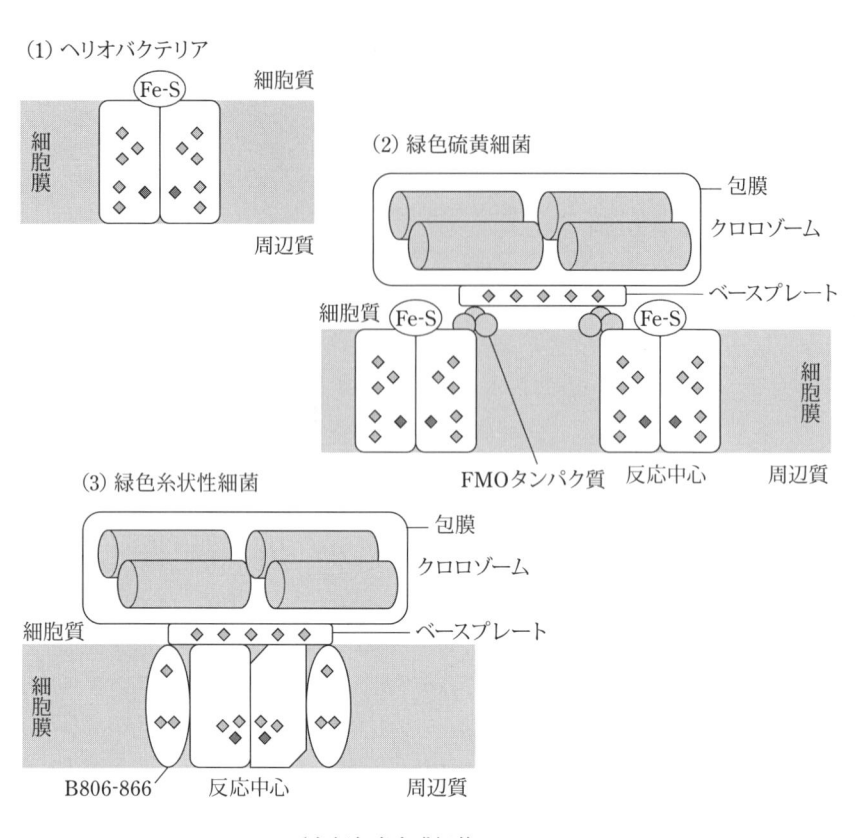

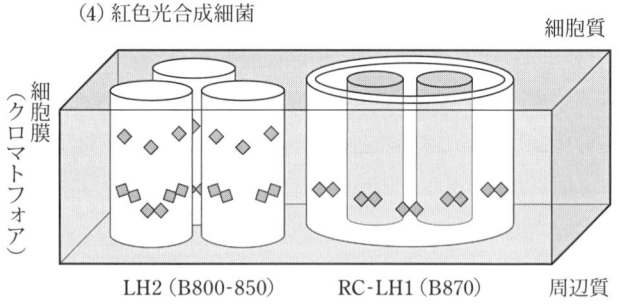

(3) 緑色糸状性細菌

(4) 紅色光合成細菌

図4-3(1)〜(4) 光合成アンテナ系のモデル図(その1)
モデル中の複合体の名称に関しては、徐々に説明が加えられていくので、この段階では *a priori* なものとしておいていただきたい。

4-1 光合成系での機能

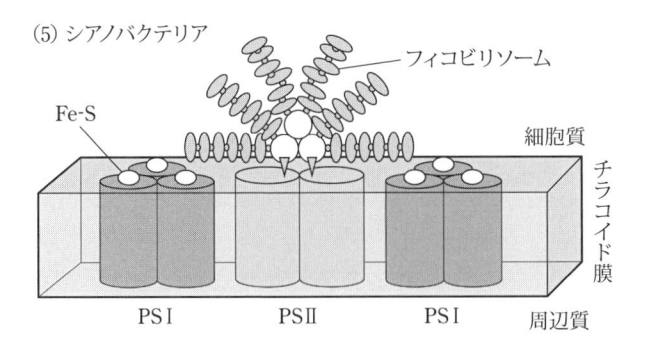

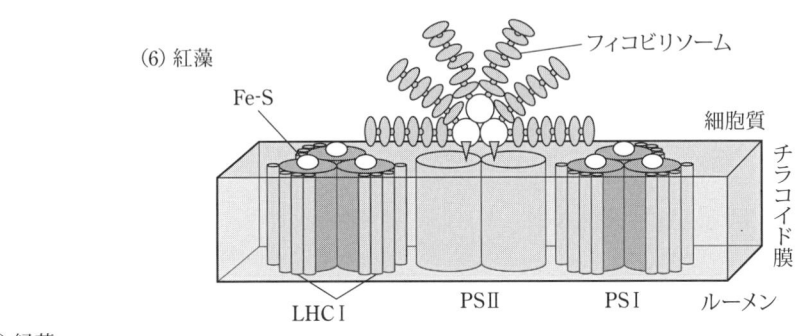

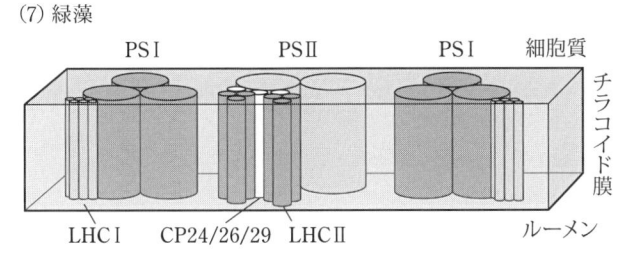

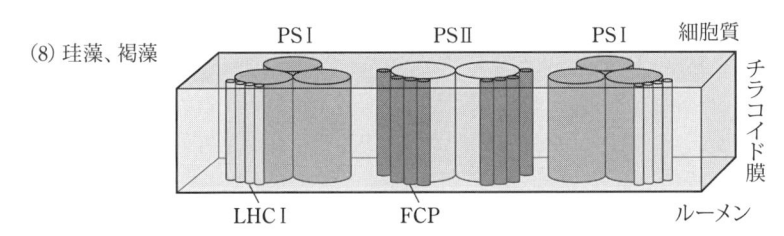

(5) シアノバクテリア　フィコビリソーム

Fe-S　細胞質　チラコイド膜

PSI　PSII　PSI　周辺質

(6) 紅藻　フィコビリソーム

Fe-S　細胞質　チラコイド膜

LHCI　PSII　PSI　ルーメン

(7) 緑藻

PSI　PSII　PSI　細胞質　チラコイド膜

LHCI　CP24/26/29　LHCII　ルーメン

(8) 珪藻、褐藻

PSI　PSII　PSI　細胞質　チラコイド膜

LHCI　FCP　ルーメン

図4-3(6)～(8)　光合成アンテナ系のモデル図（その2）

143

4. クロロフィルの生物学

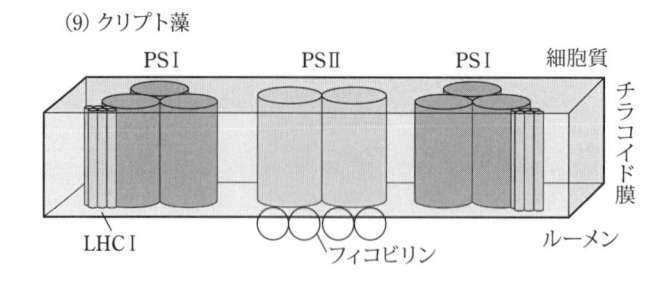

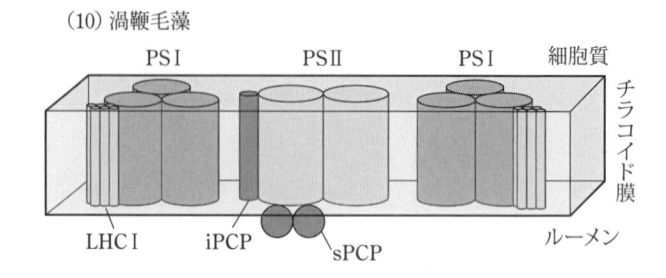

(9) クリプト藻

LHC I　フィコビリン

(10) 渦鞭毛藻

LHC I　iPCP　sPCP

(11) 陸上植物（蘚類、苔類、シダ植物、高等植物）

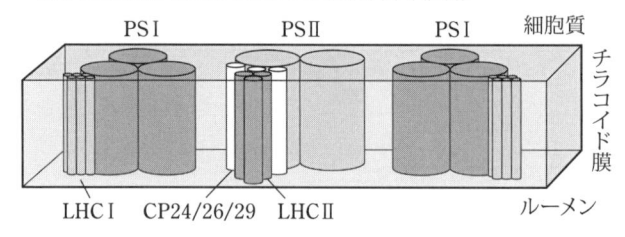

LHC I　CP24/26/29　LHC II

図4-3(9)〜(11)　光合成アンテナ系のモデル図（その3）

造は未知である。ヘリオバクテリアと同じく、反応中心複合体は同一タンパク質が2分子会合したホモダイマーであり、結合する BChl a の数は 16 〜 32 と推定されている。

　緑色硫黄細菌には、細胞膜の細胞質側に、色素の自己会合体から構成される光合成アンテナ系、クロロゾームが存在する。このクロロゾームは緑色糸状性細菌（緑色非硫黄細菌、緑色滑走細菌、緑色糸状細菌と呼ばれることもあるが、本書では『光合成事典』に従い、緑色糸状性細菌に統一する）にも存在するが、細胞膜内の反応中心複合体との結合の様式が異なっている（図 **4-3(2)**、図 **4-3(3)**）。両者ともにクロロゾームの基部にベースプレートが存在するが、

4-1 光合成系での機能

緑色硫黄細菌にはさらに FMO タンパク質と呼ばれる色素タンパク質複合体が存在している。FMO タンパク質は、光合成系で機能するタンパク質複合体としてはもっとも早い時期に結晶構造が解かれた複合体であり、以後の解析のモデルとなった（図 4-4(1) 参照）。

(2) クロロゾーム

クロロゾームは、緑色細菌の細胞膜に接して存在するアンテナ複合体である（図 4-3(2)、図 4-3(3)：Miyatake et al., 2005；Saga et al., 2010）。基本構成は、単層の脂質分子からなる包膜と内部はバクテリオクロロフィルの自己会合体である。クロロゾーム当たりの色素数に関しては、約 100,000 〜 200,000 分子とされており、現時点で必ずしも統一的な値にはなっていない。バクテリオクロロフィルとしては BChl *c*、BChl *d*、BChl *e* があり、またそれぞれの分子で側鎖構造が異なるホモログが数種ある。その組成は生物種、培養条件によって変化するので、統一的には語ることが困難である。自己会合体の構造に関しては 2-1-6(3) 項に詳述されているので、ここでの重複は避ける。クロロゾームから細胞膜内の反応中心複合体へのエネルギー伝達経路については緑色硫黄細菌と緑色糸状性細菌での差が大きいので、次に詳述する。なお、単層脂質分子膜は生物に存在する膜としては例外であり、クロロゾームの包膜以外では知られていない。

ベースプレートは BChl *a* で構成されるが、緑色硫黄細菌と緑色糸状性細菌の間で色素量に大きな違いがあり、前者では小さく、後者では大きい。前者にはベースプレートに加えて FMO タンパク質が存在する。FMO タンパク質は、Fenna-Matthews-Olson という 3 名の研究者の名前から由来するもので、Olson が発見し、Fenna と Matthews が結晶構造を明らかにした（図 4-4(1)：Camara-Artigas et al., 2003；Olson, 2004）。基本構造は β-シート構造であり、その中に 7 分子の BChl *a* が配置されている。このモノマーが 3 ユニット会合し、三量体構造を取る。三量体構造では異なるユニットのモノマー間の色素の相互作用が生じ、モノマーにはない吸収帯が出現する。観測された分光学的なデータと理論計算に基づいた吸収帯の間でよい一致が見られている。最近、*Chlorobium tepidum*（現在は *Chlobaculum tepidum* に変更）から分離された FMO タンパク質について 8 番目の BChl *a* が発見され、従来の解析結果の再検討がなされている（Tronrud et al., 2009）。

(1) FMOタンパク質

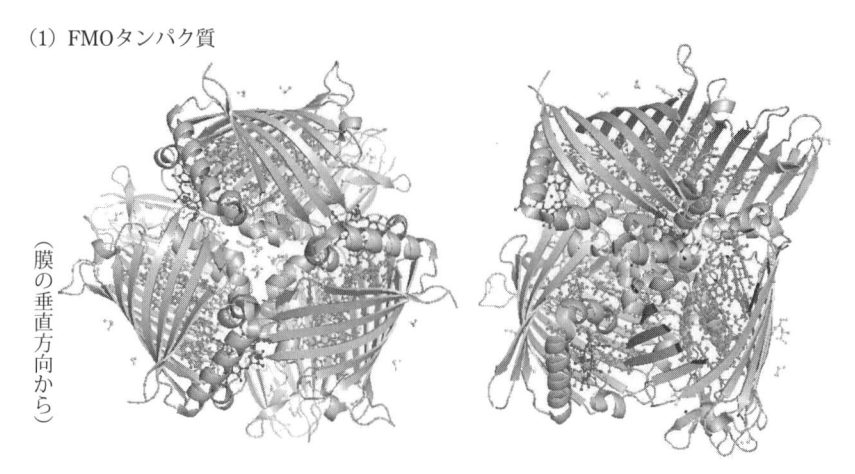

(膜の垂直方向から)

図4-4(1)　光合成系で機能する複合体の結晶構造(その1)
　その2は148頁、その3は152頁、その4は155頁、その5は157頁、その6は167頁、その7は177頁に掲載。

(3) 緑色糸状性細菌

　緑色糸状性細菌のアンテナ系は、反応中心複合体とアンテナが異なる複合体から構成される分離型である。光化学反応系は PS II 型であり、BChl *a* が使われる。

　緑色糸状性細菌のアンテナ系は、クロロゾーム、ベースプレート、B806-866 から構成される（図 4-3(3)）。クロロゾームは緑色硫黄細菌（図 4-3(2)）と基本的な構造に関しては同じと考えられている。ベースプレートには吸収帯と遷移双極子モーメントの方向が異なる複数種の BChl *a* があり（Matsuura *et al.*, 1993）、細胞膜外のクロロゾームから膜内の B806-866 へのエネルギー移動を仲介する。B806-866 は、BChl *a* の吸収帯が 806 nm、866 nm に観測されるので、B806-866 と呼ばれる（B800-866 もしくは B808-866 と呼ばれることもある）。タンパク質は α-サブユニット（53 アミノ酸）、β-サブユニット（44 アミノ酸）から構成され、結合する BChl *a* の数は単量体当たり 3 分子とされている。これらは紅色光合成細菌の LH2（Light harvesting complex 2）に似た性質である（次項参照）。しかし、その構造はむしろ LH1（Light harvesting complex 1）に似て、24 ユニットから構成される大きな複合体には 2 ユニットの反応中心複合体を含むと報告されている。エネルギー移動過程は、B806 から B866、続いて B866 から反応中心複合体の第一電子供与体である B875 へと渡される（電

子伝達成分に関する説明も徐々に明らかにされる。例えば 160 頁、161 頁参照)。

緑色硫黄細菌(図 **4-3(2)**)と緑色糸状性細菌(図 **4-3(3)**)のアンテナ系の構造的な差異は、前者が PS I 型の反応中心複合体をもつために、細胞質側にFe-S タンパク質などの複合体を結合しているのに対して、後者は PS II 型反応中心複合体をもつために細胞質側に結合する複合体がなく、空間的にベースプレートと B806-866 の結合に関して制限がないことである。未だに構造の詳細は明らかではないが、この差はアンテナ系の構造、エネルギー移動に大きな影響を与えていると考えられる。

(4) 紅色光合成細菌の LH2 と RC-LH1

紅色光合成細菌のアンテナ系は、反応中心複合体とアンテナが異なる複合体から構成される分離型である。光化学反応過程は PS II 型であり、BChl a がその機能を担う。この分類群には BChl a ではなく BChl b を使う種もわずかながら存在する。

紅色光合成細菌のアンテナ系、反応中心複合体に関しては、結晶構造を含めて詳細な解析が進んでいる。その大きな理由は、培養が容易で、複合体の分離精製方法や結晶化の条件が確立されているために、結晶を得ることが比較的容易に行えることである。部位特異的変異体、色素を置換した変異体などから複合体を精製し、結晶構造を解くことによって、1 分子のアミノ酸の置換や色素の置換などの影響を原子レベルで知ることができ、これがさらなる解析の基礎となっているからである。これらの結晶構造データも PDB (Protein Data Bank) に委託されている。

紅色光合成細菌の光化学反応系は、RC-LH1 と LH2 から構成される(図 **4-3(4)**)。前者は、Reaction center-Light harvesting complex 1 の略称である。前者は光合成的に生育するためには必須の要素であり、後者は弱光下条件で光を多く吸収するときに合成される。

LH2 に関しては、複数の種で高分解能の結晶構造が明らかにされ、色素の位置、色素間の相互作用、色素とアミノ酸相互作用が詳細に解析されている。RC-LH1 も結晶が得られているが、その分解能は十分には高くなく、また対称性を壊す分子(ポリペプチド)の存在が強く示唆されているので、解明にはさらに時間が必要であると考えられている。図 **4-4(2)** に *Rhodopseudomonas acidophila* 10050 から単離精製された LH2 の結晶構造を、また図 **4-4(3)** に *Rhodobacter molischianum* (現在は *Phaeospirillum molichianum* に変更)の

4. クロロフィルの生物学

(2) *Rhodopseudomonas acidophila* 10050のLH2（9回転対称）
（膜の垂直方向から）　　　　　　　　（膜の水平方向から）　　　細胞質

周辺質

(3) *Phaeospirillum molichianum*（*Rhodobacter molischianum*）のLH2（8回転対称）
（膜の垂直方向から）　　　　　　　　（膜の水平方向から）　　　細胞質

周辺質

(3′) *Rhodopseudomonas palustris* の RC-LH1
（膜の垂直方向から）　　　　　　　　（膜の水平方向から）　　　細胞質

周辺質

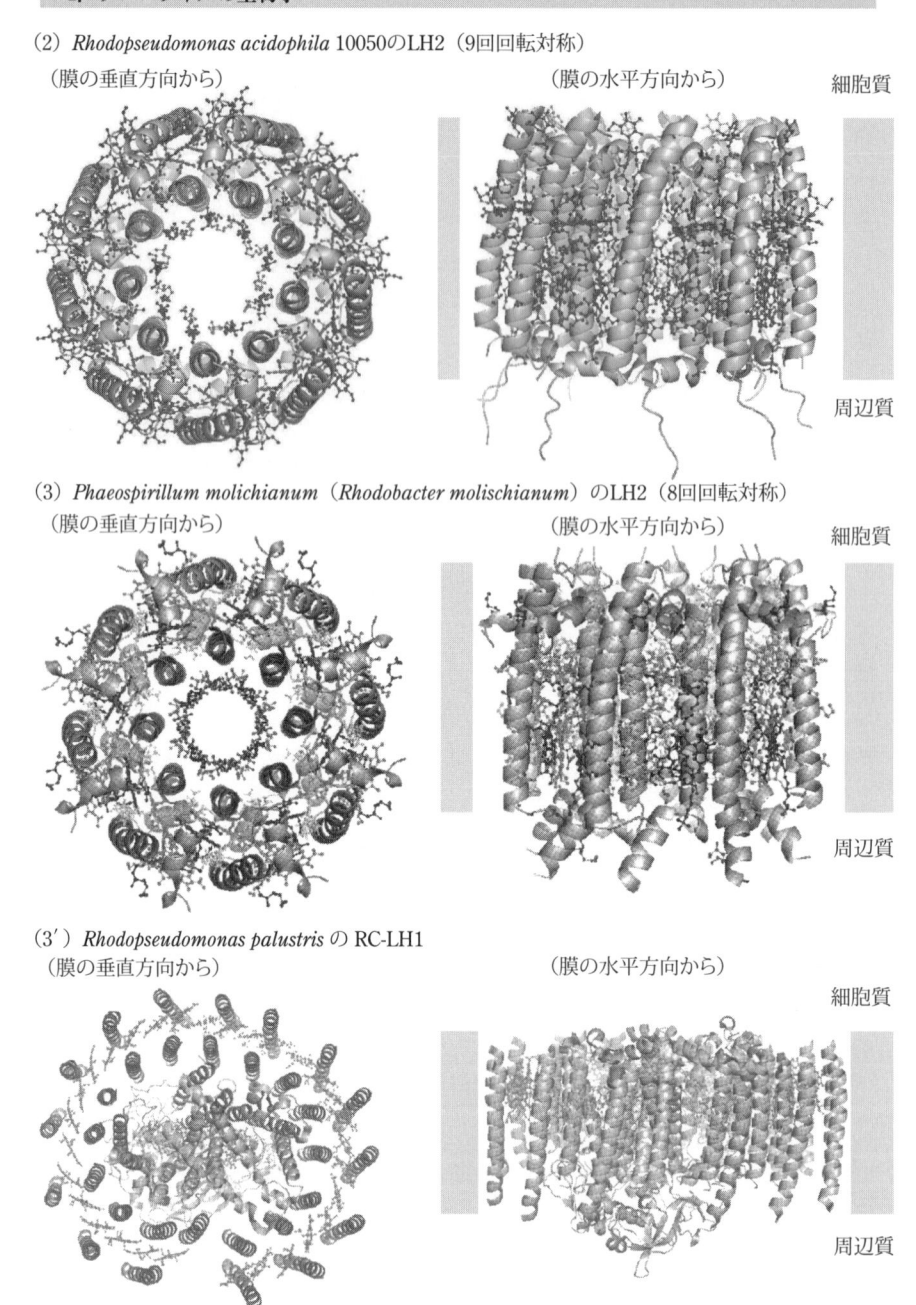

図4-4(2)(3)　光合成系で機能する複合体の結晶構造(その2)

LH2 の結晶構造を示す。両者は直径約 10 nm のリング状の構造を示す。両者は基本的に、サブユニットの集合構造という点では同じ構造を取るが、前者が 9 回回転対称構造をもつのに対して、後者は 8 回回転対称構造を取ることにおいて異なっている。ただし、色素のエネルギー準位は同じ機構によって決定されている。

LH2 では、1 サブユニット当たり 3 分子の BChl *a* が結合し、α-サブユニットには 2 分子、β-サブユニットには 1 分子が結合する。その中で α-サブユニットと β-サブユニットの 1 分子ずつは、対合するように配置され、その間で強い相互作用が可能な程度に近距離にある。α-サブユニット中の残り 1 分子は他の色素との相互作用がないように配置されている。すでに、第 3 章において詳述されているように、対合している 2 分子間には遷移双極子相互作用が働き、単独の色素がもつエネルギー準位とは異なる準位が形成される。それが 850 nm の吸収帯である。一方、単独に存在する色素は、溶媒中の吸収帯に近い 800 nm に吸収極大をもつ。したがって、この複合体は二つの吸収極大をもつことになり、その波長位置に基づいて、B800-850 複合体と呼ばれる。構造維持や BChl *a* 電子状態の決定に関しては、サブユニット中に存在するカロテノイドも重要な機能を果たしている。

一方、LH1 についても同様の議論が展開されている。*Rhodopseudomonas palustris* の LH1 では 1 サブユニット当たり 2 分子の BChl *a* が結合し、α-サブユニットには 1 分子、β-サブユニットには 1 分子が結合する。それらは互いに対合する位置に存在し、その間での遷移双極子相互作用の結果、875 nm のエネルギー準位が決まっている。LH1 は反応中心複合体と会合体を形成し、RC-LH1 として存在する（図 **4-4(3′)**）。ただし、RC-LH1 の構造については、そのサブユニットの数や配置などについて最終的な結論が出ていない。

紅色光合成細菌には、BChl *b* をもつ種が存在する（*Rhodopseudomonas viridis*［現在は *Blastochloris viridis* に変更］など）。BChl *b* の吸収帯は 溶液中でも BChl *a* のそれに比べて長波長側に移動しているが、LH1 においては吸収極大が 1015 nm 付近に観測され、紅色細菌の BChl *a* の系に比べて、はるかに低エネルギー側にある。極低温 4K での測定では 1045 nm にも吸収帯が観測されている。反応中心複合体中に存在するエネルギー受容体（スペシャルペア）の吸収極大は室温では 975 nm 付近にあり、アンテナに比べてエネルギー準位が高い。そのエネルギー差は 400 cm^{-1} 以上となり、紅色光合成細菌の場

合（70cm^{-1}以下）と比較してもはるかに大きく、最終段階での勾配に逆らうエネルギー移動がどのような機構で起こっているかは議論が続いている。

(5) シアノバクテリア

シアノバクテリア、藻類、陸上植物は酸素発生型光合成生物であり、無酸素型光合成生物とは基本的に異なる光化学反応系を構成する。すなわち2種類の反応中心複合体が直列に配置された電子伝達系をつくる。この配置によって、水を分解し、NADP$^+$を還元する電子伝達系を完成させている（4-2-1項参照）。各々の反応中心複合体に対応してアンテナ系が存在するが、それぞれの性質はその祖先型である無酸素型光合成細菌のそれと基本的に一致する。アンテナ色素複合体もそれに付随した性質を示す。したがって、アンテナ系で知るべきことは、光合成細菌で見られた性質の改変の様式と、2種のアンテナ系が存在することによって生じるその間のエネルギーの流れという新しい現象である。

シアノバクテリアのPSⅡの主要なアンテナはフィコビリンタンパク質から構成されるフィコビリソーム（Phycobilisome；PBS）である（図4-3(5)）。500万ダルトンを超える分子量（ダルトンについてはコラム1参照）をもつこの複合体の構成、構造、エネルギー移動過程などは興味深いものであるが、この本の主題ではないので参考文献を示すにとどめる（三室ら、1997）。PSⅡには中心集光装置として、43キロダルトン−クロロフィルタンパク質（43 kDa

---

コラム1　ダルトン

生物科学では、タンパク質などの高分子化合物の質量を表すときに「ダルトン」という用語を用いることが多い。『岩波 理化学辞典 第5版』（岩波書店）では、以下のように記載されている。「^{12}C原子1個の質量を12ダルトンとする。1ダルトン（Da）はアボガドロ数の逆数となり、1 Da = 1.66054 × 10^{-24}gとなる。生物化学の分野ではダルトンが原子質量単位として用いられることが多いが、これは国際度量衡総会では承認されていない」。『生化学辞典 第5版』（東京化学同人）には、「分子量は1 mol当たりの相対質量で無名数なので、ドルトン（＝ダルトン）を分子量の単位として使用するのは正しくない」と記載されている。本書では、慣用的にダルトンという単位を生体高分子の分子量を表すときに用いるが、読者は上記の性質をもつ単位であることを理解の上で読み進めていただきたい。

Chlorophyll Protein；CP43）と 47 キロダルトン－クロロフィルタンパク質（47 kDa Chlorophyll Protein；CP47）が存在する。CP43 は反応中心複合体との結合が緩く、単離処理によって会合しない試料も得られるが、CP47 は反応中心複合体との結合が強く、ほとんどの単離処理では結合した状態で単離される。

シアノバクテリアの PS I は一体型なので、独自のアンテナ複合体が存在しない。その結晶構造がすでに明らかになっている（図 **4-4(5)**）。一体型については反応中心複合体の項で詳細に説明する（**4-2-2** 項参照）。シアノバクテリアの PS I で例外的なアンテナが知られる。それは培地中から鉄が欠乏したときに誘導されるアンテナ複合体で、Pcb（Procholon Chlorophyll Binding Protein；CP43'）と呼ばれる。PS I の周囲をリング上に取り囲む構造を形成し、各タンパク質当たり Chl a を 10 〜 12 分子結合する。その一次構造は CP43 に相同性が高く、ひとつのファミリータンパク質であることが判明している。機能に関しては十分な解明がなされていない。結合する Chl 量が多いために、アンテナとして光捕集を担っていると考えられるが、鉄欠乏状態では電子伝達系が十分に機能していないために、光反応を駆動することの意味が不明であり、したがって機能が十分には理解されていない。過剰な光エネルギーを散逸させる可能性も考えられている。

CP43、CP47 の結晶構造とエネルギー準位については解明が進められている段階である。好熱性シアノバクテリアから単離・精製された PS II 複合体については結晶構造がすでに解かれており（図 **4-4(4)**）、コア複合体の成分でありながら、アンテナ複合体としての機能をも併せもつ CP43 と CP47 についても解析が進められていると考えられがちではあるが、実際はきわめて限定された情報しか存在しない。とくに考察が進められているのは、液体窒素温度での蛍光の起源である。PS II 複合体には 685 nm、695 nm の二つの蛍光帯が存在することが知られ、その起源として CP43 は 685 nm 蛍光を、CP47 は 695 nm 蛍光を発するとする報告があるが、実際にはそれほど顕著に両者の差があるわけではない。現在までの報告を整理すると、CP43 は 685 nm 蛍光を出すことは確かであるが、CP47 は単離された状態では 685 〜 687 nm 付近の蛍光を発することが多く、695 nm の蛍光を発するとする報告は必ずしも再現性が高いわけではない。CP43、CP47 を含むコア複合体では確かに 685 nm、695 nm の蛍光が観測されるので、この二つの蛍光帯がどのようにして形成されるかは、依然として明らかにはなっていない、と考えるのが妥当であろう。

4. クロロフィルの生物学

(4) シアノバクテリアのPS II（*Thermosynechococcus elongatus*より）

細胞質

膜の水平方向から最長軸方向

膜の水平方向から最短軸方向

ルーメン

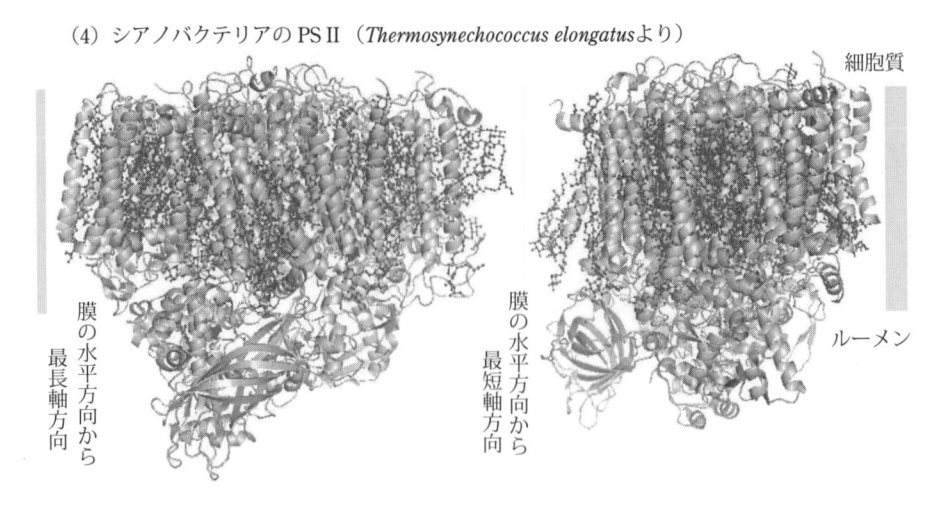

(5) シアノバクテリアのPS I（*Thermosynechococcus elongatus*より）

細胞質

膜の水平方向から最短軸方向

ルーメン

膜の水平方向から最長軸方向

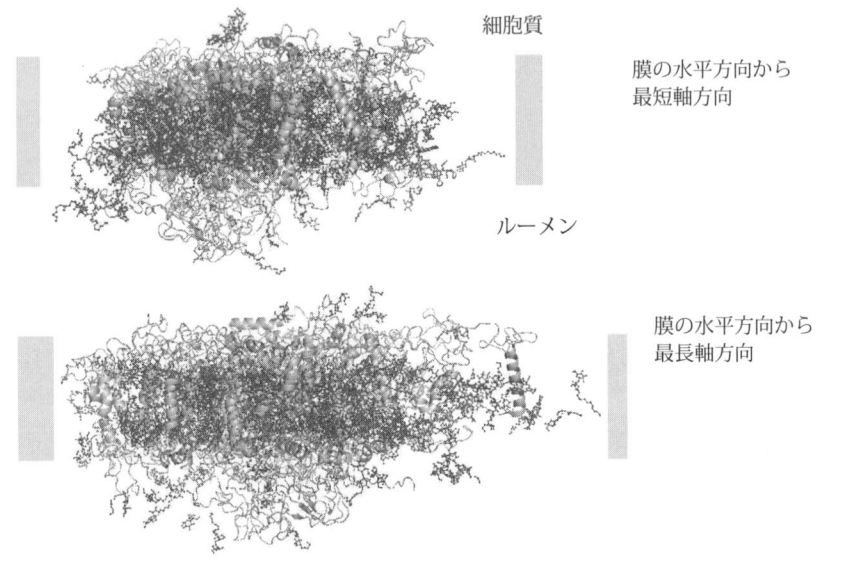

図4-4(4)(5) 光合成系で機能する複合体の結晶構造(その3)

　低温の吸収スペクトルからは、両者ともに複数のエネルギー準位をもつ色素（クロロフィル）の集合体であることが判明している。しかし、明らかにされた結晶構造と各色素のエネルギー準位を対応させる作業は、現時点では理論的考察を除いては難しく、したがってエネルギー移動過程を色素レベルで解析す

ることには未だ成功していない。

(6) 藻類

　藻類とは、酸素発生型光合成生物の中で、陸上で生活をする植物を除いた生物群として定義されている。しかし、これは歴史的にのみ受け入れられている総称であり、系統分類的に藻類という生物群はない。酸素発生型光合成生物には、原核生物であるシアノバクテリアが含まれるために、原核／真核という分類群も適切ではない。この項では、藻類として真核の藻類のみを対象とし、シアノバクテリアは前述のように別項（**4-2-1(5)**項）として考察した。

　藻類の光化学反応系は、酸素発生型光合成系という意味ではシアノバクテリアのそれと同じであるが、アンテナ色素タンパク質複合体に関しては多様性に富む。藻類の分類基準に色が用いられ、紅藻、緑藻、褐藻、黄金色藻などのように名前が付けられている。光合成色素、とくにアンテナ色素の多様性は注目に値する。

　藻類は、その成立過程から2種類に分類される。一つは一次共生藻類と呼ばれ、シアノバクテリアが真核生物に共生した生物群であり、紅藻と緑藻が該当する。他は二次共生藻類と呼ばれ、紅藻などがさらに真核生物と共生を行って誕生した生物群である（図 **1-9**、図 **1-11** 参照）。葉緑体包膜の構造などに大きな違いがあることや、遺伝子による分子系統解析などから、この二度にわたる細胞内共生説が支持されている。光化学反応過程についても、シアノバクテリア、紅藻、緑藻が高等植物に近い性質を示すのに対して、褐藻、珪藻などは独自の性質を示すことが知られており、明らかに異なる生物群であるとの認識が歴史的にはあった。近年の系統性の解析はこうした点とも一致しており、受け入れやすい結果を与えている。

a：一次共生藻類（紅藻、緑藻）

　紅藻と緑藻は一次共生藻類である。シアノバクテリアと真核生物との共生により誕生した藻類であり、葉緑体包膜は2重である。光化学反応系は酸素発生型の電子伝達系と特異なアンテナ系からなる。

　紅藻のPS IIの主要なアンテナは、シアノバクテリアと同じくフィコビリソームである（図 **4-3(6)**）。反応中心複合体コアを形成するCP43／CP47の他にはアンテナタンパク質は存在しない。一方、PS IにはLHC Iが存在する。これは藻類で最初に獲得された膜内在性のアンテナタンパク質である。このLHC Iは特異な性質をもっており、Chl a の他にカロテノイドの一種、ゼアキ

サンチンを集光性色素として使う。ゼアキサンチンが機能するという性質は他の生物では見られることがなく、紅藻の LHC I でのみ見られる。PS I 型反応中心複合体の色素系では一般に β-カロテンが使われるのであるが、紅藻の場合は特例である。この LHC I は酸素発生型光合成生物の周辺集光装置の起源とも考えられ、今後、結晶構造などによって解明が進めば、こうした点も明らかにされると期待されている。

緑藻では、それぞれの反応中心複合体に対応して2種類のアンテナタンパク質が存在する。PS I では LHC I、PS II では LHC II である（図 4-3(7)）。LHC I は Chl a と β-カロテンから構成される。Chl b が少量存在するという報告もある。一方、LHC II は Chl a、Chl b とカロテノイドであるルテイン、ネオキサンチン、ビオラキサンチンから構成される。LHC ファミリータンパク質は約 20 種が知られている。LHC II では主要な3種類とマイナーな3種類(CP24/CP26/CP29)がある（図 4-4(6)）。水深 10m 程度のやや深いところに棲息する緑藻のいくつかの種は、Chl a、Chl b とシフォナキサンチンとからなる LHC II をつくるが、この場合、Chl a/b 比は 1 より小さく、Chl b が多くなっている。Chl の結合サイトには、Chl a と Chl b の両方を結合できるサイトと、どちらか一方しか結合できないサイトがあり、その変動によって Chl a/b 比が変化していると考えられている。

緑藻の中で、アンテナ系の解析では *Chlamydomonas* がしばしば使われる。*Chlorella* と並んで緑藻の代表種のような印象を与えているかもしれないが、実は例外的である。この種が使われる最大の理由は、細胞と葉緑体の両方のレベルで形質転換が可能であることに起因する。アンテナ系を見るとまさに例外的であり、この種について得られた結果をもとに緑藻全体を議論するのには慎重である方がよい。

b：二次共生藻類（珪藻、褐藻、渦鞭毛藻、クリプト藻など）

二次共生藻類の葉緑体は3重、もしくは4重の包膜構造をもち、明らかに一次共生藻とは異なる形態をもつ。これは複数回、共生を行った証拠と考えられている（図 1-9、図 1-11 参照）。この分類群には様々な生物が存在する。二次共生の過程の解明が必ずしも十分ではないために、その起源となる藻類が正確には理解されていない場合もある。しかし、分子系統的な解析から紅藻がその起源となっている場合が多いと考えられている。たとえば、珪藻や褐藻は紅藻が、クリプト藻は紅藻および緑藻が共生したと考えられている。渦鞭毛藻の

4-1 光合成系での機能

(6) 高等植物のアンテナのモデル図（Schmid, 2008より）

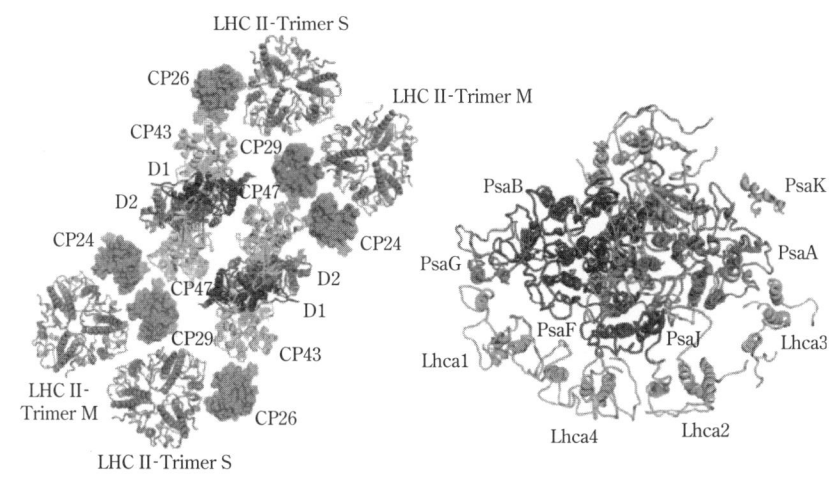

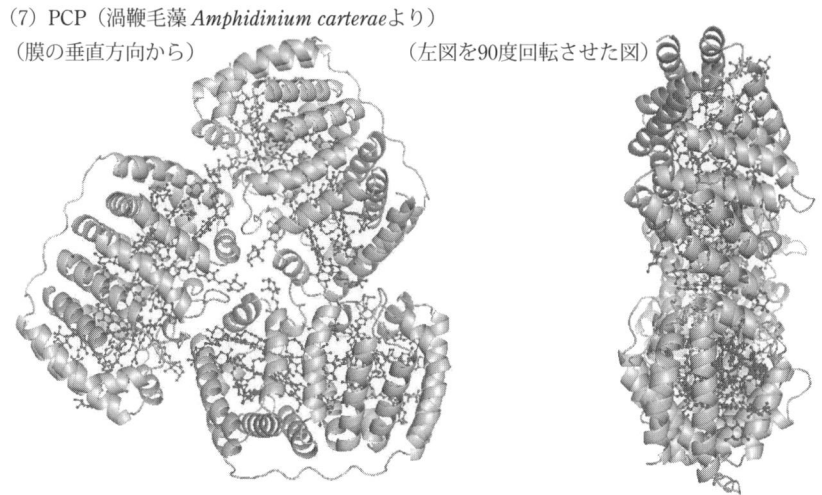

(7) PCP（渦鞭毛藻 *Amphidinium carterae* より）
（膜の垂直方向から）　　　　　　　　（左図を90度回転させた図）

図4-4(6)(7)　光合成系で機能する複合体の結晶構造(その4)

場合は複雑で、紅藻が共生する場合、緑藻が共生する場合など様々な変異の共生形態が考えられている。

　PS Iのアンテナ複合体としてはLHC Iが存在し、酸素発生型光合成生物に共通の性質を示すが、PS IIのアンテナ複合体は多様である。珪藻や褐藻は、Chl *a*、Chl *c*、フコキサンチンを含む特異なアンテナ複合体をもち（図

4-3(8))、クリプト藻はシアノバクテリアや紅藻とは異なる特異なフィコビリン会合体（図 4-3(9)）、渦鞭毛藻はペリディニンという特異な分子構造のカロテノイドを中心とする藻類と、フコキサンチンを中心とする藻類に大別される（図 4-3(10)）。その他の藻類については解析が進められているが、詳細は不明の点が多い。そこで以下には珪藻、褐藻、渦鞭毛藻、クリプト藻について述べる。

珪藻は近年、2種（*Phaeodactylum tricornutum* と *Thalassiosira pseudonana*）についてそのゲノム情報が報告され、従来に比べて、はるかに内実が明らかになってきた（Bowler *et al.*, 2008）。もっとも特徴的なアンテナ系は、ケトカルボニル基をもつカロテノイドであるフコキサンチンと Chl a、Chl c が結合する複合体（フコキサンチン－クロロフィルタンパク質；FCP）であり、これは緑藻や高等植物での LHC II に相当する（図 4-3(8)）。緑藻と同じく、遺伝子の重複が多く、FCP ファミリータンパク質をコードする遺伝子は30種に近い。Chl c には Chl c_1、Chl c_2、Chl c_3 がある。

褐藻も基本的なアンテナ複合体は珪藻に近く、フコキサンチン、Chl a、Chl c からなる FCP が機能する。一方、渦鞭毛藻では、チラコイド膜の外側に存在する水溶性の色素タンパク質複合体であるペリディニン－Chl a タンパク質（PCP）が主要なアンテナ複合体として機能する（water-soluble PCP；sPCP、図 4-3(10)）。その三量体の結晶構造も明らかにされている（図 4-4(7)）。膜中には脂溶性の PCP が存在することが知られている（water-insoluble PCP；iPCP）。

海洋から採取した珪藻について色素分析を行うと、Chl c_1、Chl c_2、Chl c_3 の他にも多くの分子種が見つかっている（Fawley, 1988；Fawley, 1989；van Heukelem and Thomas, 2001；Bachvaroff *et al.*, 2005）。しかし、特定の種に特定の分子種が存在することを示すデータは必ずしも十分ではなく、分析結果としてのみ知られている。クリプト藻に見出されるフィコビリンタンパク質は、シアノバクテリアや紅藻で見られる PBS のような大きな会合体を形成しないことと、アロフィコシアニンが存在せずに、フィコエリスリンかフィコシアニンのいずれか一方だけをもつという特徴がある（図 4-3(9)）。

(7) 陸上植物（蘚類、苔類、シダ植物、高等植物）

蘚類、苔類、シダ植物の光化学反応系に対しての解析例は多くはない。系統学的には緑藻と陸上植物との間に位置するために、光化学反応系は基本的には緑藻、陸上植物と同じと考えられている。陸上植物のアンテナ系は緑藻と基本

4-1 光合成系での機能

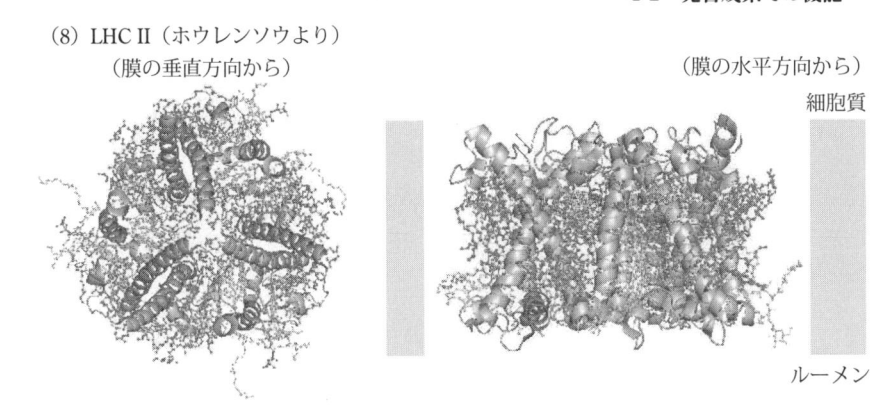

(8) LHC II（ホウレンソウより）
（膜の垂直方向から）　　　　　　　　　（膜の水平方向から）

図4-4(8)　光合成系で機能する複合体の結晶構造（その5）

的には同じであり、LHC I と LHC II が存在する（図 4-3(11)）。その遺伝子構成、色素構成、機能は緑藻とほぼ同じと考えられている。細胞レベルでの Chl a/b 比は約3とほぼ一定であり、一部の緑藻に見られるように Chl b 量が Chl a 量を上回る場合はほとんど知られていない。

ホウレンソウから単離・精製された LHC II（図 4-4(6) に示される LHC II-dimers の一つの単位）については結晶構造が明らかにされている（図 4-4(8)）。基本構造は同じサブユニットから構成される三量体構造であり、各ユニット当たり、8分子の Chl a、6分子の Chl b、2分子のルテイン、1分子のネオキサンチンとビオラキサンチンが結合している。複合体の中心部位には Chl b が多く存在し、周辺部位には Chl a が存在する。個々の色素のエネルギー準位は明確にはされていない。エネルギー移動経路に関しては、中心部位に存在する Chl b またはカロテノイドであるルテインから周辺部位の Chl a にエネルギー移動が起こり、続いて Chl a 間でのエネルギー移動によって、コア複合体の方向へのエネルギー移動が起こると考えられる。この複合体は液体窒素温度で 680 nm の蛍光を発する。この蛍光は、葉緑体を対象にした場合などではきわめて弱く、その存在は不確かではあるが、詳細に検討するとその存在が明らかになる。

4-1-3　エネルギー散逸

アンテナ系は本来、弱い光エネルギーを確実に吸収し、光化学反応に使うために構築された系である。しかし、光条件は一定ではなく時間とともに変動し、

4. クロロフィルの生物学

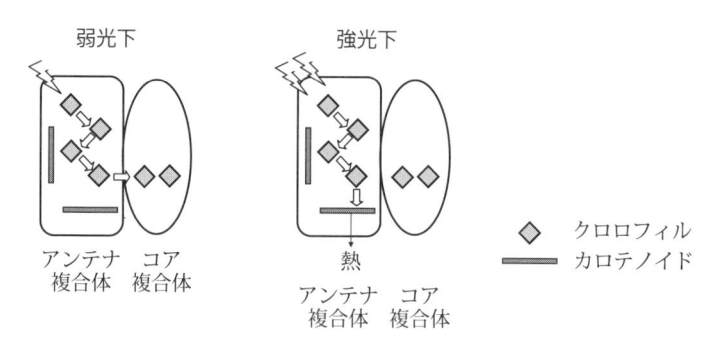

図4-5 アンテナ系におけるエネルギー散逸過程
光条件の違いによるエネルギーの流れの違いを示す。強光下ではクロロフィルからカロテノイドへエネルギーが渡され、最終的には熱になって逃がされる。これによってコア複合体への過剰な光エネルギーの流入が阻止されている。

時として強すぎる光条件となることがある。「強すぎる」ということの意味は、電子伝達反応の最大速度よりも光供給が過剰になり、電子伝達反応が律速段階になることである。こうした条件下では、色素は励起状態にいる確率が高くなり、緩和過程の一つである項間交差により三重項励起状態が形成され、酸素分子との反応の結果、活性酸素を生じることが起こる（**2-1-6(2)** 項参照）。こうした害を防ぐために、クロロフィルからカロテノイドの三重項状態へのエネルギー移動を介したエネルギーの散逸反応が知られている（図 4-5）。

その他に、クロロフィル自身が低いエネルギー状態をもつものがあり、それらへのエネルギー移動、さらに蛍光としてのエネルギーの散逸という保護も可能性として考えられる。その理由は、アンテナとして機能するクロロフィルの中に、反応中心複合体の第一電子供与体よりも低いエネルギー準位をもつ色素が存在するからである。これらは長波長型アンテナ（Red Chlorophyll）と呼ばれる（図 4-6）。長波長型アンテナは低温では明瞭に観測されることが多い。

図4-7 キサントフィルサイクルの概念図
緑藻や陸上植物では、過剰な光エネルギーを反応中心に流さないための避難経路があり、キサントフィルサイクルと呼ばれる。過剰な光が照射されると、カロテノイドの一種であるビオラキサンチンがビオラキサンチン・デエポキシデース(Vde)によりゼアキサンチンに変換される。ゼアキサンチンはクロロフィルから過剰なエネルギーを受け取ることが可能となり、PS II へのエネルギー供給を止め、損傷を免れる。弱光下では、ゼアキサンチン・エポキシデース(Zep)が作用することにより、ゼアキサンチンはビオラキサンチンへと戻り、エネルギー供給を行う。こうしたサイクルをキサントフィルサイクルと呼ぶ。他の酸素発生型光合成生物でも同様の機構が考えられているが、証明はされていない。

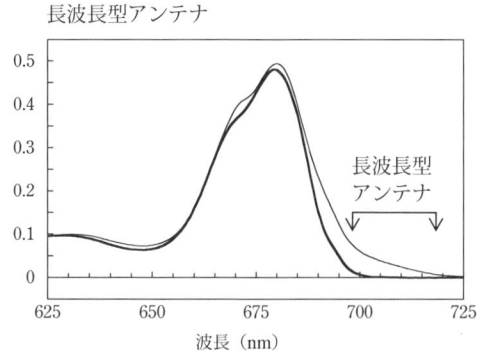

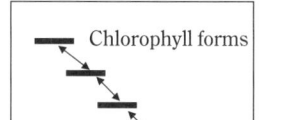

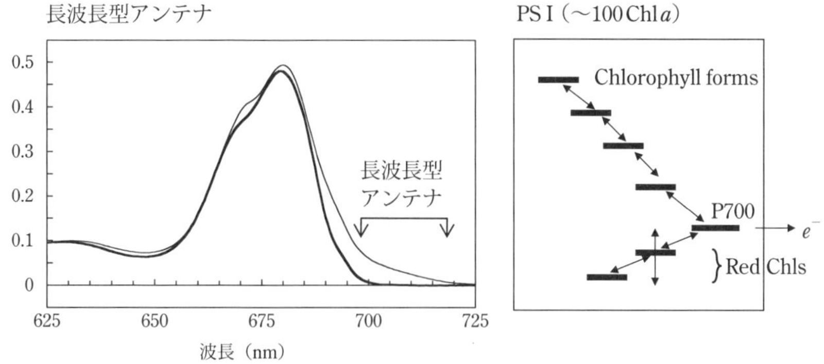

図4-6 長波長型アンテナ
反応中心複合体中の第一電子供与体よりもエネルギー準位の低いアンテナを長波長型アンテナと呼ぶ。シアノバクテリア *Synechocystis* sp. PCC 6803 と *Gloeobacter violaceus* PCC 7421 の PS I 吸収スペクトルを比較すると、前者では 700 nm よりも長波長側にアンテナ成分が明瞭に観察される（Mimuro et al., 2010）。
PS I は約100分子のクロロフィルが存在するが、その中で10分子程度が長波長型アンテナとされている。室温では熱エネルギーが供給されるために、双方向の矢印で示されるように P700 と熱平衡にあり、長波長型アンテナから P700 へのエネルギー移動も起こる。
Red Chls の縦の矢印は、種によってエネルギー準位が変動することを示す。

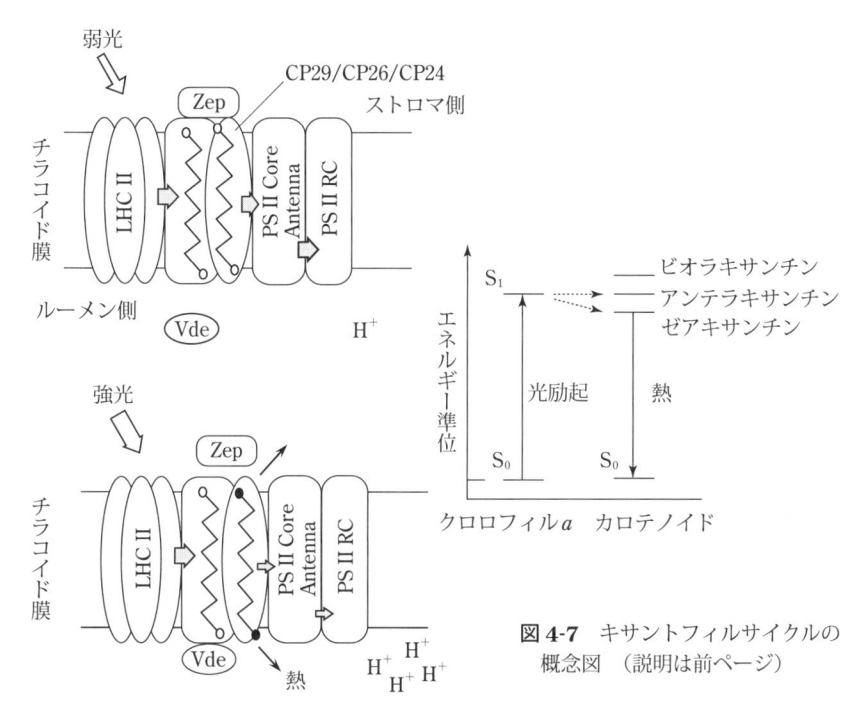

図4-7 キサントフィルサイクルの概念図　（説明は前ページ）

しかし、生理的な温度では吸収帯としては反応中心複合体よりも低エネルギー側にあっても、他のクロロフィルと励起平衡に到達していることがあり、その場合、必ずしもエネルギー散逸に寄与しているとは限らない。

エネルギー散逸に関連して、緑藻のアンテナ系で機能するクロロフィルタンパク質である CP24/CP26/CP29 について、そのエネルギー移動の制御が知られている（図 **4-4(6)** 参照、図 **4-7**）。この3種のタンパク質は、LHC II と PS II の間に位置し、PS II の状態に応じて、その間のエネルギー移動の制御を行うという機能をもつ。これはキサントフィルサイクルと呼ばれるカロテノイド分子の変換に伴う制御である。PS II が過剰に励起されるとチラコイド膜内の pH が下がり、それによってゼアキサンチンがビオラキサンチンに酵素的に変換される反応がある。ゼアキサンチンはエネルギーを集め、クロロフィルに渡すが、ビオラキサンチンはエネルギーを熱として散逸させる機能をもつ（秋本ら, 2003）。この制御の場として3種のタンパク質が機能すると考えられている。現在では、緑藻クラミドモナスにおいて解析が進められている。

4-2　電子伝達系

4-2-1　電子伝達系の概念と構成

光合成による光エネルギーの化学エネルギーへの変換は、光合成電子伝達系による遂次的な複数の電子伝達反応によって実現される。すでに図 **4-1** で示したように、光という物理的エネルギーは、二酸化炭素を糖に還元する過程で化学結合のエネルギーとして蓄積される。生物による呼吸、化石燃料の燃焼などは、この化学結合を切る際に生じるエネルギーを使うことになる。その意味では、電子伝達系はもっとも本質的なエネルギー変換反応系であり、これを理解することが重要となる。この電子伝達系で（バクテリオ）クロロフィルはもっとも重要な機能である光エネルギーを電気エネルギーに換える反応、すなわち光電変換反応を担う。（バクテリオ）クロロフィルの存在は地球上のすべての生命の存在を担保しているのであり、その反応過程、反応機構の解明、さらには応用などが今後の人を含む全生物のあり方に大きな影響を与える。

図 **4-8** に光合成電子伝達系の模式図を示す。電子伝達系を、構成する成分とそれらの酸化還元電位によって示してある。無酸素型光合成と酸素発生型光合成により大きく異なる。前者には、緑色硫黄細菌型と紅色細菌型の二つの型

4-2 電子伝達系

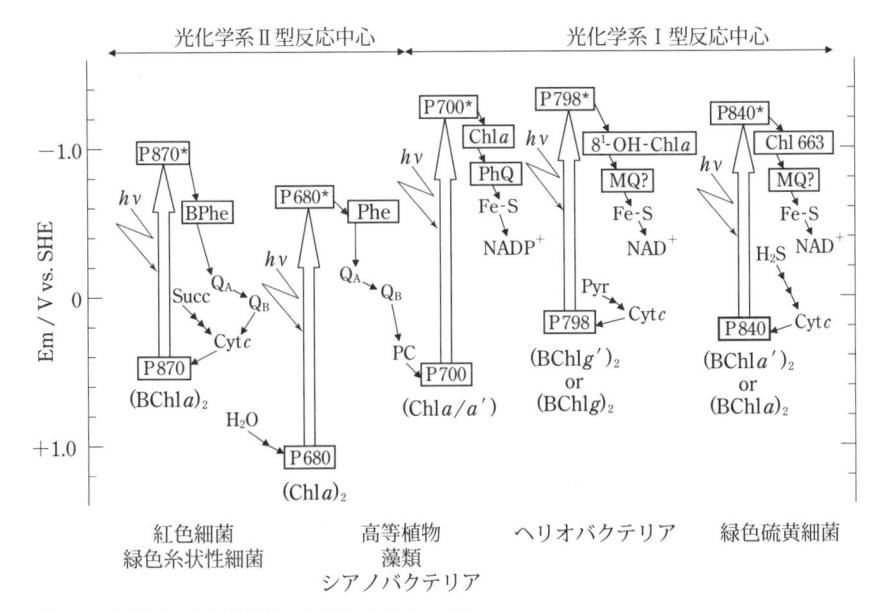

図4-8 光合成電子伝達系の構成と酸化還元電位
光合成細菌、酸素発生型光合成生物の電子伝達系構成成分とそれらの酸化還元電位を示す。

が存在し、その構成成分は大きく異なるが、共通していることは1種の反応中心複合体が存在することである。これに対して、酸素発生型光合成生物には2種の反応中心複合体が存在し、協調的に機能することで、全体の効率的な反応を支えている。酸素発生型光合成生物の電子伝達反応系をよく見るとすぐに気づくことであるが、この反応系は緑色硫黄細菌型と紅色細菌型のキメラになっている。2種類の反応中心複合体はそれぞれの細菌から由来し、それらが直列に機能することで全体の反応系ができあがっている。これは酸素発生型光合成生物としてもっとも古いシアノバクテリアの誕生に至る過程を明確に示唆していると考えられている。しかし、実際の誕生過程は推測の域を出ず、酸素発生型光合成生物の誕生過程に関する今後の大きな問題を投げかけている。以下にそれぞれの光合成生物の特徴をみていく。

(1) 緑色硫黄細菌、ヘリオバクテリア

これらの生物の電子伝達系は、還元側に電位が調節された系であるという特徴をもつ。最終的には強い還元剤であるNADHを生成し、反応に使うことがこの光合成系の役割であるために、第一電子供与体の酸化電位が0V付近

> **コラム2** 第一電子受容体、第一電子供与体
>
> 　光合成電子伝達系の二つの光化学反応系には、複数の電子受容体と電子供与体が存在する。それらを区別するために、primary, secondary という英語が使われ、（第）一次、もしくは初発という訳語が使われているが、この本では第一、第二と統一的に記載した。その理由は簡略化の意味合いが大きく、十分に日本語の意を尽くす最短の言葉を使ったことになる。

と比較的低く、光エネルギー吸収によって獲得するゲインも小さい（約1.4V）が、全体として還元側に偏っている（図4-8）。緑色硫黄細菌の電子伝達系では、電子供与体は BChl a（もしくは BChl a'）の二量体、第一電子受容体は Chl a_{PD} である。吸収極大の位置に基づいて Chl a_{663} と呼ばれることもある。ヘリオバクテリアも嫌気性の光合成細菌であり、電子伝達系の基本的な設計は緑色硫黄細菌と同じである。第一電子供与体は BChl g（もしくは BChl g'）の二量体、第一電子受容体は 8^1-hydroxy-Chl a_F と種類は異なっているが、電子伝達系の基本設計は変わらない。このグループでは、第一電子受容体がバクテリオクロロフィルではなく、クロロフィルであることに注意を払う必要がある（Hauska et al., 2001）。

(2) 紅色細菌、緑色糸状性細菌

　紅色細菌の電子伝達系はやや酸化側に移行した系である。電子供与体の酸化電位が＋0.4V付近であり、光によるゲインも約1.4Vと小さく、したがって還元側の電位も－1.0V程度で低くはならない。図4-8に示されるように環状の電子伝達系を構成するが、この他にも電子の流れは存在し、それらなしには全体のエネルギー収支は合わない。コハク酸から NADH への経路があり、それが最終的に二酸化炭素の固定（還元反応）に使われる。緑色糸状性細菌の電子伝達系もほぼ同じ反応系である。これらの系では、BChl a の二量体が第一電子供与体であり、BChl a から中心金属である Mg がはずれた BPhe a が第一電子受容体として使われている。緑色硫黄細菌と紅色細菌の第一電子受容体の違いは際だったものである（Khatypov et al., 2008；Nabedryk and Breton, 2008）。紅色細菌の特定のグループは BChl a の代わりに BChl b を第一電子供与体として使い、BPhe b を第一電子受容体として使う。

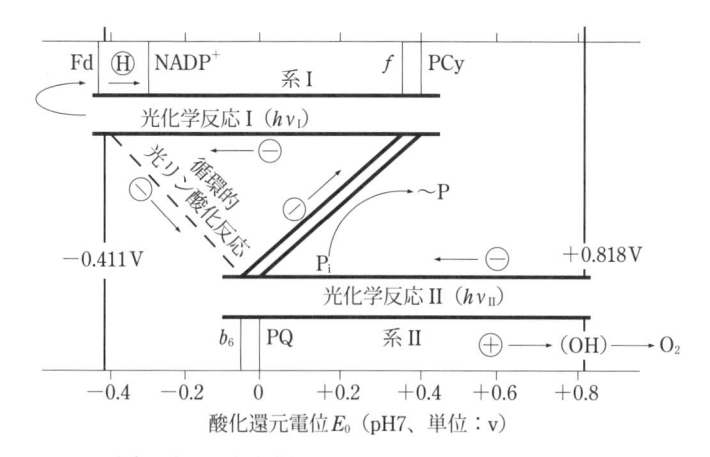

図4-9 酸素発生型光合成生物の電子伝達系(Zスキーム)
1960年に提唱されたZスキームを示す。2種類の光化学反応系があり、それらが直列に繋がって機能していること、それらをつなぐ電子伝達系とリン酸化が共役していること、環状電子伝達系が存在すること、また各成分の大まかな酸化還元電位が示されていることなど、現在の電子伝達系の基礎となる考え方が提唱されていた(Hill and Bendall, 1960; Duysens *et al*., 1961)。

(3) 酸素発生型光合成生物

この電子伝達系には2種類の反応中心複合体が存在する(図4-8)。その構成をみると、緑色硫黄細菌型と紅色細菌型のキメラである。2種類のうち、紅色細菌型はPS II、緑色硫黄細菌型はPS Iと呼ばれる。番号の付け方は、歴史的に古く見つかった方がIで、新しい方がIIである。また、この電子伝達系はZスキームと呼ばれるが、これは提唱されたときには横軸に酸化還元電位を取ったために(図4-9)、図4-8に代表される現在のスキームが90度左回転した図となり、その結果、Zの文字に似た形になったことに由来する。

酸素発生型光合成生物では色素がバクテリオクロロフィルからクロロフィルに変わっている。光合成細菌の電子伝達系と比較するとすぐに理解できることであるが、酸素発生型電子伝達系では酸化還元電位に大きな変化が見られる。有機溶媒中に比べて、Chl *a* の酸化還元電位はPS Iでは約250 mVの電位の下降が見られ、PS IIでは約700 mVの電位の上昇が見られる。このことはきわめて大きな変化であり、酸素発生型光合成生物のもっとも重要な反応系と深く関連する。PS Iの構成は緑色硫黄細菌と基本的に同じである。第一電子供与体へ電子を渡す成分が、光合成細菌では鉄を含むシトクロムであるのに対して、

4. クロロフィルの生物学

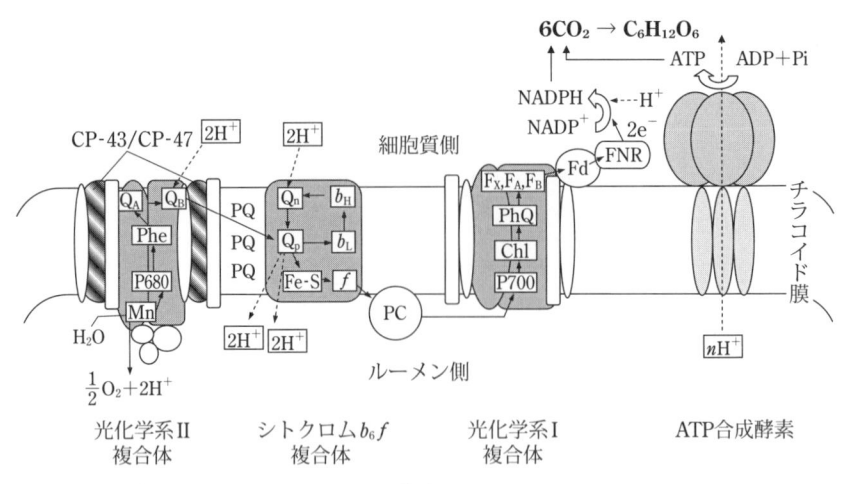

図4-10 酸素発生型光合成生物の電子伝達系
酸素発生型光合成生物の葉緑体、またはシアノバクテリアの細胞質中のチラコイド膜上に存在する機能性複合体とその構成成分の中で主要なものを示している。
Mn：Mnクラスター、P680：PSII第一電子供与体、Phe：PSII第一電子受容体、Q_A：PSII第二電子受容体キノン、Q_B：PSII第二電子受容体キノン、PQ：プラストキノン、Q_n：シトクロムb_6f上のキノン還元部位に結合したキノン、Q_p：シトクロムb_6f上のハイドロキノン還元部位に結合したキノン、b_L：低電位型シトクロムb、b_H：高電位型シトクロムb、Fe-S：鉄-硫黄センター、f：シトクロムf、PC：プラストシアニン、P700：PSI第一電子供与体、Chl：PSI第一電子受容体、PhQ：PSI第二電子受容体、F_X,F_A,F_B：鉄-硫黄センター、Fd：フェレドキシン、FNR：Fd-NADP還元酵素。

PSIの場合は銅を含むプラストシアニン、またはシトクロムc（cyt c_6）になっている（図4-10）。PSIIの変化はきわめて大きい。第一電子供与体の電位は＋1.1から＋1.2Vとされる。この高い電位は、水から電子を引き抜くために必須である。一方、第一電子受容体はPhe aであり、さらにキノン分子が機能している点において紅色細菌と同じである。PSIIには水を分解するための反応系（酸素発生複合体）が付加されるなど、酸化側において大きな変化が生じたこととなる。

PSIIとPSIをつなぐ電子伝達系は、基本的には紅色細菌の系が採用されている。キノン分子、さらに電子の流れとプロトンの流れをつなぐシトクロムb_6f（光合成細菌にあってはシトクロムbc_1）複合体があり、ATP合成に必要なプロトン勾配、膜電位形成に寄与する。より広い視野に立って考えると、この系は大腸菌などのα-プロテオバクテリアの酸素呼吸系と同じであり、きわめて普遍性の高い反応系と考えることができる。

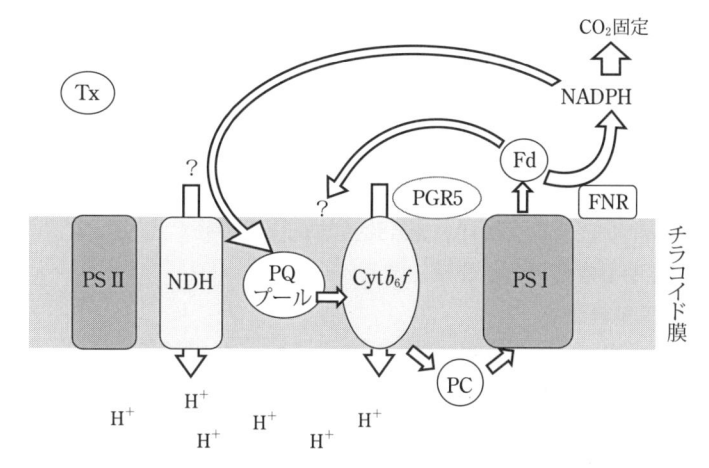

図4-11 酸素発生型光合成生物の環状電子伝達系（Shikanai, 2007を基に改変）
近年提唱されている酸素発生型光合成生物の葉緑体で機能する環状電子伝達系の模式図を示す。PSⅠの還元側から、一部の電子が二つの経路をたどってPQプールに電子が還流する機構で、PGR5経路と未知の機構があるとされている。PQ：プラストキノン、Cytb_6f：シトクロムb_6f、PGR5：シロイヌナズナのミュータントで見出された遺伝子（proton gradient regulation 5）、PC：プラストシアニン、Fd：フェレドキシン、FNR：Fd-NADP還元酵素、Tx：チオレドキシン。

酸素発生型光合成生物の電子伝達系に特有なものがサイクリック電子伝達系である（図4-11）。PSⅠの還元側からPSⅡ、とくにプラストキノンへ電子が戻る経路である。この系の存在は1950年代から言及されてきたが、近年になってその実態が明らかになりつつある（Shikanai, 2007）。この系は主要な電子伝達系ではなく、この系を通る電子のフラックスは限定されているが、強い光が細胞に当たったときなど、電子流が成分の許容量を超えるような事態が起こり、光による障害が起こる可能性があるときなどに、電子を戻す役目もあるとされる。今後の解析を待つことになる。

4-2-2 電子伝達系の構成成分（クロロフィルが関与する部分のみ）

光合成による光エネルギーの化学的エネルギーへの変換過程では、電子移動反応が本質的な機能を果たす。その系は複数の成分で構成されており、電子伝達系と呼ばれる（図4-8、図4-10参照）。これらの構成成分の中でクロロフィルが電子移動を担うのは反応中心複合体だけである。そこで、光合成のもっとも基本的な構成成分である反応中心複合体について詳述する。

反応中心複合体は、タンパク質と色素の構成から2種類に分類される。一つはPS I型であり、ヘリオバクテリア、緑色硫黄細菌と酸素発生型光合成生物のPS Iが該当する。他はPS II型であり、紅色細菌、緑色糸状性細菌と酸素発生型光合成生物のPS IIが該当する。電荷分離反応を行う基本的なユニットは、第一電子供与体、アクセサリークロロフィル、第一電子受容体である。結晶構造は解析の原点である（Barros and Kühlbrandt, 2009）。

(1) 反応中心複合体（結晶構造を基に）

a：緑色硫黄細菌

PS I型の構成である。この細菌の反応中心複合体の結晶構造は未だに報告されていない。タンパク質は、同じタンパク質の二量体から構成されるホモダイマーである。電子移動成分としては、第一電子供与体はBChl a もしくはBChl a' の二量体（P840）と考えられている。アクセサリークロロフィルは、Chl a_{PD} の可能性が高い。第一電子受容体はChl a_{PD} である（図 **4-8** 参照）。

電子移動反応は次のように起こる。電子供与体、電子受容体のそれぞれの光吸収エネルギーは、840 nm、663 nmであり、電子供与体のそれがもっとも低い。アンテナ系で集められた励起エネルギーはP840に転移され、P840が励起状態となり、その状態から電子移動反応が始まる。電子受容体であるChl a_{PD} までには、アクセサリークロロフィルを経由して2段階の電子移動が起こり、P840$^+$ とChl a_{PD}^- という電荷分離状態で安定化が起こると考えられている。ただし、紅色細菌のように中間状態が分光学的に検出されているわけではない。Chl a_{PD}^- からの電子移動としてキノン分子が存在すると考えられているが、未同定である。

b：ヘリオバクテリア

PS I型の構成である。この細菌の反応中心複合体の結晶構造は未だに報告されていない。タンパク質は、同じタンパク質の二量体から構成されるホモダイマーである。電子移動成分としては、第一電子供与体はBChl g_F もしくはBChl g'_F の二量体（P798）で、アクセサリークロロフィルは未同定で、第一電子受容体は 8^1-OH-Chl a_F である（図 **4-8** 参照）。電子移動経路はP798→アクセサリークロロフィル→8^1-OH-Chl a_F とされているが、アクセサリークロロフィルに電子がある中間状態が検出されてはいない。

c：紅色細菌

1985年、*Blastochloris viridis*（*Rhodopseudomonas viridis*）の反応中心複

4-2 電子伝達系

(9) RC (*Blastochloris viridis* (*Rhodopseudomonas viridis*) より)
（膜の水平方向から）　　　　　　　　　　　　　　（左図を90度回転）

細胞質

周辺質

(10) RC (*Rhodobacter sphaeroides* より)
（膜の水平方向から）　　　　　　　　　　　　　　（左図を90度回転）

細胞質

周辺質

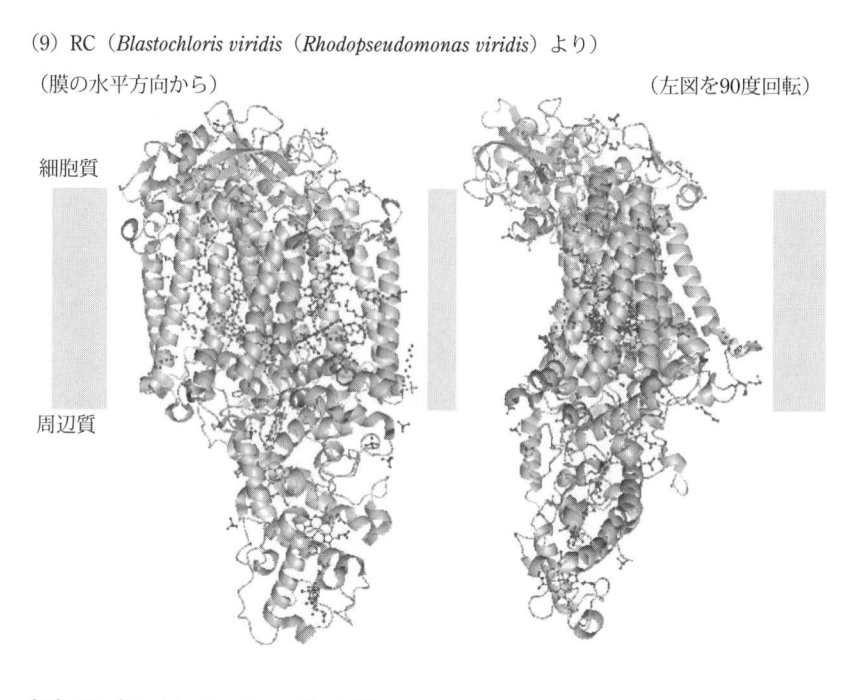

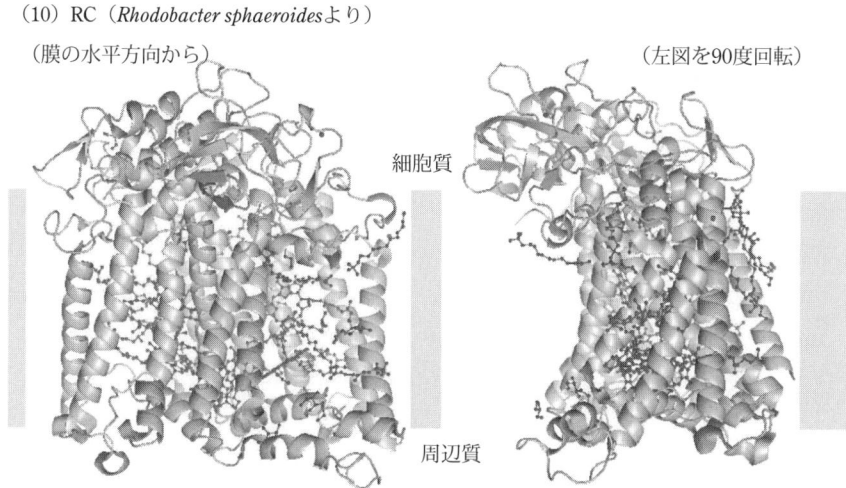

図4-4(9)(10)　光合成系で機能する複合体の結晶構造(その6)

167

合体の結晶構造が報告されて以来（図 **4-4(9)**：Deisenhofer *et al.*, 1985；Nogi and Miki, 2001）、部位特異的変異操作が容易な *Rhodobacter capsulatus*、*Rhodobacter sphaeroides* などについて、特定のアミノ酸を置換した例も含めて、多くの結晶構造が Protein Data Bank（PDB）に登録されている。*Blastochloris viridis*（*Rhodopseudomonas viridis*）の場合、タンパク質は、起源は同じであるが、そのアミノ酸配列が多少異なる２種のタンパク質（Lサブユニット、Mサブユニット）から構成されるヘテロダイマーである。さらに、Hサブユニットも存在する。電子供与体である結合型シトクロムも存在する。また、色素としては BChl *b* と BPhe *b* が使用される。紅色細菌の代表種である *Rhodobacter sphaeroides* の場合、結合型シトクロムは存在せず、電子移動成分としては、第一電子供与体（BChl *a* の二量体；P870）、アクセサリークロロフィル（BChl *a*）、第一電子受容体（BPhe *a*）である（図 **4-8** 参照）。電子移動反応は次のように起こる。第一電子供与体、アクセサリークロロフィル、第一電子受容体のそれぞれの光吸収エネルギーは、870 nm、800 nm、750 nm であり、電子供与体のそれがもっとも低い。アンテナ系で集められた励起エネルギーは P870 に転移され、P870 が励起状態となり、その状態から電子移動反応が始まる。電子受容体である BPhe *a* までには、アクセサリークロロフィルを経由して２段階の電子移動が起こり、P870$^+$ と BPhe *a*$^-$ という電荷分離状態で安定化が起こる。BPhe *a*$^-$ からの電子移動先としてメナキノン分子が存在する。

d：緑色糸状性細菌

緑色糸状性細菌の反応中心複合体の結晶構造に関しては未だに報告がなされていない。構成するタンパク質は、紅色非硫黄細菌のそれと類似しており、Lサブユニット、Mサブユニットからなるが、Hサブユニットに相当するタンパク質は知られていない。この二つのサブユニットの相同性が高いために、結合する色素の配置に関しては対称性があることが予想される。*Chloroflexus aurantiacus* の場合、第一電子供与体（BChl *a* の二量体；P870）、アクセサリークロロフィル（BChl *a*）、第一電子受容体（BPhe *a*）であり、電子伝達経路は紅色細菌と同様であるとされている（図 **4-8** 参照）。ただし、電子移動が起こらない方のアクセサリークロロフィルは BPhe *a* になっている。

e：酸素発生型光合成生物の PS I

2001 年、好熱性シアノバクテリア *Thermosynechococcus elongatus* についての 3.6Å 解像度の結晶構造が報告された（図 **4-4(5)** 参照：Grotjohann and

Fromme, 2005；Jensen *et al.*, 2007；Srinivasan and Golbeck, 2009)。その後、いくつかの報告があるが、本質的な点での改善はない。反応中心タンパク質は、起源は同じであるが、そのアミノ酸配列が多少異なる2種のタンパク質(PsaAとPsaB)から構成されるヘテロダイマーである。各々のサブユニットのアミノ酸の数は750〜800に及ぶ。電子移動成分としては、第一電子供与体[Chl *a*の二量体(実際はChl *a*とChl *a*'の二量体)；P700]、アクセサリークロロフィル(Chl *a*)、第一電子受容体(Chl *a*、A_0とも呼ばれる)である。電子移動反応は紅色細菌と同じであると考えられている。アンテナ系で集められた励起エネルギーはP700に転移され、P700が励起状態となり、その状態から電子移動反応が始まる。電子受容体であるChl *a*までには、アクセサリークロロフィルを経由して2段階の電子移動が起こり、$P700^+$とChl a^-(A_0^-)という電荷分離状態で安定化が起こる。ただし、近年、アクセサリークロロフィルを第一電子供与体と考える新たな電子移動過程の提唱があり、共通理解に到達しているわけではない。

f：酸素発生型光合成生物のPS II

2001年、好熱性シアノバクテリア *Thermosynechococcus elongatus* についての3.6Å解像度の結晶構造が報告されて以来、解像度の上昇にしたがって新しい構造の報告が続いている(図**4-4(4)**参照：Satoh, 2008；Khatypov *et al.*, 2008)。とくに水を分解するMnクラスターとその配位子の構造が重要とされるために、解像度の上昇が重要視されている。2010年には解像度1.9Åの像が得られたと報告された。タンパク質は、起源は同じであるが、そのアミノ酸配列が多少異なる2種のタンパク質(PsbAとPsbD、しばしばD_1タンパク質、D_2タンパク質と呼ばれる)から構成されるヘテロダイマーである。各々のサブユニットのアミノ酸の数は約230に及ぶ。電子移動成分としては、第一電子供与体(Chl *a*の二量体；P680)、アクセサリークロロフィル(Chl *a*)、第一電子受容体(Phe *a*)である。電子移動反応は紅色細菌と同じように、P680からアクセサリークロロフィルを経由してPhe *a*へと起こると考えられてきたが、近年、異なる過程が提唱されてきた(Groot *et al.*, 2005；Holzwarth *et al.*, 2006)。それは、「低温での、スペシャルペア、アクセサリークロロフィルの光吸収エネルギーはおおよそ685 nmと673 nmであること、第一電子受容体のPhe *a*についてもPhe *a*_D1, Phe *a*_D2は約680 nm、約670 nmと測定されている。アクセサリークロロフィルの光吸収エネルギーがもっとも低い。アンテ

4. クロロフィルの生物学

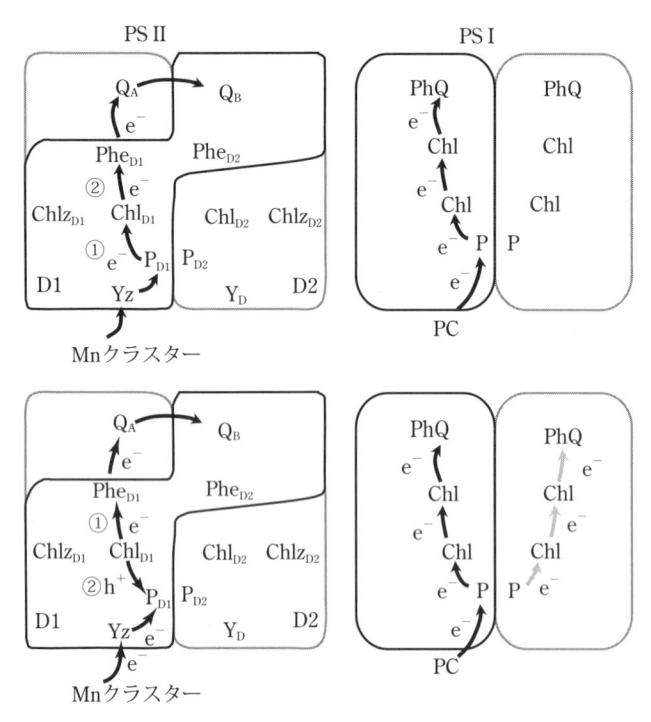

図4-12　酸素発生型光合成生物における電荷分離過程
上は従来の過程を、下は提唱されている新しい電荷分離反応過程を示す。PS Iについては、新しい過程は一方の電子伝達鎖だけでなく、両方に電子移動が起こるとする説が提唱されている。PS IIについては、アクセサリークロロフィルの光吸収エネルギーがもっとも低いために、電荷分離はアクセサリークロロフィルとフェオフィチンの間で起こり、その次にアクセサリークロロフィルからスペシャルペアへの正孔移動が起こり、最終的にスペシャルペアとフェオフィチンの間で電荷分離状態が安定化されるという説が提唱されている。低温においてはアクセサリークロロフィルの光吸収エネルギーが低いことから、この説にある過程が確かさをもつが、室温では熱平衡状態にあるために、電荷分離がアクセサリークロロフィルとスペシャルペアのいずれから起こるかは定かではない。

ナ系で集められた励起エネルギーはアクセサリークロロフィルにまず渡され、アクセサリークロロフィルが励起状態となり、その状態からPhe a への電子移動反応が始まる[引用者註：アクセサリークロロフィル$^+$とPhe a^-の生成]。続いて、アクセサリークロロフィル$^+$から電子供与体であるP680へのホール移動が起こり、P680$^+$とPhe a^-という電荷分離状態で安定化が起こる」という反応経路である。しかし、P680から2段階の電子移動経路で電荷分離状態ができるとする考え方も依然としてある（図4-12）。この考え方は、低温で各色素分子

の光吸収エネルギーが明確に分離しているときには妥当なものではあるが、生理的な温度で、そのエネルギーが明確には分離していない状態では何が妥当な考え方かについては、今後の議論が必要である。

(2) 例外的な反応中心色素

反応中心複合体において、光合成細菌では BChl *a* (ヘリオバクテリアにあっては BChl *g*)、酸素発生型光合成生物では Chl *a* が第一電子供与体として機能しており、これが普遍的な性質であると考えられている。しかし、例外のない事例はなく、きわめて少数ながら例外が知られている。例外は、実は本質的な問題を投げかけている。それは、なぜ特定の色素に限定されるのか、例外となるための条件は何か、例外までも含めた場合の一般性は何か、という問いである。そこで以下の項で、例外を論じながら、普遍性を考える。

a：*Prochlorococcus marinum* に見出される DV-Chl *a*

DV-Chl *a* (Chl a_2) は、Chl *a* の B 環上の 8 位の側鎖がビニル基となっているものである (図 1-4 参照)。クロロフィル合成系の中でジビニルプロトクロロフィリド *a* 還元酵素の機能が抑制されるために、モノビニル型のクロロフィルが合成されないことによって得られる色素である。この置換によって π 電子系に影響があるものの、それは小さく、赤色部 (Qy 帯) では Chl *a* とほとんど同じ吸収位置であり、ソーレー帯が約 10 nm 長波長側にシフトしている。電子状態は分子構造を見るだけでは明らかではないが、基本的な性質である真空中での HOMO-LUMO の軌道は Chl *a* に近く、反応性の観点からも置換が可能であることが理解できる。また、側鎖の空間的な大きさ (かさだかさ) も Chl *a* に近いために、タンパク質中での空間認識、配置を考えても置換が可能であることが理解できる。電子移動反応で重要な指標である酸化還元電位も、したがって Chl *a* とほぼ同じと考えることができ、反応系の構築も容易であったと考えられる。

それでは、*Prochlorococcus* を除く酸素発生型光合成生物がモノビニル型クロロフィルを使う必然性があったかについては、詳細な考察が難しい。DV-Chl *a* を使う *Prochlorococcus* はシアノバクテリアの中の一群の生物ではあり、シアノバクテリア内での DV-Chl *a* の分布は限定されている。さらに、海産性の *Synechococcus* spp. からの種分化の後、反応中心複合体においては最適化のためにアミノ酸の置換などが起こっている可能性が高い (Partensky and Garczarek, 2010)。この変異はあくまでも進化が進んだ段階で起こったことな

ので、本質的には MV-Chl *a* を使うことに進化的な優位性があったと推測できる。なお、ソーレー帯の長波長シフトが太陽光の吸収効率を増大させている可能性も指摘されている。

b：*Acaryochloris marina* に見出される Chl *d*

Acaryochloris spp. は唯一 Chl *d* をもつシアノバクテリアである。Chl *d* の発見、さらに再発見の歴史はすでに第 1 章で述べたとおり（19 ページの第 1 章コラム 2 参照）であるが、60 年以上も前に発見されながら人工産物と考えられ、科学の歴史から消し去られていた物質を再び歴史に戻したのは、宮下らによる *Acaryochloris marina* の発見であった（Miyashita *et al.*, 1996）。しかし、この発見は、極論すると、Chl *d* をもつシアノバクテリアを発見したというものであり、Chl *d* は人工産物ではなく、シアノバクテリアで機能している色素であることを明らかにしたものである。一方、村上らによる紅藻表面に付着した *Acaryochloris* 種の発見（Murakami *et al.*, 2004）は、60 年以上も前の Chl *d* の発見の経緯の歴史を再現したものであり、色素の存在にかかわらず、その機能についても現在の知識との整合性がとれたものとなり、その生物学的な意義ははるかに大きい。いずれの発見においても重要なことは、Chl *d* を主要な色素として使うシアノバクテリアが現存することである。この反応系の解析が重要な意味をもつことになった。近年、その全ゲノムが解読され、他のシアノバクテリアにはない特異な遺伝子が存在することも明らかとなった（Swingley *et al.*, 2008）。

Acaryochloris marina の PS I 反応中心複合体の第一電子供与体は Chl *d* であることが 1998 年、Hu らによって発表された（Hu *et al.*, 1998）。光化学反応による吸収変化の極大が 740nm にあることから P740 と名付けられた。これは他の酸素発生型光合成生物の P700 に対応するものである。その吸収波長から実体は Chl *d* であることが予想され、FTIR によって確認された（Hasting *et al.*, 2001）。また、酸化還元電位は最初の記載（Hu *et al.*, 1998）とは異なり、P700 と同じであることが近年明らかとなった（約 + 430mV：Tomo *et al.*, 2008）。PS I の場合は酸化還元電位が中程度であるために、実験室での電位の制御が行いやすく、発見から同定までに時間を要することがなかった。しかし PS II の場合、電位の制御が難しく、また混在のない標品を単離精製することが困難なため、その同定が遅れた。PS II の場合は、Chl *d* homo-dimer で（Sivakumar *et al.*, 2003）、吸収変化の極大は 713nm に見出されたために、P713 と名付け

られた (Tomo et al., 2007)。結果としては、PS I、PS II ともに Chl d が電子供与体であることが証明された。PS II に関しては Chl a（DV-Chl a を含めて）以外の色素が電子供与体になっていることが初めて証明されたものであり、その影響は大きかった。さらに、PS II の第一電子受容体である Phe a の酸化還元電位が、他のシアノバクテリアに比べて約 80 mV 高いことが判明した (Allakhverdiev et al., 2010)。Chl d は Chl a に比較して吸収極大が長波長側にずれていることから、光によって獲得できるエネルギーが約 80 mV ほど少ないが、Phe a 電位を調節することによってエネルギーの減少を補完していること、ひいては水の酸化電位を一定に保つ機構が働いていることが判明した。

Acaryochloris marina には必ず Chl a が存在する。その量は全クロロフィルの 5% 程度であり多くはない。光強度を上げると量が増えるが、光強度を下げても無くなることはなく、必ず一定量が存在した (Mimuro et al., 2004；Akiyama et al., 2002)。一般的にこうした色素は何らかの機能をもつことが期待されるが、現時点ではそれは判然としていない。純化された PS II 複合体中にも見出され、かつ遅延蛍光も Chl a の領域に観測されるので (Mimuro et al., 1999)、電子移動反応、電荷再結合反応のいずれかにおいて何らかの機能をもつと考えられている。

Chl d によって電子伝達系が構成されている Acaryochloris marina は、反応系の普遍性という観点から本質的な問いを投げかけている。電子移動に必要な性質は何か、という問いである。このためには、Acaryochloris marina について現在までに行われてきた解析を適用し、その異同を明らかにすることが求められる。

c： *Blastochloris viridis* に見出される BChl *b*

紅色光合成細菌の反応中心複合体の結晶構造は *Blastochloris viridis* (*Rhodopseudomonas viridis*) について最初に発表された (Deisenhofer et al., 1985) ために、紅色光合成細菌は BChl *b* をもつのが一般的である、と多くの人が誤解してかもしれない。しかし、BChl *b* をもつ一群はけっして大勢ではない。BChl *b* は BChl *a* と比較すると、溶液でもそのエネルギー準位がかなり低く、反応中心複合体においても P960 と低い。アンテナ BChl *b* はさらに準位が低く、エネルギー勾配に逆らったエネルギー移動が起こらないと、電荷分離が進まないことになる。

d：*Acidiphilium rubrum* に見出される Zn-BChl *a*

　光合成細菌での例外は、中心金属として Mg の代わりに Zn が配位した Zn-BChl *a* である (Wakao et al., 1994 ; Wakao et al., 1996)。この色素をもつ細菌は、秋田県松尾村にある硫化鉄採掘場の跡地近くの、硫黄を大量に含む排水溝付近から単離された *Acidiphilium rubrum* である。現場の pH は約 2 である。Zn-BChl *a* が主要な色素であるが、BChl *a* を一定量含んでいる。しかし、LH1 複合体や反応中心複合体を単離すると、そこには存在せず、BChl *a* の存在部位や機能については未解明のままである。*Acidiphilium* spp. には多くの種が知られているが、BChl *a* の存在量については変異が大きい (Hiraishi and Shimada, 2001)。

　中心金属の置換によって、光学特性や酸化還元電位に変化が生じる。Zn との配位は、化合物としてはより安定な方向への変化であり、吸収極大は短波長側に、また電位はより高い方に移行する。反応中心複合体中 (RC-LH1) では、Zn-BChl *a* は通常の BChl *a* と同じように二量体を形成していることが磁気円偏光二色性 (MCD) の測定 (**5-7** 節参照) により明らかにされている (Mimuro et al., 2000b)。電子受容体は Zn-BChl *a* から中心金属が抜けた BPhe *a* であり、これは通常の紅色光合成細菌と同じである。したがって、反応中心複合体の構成は、4 分子の Zn-BChl *a* と 2 分子の BPhe *a* であり、通常の紅色光合成細菌の Mg-BChl *a* が Zn-BChl *a* に置換された構成である。エネルギー移動、電子移動に関しては紅色細菌との大きな違いは認められず (Tomii et al., 2007)、色素の変化によって誘導された変化はきわめて限定的と考えられる。特徴的な変化は、反応中心複合体でのスペシャルペアの配位子が通常ヒスチジン残基であるが、この細菌の場合、グルタミン酸に置き換わっている。中心金属の置換との関連が考えられるが、未解明のままである。

　生合成過程において Zn の挿入には特異な酵素 (Zn キラターゼ) が存在すると考えられ、長年その探索が行われたが、結局発見されなかった (Masuda, 2008)。*Acidiphilium rubrum* は Mg キラターゼをコードする遺伝子をもっており、Zn キラターゼに相当すると考えられる遺伝子は発見されなかった。そこで現在では、生育条件 (たとえば pH など) の違いによる Mg と Zn の溶解度の差、したがって合成中間体と金属の親和性などによって決められていると考えられる。最近、クロロフィル合成系の特定の酵素の発現を阻害すると、Zn が取り込まれることが示された。

(3) 三重項状態

反応中心複合体中に存在するスペシャルペアが励起されると光化学反応を起こすが、条件によっては反応を起こすことができない場合もある。電子受容体が還元されているときには、電荷分離反応が起こらず、励起分子はそれ以外の緩和過程を取ることになる。PS II においては、一般的に第一電子受容体(Phe a)の再酸化は 200 ピコ秒程度、スペシャルペアの再還元はマイクロ秒程度と考えられているために、通常、電子受容体が還元されたままの状態である可能性は低いが、強光下では第二電子受容体のプラストキノンが還元され、その結果として第一電子受容体が還元されたままという状態が実現する。このとき、電荷分離反応は起こらない。そのときの緩和過程として、アンテナへのエネルギー移動（エネルギー移動の逆流）、内部転換、そして項間交差による三重項状態

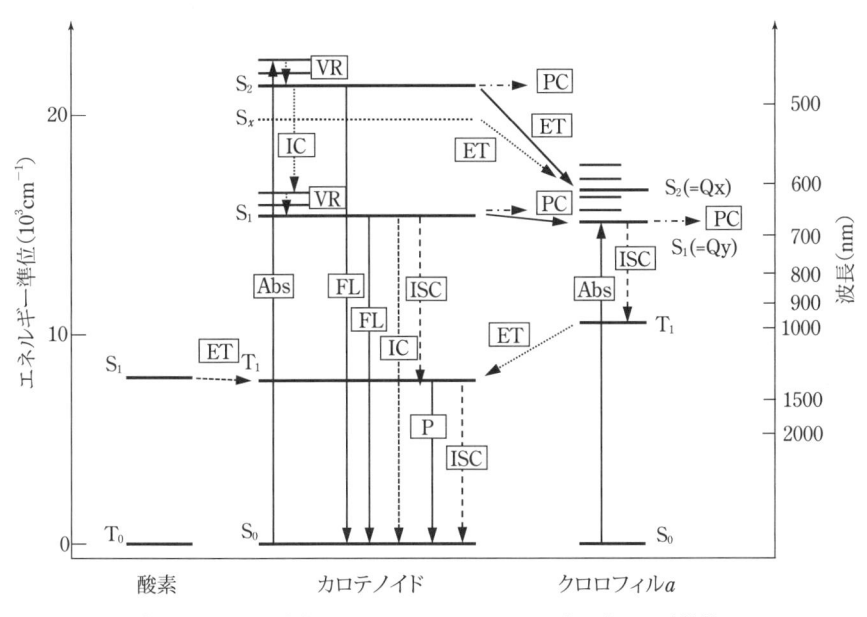

図4-13 酸素発生型光合成生物におけるカロテノイドによる光阻害の回避機構
キサントフィルサイクルを含めたカロテノイドによる光阻害の回避機構を、色素のエネルギー準位を基に説明できる。ここで、Abs：光吸収、FL：蛍光、ISC：項間交差、IC：内部転換、VR：振動緩和、PC：光化学反応、ET：エネルギー移動、P：燐光、を表す。カロテノイドによる光阻害の回避は、励起一重項と励起三重項の二つの状態のいずれかで、クロロフィルからのエネルギーを受け取り、熱として逃がすことによって達成されている。クロロフィルの励起一重項状態では、クロロフィルのQy帯からカロテノイドへ、カロテノイドの励起三重項状態ではクロロフィルの励起三重項状態 (T_1) からカロテノイドへのエネルギー移動が起こる。

の生成である。さらには、電荷分離が起こった後、電荷再結合が起こり、それによっても三重項状態が生成する。このときにはスピンの状態が異なる三重項状態が生成する (spin polarized triplet)。三重項状態は反応性が高い状態であり、酸素分子が近くにあると反応を起こして活性酸素を生成することが知られている。これは細胞にとっては害を与える可能性が高いので、その速やかな消去が必要となる。

(4) エネルギー散逸（カロテノイドとの共同）

クロロフィルまたはバクテリオクロロフィルの三重項状態はカロテノイドによって消去されることもある。エネルギーダイアグラム（図 4-13）を見ると、カロテノイドの三重項状態は Chl *a* または BChl *a* の三重項状態の準位よりも低く、したがってエネルギー移動によって、Chl *a* または BChl *a* の三重項状態を消去することが可能である。すべての三重項状態がこの反応によって消去されるわけではないが、光傷害を防ぐという観点からは有効な方法である（秋本ら, 2003；Jahnsa et al., 2009）。

(5) 水分解系

光合成水分解系については未知の部分が多く、本質的な反応機構の解明は今後に残された重要な課題である（Renger and Renger, 2008；Müh et al., 2008）。この反応系にはクロロフィルが直接関与することは知られていない。反応中心複合体で形成されるクロロフィルの高い酸化電位に誘導されて電子移動反応が起こるのであり、水分解は 4 原子のマンガン、Ca^{2+}、Cl^- が関与する反応である。

(6) シトクロム b_6f

シアノバクテリアや緑藻のシトクロム b_6f の結晶構造が明らかにされたが（Kurisu et al., 2003；Stroebel et al., 2003；Yamashita et al., 2007；Lacroix et al., 2008）、驚くべきことにクロロフィルとカロテノイドがそれぞれ 1 分子ずつ結合していることが判明した（図 4-4(11)）。とくにクロロフィルはサブユニット IV の表面近くに位置する。これは他の成分との相互作用が容易な位置であり、機能との相関を考える上で重要な点である。しかし、それらの機能は不明である。近年、分子生物学的手法を用いてクロロフィルの機能解析が始められている。その結果、主な機能はサブユニット IV の特定のヘリックスの構造維持と考えられた。また、近傍のアミノ酸置換の結果、表現型としてステート変化（コラム 3 参照）が遅くなることが観測された。シトクロム b_6f は電子伝達に伴うチラコイド膜のレドックス状態を検知し、ステート変化や光化学系複合

(11) Cyt $b_6 f$ （シアノバクテリア *Mastigocladus laminosus* より）

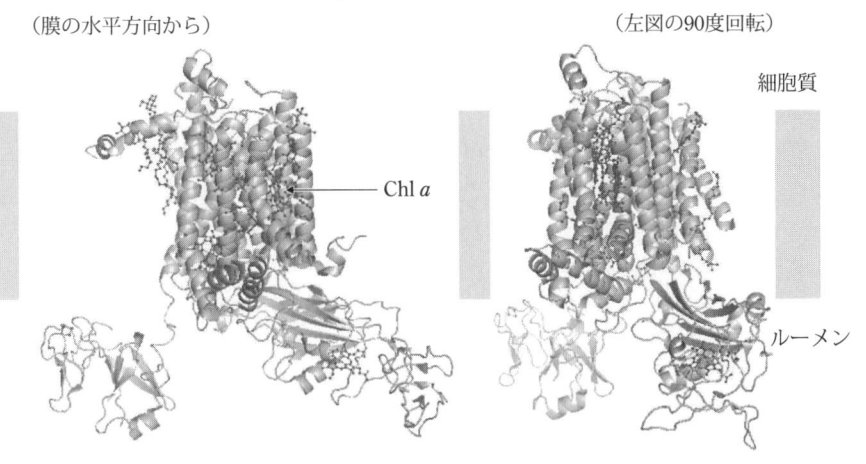

（膜の水平方向から）　　　　　　　　　　　（左図の90度回転）

細胞質

Chl *a*

ルーメン

図4-4(11)　光合成系で機能する複合体の結晶構造（その7）
矢印はクロロフィル分子を示す。

> **コラム3**　ステート変化
>
> 　酸素発生型光合成生物のアンテナ系における励起エネルギー伝達効率の制御を指す。PS I と PS II が存在するが、一方の光化学系をより頻度高く励起すると、他の光化学系にエネルギーがより多く分配される現象が、シアノバクテリアから高等植物に至るまで観測されている。これをステート変化と呼ぶ。現象論的な記載は多いが、その機構は未解明のままである。原核生物と真核生物では機構が異なる可能性が高い。

体の量比の調節に関与しているという仮説があり、それらの生理的な現象とクロロフィルとの関連が解明されることが期待されている。

4-3　非光合成器官（系）での機能

　陸上植物においては、葉緑体に代表される光合成器官以外にもクロロフィルは存在し、機能することが知られている。しかし、藻類やシアノバクテリアではそうした報告は現在のところない。また、一般にはクロロフィルの代謝産物の蓄積もほとんど観測されない。これは解析例が少ないことに起因するか、本

質的な問題であるか、それは未解明である。以下に光合成系以外でのクロロフィルの機能について解説する。

4-3-1 花　色

花色の原因となる色素は、フラボノイド、カロテノイド、ベタレインなどの代謝産物であるが、クロロフィルはその一翼を担う色素である（Dawson, 2009）。花弁にクロロフィルを蓄積する植物は少なくない（口絵②参照）。多くの植物では、蕾の状態ではクロロフィルを蓄積していることがあるが、登熟するにしたがってクロロフィルが分解され、緑色が消えていく。分解されずに緑色が残る植物も知られている。バラ、シンビジウム、カーネーション、アジサイなどの緑はクロロフィルに由来する。

4-3-2 果実（果皮）

果実の緑色のほとんどはクロロフィル、またはその代謝産物である。卑近な例ではキーウィの緑（口絵⑤参照）、ブドウの緑がある。果皮の緑色もクロロフィルに由来する。リンゴ、ミカン、バナナなどの登熟過程では果皮は緑色を呈するが（口絵⑥グリーンレモン参照）、登熟が進むとクロロフィルの褪色が起こり、他の色素による呈色でそれぞれに特徴のある色彩を呈することになる。スイカ、カボチャなどではクロロフィルが残る。果実におけるクロロフィルの代謝については最近研究が進み、レビューがまとめられるに至っている（Kräutler, 2008）。

光合成器官以外に存在するクロロフィルに関しては、個々の事例研究は進められ、インターネット上には多くの解析データが提示されている（たとえば、Nishiyama *et al*., 2005）。しかし、統一的に解析が進められることや、生理活性との関連が追求されている例はきわめて少ない。実の登熟過程での積極的なクロロフィルの機能など、生理的な意義が見出されることがあれば研究は進むと考えられる。

4-3-3 貯蔵物質

アカザ、シロザなど数種の植物には、水溶性クロロフィルタンパク質が存在することが1963年、薬師寺によって発見され（Yakushiji *et al*., 1963）、その後、日本で精力的に研究が展開された（Satoh *et al*., 2001）。水溶性クロロフィルタ

4-3 非光合成器官（系）での機能

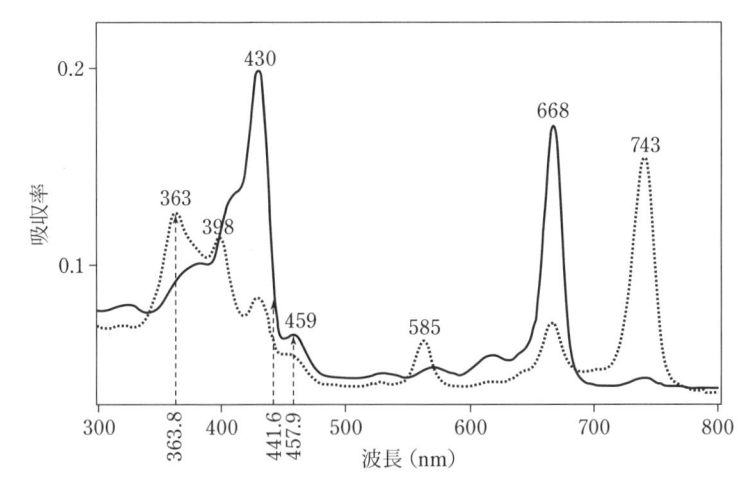

図4-14 水溶性クロロフィルタンパク質の光変換反応（Noguchi et al., 1999より改変）
アカザ（*Chenopodium album*）から単離された水溶性クロロフィルタンパク質に光が照射されたときの吸収スペクトルの変化を示す。

ンパク質は葉だけではなく、茎などからも単離された（Satoh et al., 2001）。現在、光による吸収帯の変化などを基準に3種類に分類されている（Horigome et al., 2007）。その中で、*Chenopodium album* から分離されたタンパク質は、光照射によってその吸収帯を変化させる（図**4-14**）。このクロロフィルタンパク質としては異様な性質のために、機能について、貯蔵物質であるとか、ストレスで誘導される物質であるなどのいくつかの説が提唱された。しかし、現時点でもその機能は明らかにはなっていない。最近、*Lepidium virginicum* から単離されたタンパク質の結晶構造が解明され（Horigome et al., 2007）、また分光学的な解析も行われている（Tomii et al., 2007）。

4-3-4 非光合成細菌での機能

1970年代の初頭、日本近海から単離された海洋性細菌の中に、寒天プレート上で赤色を呈するコロニーが多数発見された（Harashima et al., 1978；Shiba et al., 1979；Shiba and Harashima, 1986）。その色素はカロテノイドであるが、その細菌の色素をさらに詳細に調査するとBChl *a* をもつものが発見された。この細菌は光合成を行わないが、光合成色素を保持し、呼吸を主なエネルギー代謝経路として使う細菌であった。その系統性を調べてみると、紅色光合成細

4. クロロフィルの生物学

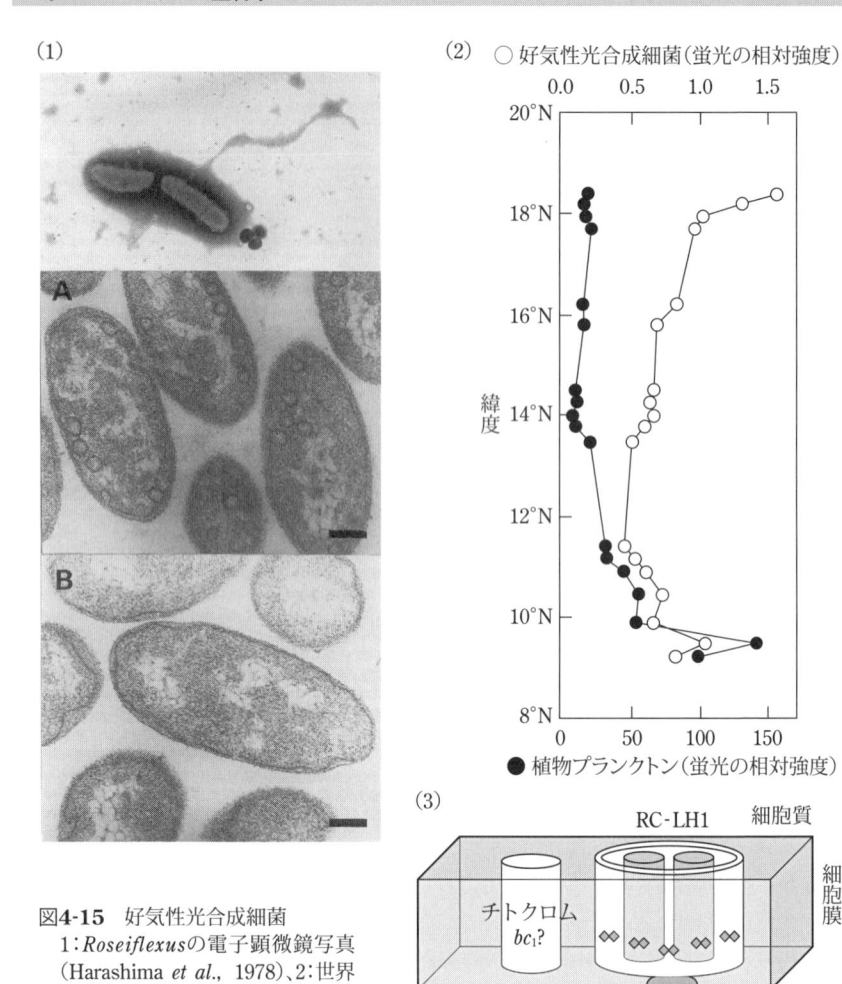

(1)

(2) ○ 好気性光合成細菌（蛍光の相対強度）

(3)

図4-15 好気性光合成細菌
1：*Roseiflexus*の電子顕微鏡写真（Harashima *et al.*, 1978）、2：世界の海での分布（Kobler *et al.*, 2000; 2001を基に一部改変）、3：好気性光合成細菌の部分的電子伝達系

菌に近縁であることが判明し、この一群の細菌は好気性光合成細菌と呼ばれるようになった。現在、20属35種が知られている。代表種として *Roseobacter denitrificans* などがある（図 **4-15(1)**）。この細菌群は世界中で発見され、きわめて一般的に存在する細菌と位置づけられている。とくに、最近では熱帯から亜熱帯域の海洋で多く発見され、海洋での第一次生産に寄与しているのではな

いかと考えられている（図 4-15(2)：Kolber et al., 2000；Kolber et al., 2001）。
　その電子伝達系、反応中心複合体などの解析が日本を中心として行われた。反応中心複合体、ならびに環状電子伝達系の一部の成分をもつが、電子伝達系が完成しているわけではなく、通常、電子伝達系は機能していないことが判明した（Harashima et al., 1982；図 4-15(3)）。起源としては、光合成細菌であった種が光合成電子伝達系の一部を失うことによって好気性光合成細菌へと種分化していったものと考えられている（Hiraishi and Shimada, 2001）。

4-4　生 合 成

　クロロフィル代謝はすべての植物にとって、エネルギー獲得代謝のもっとも基本のひとつである。その合成系についての解析は近年、格段の進展があり、合成酵素のほぼすべてが発見され、次のその制御の問題に論点は移りつつある。一方、分解系についてはその進展が遅く、経路の確定も必ずしも共通点が見出された段階でもない。クロロフィルは光化学反応性が高いために、その代謝中間体は反応性を抑制する形で進行しなければ危険なラジカル分子種や活性酸素を生成する可能性が高い。これは合成、分解の両方の過程に適用できる考え方であるために、その制御方法を知ることは重要な事項である（Tanaka and Tanaka, 2007；Masuda, 2008；Masuda and Fujita, 2008）。

4-4-1　合成経路

　合成経路は大きく 3 段階に分類することができる（図 4-16、詳細は図 4-18 〜図 4-22 参照）。出発物質である 5-アミノレブリン酸からヘム合成とクロロフィル合成の分岐点であるプロトポルフィリン IX の合成まで、次にプロトポルフィリン IX に中心金属 Mg が配位されてから、クロロフィルの前駆体であるジビニルプロトクロロフィリド a まで、さらにジビニルプロトクロロフィリド a から各種のクロロフィルが合成される 3 段階である。酸素発生型光合成生物ではさらにクロロフィリド a からの合成経路が重要と考えられる。ヘム合成経路からは、植物の光受容体として重要なフィトクロムの発色団であるフィトクロモビリンや、シアノバクテリア、紅藻で光捕集タンパク質として機能するフィコビリンタンパク質の発色団であるフィコシアノビリンやフィコエリスロビリンなどの合成系に繋がり、光合成色素の全体の合成系に関連することにな

181

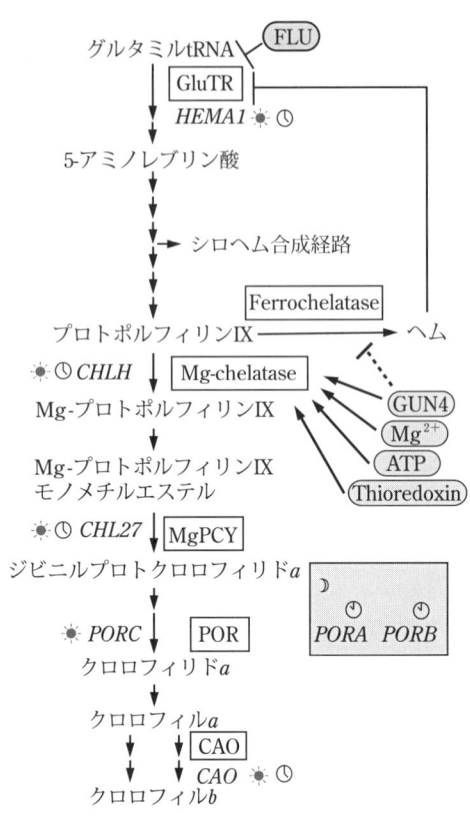

図4-16 クロロフィル合成の全体の流れ(Masuda and Fujita, 2008の総説を基に一部改変) 高等植物のクロロフィル合成系の全体の流れと、合成制御の要所、ならびにその制御因子を示す。

四角内は反応を触媒する酵素を示す。GluTR：グルタミルtRNA還元酵素、Ferrocheratase：フェロキラターゼ、Mg-cheratase：マグネシウムキラターゼ、MgPCY：Mg-プロトポルフィリンIXモノメチルエステルサイクラーゼ、POR：プロトクロロフィリドa酸化還元酵素、CAO：クロロフィリドa酸化酵素。

遺伝子について、太陽マークは明暗によって制御される遺伝子を、時計マークは体内時計によって制御される遺伝子を示す。*PORA*、*PORB* は夜に活性化されることを示す。マグネシウムキラターゼは合成制御において重要な役割を示し、多くの因子によって制御を受けることが知られている。FLU、GUN4は特定のミュータントで見出された遺伝子を示す。

4-4 生合成

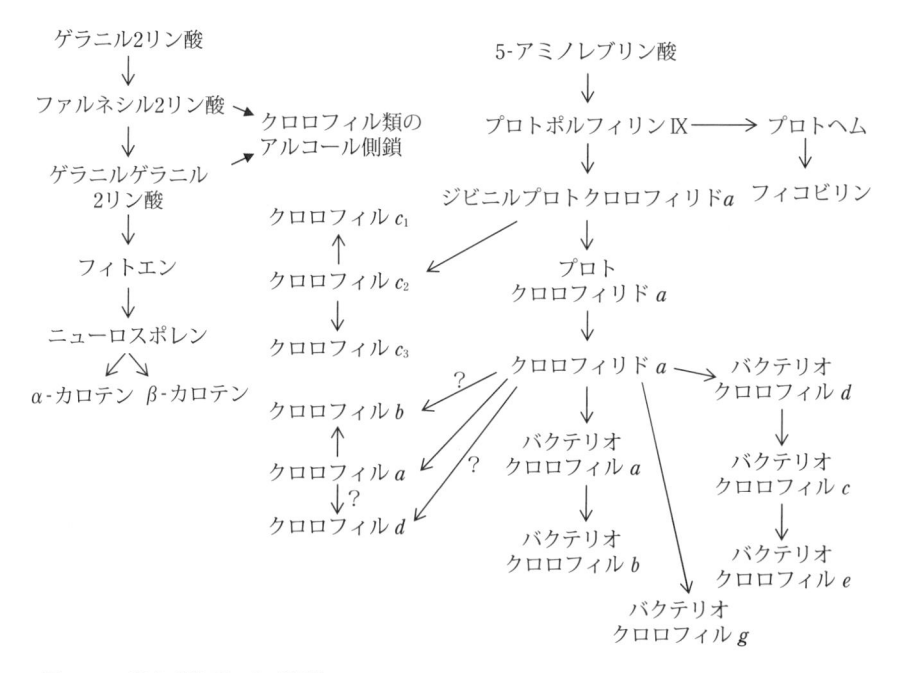

図4-17 光合成色素の合成経路
クロロフィル、カロテノイド、フィコビリンを含む光合成色素の合成過程と相互の関係を示す。

る。さらには、クロロフィルに結合する長鎖炭化水素基であるフィトールの合成系は、その一部がカロテノイドの合成系とも重複する（図 **4-17**）。したがってクロロフィル合成系は、基本的に光合成色素合成系全体に関連する重要な代謝経路ということができる。さらにフィトールの合成系は、キノン（ビタミンK）やトコフェロール（ビタミンE）の合成とも関連している。

(1) ヘムとの共通経路

クロロフィル合成の出発物質は5-アミノレブリン酸であり、その合成はグルタミン酸から始まる（図 **4-18**）。5-アミノレブリン酸の2分子が縮合してポルフォビリノーゲンが合成され、さらに4分子のポルフォビリノーゲンが縮合してヒドロキシメチルビランが合成される。この分子が閉環してウロポルフィリノーゲン III となる。各ピロール環には、左上から右回りに A、B、C、D の名前が付けられる。ウロポルフィリノーゲン III のすべてのアセテート残基（$-CH_2COOH$）で脱炭酸が起こりメチル基となり、コプロポルフィリノーゲン III ができ、さらに A 環と B 環の脱ギ酸（$-CH_2CH_2COOH \rightarrow -CH=CH_2 +$

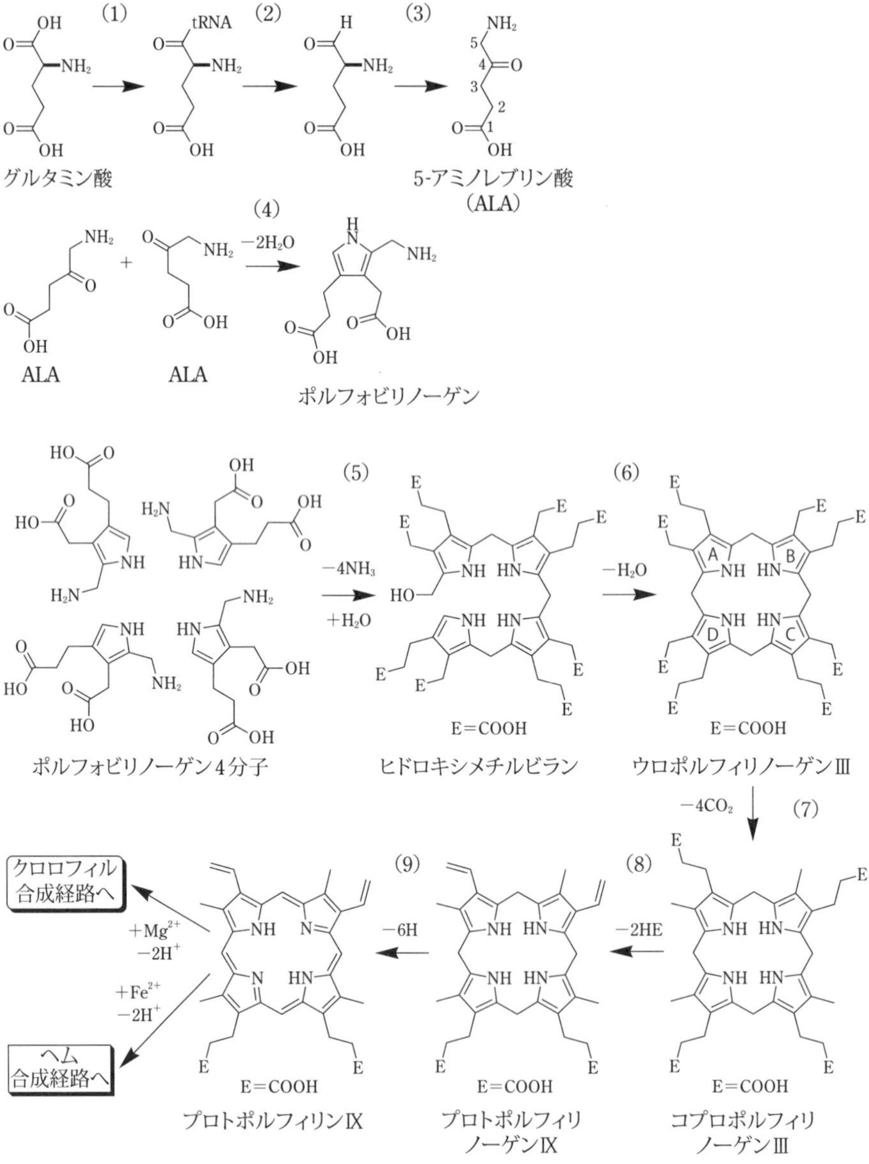

4. クロロフィルの生物学

図4-18 クロロフィル合成経路(その1)
グルタミン酸から、5-アミノレブリン酸を経てプロトポルフィリンIXまでを示す。

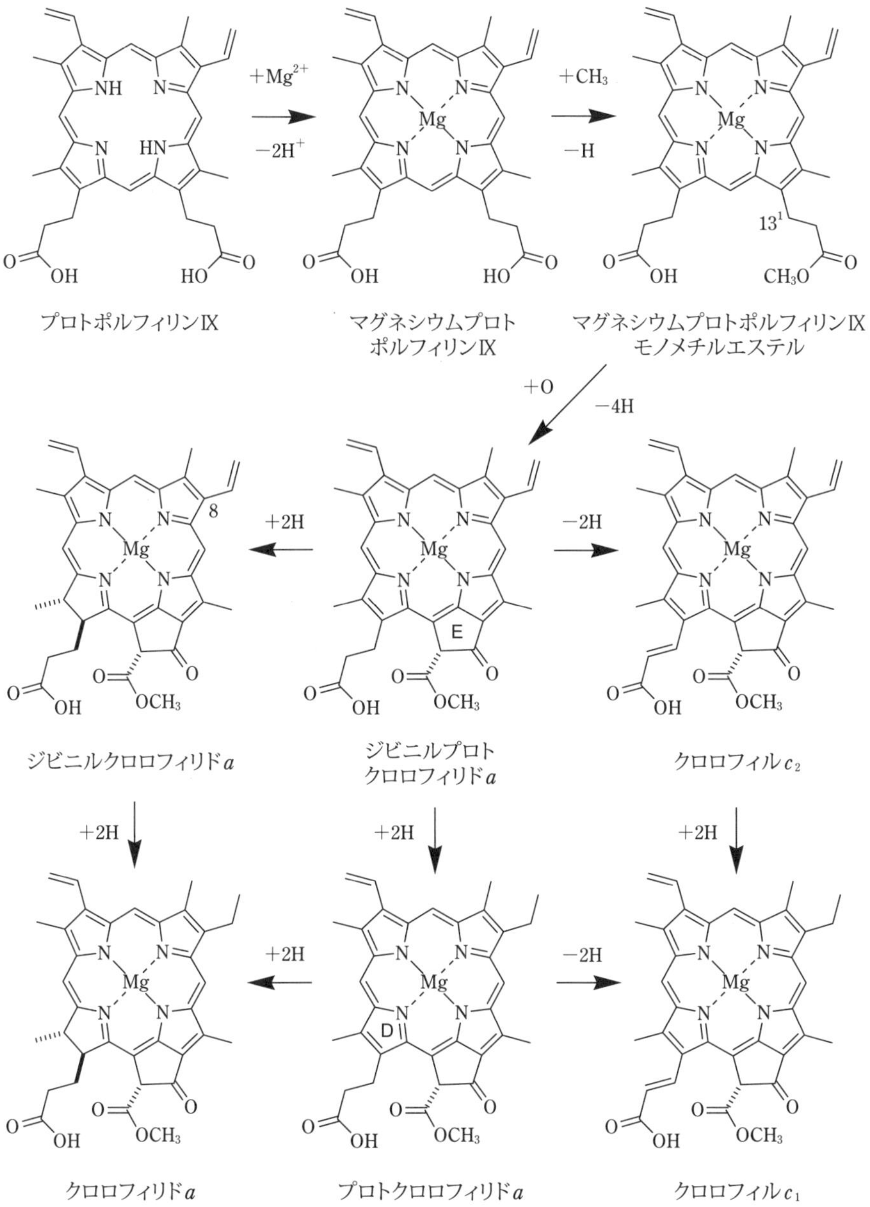

4-4 生合成

図4-19 クロロフィル合成経路（その2）
プロトポルフィリンIXからジビニルプロトクロロフィリドaを経て、(ジビニル)クロロフィリドaやクロロフィルc_1、クロロフィルc_2までを示す。

HCOOH)によりプロトポルフィリノーゲンIXとなり、さらに6個の脱水素原子反応によって共役系が完成し、ポルフィリン骨格をもつプロトポルフィリンIXが合成される。プロトポルフィリンIXが、ヘム、フィコビリンとクロロフィル合成の分岐点となる。なお、コプロポルフィリノーゲンIIIはシロヘム合成系への分岐となる物質である。

(2) クロロフィル経路—各前駆体の合成までの共通経路

プロトポルフィリンIXからジビニルプロトクロロフィリド a までの合成系は、クロロフィル類に特有の5番目の環(E環)構造が合成される経路である(図 **4-19**)。最初のステップとしてプロトポルフィリンIXにMg-キラターゼ(Chl I/D/H)が働いてMgが配位し、マグネシウムプロトポルフィリンIXになりクロロフィル合成が始まる。マグネシウムプロトポルフィリンIXから、マグネシウムプロトポルフィリンIXモノメチルエステル、マグネシウム 13^1-ヒドロキシプロトポルフィリンIXモノメチルエステル、マグネシウム 13^1-オキソプロトポルフィリンIXモノメチルエステルを経て、ジビニルプロトクロロフィリド a が合成される。これがすべてのクロロフィルの前駆体となる。この後の個々のクロロフィルの合成経路は、光合成生物の分類体系との関連で述べる。

4-4-2 光合成細菌

光合成細菌での合成経路には二つの主要な経路がある。(ジビニル)クロロフィリド a を出発材料として、バクテリオクロリン環を形成し、BChl a、BChl b、BChl g の合成を行う経路と、クロリン環を保持したままBChl c、BChl d、BChl e を行う経路である(図 **4-17** 右下)。ヘリオバクテリアを除く光合成細菌では反応中心複合体での電子供与体にBChl a (まれにBChl b やZn-BChl a)を用いるので、もっとも主要な色素はBChl a であると考えられる。そこで、まず前者について解説を行う。なお、BChl c、BChl d、BChl e はクロリン環を有しており、その合成経路はBChl a、BChl b、BChl g とは別経路である。

(1) BChl *a*, *b*, *g* 合成経路

BChl a の合成経路には、B環、D環の部分飽和化が含まれる。ジビニルプロトクロロフィリド a が(モノビニル)プロトクロロフィリド a となり、D環の部分飽和化によりクロロフィリド a となる(図 **4-19**:D環の還元後に8位のビニル基の還元が起こる可能性も否定できない)。クロロフィリド a はChl a とBChl a の合成の分岐点となる。クロロフィリド a にBchX/Y/Zが働き、

B環の部分飽和化が起こり、3-ビニルバクテリオクロロフィリド *a* が合成され、さらに BchF で 3 位のビニル基の水和が起こり、3-(1-ヒドロキシエチル) バクテリオクロロフィリド *a* が合成され、BchC により 3 位の酸化を伴ってバクテリオクロロフィリド *a* が合成される（ただし、逆の順序でも合成は可能である）。ついで、17 位上のカルボキシ基にフィチル基がエステル結合して BChl *a* が合成される（図 **4-20**）。BChl *b* はバクテリオクロロフィリド *a* から、BChl *g* は 3-ビニルバクテリオクロロフィリド *a* から合成されると考えられているが、未解明の反応系が残っている。

(2) Chl *a* 合成経路（PS I 型受容体）

光合成細菌にも Chl *a* 型の色素が存在する。PS I 型反応中心複合体をもつヘリオバクテリア、緑色硫黄細菌の第一電子受容体（PS II 型のフェオフィチンに相当する受容体）には Chl *a* の誘導体が使われる。ヘリオバクテリアでは 8^1-OH-Chl a_F であり、緑色硫黄細菌では 17 位の側鎖が異なる Chl a_{PD} である [PD はフタ-2,6-ジエニル（6,7-デジヒドロフィチル）エステル、BChl a_{663} と呼ばれることもある。図 **1-3** 参照]。それらの量は少ないが、電子受容体は他の分子では置換ができないために、当然その合成系があり、機能しているはずである。しかし、その経路は解明されていない。いずれの場合も側鎖の変化なので、Chl *a* 基本骨格の合成経路は存在すると考えるのが妥当である。

(3) BChl *c, d, e* の合成経路

緑色細菌（緑色硫黄細菌、緑色糸状性細菌）は、反応中心複合体は大きく異なるが、アンテナ系はクロロゾームという似た構造体をもつ。そこで使われる色素はクロリン環をもつ BChl *c*、BChl *d*、BChl *e* である。この合成経路は、クロロフィリド *a* を出発材料として進行すると考えられている。クロロフィリド *a* からバクテリオクロロフィリド *d* が合成され、さらにバクテリオクロロフィリド *c*、バクテリオクロロフィリド *e* が合成され、17 位上のカルボキシ基に炭化水素鎖がエステル結合して、それぞれ BChl *d*、BChl *c*、BChl *e* が合成されると考えられている。ただし、その生合成経路のすべてが明らかになっているわけではない（図 **4-21**）。

4. クロロフィルの生物学

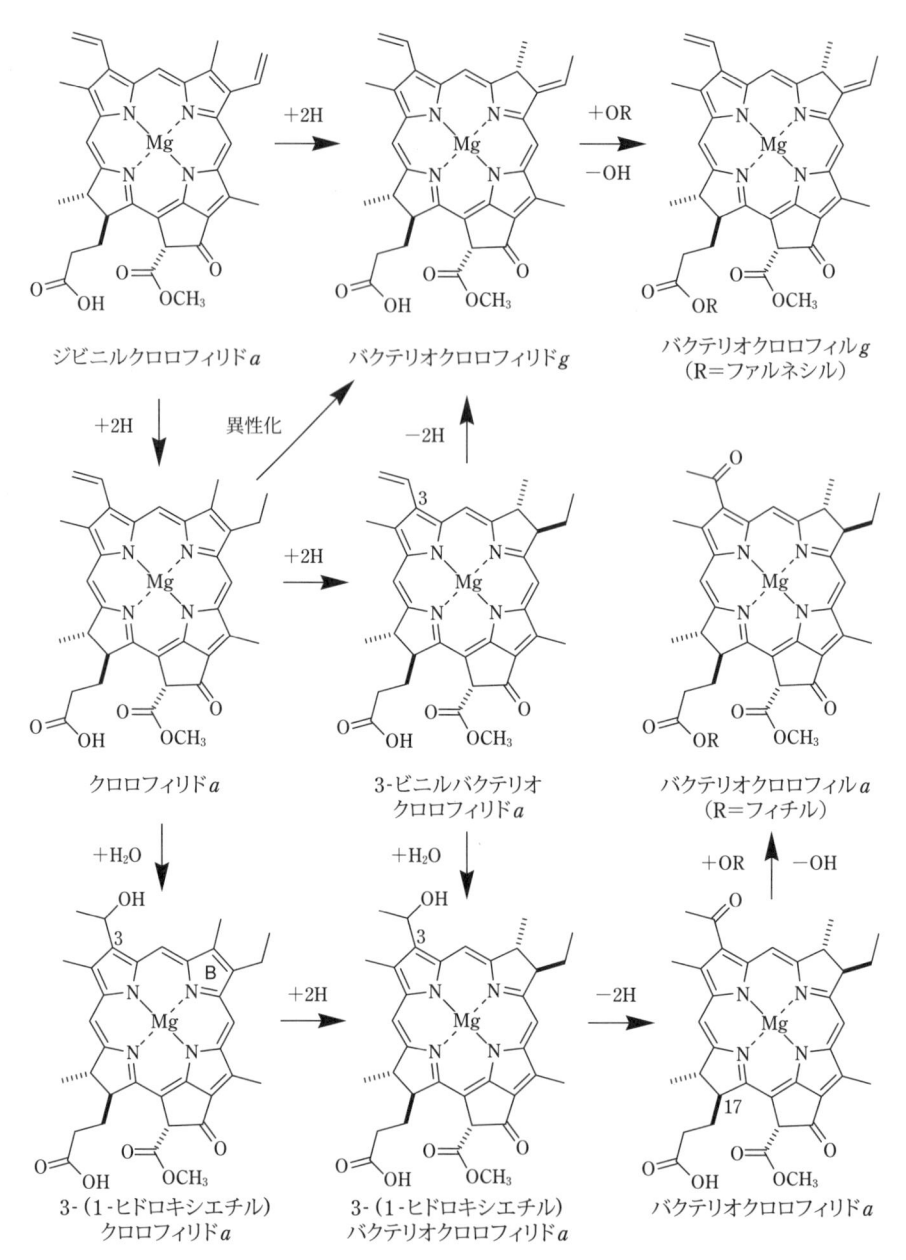

図4-20 バクテリオクロロフィルの合成経路（その1）
（ジビニル）クロロフィリド a から BChl a、BChl g の合成経路を示す。

4-4 生合成

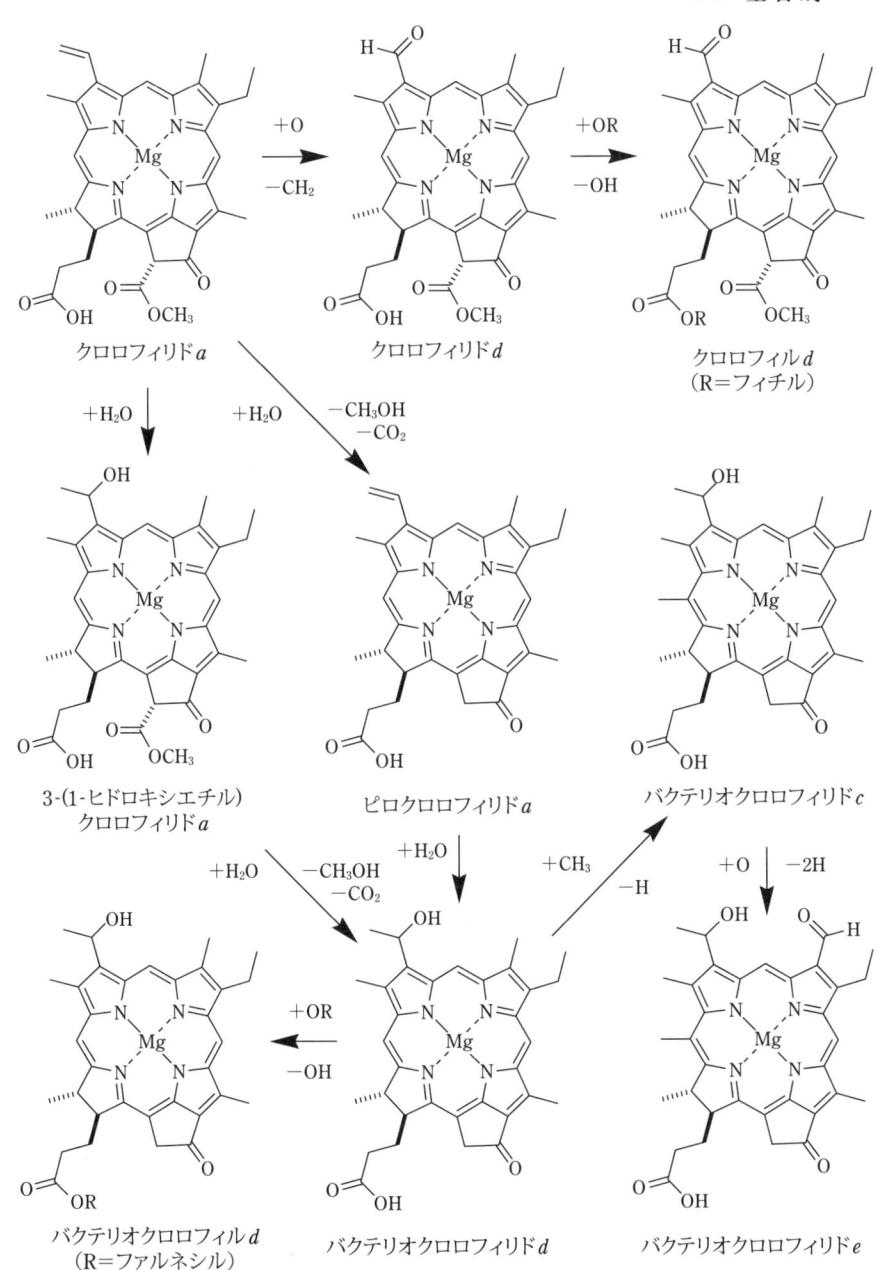

図4-21 バクテリオクロロフィルの合成経路(その2)
クロロフィリド a から BChl c、BChl d、BChl e の合成経路を示す。あわせて、Chl d への合成経路も示す。

4-4-3 シアノバクテリア
(1) Chl a 合成系

　Chl a の合成系は酸素発生型光合成生物のみならず、光合成細菌にも共通する重要な代謝経路であり、クロロフィル合成を考える際の原点となるものである。また、反応中心複合体で電子伝達機能をもつ色素は Chl a とその派生物であることを考えると、Chl a 合成系をまず理解することが重要になる。

　酸素発生型光合成生物であるシアノバクテリアは、ほとんどの種が Chl a のみをもつ。酸素発生反応には高い酸化電位が必要であり、そのために BChl a では不十分で、Chl a への転換が必然であったと考えられている。最近、電位の変化は色素の置換によってもたらされたのではなく、タンパク質の疎水性アミノ酸により引き起こされたとする考え方も提出されているが、この説では BChl a でも十分に高い酸化電位を確保できたはずにもかかわらず、色素の置換が必ず起こっていることを十分に説明するものではなく、今後の展開が必要である。

　具体的な合成経路を見ていくと、ジビニルプロトクロロフィリド a から Chl a へは、プロトクロロフィリド（もしくはジビニルクロロフィリド a）、クロロフィリド a を経てクロリン骨格が完成し（図 4-19）、さらにフィトールが付いて Chl a が合成される（図 4-22）。これらの反応ステップはクロロフィル合成の中でもっとも興味深い点の一つである。問題は、プロトクロロフィリド a からクロロフィリド a への合成酵素がまったく性質の異なる 2 種類の反応で行われることである。光依存型プロトクロロフィリド還元酵素（light-dependent protochlorophyllide oxidoreductase、LPOR と呼ばれる）と光非依存型プロトクロロフィリド還元酵素（dark-operative protochlorophyllide oxidoreductase、DPOR と呼ばれることもある）である。シアノバクテリア（および裸子植物）では両方の酵素が機能しているが、被子植物では前者のみが機能するために光の当たらない条件では Chl a の合成が起こらず、したがって黄化組織（もやし）ができる。二つの酵素系が機能している理由は定かではない。後者はその起源が窒素固定酵素（nif gene）と考えられ、分子状酸素によって失活することが知られている。シアノバクテリアが誕生した頃は大気中の酸素の蓄積がほとんど無く、細胞内は、昼間は好気的条件、夜は嫌気的条件であったと考えることができる。こうした細胞内酸素濃度変化との関連が明らかになれば、二つの酵素系が存在し、かつ機能する理由が明らかになるかもしれない。クロロフィ

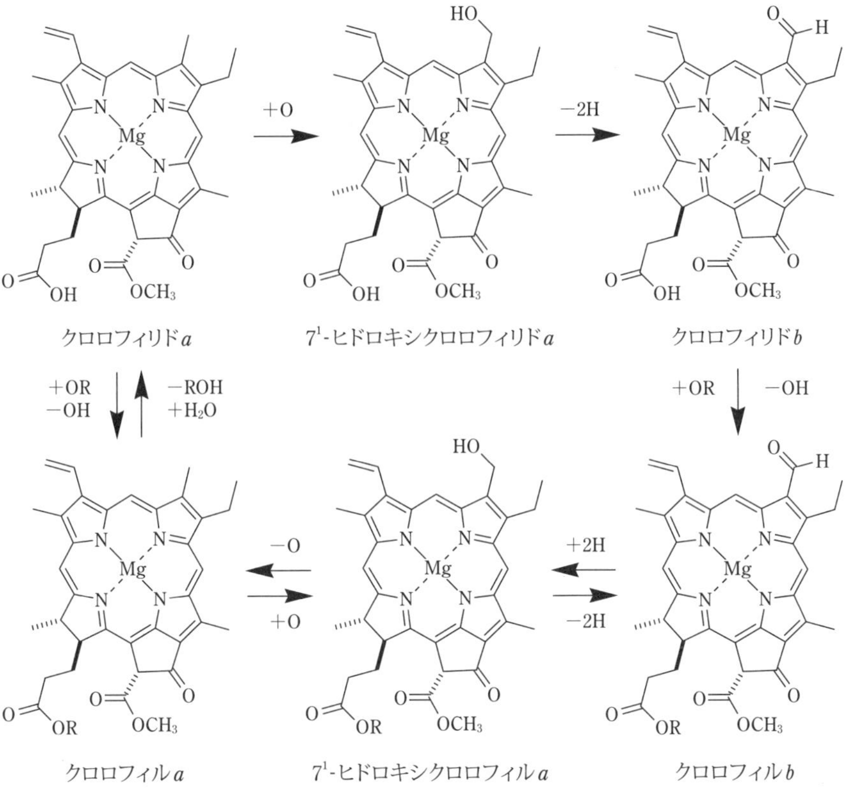

図4-22 クロロフィル合成経路(その3)
クロロフィリド*a*からクロロフィル*a*、クロロフィル*b*の合成経路を示す(クロロフィルサイクル)。Rはフィチル基を示す。

ル合成酵素（ChlG）によってクロロフィリド*a*にフィトールが付加されChl *a*合成が完了する。

　すべてのシアノバクテリアは、さらに2種類の化合物を光合成電子伝達系成分として使う。それはPS IIの電子受容体であるPhe *a*とPS Iの電子供与体であるChl *a*′である。前者はChl *a*から中心金属であるMgが取り除かれた分子、後者は13^2位の立体異性体である。反応中心複合体の中でこれらの分子の数は決まっており、前者は2 Phe *a*/PS II、後者は1 Chl *a*′/PS Iとされている。これらは合成酵素がなくともChl *a*から生じることが知られているが、真の合成経路、その数の制御方法などは知られていない。この2種類の分子については

シアノバクテリアに特有の問題ではなく、酸素発生型光合成生物に共通の課題である。

(2) 付加的に特異な色素分子の合成系（Chl d、DV-PChlide a、DV-Chl a、DV-Chl b）

シアノバクテリアの種多様性に対応して、次の色素の合成経路が問題になる。一つは DV-Chl a、DV-Chl b と呼ばれる 8 位にビニル基をもつ Chl を合成する Prochlorococcus spp. である。これらは発見当初、原核緑藻と呼ばれ、独立した系統群であると考えられていたが、16S rRNA の配列情報を基にした解析から、シアノバクテリアの中に完全に位置づけられ、現在では独立した系統群ではないと考えられている（図 1-12 参照）。これらが共通して 8 位にビニル基をもつ DV-Chl a、DV-Chl b を合成可能であるということは、この合成系の獲得が系統的には独立して起こる事象であるということを示している。この合成系は、8-ビニルプロトクロロフィリドからプロトクロロフィリドへの還元酵素が欠失すれば起こる。DV-Chl a の合成から DV-Chl b の合成は Chl a から Chl b への変換（図 4-22 参照）と同じ経路で起こる。

さらには、Chl d をもつ唯一の種として知られる Acaryochloris spp. が存在する。現在までに知られている限り、この種には必ず Chl a が数％存在しており、何らかの機能を担っていると考えられる。しかし、Chl d の合成経路については明らかにはなっていない。Acaryochloris spp. にはさらに Chl c と同じ骨格をもつジビニルプロトクロロフィリド a（DV-PChlide a）が存在する（1-3-3 項参照）。この分子は Chl c_2 の前駆体であり、代謝中間体を使うという藻類にはしばしば見出される性質であると考えることができる。

Chl d は発見当初、紅藻の 2 番目のクロロフィルと考えられていたが、これは紅藻表面に付着する Acaryochloris spp. に由来することが判明し、さらに Acaryochloris spp. は紅藻のみならず、緑藻や珪藻、海岸の石などにも付着していることが判明してきた。こうした付着性の生物は現在までほとんど研究されていないので、今後、藻類の種多様性という意味で大きな進展に繋がっていく可能性があると考えられる。

4-4-4 藻類（Chl c 合成）

Chl c 類は E 環が存在してはいるが、基本骨格が他のクロロフィルと異なりポルフィリンである（図 1-5 参照）。したがって、他のクロロフィルとの合成

の分岐点は大きく異なりジビニルプロトクロロフィリド a であり、ここから Chl c_1、Chl c_2、Chl c_3 の合成が始まるが（図 **4-19** 参照）、Chl c 合成酵素については現在のところ確かな証拠がない。分子構造から考えて Chl c_2 が合成された後に Chl c_1 と Chl c_3 が独立の経路で合成されると考えられている（図 **4-17** 参照）。海洋で生息する珪藻など Chl c をもつ生物の色素を精査すると、驚くことに側鎖構造が異なる数十種類以上の Chl c 同族体が存在すると言われる。それらが機能しているのか、代謝（合成と分解）の中間体であるかは判然としないが、分子構造はいずれも側鎖が置換されたものであり、ポルフィリン誘導体が多く使われていることを窺い知ることができる。

4-4-5　植　物（Chl b 合成）

緑色植物（緑藻、蘚苔類、裸子植物、被子植物）において重要なアンテナ色素が Chl b である。これらは現在の地球上の第一次生産性の多くの部分を担う植物群であるために、その解明、とくに Chl b の合成系は重要な課題である。Chl b 合成系でもっとも重要な発見は、CAO（Chlorophyllide a oxidoreductase）の単離同定である。クロロフィリド a を基質として、7^1-ヒドロキシクロロフィリド a をつくり、さらに酸化してクロロフィリド b を合成する酵素である。この後、フィチル基が付加されて Chl b が合成される（図 **4-22** 参照）。この酵素はいわゆる Chl a/b 系植物（緑色植物）に共通で存在し機能する。シアノバクテリアにおいても DV-Chl b の合成が知られているが、この酵素は高等植物の CAO に似たドメイン構造を取るが、一部を欠失した構造を取ることが知られている。

高等植物では、単子葉植物と双子葉植物の間でほとんど差はないが、クロロフィル合成に関わる光非依存型の DPOR 酵素（**4-4-3(1)** 参照）は前者には存在するが、後者には光依存型の LPOR 酵素しかないので、光が当たっていないときにはクロロフィルが合成されず、「もやし」ができることになる。

最近、クロロフィルサイクルの発見があった（図 **4-22** 参照）。Chl a/b 比は細胞内で一定ではなく、生育条件によって変動している。これは Chl a と Chl b との間の相互変換が起こり、それによって必要な材料の供給が調節されていることに起因する。この相互変換過程をクロロフィルサイクルと呼ぶ。類似のサイクルは知られていない。Chl a と Chl c は合成経路が早く分岐しているために、そうした合成調節は行われていないとされている。

4-4-6 他の光合成色素合成系との共役

光合成の光反応を円滑に進めるためには、そのための装置（アンテナ複合体、反応中心複合体）などがバランス良く配置されることが重要である。環境条件の変化に応じて、短時間での適応や、時間を掛けて色素やそれを結合するアポタンパク質の合成も含めた適応過程も知られる（図4-23）。色素系の合成を伴う合成調節の場合、結合する色素がクロロフィルだけという系はほとんど無く、カロテノイドが結合する。また、シアノバクテリアや紅藻の場合は、フィコビリンが合成されなければPSIIの構築が不完全であるために、フィコビリン合成との関連が重要となってくる。

クロロフィルの合成調節は必ず他の色素（カロテノイドやフィコビリン）の合成と関連している（図4-17参照）。カロテノイド合成の中間体であるゲラニルゲラニルピロフォスフェート（GGPP）はフィトールの前駆体であり、クロロフィル合成とは基質レベルでの材料の奪い合いが起こる。フィコビリンとクロロフィルは合成経路の途中までは同じ経路をたどるために、これも基質レ

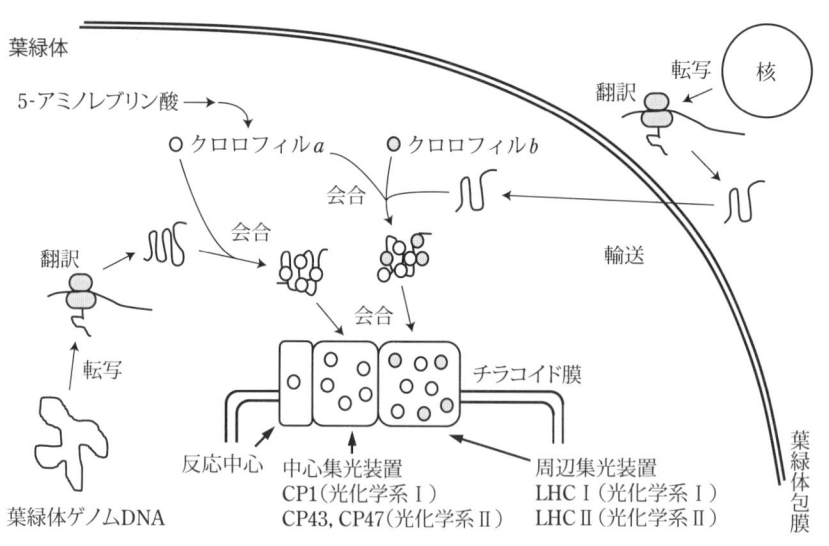

図4-23 色素合成とアポタンパク質との共役的合成過程（三室・田中, 2002を基に改変）
光合成色素は合成されただけでは機能せず、アポタンパク質に組み込まれ、かつチラコイド膜上に正しく配置されて初めて機能を示す。色素合成とアポタンパク質合成は同時に制御されていると考えられているが、その実態は未解明である。さらに、各複合体に結合するクロロフィル量を制御する機構も存在するはずであるが、この詳細も知られていない。

ベルでの材料の奪い合いが起こる。したがって、合成調節はそれぞれの前駆体の酵素への親和性により制御される可能性が高い。残念ながら、現時点では合成調節に関して詳細な解析データが無いためにこれらの調節機構を論じることができないが、この点は今後緊急に解決されるべき問題点である。

色素タンパク質複合体への色素分子の合成組込み過程が現時点ではほとんど明らかにされていないが、多くの人は、タンパク質のフォールディングの過程で色素が挿入され、最終的に機能できる構造になると考えている。これは、色素、アポタンパク質の協調的な合成調節があることを意味するが、その実態は明らかではない。

4-4-7 色素とアポタンパク質との合成調節

クロロフィルは反応性が高く、タンパク質に結合していない状態で光を吸収すると、光化学反応を起こし、時には細胞にとって害となる活性酸素を生じることもある。したがって、合成途上の中間体は酵素に結合し、その光化学反応が抑制された状態で合成ステップが進むものと考えられている。近年、酵素と基質が結合した状態の結晶構造についての報告がなされた（Muraki *et al.*, 2010）。

クロロフィルは最終的にはアポタンパク質と結合し、細胞内、もしくは葉緑体内の本来機能する場へと移送されていく（図 **4-23** 参照）。色素ばかりが合成されることは危険性を増すことに繋がるので、タンパク質合成が協調的に働いているはずである。しかし、この点を詳細に解析した例はほとんどない。この重要な課題も今後の発展を待つ必要がある。

4-4-8 合成経路制御の生理学的意義

クロロフィル合成制御は、植物の代謝制御の一つであるが、それ以上に、様々な意義をもつことが近年明らかにされつつある。クロロフィル合成経路は、ヘム、シロヘムと共通の合成経路をもつが、各々合成産物の要求量は、色素分子種、器官、細胞などによって大きく異なっている。たとえば、芽生えから葉の緑化の初期では、クロロフィルの合成量は格段に増加するが、ヘムなどは一定量に抑えられている。こうした制御方法は未知である。すでに簡単に述べたが、色素の合成中間体は光により励起されると反応性が高く、細胞にとって傷害を与える可能性の高い活性酸素種をつくる。したがって合成経路、また同様に分

解経路では、こうした毒性のある中間体をできる限り生成させない方法を取る必要がある。一般にはタンパク質と複合体を形成していれば光反応性が抑制されるので、合成中間体と酵素の複合体、また複合体間での基質（中間体）の授受が重要な制御機構となる。

　光合成色素量は光環境によって変化する。強光、弱光などの条件に応じて、色素タンパク質の合成量と協調して変化させることが最大の生産量を生み出す基礎となる。こうした制御は、光強度の感受機構を含めて重要な意味をもつ。分子遺伝学的解析から、色素の合成中間体や分解産物が、他の代謝系の制御因子として機能していることが明らかにされてきた。こうした制御機構の解析は今後ますます増加するものと考えられる。

4-5　分 解 経 路

　クロロフィルの分解経路は生理学的に重要である。クロロフィルはタンパク質から遊離すると光反応性が上がり、細胞にとって有害な物質を容易につくり出す可能性が高い。それを抑制しながら分解経路を進める必要がある（Hörtensteiner, 2006；Kräutler, 2008）。

4-5-1　分解系－中間体の適切な処理

　クロロフィルの分解は、長鎖炭化水素基の脱離、リングからの中心金属Mgの脱離、リングの開裂、酸化的分解の各過程に分けることができる（図4-24）。クロロフィル類の分解はChl *a* から始まる。Chl *b* は一旦 Chl *a* にされた後に分解過程に入る。Chl *a* にクロロフィラーゼが作用して17位のフィトールが切られてクロロフィリド *a* が生成し、さらにMgデキラターゼが作用し中心金属のMgが離脱して、フェオフォルバイド *a* が生成する（脱Mg化後にフチルエステルが切断される可能性も否定できない）。次に、フェオフォルバイド *a* オキシゲナーゼによって分子状酸素が作用して、リング構造が開裂する。さらに、水素付加した生成物は赤色クロロフィル異化生成物（Red Chlorophyll Catabolite；RCC）と呼ばれる。RCCはRCCレダクターゼによってさらに還元（水素付加）されて蛍光性クロロフィル一次異化生成物（Primary fluorescent chlorophyll catabolites；pFCCs）となり、さらに非蛍光性クロロフィル代謝物（Nonfluorescent chlorophyll catabolites；NCCs）にまで分解が進む。

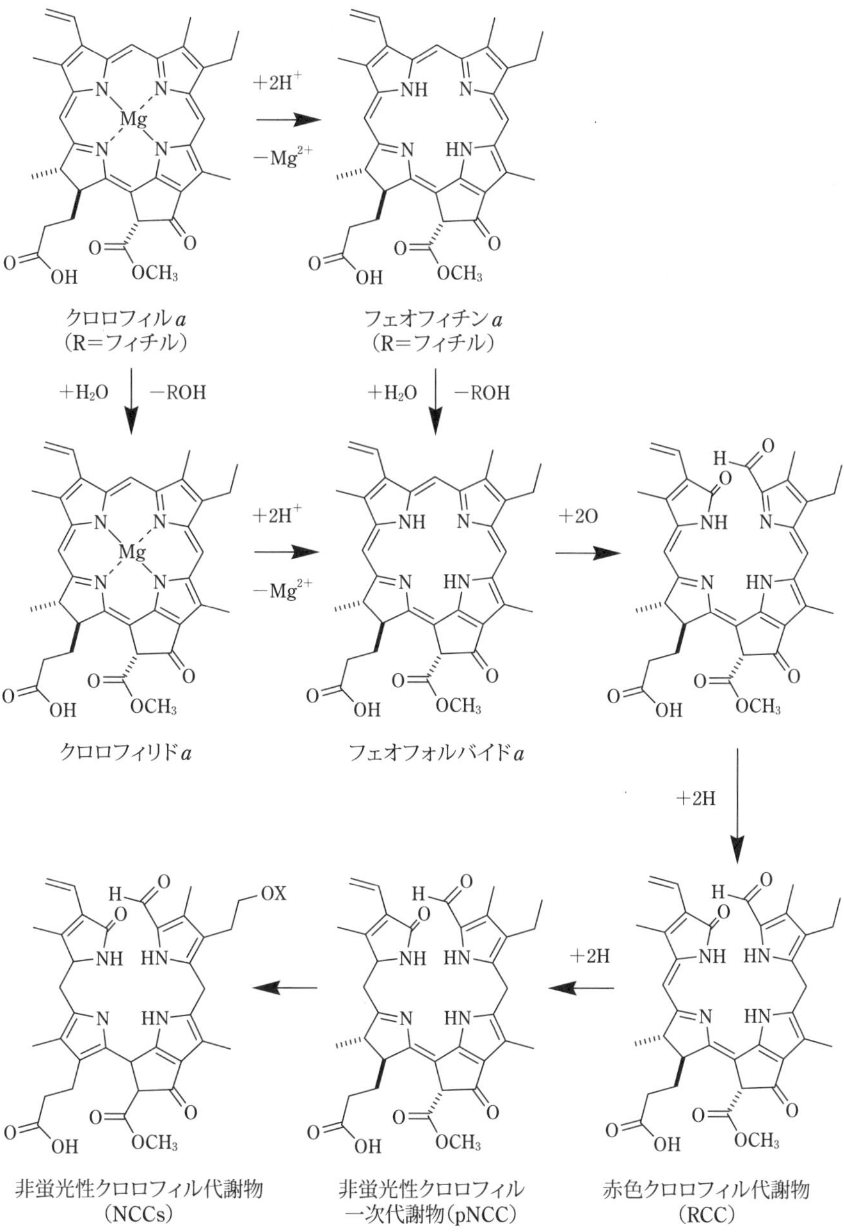

4-5 分解経路

図4-24 クロロフィルaの生分解経路

NCCs は種によって複数の分子種が知られている。NCCs はさらにいくつかの酵素によって分解が進み、分光的にはメチン基の二重結合（π共役系）がすべて切られ、ピロール環にまで分解されていると解釈されている。これによって可視光を吸収し、分解代謝産物が光反応を起こすことを極力防いでいる。

近年、クロロフィルの分解に関して、新しい意義が提唱されている。クロロフィル分解産物の1種が、成熟した果実の中に発見され、かつその物質が抗酸化作用をもつことが明らかにされた。これはクロロフィルの分解が、単に光反応を抑制しながら起こるということだけではなく、分解産物を積極的に保護機能に使うことを意味し、分解過程が重要な生理機能をもつことを示したことになる。分解過程に関しては、現時点では、陸上植物についての研究がほとんどであり、藻類のクロロフィル代謝などに関しての情報はきわめて限定的である。今後、その情報量の増加とともに、新しい生理機能の発見などに結びついていく可能性がある。

4-5-2　光阻害時のクロロフィルの代謝回転

強光条件下では、PS II の光阻害が起こり、D_1 タンパク質の特異的な分解、さらに PS II 複合体の分解、再構築という過程が進行することが知られる。このときに、結合している Chl a はどのような過程を経て再構築されるのか、非常に興味がある課題である。現在、タンパク質の分解、合成に関してはいくつかの仮説が提唱されているが、色素の離脱、再結合に関しては、仮説さえもないというのが現状である。

4-5-3　中間代謝産物の（特異的）蓄積

高等植物ではあまり知られていない現象ではあるが、藻類においては、培養条件次第で、クロロフィルの代謝中間物を蓄積、または培地中に放出することがある。その分子種によって、代謝のどの段階が十分に機能していないかを判断することができる。

4-6　光合成生物の多様性と色素・色素系の進化

光合成生物の多様性は、その色によっても端的に理解することができる。色の違いは光合成色素の違いを反映する。クロロフィル、カロテノイドの組み合

わせ、相対量などによって、その色の違いが表現されている。色素の違いは、色素合成酵素の異なりによる。クロロフィルの種類はカロテノイドに比べて圧倒的に少なく、多様性を論じるには十分でないかもしれない。しかし、クロロフィル分子の選択は、光化学反応系の構築そのものと密接に関連しており、光合成生物の根幹をなす性質である。この系統性、また変異は進化と密接に関連している。

4-6-1 アンテナ系の構成と多様性

光合成の光誘起電子移動反応の律速段階は、膜の中を電子移動成分が拡散によって動く PQ レベルにある。これは PS II の励起とそこからの電子供給が律速であることを意味する。したがって、他の生物との競争は PS II の励起頻度を如何に上げるかという点に絞られ、PS II が多様なアンテナ系を構成することの生理学的な意味が明瞭になってくる。PS I では、Chl a と β-カロテンが主な色素であり、その変異は小さく、生理学的にはとくに大きな問題にはならない。多くの生物では、PS II のアンテナが励起された場合でも PS I へのエネルギー供給が起こり、また PS I の量が PS II の量よりも多いので、PS II から PQ プールへの電子移動が律速となる。

すでに述べたように PS II は、D1/D2/CP43/CP47 から構成されるコア部分とアンテナ系から成る。進化系統的に考察すると、フィコビリンがアンテナとして機能するシアノバクテリアや紅藻では LHC II が存在しない。フィコビリンが吸収することができる波長範囲は広く、また空間的にフィコビリンを保持したまま PS II コアに LHC II を結合させることができないためではないかと考えられる。同じフィコビリンタンパク質をもつ場合でも、クリプト藻ではフィコビリン会合体が小さく、十分の光捕集機能が確保できないために LHC II が存在すると考えられる。LHC は紅藻の LHC I が起源であり、LHC II は後から借用したことになる。

紅藻から緑藻への進化に伴ってアンテナ系は大きく変化した。LHC II の種類が遺伝子レベルで重複が起こり、さらに変異も伴って現在見られるような体制になっていった。LHCP1-6、CP24/CP26/CP29 と種類が増加し、さらに強光下で過剰のエネルギーを散逸させるための機能が付加された。アンテナ系に防御機能が付加されたことは、植物の地上への進出にとっては不可欠の事項であった。

一方、水中に留まった藻類にとっては色素の選択が重要であり、多くの色素が使われるアンテナ系が誕生していった。過去数億年でもっとも発展を遂げた珪藻は、ケト基をもつカロテノイドであるフコキサンチンと Chl *c* を有効に利用している。フコキサンチンと Chl *c* はともに Chl *a* へエネルギーを渡し、フコキサンチンから Chl *c* へのエネルギー移動はないので、両方の色素ともに、青色から緑色の領域をカバーすることを主眼として使われていると考えられる。

4-6-2 進化の方向（仮説）

新しいクロロフィル分子の獲得は、高次の分類群の誕生と関連している。光合成生物の系統性を基礎にすると、Chl *b* は緑色植物が分化したときに獲得され、Chl *c* の獲得は二次共生生物（珪藻、褐藻など）の誕生と同じ時期の現象である。とくに珪藻は、二次共生生物としては格段に進化しており、その種数は現在も増加している、すなわち種分化が継続していることを示している。

一方、新しいクロロフィル分子種の獲得が、単に種分化で終わった例もある。*Prochlorococcus* spp. などの DV-Chl や *Acaryochloris* spp. の Chl *d* である。これらはいずれもシアノバクテリア内でだけ見られる変異である。発見当時、原核緑藻と呼ばれた *Prochloron* や *Prochlorothrix* も Chl *a* のほかに Chl *b* を合成することができた。しかし、*Prochlorococcus* spp.、*Prochloron* spp.、*Prochlorothrix* spp. の3種はシアノバクテリアの分子系統解析の結果、すべて既存のクレード内で収束することが判明し、これも種分化の範疇で終わっている。

こうして概観的に見ると、新しいクロロフィルの獲得が比較的小さな進化でしかなかった場合と、大きな進化となっている場合とがある。この差異は何に起因するのか、現時点では何も報告がない。新しい色素の獲得に1遺伝子の変異で可能となる場合と、複数の遺伝子が必要となる場合がある。さらに、色素の変異の後に、色素を結合するタンパク質の最適化（アミノ酸の変異）などが続くことが必要な場合もある。色素の変異がもたらした影響の実体を探ることが、まずは大切なことであると考えられる。

4-6-3 クロロフィル合成系の進化と色素系の進化

クロロフィル合成系は、ヘム合成系を基本として、中心金属を Fe の代わりに Mg を挿入することでクロロフィル合成系へと導き、そこから様々なクロロ

フィル分子種を合成するという代謝系である。必ずしも共通理解が成立しているわけではないが、光合成生物の系統性は従来から言われているように、嫌気性の緑色硫黄細菌が始源的であり、紅色硫黄、紅色非硫黄細菌へと進化してきたことを作業仮説とすると、BChl *a* と Chl *a* の合成系は最初から存在したことになる。その系を基にして、Chl *b*、Chl *c*、Chl *d*、BChl *b*、BChl *c*、BChl *d*、BChl *e*、BChl *g* などの合成系が加わり、合成系の進化が起こったと考えることができる。さらに、酸素発生型光合成生物になると、シアノバクテリアの段階で LPOR が新たに獲得されている。この酵素は光合成細菌には見出されないものであり、緑色植物への系統性を考えるときに重要性が増す（Raymonda and Blankenship, 2008）。

　色素系の進化にはタンパク質の進化、もしくは変化が必ず伴う必要がある。光合成生物の進化のいくつかの段階で観察されているように、合成酵素の獲得による色素の変化がまず起こり、次にそれを調節し、最適化するためのタンパク質の変化が追随する（Parker *et al.*, 2008）。たとえば、紅藻が二次共生して誕生したと考えられている珪藻では、アンテナ色素タンパク質（LHC II）を構成するタンパク質が遺伝子上には 30 以上あり、群を抜いて多い。こうした遺伝子の重複（redundancy）の理由は不明ではあるが、保存する必然性があるものと考えられる。

4-6-4　なぜクロロフィルが必要なのか？－クロロフィルのそもそも論－

　光合成になぜクロロフィルが使われるのであろうか？　これは本質的な問いでありながら、現時点では確かな答えはない。現在の光合成系を見ることにより、この問いに対する説明ができる可能性は必ずしも高くはない。生物はいったん手にした有用な分子は逃がさず使い続ける性質をもつので、なぜを問うためには、最初の光合成生物がなぜクロロフィルを使ったのかを考察する必要がある。考えられる要因を探っていく。

　最初に地上に誕生した光合成細菌を特定することに関しては議論が分かれ、紅色光合成細菌とする説と緑色硫黄細菌とする説がある。両者は反応中心複合体、電子移動系の基本的な性質が異なるために、どちらの説を採るかによって考察が大きく異なる。現時点でもっとも信頼される系統性の指標である 16S rDNA の塩基配列に基づくと緑色硫黄細菌となる。

　最初の光合成細菌が誕生したときの環境を考えてみると、大気には実質的に

4. クロロフィルの生物学

は酸素が存在せず、還元的な大気組成であり、地表の平均温度は現在よりも高かった。地球を宇宙線から護る地球磁気圏はまだ存在せず、高エネルギー粒子などは直接地表にまで届いていた。紫外線もオゾン層がないために地表に届いていた。太陽は現在に比べて活動が弱く、かつ大気中の高い二酸化炭素濃度の影響とも相まって、そのスペクトルは長波長側に延びていた。すなわち現在よりももっと赤い太陽であった。光合成細菌が誕生するとしても、地表で生活していた可能性は低く、水中で光の到達限界に近い（水面から遠い）位置にいたと考えられる。

光合成細菌が誕生する前にすでに存在した生物のエネルギー代謝系としては、発酵や嫌気呼吸などがあり、シトクロム、フラビンなどの電子移動系の基本的な構成要素の合成系はもっていたと考えられる。光合成細菌はこれらを利用することができた。

光を吸収し、それをエネルギー変換に使う場合、考慮すべきこととして、光合成系において色素は、光化学反応とエネルギー吸収の二つの機能を併せもつ、という事実がある。むろん、前者が本質的な機能であるが、誕生時の光環境を考慮すると、アンテナ色素、すなわち増感剤としての機能もけっして無視することはできない。

シトクロムが存在していたことは仮定できるので、ヘムは存在していた。その材料であるポルフィリンとクロリン、もしくはバクテリオクロリンとを比較すると、ポルフィリンは光の吸収域が短波長に限定され、最低励起状態に対応するα帯（クロロフィルのQ_y帯に相当）の光吸収は小さく、適材とは言いがたい。また、α帯の蛍光収率は低く、増感剤として機能するには決定的な欠陥がある。一方、クロリンもしくはバクテリオクロリンは、長波長側の光吸収の確率は高く、かつ蛍光収率も高いために、化学反応、増感剤のいずれの面でもポルフィリンよりは優れている。ポルフィリンでは十分に機能を充足させることはできなかったと考えられる。

次に重要なことは、配位金属の選択であったと考えられる。現在はMgが使われている。Mgは地球全体では鉄（34.6％）に次いで2番目に多い（12.7％）金属元素であり、水に対する溶解度も低くはないので、他の配位しやすい金属が存在しなければ、優先的に配位したことは考えられる。しかし、ヘム合成経路から分岐した直後にMgを中心金属として配位させ、長い合成経路が必要となるにも関わらず、クロリンを使う理由は定かではない。

さらに、生物学的な問題点としては、なぜバクテリオクロリンを合成するようになったかという点が残る。基本的にはクロロフィルの合成系はクロリンの合成であり、最終段階でのB環の還元反応によりバクテリオクロリンを合成している。この合成経路での問題は、なぜ赤外域の波長が必要とされたか、という問題に置き換えることができる。

赤外域の光は水中での透過度が低く、表層付近でほとんど吸収され、深所には届かない。熱水鉱床付近での溶岩の発する光を用いて光合成を始めたという説もあるが、その場合、赤外光の波長分布は、溶岩の温度などに依存するために一定ではなく、結果として広いスペクトル分布が考えられ、特定の吸収帯をもつバクテリオクロロフィルの吸収ピークと熱水鉱床の発光波長を合わせることはかなり困難であったと考えられる。

緑色硫黄細菌の第一電子供与体（P840）が獲得できるエネルギーは約 1.48 V である。P840 の酸化電位は約 0.5 V であり、溶液中の BChl *a* の酸化電位よりも約 0.25 V 低く、電位の調整に特別の機構をもつ必要はなかった。二酸化炭素の固定は還元的 TCA 回路によって担われ、そのために必要な Fd、NADPH の生成には光エネルギーの獲得で十分のエネルギーを賄うことができた。もし、Chl *a* を使って、約 1.77 V のエネルギーを獲得しても無駄に使うだけであり、むしろ過還元状態による傷害を避ける意味でも BChl *a* が望ましかったと考えられる。

この他にも、タンパク質との相互作用、化学反応性などの観点から考察することができるが、Chl *a* と BChl *a* の間に大きな違いを見出すことができないために、これらの要因が色素分子種を決める要因にはならないと考えられる（Gould *et al.*, 2008）。

一方、光合成細菌から酸素発生型光合成生物への進化に伴っては、バクテリオクロリンへの合成経路を棄てればよいのであって、特別に獲得しなければならない形質はきわめて限定的であった。こうした事項を考慮すると、ポルフィリンを使わず、あえて対称性を崩した化合物、クロロフィルを用いた理由は、反応系の構築のために、最低限の光エネルギーの獲得で完成させることのできる色素を使った、ということになろうか。進化過程は実験ができないために進化の理由を探ることは容易ではない。まして、起源を探り、その必然性を論じることはさらに困難である。しかし、今後もこの視点を維持し、光合成系をみることは光合成系としての理解のために重要である。

第4章のまとめ

　この章では、クロロフィルの機能的な面と、合成－分解という生理学的な面を中心に解説した。光合成アンテナ色素系や反応中心複合体における、色素、タンパク質のそれぞれの構造、タンパク質との相互作用による色素の性質の変化、その変化による機能発現など、クロロフィルが実際に機能を実現するための理由を、丁寧に説明した。いわゆる光合成の教科書が反応過程や反応機構の詳細に照準を当てることとは別の角度から解説し、また光合成細菌から高等植物までを、できるだけ統一的、包括的に見ることで、光合成生物におけるクロロフィルの実態が明らかにすることを試みた。また、これとは別に、色素の合成や分解という最も基本的な代謝反応についても、近年の知識を総括した。クロロフィルの機能は現象論としてはかなりの理解度に到達したが、制御機構を含む生理学は今後の大きな課題として残る。

第4章の参考文献

秋本誠志・山崎　巌・三室　守（2003）光合成系カロテノイドの励起緩和ダイナミクス．レーザー研究，**31**：207-211．

三室　守・田中　歩（2002）光合成色素系－光エネルギーの捕集．『朝倉植物生理学講座3巻　光合成』（佐藤公行 編集），pp.10-31，朝倉書店．

三室　守・村上明男・菊地浩人（1997）シアノバクテリアの集光性超分子会合体，フィコビリソーム．蛋白質 核酸 酵素，**42**：2613-2625．

Akiyama, M., Miyashita, H., Kise, H., Watanabe, T., Mimuro, M., Miyachi, S. and Kobayashi, M. (2002) Quest for minor but key chlorophyll molecules in photosynthetic reaction centers. — Unusual pigment composition in the reaction centers of the chlorophyll d-dominated cyanobacterium *Acaryochloris marina* —. *Photosynth. Res.*, **74**：97-107．

Allakhverdiev, S. I., Tomo, T., Shimada, Y., Kindo, H., Nagao, R., Klimov, V. V. and Mimuro, M. (2010) Redox potential of pheophytin a in photosystem II of two cyanobacterial species having different chlorophyll species. *Proc. Natl. Acad. Sci. USA*, **107**：3924-3929．

Bachvaroff, T. R., Puerta, M. V. S. and Delwiche, C. F. (2005) Chlorophyll c-containing plastid relationships based on analyses of a multigene data set with all four chromalveolate lineages. *Mol. Biol. Evol.*, **22**(9)：1772-1782．

Barros, T. and Kühlbrandt, W. (2009) Crystallisation, structure and function of plant light-harvesting Complex II. *Biochim. Biophys. Acta*, **1787**：753–772．[**Review**]

Bowler, C. *et al.* (2008) The *Phaeodactylum* genome reveals the evolutionary history of diatom genomes. *Nature*, **456**：239-244．

第 4 章の参考文献

Camara-Artigas, A., Blankenship, R. E. and Allen, J. P. (2003) The structure of the FMO protein from *Chlorobium tepidum* at 2.2 Å resolution. *Photosynthesis Research*, **75**：49-55.

Dawson, T. L. (2009) Biosynthesis and synthesis of natural colours. *Color. Technol.*, **125**：61-73. [Review]

Deisenhofer, J., Epp, O., Miki, K., Huber, R. and Michel, H. (1985) Structure of the protein subunits in the photosynthetic reaction centre of *Rhodopseudomonas viridis* at 3 Å resolution. *Nature*, **318**：618-624.

Duysens, L. N. M., Amesz, J. and Kamp, B. M. (1961) Two photochemical systems in photosynthesis. *Nature*, **190**：510-511.

Fawley, M. W. (1988) Separation of chlorophylls c_1 and c_2 from pigment extracts of *Pavlova gyrans* by reversed-phase high performance liquid chromatography. *Plant Physiol.*, **86**：76-78.

Fawley, M. W. (1989) A new form of chlorophyll *c* involved in light-harvesting. *Plant Physiol.*, **91**：727-732.

Gould, S. B., Waller, R. F. and McFadden, G. I. (2008) Plastid evolution. *Annu. Rev. Plant Biol.*, **59**：491-517. [Review]

Groot, M. L., Pawlowicz, N. P., van Wilderen, L. J., Breton, J., van Stokkum, I. H. and van Grondelle, R. (2005) Initial electron donor and acceptor in isolated Photosystem II reaction centers identified with femtosecond mid-IR spectroscopy. *Proc. Natl. Acad. Sci. USA*, **102**：13087-13092.

Grotjohann, I. and Fromme, P. (2005) Structure of cyanobacterial photosystem I. *Photosynthesis Research*, **85**：51-72. [Review]

Harashima, K., Shiba, T., Totsuka, T., Shimidu, U. and Taga, N. (1978) Occurrence of bacteriochlorophyll *a* in a strain of an aerobic heterotrophic bacterium. *Agric. Biol. Chem.*, **42**：1627-1628.

Harashima, K., Nakagawa, M. and Murata, N. (1982) Photochemical activities of bacteriochlorophyll in aerobically grown cells of aerobic heterotrophs, *Erythrobacter* sp. (OCh114) and *Erythrobacter longus* (OCh101). *Plant Cell Physiol.*, **23**：185-193.

Hastings, G. (2001) Time-resolved step-scan fourier transform infrared and visible absorption difference spectroscopy for the study of photosystem I. *Appl. Spectrosc.*, **55**：894-900.

Hauska, G., Schoedl, T., Remigy, H. and Tsiotis, G. (2001) The reaction center of green sulfur bacteria. *Biochim. Biophys. Acta*, **1507**：260-277. [Review]

van Heukelem, L. and Thomas, C. S. (2001) Computer-assisted high-performance liquid chromatography method development with applications to the isolation and analysis of phytoplankton pigments. *J. Chromatogr. A*, **910**：31-49.

Hill, R. and Bendall, F. (1960) Function of the 2 cytochrome components in chloroplasts-working hypothesis. *Nature*, **186**：136-137.

Hiraishi, A. and Shimada, K. (2001) Aerobic anoxygenic photosynthetic bacteria with zinc-bacteriochlorophyll. *J. Gen. Appl. Microbiol.*, **47**：161-180. [Review]

Holzwarth, A. R., Müller, M. G., Reus, M., Nowaczyk, M., Sander, J. and Röegner, M. (2006) Kinetics and mechanism of electron transfer in intact photosystem II and in the isolated reaction center: pheophytin is the primary electron acceptor. *Proc. Natl. Acad. Sci. USA*, **103**：6895-6900.

Horigome, D., Satoh, H., Itoh, N., Mitsunaga, K., Oonishi, I., Nakagawa, A. and Uchida, A.(2007) Structural mechanism and photoprotective function of water-soluble chlorophyll-binding protein. *J. Biol. Chem.*, **282**：6525-6531.

Hörtensteiner, S. (2006) Chlorophyll degradation during senescence. *Annu. Rev. Plant Biol.*, **57**：55-77. [Review]

Hu, Q., Miyashita, H., Iwasaki, N., Kurano, S., Miyachi, S., Iwaki, M. and Itoh, S. (1998) A photosystem I reaction center driven by chlorophyll d in oxygenic photosynthesis. *Proc. Natl. Acad. Sci. USA*, **95**：13319-13323.

Jahnsa, P., Latowski, D. and Strzalka, K. (2009) Mechanism and regulation of the violaxanthin cycle: the role of antenna proteins and membrane lipids. *Biochim. Biophys. Acta*, **1787**：3-14. [Review]

Jensen, P. E., Bassi, R., Boekema, E. J., Dekker, J. P., Jansson, S., Leister, D., Robinson, C. and Scheller, H. V. (2007) Structure, function and regulation of plant photosystem I. *Biochim. Biophys. Acta*, **1767**：335-352. [Review]

Khatypov, R. A., Khmelnitskiy, A. Y., Leonova, M. M., Vasilieva, L. G. and Shuvalov, V. A. (2008) Primary light-energy conversion in tetrameric chlorophyll structure of photosystem II and bacterial reaction centers: I. A review. *Photosynth. Res.*, **98**：81-93. [Review]

Kolber, Z. S., van Dover, C. L., Niederman, R. A. and Falkowski, P. G. (2000) Bacterial photosynthesis in surface waters of the open ocean. *Nature*, **407**：177-179.

Kolber, Z. S., Plumley, F. G., Lang, A. S., Beatty, J. T., Blankenship, R. E., van Dover, C. L., Vetriani, C., Koblizek, M., Rathgeber, C. and Falkowski, P. G. (2001) Contribution of aerobic photoheterotrophic bacteria to the carbon cycle in the ocean. *Science*, **292**：2492-2495.

Kräutler, B. (2008) Chlorophyll breakdown and chlorophyll catabolites in leaves and fruit. *Photochem. Photobiol. Sci.*, **7**：1114-1120. [Review]

Kurisu, G., Zhang, H., Smith, J. L. and Cramer, W. A. (2003) Structure of the cytochrome b_6f complex of oxygenic photosynthesis: Tuning the cavity. *Science*, **302**：1009-1014.

de Lacroix de Lavalette, A., Finazzi, G. and Zito, F. (2008) b_6f-Associated chlorophyll: structural and dynamic contribution to the different cytochrome functions. *Biochemsitry*, **47**：5259-5265.

Masuda, T. (2008) Recent overview of the Mg branch of the tetrapyrrole biosynthesis leading to chlorophylls. *Photosynth. Res.*, **96**：121-143. [Review]

Masuda, T. and Fujita, Y. (2008) Regulation and evolution of chlorophyll metabolism. *Photochem. Photobiol. Sci.*, **7**：1131-1149. [Review]

Matsuura, K., Hirota, M., Shimada, K. and Mimuro, M. (1993) Spectral forms and orientation of bacteriochlorophylls c and a in chlorosomes of the green photosynthetic bacterium *Chloroflexus aurantiacus*. *Photochem. Photobiol.*, **57**：92-97.

Mimuro, M., Akimoto, S., Yamazaki, I., Miyashita, M. and Miyachi, S. (1999) Fluorescence properties of Chlorophyll d-dominating prokaryotic alga, *Acaryochloris marina*: studies using time-resolved fluorescence spectroscopy on intact cells. *Biochim. Biophys. Acta*, **1412**：37-46.

Mimuro, M., Hirayama, K., Uezono, K., Miyashita, H. and Miyachi, S. (2000a) Up-hill energy transfer in a chlorophyll d-dominating oxygenic photosynthetic prokaryote, *Acaryochloris marina*. *Biochim. Biophys. Acta*, **1456**：27-34.

Mimuro, M., Kobayashi, M., Shimada, K., Uezono, K. and Nozawa, T. (2000b) Magnetic circular dichroism (MCD) properties of reaction center complexes isolated from the zinc bacteriochlorophyll *a* containing purple bacterium, *Acidiphilium rubrum*. *Biochemistry*, **39**: 4020-4027.

Mimuro, M., Akimoto, S., Gotoh, T., Yokono, M., Akiyama, M., Tsuchiya, T., Miyashita, H., Kobayashi, M. and Yamazaki, I. (2004) Identification of the primary electron donor in PS II of the Chl *d*-dominated cyanobacterium *Acaryochloris marina*. *FEBS Lett.*, **556**: 95-98.

Mimuro, M., Yokono, M. and Akimoto, S. (2010) Variations in photosystem I properties in the primordial cyanobacterium *Gloeobacter violaceus* PCC 7421. *Photochem. Photobiol.*, **86**: 62-69.

Miyashita, H., Ikemoto, H., Kurano, N., Adachi, K., Chihara, M. and Miyachi, S. (1996) Chlorophyll *d* as a major pigment. *Nature*, **383**: 402.

Miyatake, T. and Tamiaki, H. (2005) Self-aggregates of bacteriochlorophylls-*c*, *d* and *e* in a light-harvesting antenna system of green photosynthetic bacteria: Effect of stereochemistry at the chiral 3-(1-hydroxyethyl) group on the supramolecular arrangement of chlorophyllous pigments. *J. Photochem. Photobiol. C: Photochem. Rev.*, **6**: 89-107. [Review]

Müh, F., Renger, T. and Zouni, A. (2008) Crystal structure of cyanobacterial photosystem II at 3.0 Å resolution: closer look at the antenna system and the small membrane-intrinsic subunits. *Plant Physiol. Biochem.*, **46**: 238-264. [Review]

Muraki, N., Nomata, J., Ebata, K., Mizoguchi, T., Shiba, T., Tamiaki, H., Kurisu, G. and Fujita, Y. (2010) X-ray crystal structure of the light-independent protochlorophyllide reductase. *Nature*, **465**: 110-114.

Murakami, A., Miyashita, H., Iseki, M., Adachi, K. and Mimuro, M. (2004) Chlorophyll *d* in an epiphytic cyanobacterium of red algae. *Science*, **303**: 1633.

Nabedryk, E. and Breton, J. (2008) Coupling of electron transfer to proton uptake at the Q_B site of the bacterial reaction center: a perspective from FTIR difference spectroscopy. *Biochim. Biophys. Acta*, **1777**: 1229-1248. [Review]

Nishiyama, I., Fukuda, T. and Oota, T. (2005) Genotypic differences in chlorophyll, lutein, and β-carotene content in the fruit of actinidia species. *J. Agric. Food Chem.*, **53**: 6403-6407.

Nogi, T. and Miki, K. (2001) Structural basis of bacterial photosynthetic reaction centers. *J. Biochem.*, **130**: 319-329.

Noguchi, T., Kamimura, Y., Inoue, Y. and Itoh, S. (1999) Photoconversion of a water-soluble chlorophyll protein from *Chenopodium album*: resonance raman and Fourier transform infrared study of protein and pigment Structures. *Plant Cell Physiol.*, **40**: 305-310.

Olson, J. M. (2004) The FMO protein. *Photosynth. Res.*, **80**: 181-187. [Review]

Parker, M. S., Mock, T. and Armbrust, E. V. (2008) Genomic insights into marine microalgae. *Annu. Rev. Genet.*, **42**: 619-645. [Review]

Partensky, F. and Garczarek, L. (2010) Prochlorococcus: Advantages and limits of minimalism. *Annu. Rev. Mar. Sci.*, **2**: 305-331. [Review]

Raymonda, J. and Blankenship, R. E. (2008) The origin of the oxygen-evolving complex. *Coordination Chem. Rev.*, **252**: 377-383. [Review]

Renger, G. and Renger, T. (2008) Photosystem II: The machinery of photosynthetic water splitting. *Photosynth. Res.*, **98** : 53-80. [Review]

Saga, Y., Shibata, Y. and Tamiaki, H. (2010) Spectral properties of single light-harvesting complexes in bacterial photosynthesis. *J. Photochem. Photobiol., C: Photochem. Rev.*, **11** : 15-24.

Satoh, H., Uchida, A., Nakayama, K. and Okada, M. (2001) Water-soluble chlorophyll prptein in *Brassicaceae* plants is a stresse-induced chlorophyll-binding protein. *Plant Cell Physiol.*, **42** : 906-911. [Review]

Satoh, K. (2008) Protein-pigments and the photosystem II reaction center: a glimpse into the history of research and reminiscences. *Photosynth. Res.*, **98** : 33-42. [Review]

Schmid, V. H. R. (2008) Light-harvesting complexes of vascular plants. *Cell. Mol. Life Sci.*, **65** : 3619-3639. [Review]

Shiba, T., Shimidu, U. and Taga, N. (1979) Distribution of aerobic bacteria which contain bacteriochlorophyll *a*. *Appl. Environ. Microbiol.*, **38** : 43-45.

Shiba, T. and Harashima, K. (1986) Aerobic photosynthetic bacteria. *Microbiol. Sci.*, **3** : 376-378.

Shikanai, T. (2007) Cyclic electron transport around Photosystem I: genetic approaches. *Annu. Rev. Plant Biol.*, **58** : 199-217. [Review]

Sivakumar, V., Wang, R. and Hastings, G. (2003) Photo-oxidation of P740, the primary electron donor in photosystem I from *Acaryochloris marina*. *Biophys. J.*, **85** : 3162-3172.

Srinivasan, N. and Golbeck, J. H. (2009) Protein-cofactor interactions in bioenergetic complexes: the role of the A_{1A} and A_{1B} phylloquinones in photosystem I. *Biochim. Biophys. Acta*, **1787** : 1057-1088. [Review]

Stroebel, D., Choquet, Y., Popot, J.-L. and Picot, D. (2003) An atypical haem in the cytochrome b_6f complex. *Nature*, **426** : 413-418.

Swingley, W. D., Chen, M., Cheung, P. C., Conrad, A. L., Dejesa, L. C., Hao, J., Honchak, B. M., Karbach, L. E., Kurdoglu, A., Lahiri, S., Mastrian, S. D., Miyashita, H., Page, L., Ramakrishna, P., Satoh, S., Sattley, W. M., Shimada, Y., Taylor, H. L., Tomo, T., Tsuchiya, T., Wang, Z. T., Raymond, J., Mimuro, M., Blankenship, R. E. and Touchman, J. W. (2008) Niche adaptation and genome expansion in the chlorophyll *d*-producing cyanobacterium *Acaryochloris marina*. *Proc. Natl. Acad. Sci. USA*, **105** : 2005-2010.

Tanaka, R. and Tanaka, V. (2007) Tetrapyrrole biosynthesis in higher plants. *Annu. Rev. Plant Biol.*, **58** : 321-346. [Review]

Tomii, T., Shibata, Y., Ikeda, Y., Taniguchi, S., Haik, C., Mataga, N., Shimada, K. and Itoh, S. (2007) Energy and electron transfer in the photosynthetic reaction center complex of *Acidiphilium rubrum* containing Zn-bacteriochlorophyll *a* studied by femtosecond up-conversion spectroscopy. *Biochim. Biophys. Acta*, **1767** : 22-30.

Tomo, T., Okubo, T., Akimoto, S., Yokono, M., Miyashita, H., Tsuchiya, T., Noguchi, T. and Mimuro, M. (2007) Identification of the special pair of photosystem II in the chlorophyll *d*-dominated cyanobacterium. *Proc. Natl. Acad. Sci. USA*, **104** : 7283-7288.

Tomo, T., Kato, Y., Suzuki, T., Akimoto, S., Okubo, T., Hasegawa, K., Noguchi, T., Tsuchiya, T., Tanaka, K., Fukuya, M., Dohmae, N., Watanabe, T. and Mimuro, M. (2008) Characterization of highly purified PS I complexes from the chlorophyll *d*-dominated cyanobacterium

第4章の参考文献

Acaryochloris marina MBIC 11017. *J. Biol. Chem.*, **283**: 18198-18209.

Tronrud, D. E., Wen, J., Gay, L. and Blankenship, R. E. (2009) The structural basis for the difference in absorbance spectra for the FMO antenna protein from various green sulfur bacteria. *Photosynth. Res.*, **100**: 79-87.

Wakao, N., Nagasawa, N., Matsuura, T., Matsukura, H., Matumoto, T., Hiraishi, A., Sakurai, Y. and Shiota, H. (1994) *Acidiphilium multivorum* sp. an acidophilin chrmoorganotropic bacterium from pyritic acid mine drainage. *J. Gen. Appl. Microbiol.*, **40**: 143-159.

Wakao, N., Yokoi, N., Isoyama, N., Hiraishi, A., Shimada, K., Kobayashi, M., Kise, H., Iwaki, M., Itoh, S., Takaichi, S. and Sakurai, Y. (1996) Discovery of natural photosynthesis using Zn-containing bacteriochlorophyll in an aerobic bacterium *Acidiphilium rubrum*. *Plant Cell Physiol.*, **37**: 889-893.

Yakushiji, E., Uchino, K., Sugimura, Y., Shiratori, I. and Takamiya, F. (1963) Isolation of water-soluble chlorophyll proteins from the leaves of *Chenopodium alubum*. *Biochim. Biophys. Acta*, **75**: 293-298.

Yamashita, E., Zhang, H. and Cramer, W. A. (2007) Structure of the cytochrome b_6f complex: quinone analogue inhibitors as ligands of heme c_n. *J. Mol. Biol.*, **370**: 39-52.

5 クロロフィルの分析法

　クロロフィルに関する情報を得ることは研究の進展にとってきわめて重要である。クロロフィルは植物には普遍的に存在する色素であるために、その分析方法は基礎的な技術と認識されている。しかし、様々な分析方法を記した成書は必ずしも多くはなく、専門書に断片的に記載されていることが多い。そこで、この本では一般的な分析方法を記すことで、誰もが容易に情報を得ることができ、研究や解析の進展を図る体制をつくる一助にする。

5-1　分離精製法

　クロロフィルやその誘導体は、ほとんど市販されておらず、また販売されていても大変高価である。したがって、天然からの抽出分離が必要となる。クロロフィル類を含有した天然素材を購入もしくは採取するのと、培養／生育によってクロロフィル類含有体を得る二つの方法がある。実験室での管理の下では、後者には、遺伝子改変した培養株を含めることもできる。

　高純度のクロロフィルを得るためには、通常高速液体クロマトグラフィー（HPLC）が利用される。とくに、単離精製中に、クロロフィルのアロマー化やエピマー化やフェオフィチン化などが容易に起こるので、注意を要する（Tamiaki *et al.*, 2007；民秋，2007）。

5-1-1　各クロロフィルにおける要点
（1）Chl *a*
　試薬会社から購入可能であるが、大量に必要な場合には、生体から抽出することを勧める。クロロフィルとして Chl *a* しか含有しないシアノバクテリア（藍藻）から抽出するのが簡単である。シアノバクテリアの一種であるスピルリナが粉末状で市販されているので、それを利用するのが便利である。

(2) Chl b

試薬会社からも購入可能だが、分析標品以外に利用するのには高価なので、生体から抽出単離が必要である。Chl b のみを含む光合成生物はなく、Chl a を主として含む植物体（たとえばホウレンソウ）に、マイナーなクロロフィル（多くても Chl a の約 30％の量）として含まれている。ホウレンソウなどからの抽出によって、Chl a と Chl b 混合物を得た後、クロマトグラフィーなどで分離することになる（**5-1-3** 項参照）。7 位がメチル基であるか、ホルミル基であるかの違いだけなので、大量の分離は面倒である。その官能基の反応性の差を利用して、分離する方法も提案されている（フェオフィチン化後の分離であり、マグネシウム錯体のままでの分離ではない）。

(3) Chl c

生物試料（ワカメ、コンブ、ヒジキなどの褐藻類や珪藻類）から抽出することで入手が可能である。通常 Chl c_1 と Chl c_2 は Chl a と混合して含まれている。これらの Chl c はカルボン酸なので、エステルの Chl a とは分液や簡単なクロマトグラフィーで分離が可能である。Chl c_1 と Chl c_2 との分離は、8 位がエチル基であるかビニル基であるかのわずかな違いであるので困難を伴い、慎重な HPLC 分離が求められる。Chl c_3 を含有する光合成生物は比較的限定されているので、細胞培養後の分離が必要となる（たとえば、円石藻の *Emiliania huxley* から）。

(4) Chl d

培養したシアノバクテリアの一種（*Acaryochloris marina*）から抽出することで入手できる。Chl d 以外に少し Chl a を含んでいるので、分離（HPLC 等）が必要である。ただし、Chl b の Chl a からの単離精製とは異なり、Chl d が主成分であるので、少量の 3-ビニル体の Chl a を除去して 3-ホルミル体の Chl d を単離精製するのは、両者がよく似ているにもかかわらず比較的容易である。*Acaryochloris marina* は経済産業省所轄の独立行政法人、製品評価技術基盤機構のカルチャーコレクションから分譲が可能となっている。

(5) DV-Chl a、DV-Chl b

世界のいくつかの藻類のカルチャーコレクションから *Prochlorococcus* spp. が入手可能なので、購入後、培養を行い、分離精製が可能である。しかし、細胞の培養がきわめて困難であり、使用する海水、器具の洗浄、栄養塩の添加などに細心の注意が必要とされている。

(6) BChl *a*

通常の紅色細菌は、BChl *a* のみをクロロフィル色素として含んでいるので、紅色細菌から単離精製するのが簡単である。紅色細菌（たとえば *Rhodobacter sphaeroides*）は大量培養も容易であるが、培養したものを購入することも可能である。ただし、種（*Rhodopseudomonas palustris* など）によってはかなりの量のフィチル基以外のエステルを含んでいるものもあるので、注意を要する。

(7) BChl *b*

紅色細菌の中には、BChl *a* ではなく BChl *b* をクロロフィル色素として含んでいるものがあるので、そのような菌体（たとえば *Rhodopseudomonas viridis* ［現在は *Blastochloris viridis* に変更］）を培養して単離精製することで入手可能である。ただし、BChl *a* よりも不安定（クロリン環へ異性化しやすい）であり、取り扱いには慎重を要する。

(8) BChl *c*、BChl *d*、BChl *e*

緑色細菌の主たる集光器官に含まれており、緑色細菌を培養して入手することになる。これらの色素が主たるものであるが、BChl *a* もマイナークロロフィル成分として含まれている。物性（分子の色や極性など）が大きく異なるので、容易に分離が可能である。BChl *c* を優先的に生産する菌体（*Chlorobium tepidum* ［現在は *Chlobaculum tepidum* に変更］ など）、BChl *d* もしくは BChl *e* のみを生産する菌体（*Chlorobium vibrioforme* ［現在は *Prosthecochloris vibrioformis* に変更］ もしくは *Chlorobium phaeobacteroides* など）を用いることで、それぞれを入手可能である。すでに述べたように（**1-2-3** 項参照）、BChl *c*、BChl *d*、BChl *e* は、同族体や立体異性体などの混合物であるので、単一の分子構造を有するものを入手するには、慎重な HPLC による分離が不可欠である。なお、緑色糸状性細菌には、8 位がエチルで 12 位がメチル基に限定された BChl *c* 同族体のみを与える種（*Chloroflexus aurantiacus* など）もある。17 位上のエステルにも多様性があるので、分離精製時には注意を要する。

(9) BChl *g*

ヘリオバクテリアを培養し、入手することになる。ヘリオバクテリアの培養は、絶対嫌気条件下で行う必要がある上に、BChl *g* は、BChl *b* 以上に不安定であるので（異性化して Chl *a* になりやすい。**2-2-4** 項参照）、取り扱いには慎重を要する。ただし、ヘリオバクテリアはクロロフィル色素として優先的に BChl *g* を生産するので、分離という点では楽である。

上記以外のマイナークロロフィルは、菌体から単離精製するか、上記のクロロフィルを化学的に変換することによって入手することになる（なお、カルチャーコレクションについては付録Ⅶ参照のこと）。

5-1-2 抽 出
抽出はもっとも基本的な操作であるが、抽出により副産物を生じさせることが多いので、慎重に行うことが求められる。大型植物の場合には、あらかじめ細かく砕いておくことで抽出効率を上げることができる。アセトンやメタノールなどの有機溶媒でクロロフィルを抽出できるが、クロロフィル分子の不安定性（**2-2**節参照）を考慮して、手早い操作が望まれる。また、光や酸素があると変性が加速されるので、注意が必要である。さらに、酸性物質はフェオフィチン化を、塩基性物質はエピマー化（さらにはアロマー化）を促進するので、できる限り混入を避けたい。

5-1-3 精 製
(1) クロマトグラフィー法

古くはペーパークロマトグラフィー法が用いられたが、分離能や再現性の点から、現在では薄層クロマトグラフィー法やカラムクロマトグラフィー法が多用されている。どのような担体をクロマトグラフィーに用いるかは、対象とするクロロフィルにもよっている。比較的極性の低い（脂溶性の高い）クロロフィルである Chl a や Chl b は、シリカゲルを利用して精製可能である。この際には、溶離液は低極性のヘキサンをベースにして、アロマー化能の低い 2-プロパノール（イソプロピルアルコール）を加えることで調製することが肝要である。BChl b や BChl g は、酸に敏感ですぐに異性化するので、シリカゲルを用いた精製には不向きである。BChl c、BChl d、BChl e は、比較的極性の高い分子であり、低極性有機溶媒に溶けにくい上に、シリカゲルに強く吸着するので、変性せずにシリカゲルを利用して精製するのは難しい。

糖をベースにしたゲルは、シリカゲルに比べて吸着力も弱く、酸としても働かないので、クロロフィルの精製には向いている。古くは砂糖（ショ糖）を利用したカラムクロマトグラフィーが用いられていたが、最近ではアガロースやセルロースの高分子を用いたものがよく使われる。とくにアガロースベースの

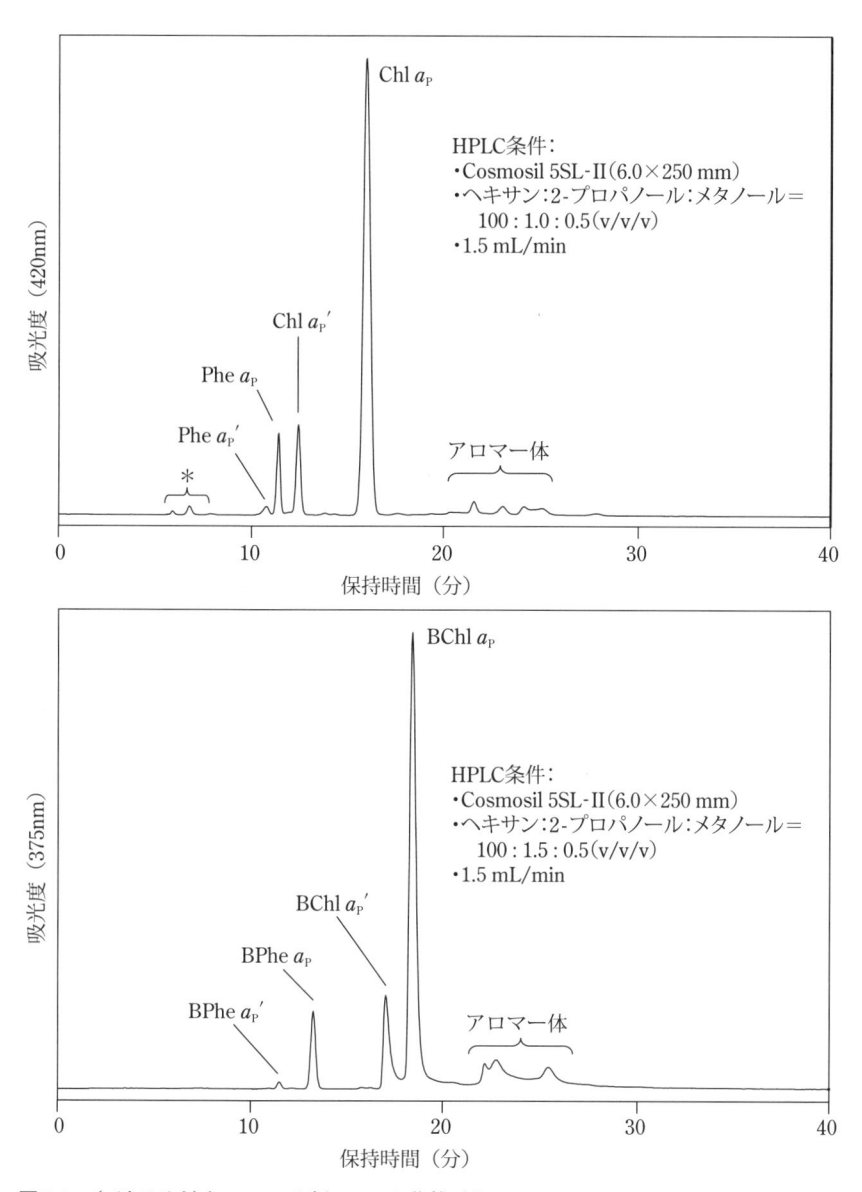

図5-1 （バクテリオ）クロロフィル類のHPLC分離パターン
　クロロフィルa(Chl a)類（上）、およびバクテリオクロロフィルa(BChl a)類（下）のHPLC上での分離パターンを示す。上の分布パターン中の＊はクロロフィル派生物（構造未決定）を示す。

様々なゲルが Sepharose という名称で市販されており、分離能も高い。短時間で分離できるので、クロロフィルの変性も抑えられる利点を有している。

クロロフィルは色素分子であるために、溶液を目で見ることによってその存在の確認が行え、通常の薄層やカラムクロマトグラムでの分離精製の程度の判断が簡単に行える。しかし、高純度のクロロフィルが必要なときには、HPLC を利用するのが望ましい（HPLC による Chl *a* 類と BChl *a* 類の分離パターンを図 **5-1** に示す）。HPLC 用のカラムには主として逆相と順相のものがあるが、用途に応じて使い分けるのがよい。通常の検出は、ある波長の吸収の大きさで行われるが、フォトダイオードアレイ型の検出器を用いれば、吸収スペクトルが同時に検出できるので、クロロフィルの同定には威力を発揮する。また、蛍光発光検出器を用いれば、微量分析も可能となる。クロロフィル分子の蛍光発光能は分離に用いる有機溶媒中では約30％と高く、発光波長領域も他から妨害されにくい長波長領域にあるので検出感度が高まる。さらに、質量分析器を検出に利用すれば（LC-MS）、分子量測定による同定もできて（クロロフィル分子はπ電子系化合物なので比較的イオン化されやすい）、高感度分析も行えるというメリットがある。

(2) その他

クロロフィルの精製には、他の物質との溶解度の差を利用して精製することも可能である。クロロフィルは水には溶解しないので、水溶性の物質とは分液操作を行うことで容易に分離することができる。極性の比較的高いクロロフィルは、低極性溶媒に溶けないので、低極性化合物とも洗浄によって容易に分離できる。クロロフィルは、大環状のπ電子系化合物であるので、自己集積しやすく、再沈殿や結晶化によっても精製可能である。（次節「**5-2 分析方法**」を参照）

5-2 分 析 方 法

5-2-1 可視吸収分光法

（バクテリオ）クロロフィル分子は、可視・近赤外光領域に特徴的な吸収帯を有しているので、その吸収スペクトルを測定することで、同定することが可能である。サンプル量も少なくてすみ、測定も簡便なので、クロロフィル分析の強力なツールとなる。適当な溶媒中でのスペクトルの形状（吸収極大波長と

5-2 分析方法

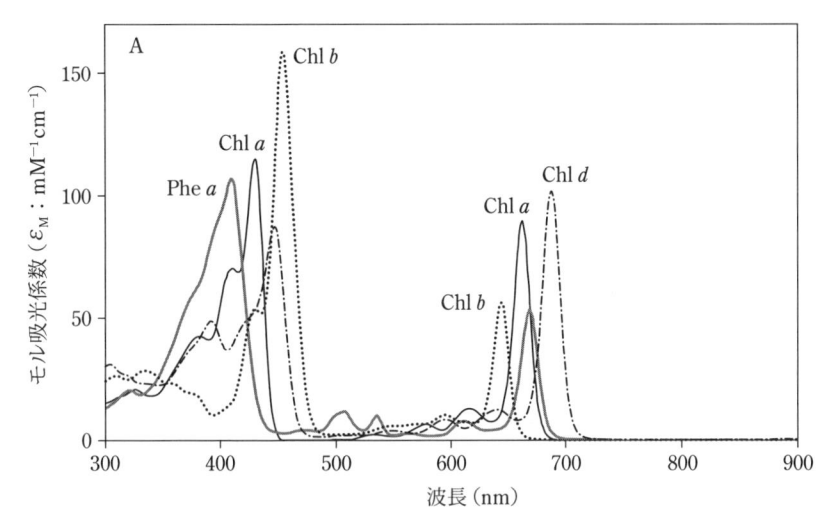

図5-2 クロロフィル類の吸収スペクトル
クロリン環をもつ3種のクロロフィルとPhe aについて、室温、アセトン中でのスペクトルを示す（東京理科大学、鞆 達也氏の測定による）。これら3種を含む他の分子種についての詳細な吸収スペクトルは付録Ⅱの項で示す（立命館大学、溝口 正氏の測定による）。両者には、測定条件の違いなどによって生じる微妙な違いがある。

その相対吸収強度）から（付録Ⅱ等参照）、クロロフィル分子種をほぼ同定でき、既知のモル吸光係数から定量分析も可能となる。また、クロロフィル分子種がわかっているときには、その吸収スペクトルを測定することで、そのクロロフィル分子がどのような環境（自己集積しているか否かも含めた）にあるのかも推定できる（図 5-2）。クロロフィルの吸収スペクトルの詳細は、**2-1** 節で述べた通りである。

5-2-2 質量分析法

クロロフィルは大環状π電子共役系分子であるので、イオン化しやすく、比較的質量分析をしやすい。質量分析法には、様々なイオン化手法があり、あわせてイオンの分析法も多様である。まず手近の機器で試してみることをお薦めする。簡単に測定できるものとしては、時間飛行型の質量分析法（Time-of-Flight Mass Spectroscopy；TOF-MS）が挙げられる。レーザー照射でイオン化（LD）が行われるが、マトリックスがなくてもイオン化できる場合が多い。液体クロマトグラフィー－質量分析（Liquid Chromatography-Mass

Spectroscopy；LC-MS）を用いれば、分離と同時質量分析ができるので便利である。高速原子衝撃型（Fast Atom Bombardment；FAB）でのイオン化では、メタニトロベンジルアルコールやグリセリンのようなマトリックスが必要であり、測定したいクロロフィル分子との相性が重要になってくる。陽イオン検出モードでは、分子イオンピーク（M^+）やそのプロトン化ピーク（$[M+H]^+$）が見られ（図 5-3）、陰イオン検出モードでは、分子イオンピーク（M^-）やその脱プロトン化ピーク（$[M-H]^-$）が見られることが多い（Chl a については図 5-3(1)、BChl a については図 5-3(2)）。ただし、アキシアル配位子の付加体や中心マグネシウムが抜けたフェオフィチンが主たるピークになることもある。フラグメントピークとしては、17 位上のエステルの長鎖炭化水素基が欠落したものが見られることも多いが（図 5-3(1)〜(3)）、テトラピロール環上の官能基の変化に伴うピークも見られる（たとえば、BChl c、BChl d、BChl e における 3 位上の 1-ヒドロキシエチル基からの脱水ピーク。図 5-3(3) 参照）。

　質量分析法では、イオン化しやすいものが大きく検出されるので、混合物を測定する場合には注意を要する。望みのピークが小さくて、不純物由来のピークが大きくても、クロロフィルの純度が低いわけでは必ずしもない。たとえば、モル比で 1% の不純物が、クロロフィルよりも 1000 倍イオン化しやすければ、10 倍大きなピークをその不純物が与えることになる。微量のクロロフィルでも、質量分析法では検出可能であり、高感度分析に適しているが、使用する溶媒や器具やマトリックスやイオン化ターゲットなどに細心の注意を払うことが求められる。

5-2-3　核磁気共鳴法

　サンプル量はプロトン（^1H）測定のために 0.1mg と比較的多く必要なものの、得られる情報量は多いので、未知クロロフィルの同定には威力を発揮する（図 5-4）。^1H だけではなく、炭素-13（^{13}C）からのスペクトルも役に立つ。^{13}C 測定のためにはさらに多く（3〜5mg 程度）のサンプルが必要である。一次元だけでなく様々な二次元スペクトルから、分子構造決定が行える。5, 10, 20 位上のプロトンに基づくピークは、テトラピロール環の環電流効果で大きく低磁場シフトしており（化学シフトが 8〜11ppm）、クロロフィルの確認に役立つ。また、環内の NH によるプロトンのピークは、同じ環電流効果で大きく高磁場シフトしており（化学シフトが 0〜-3ppm）、フリーベース体のフェオフィ

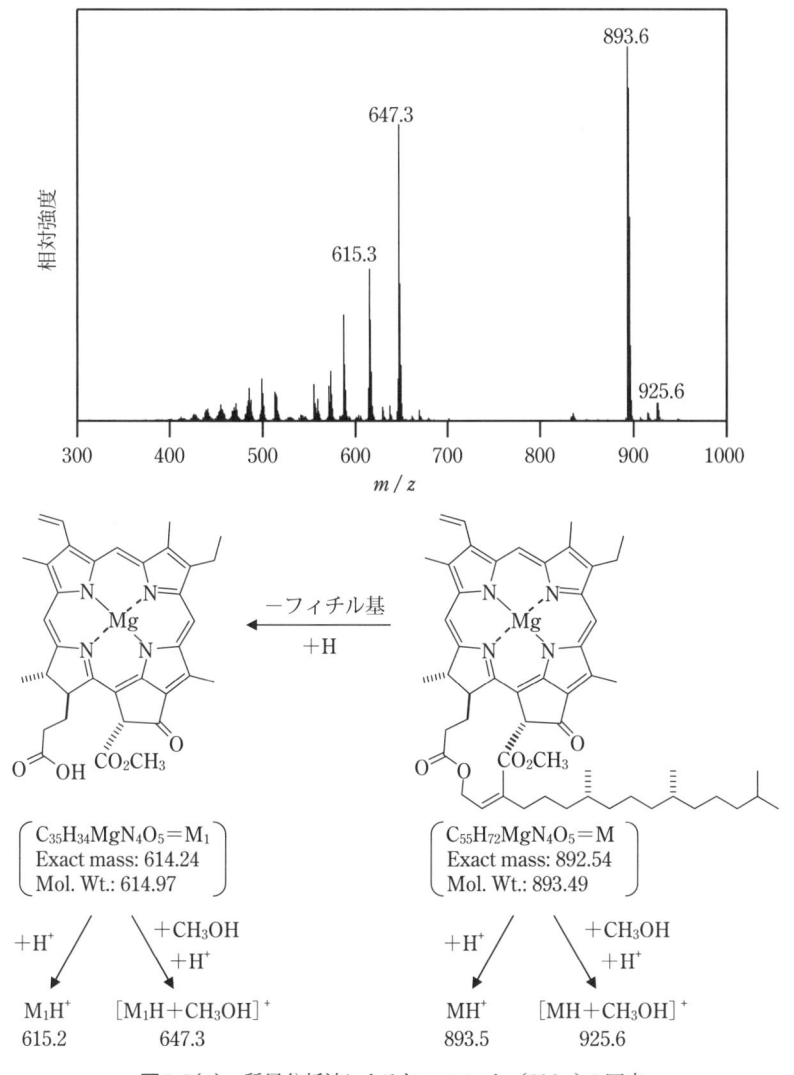

図**5-3(1)** 質量分析法によるクロロフィル*a*(Chl *a*)の同定
大気圧化学イオン化法による。

5. クロロフィルの分析法

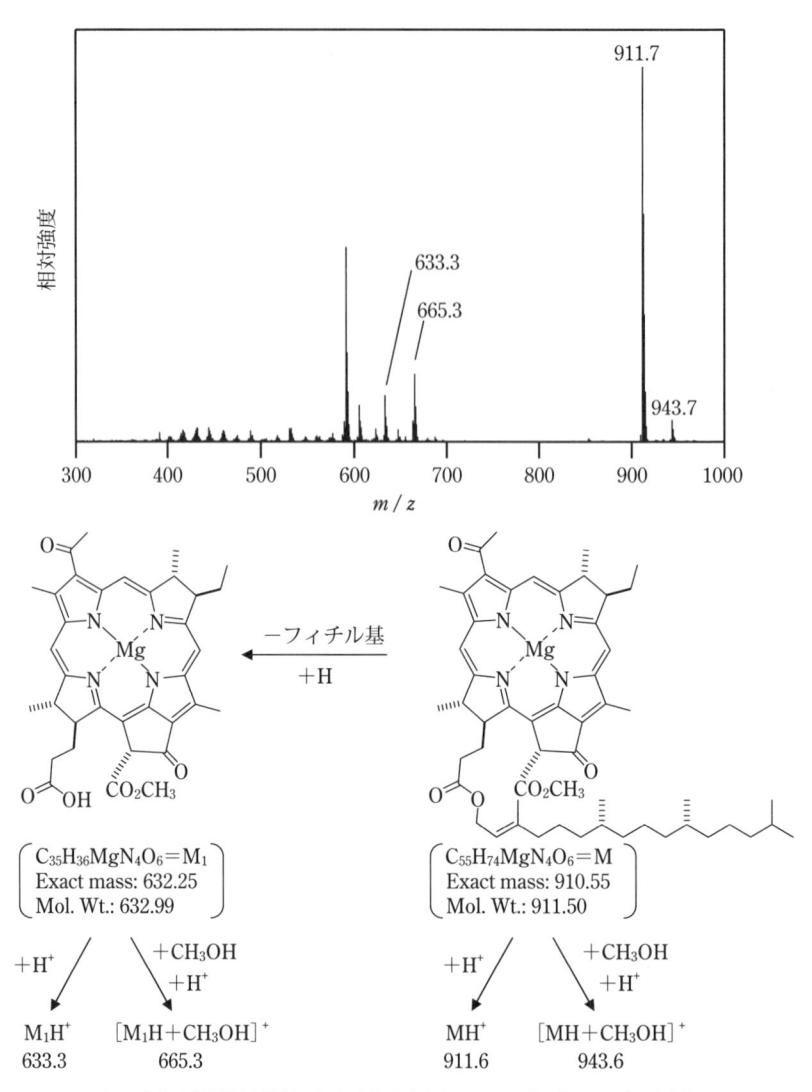

図5-3(2) 質量分析法によるバクテリオクロロフィルa(BChl a)の同定 大気圧化学イオン化法による測定。

5-2 分析方法

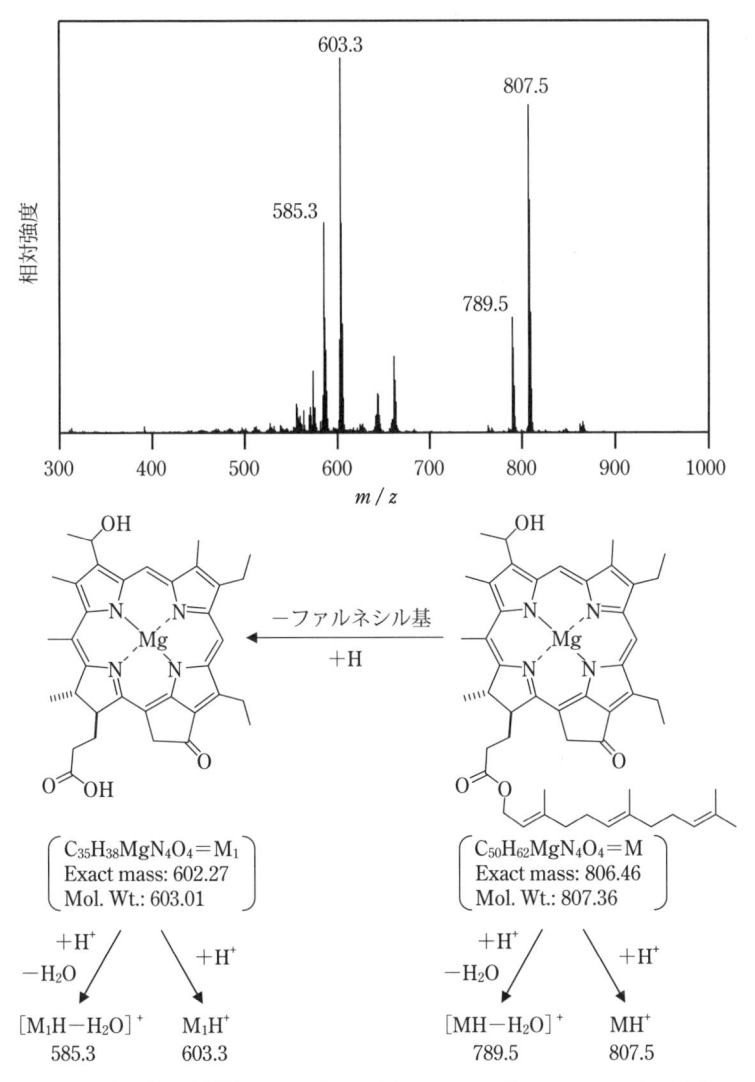

$$
\begin{pmatrix} C_{35}H_{38}MgN_4O_4 = M_1 \\ \text{Exact mass: 602.27} \\ \text{Mol. Wt.: 603.01} \end{pmatrix}
\qquad
\begin{pmatrix} C_{50}H_{62}MgN_4O_4 = M \\ \text{Exact mass: 806.46} \\ \text{Mol. Wt.: 807.36} \end{pmatrix}
$$

−ファルネシル基 +H

$[M_1H-H_2O]^+$ 585.3　　M_1H^+ 603.3　　$[MH-H_2O]^+$ 789.5　　MH^+ 807.5

図5-3(3)　質量分析法によるバクテリオクロロフィルc（R[E,E]BChl c_F）の同定 大気圧化学イオン化法による測定。

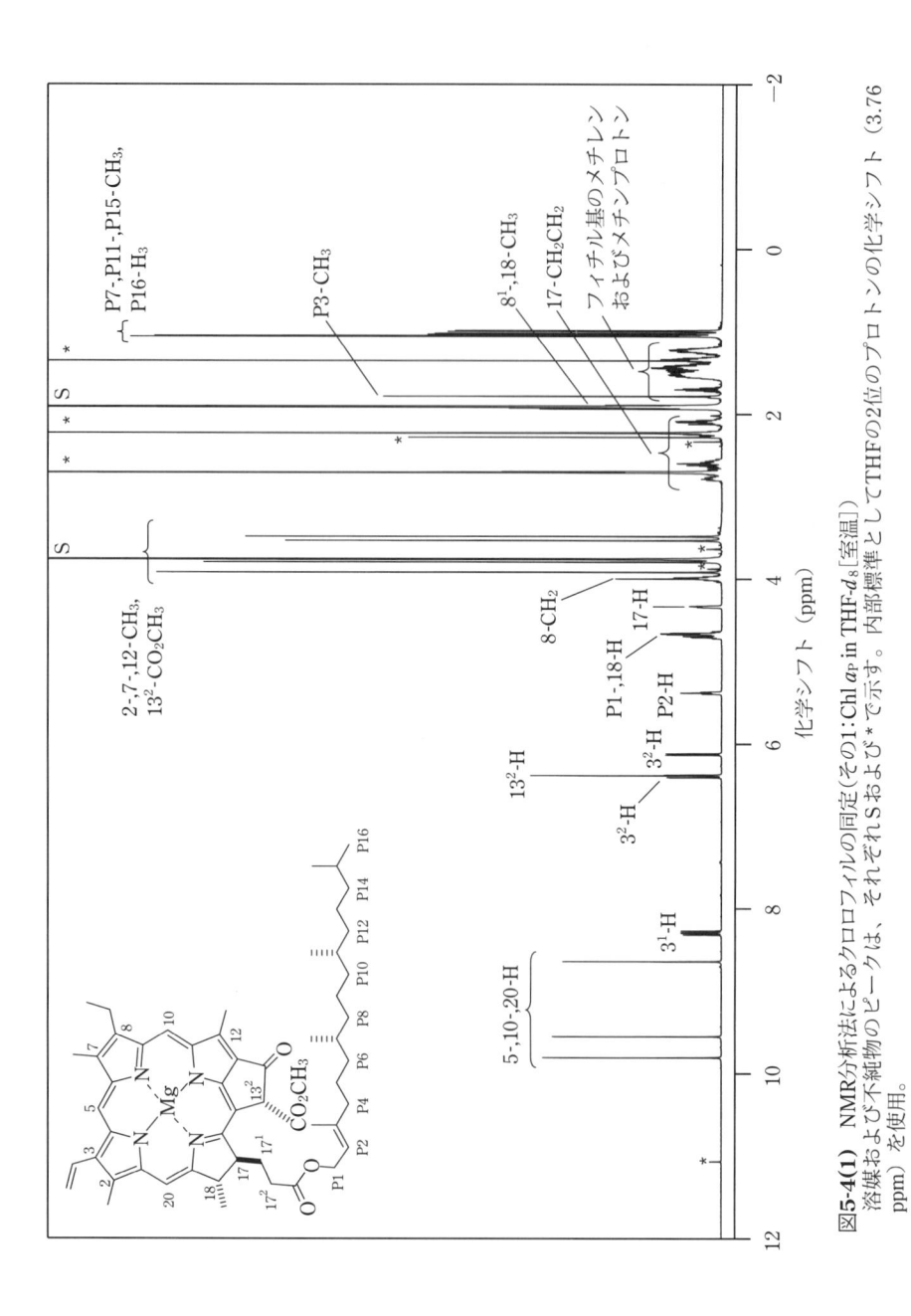

5. クロロフィルの分析法

図5-4(1) NMR分析法によるクロロフィルの同定（その1：Chl a_P in THF-d_8 [室温]）溶媒および不純物のピークは、それぞれSおよび*で示す。内部標準としてTHFの2位のプロトンの化学シフト（3.76 ppm）を使用。

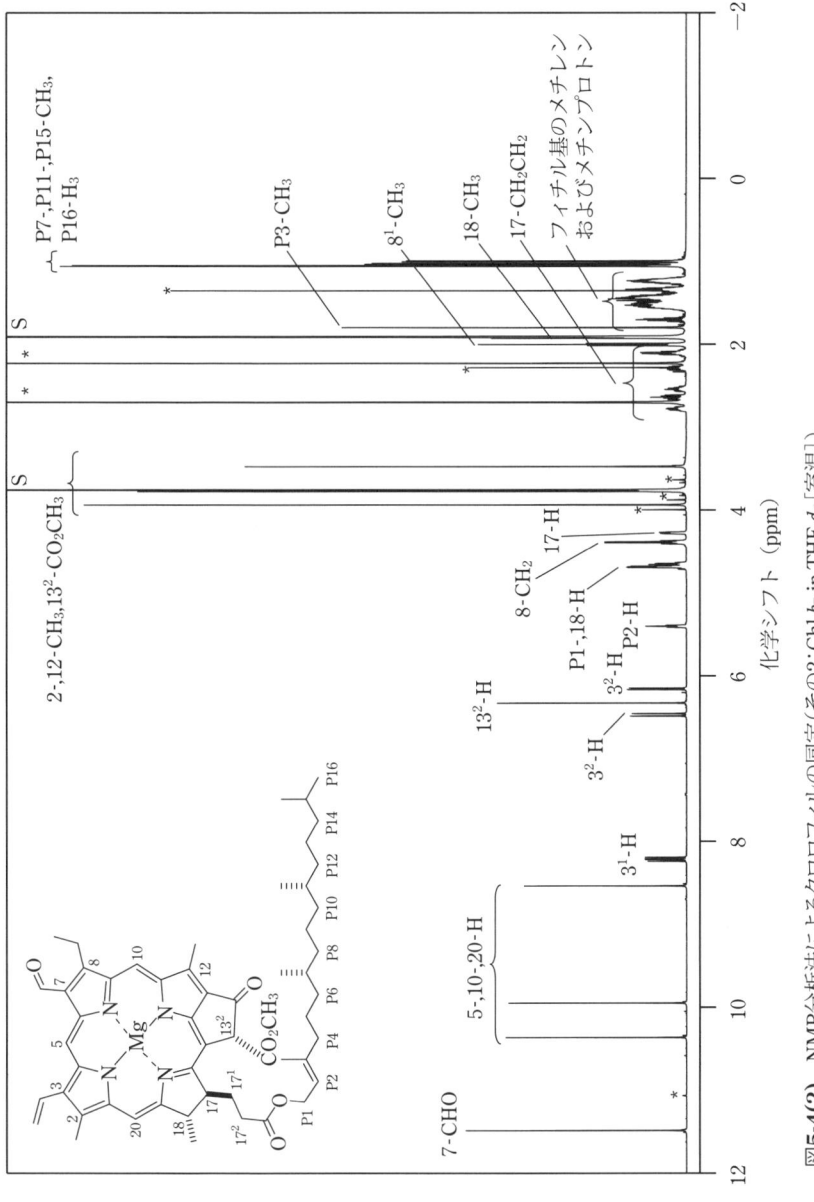

図5-4(2) NMR分析法によるクロロフィルの同定（その2：Chl b_P in THF-d_8 [室温]）溶媒および不純物のピークは、それぞれSおよび*で示す。内部標準としてTHFの2位のプロトンの化学シフト（3.76 ppm）を使用。

5. クロロフィルの分析法

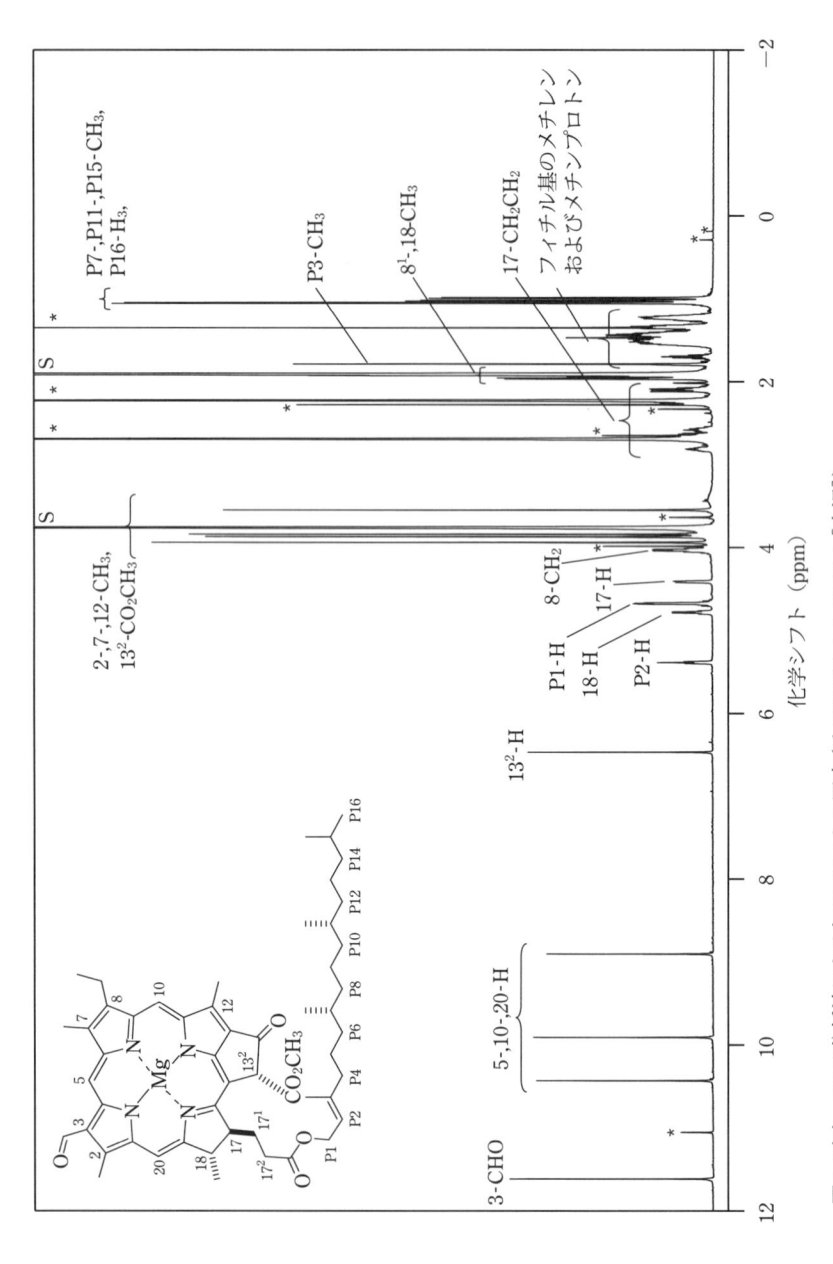

図5-4(3) NMR分析法によるクロロフィルの同定(その3:Chl d_P in THF-d_8 [室温])溶媒および不純物のピークは、それぞれSおよび*で示す。内部標準としてTHFの2位のプロトンの化学シフト(3.76 ppm)を使用。

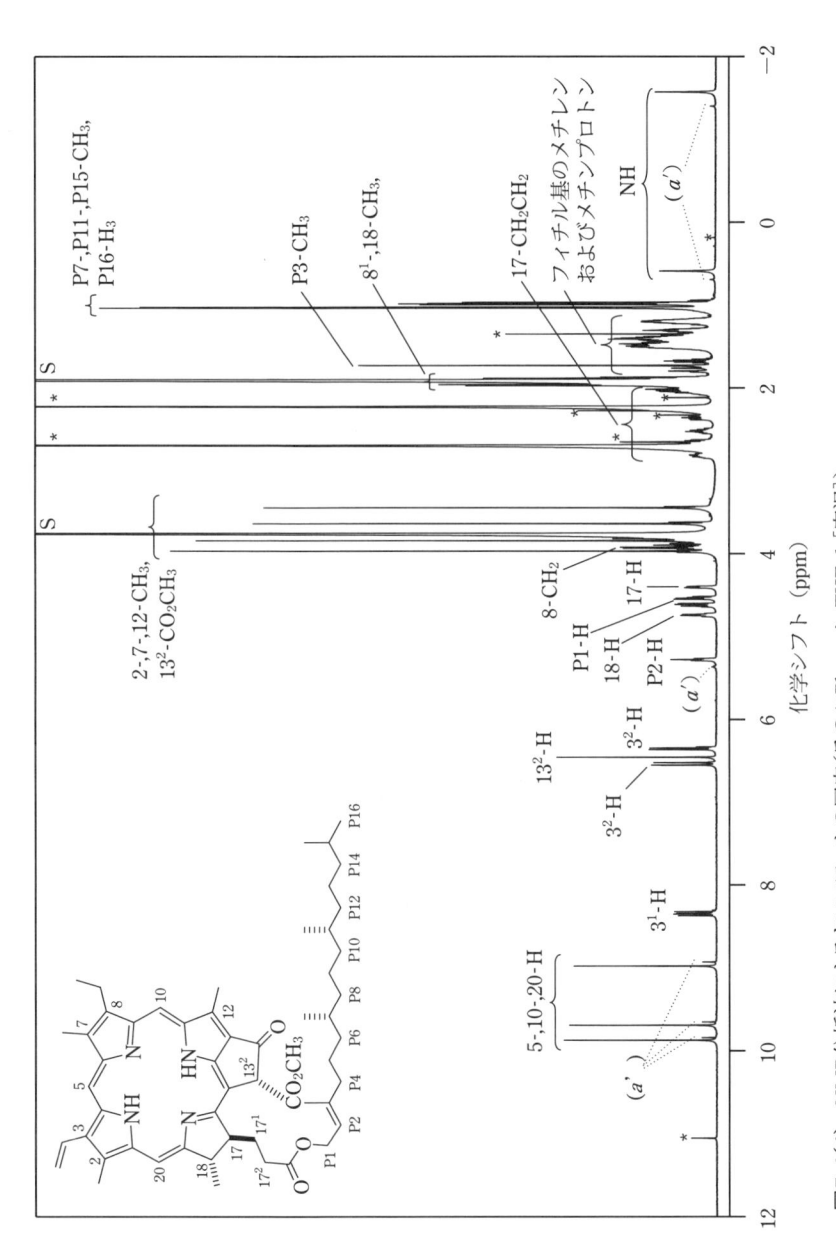

図5-4(4) NMR分析法によるクロロフィルの同定(その4：Phe a_P in THF-d_8 [室温])
溶媒および不純物のピークは、それぞれSおよび*で示す。内部標準としてTHFの2位のプロトンの化学シフト (3.76 ppm) を使用。共存するPhe a_P' (13^2-S体) は、(a') で示す。

チンの同定に役立つ。

　均一で高い溶解度をもつクロロフィル溶液であるほど高い S/N 比の信号が得られるので、使用する溶媒（通常重水素化溶媒）に気を付ける必要がある。フリーベース体は自己集積しにくいので、高溶解性・低価格・溶媒由来のピークの少なさの点より $CDCl_3$ が最適である（市販ロットによっては酸性成分除去のためにアルミナによる濾過が必要な場合もある）。マグネシウム金属錯体は、6配位性の溶媒であるメタノール-d_4、THF-d_8、ピリジン-d_5 などが自己集積を抑制するのでよい。メタノールや THF は高磁場領域を、ピリジンは低磁場領域に溶媒由来のピークを与えるために、クロロフィル色素分子のピークと重なることがあるので、必要に応じて使い分ける。クロロフィル分子は通常測定される濃度（mM オーダー）では、よく自己集積体を形成するので、そのようなことがないように注意することが肝要である。たとえば、$CDCl_3$ やベンゼン-d_6 は、クロロフィル色素分子の高溶解性・溶媒由来のピークの少なさの点で非常によい重水素化溶媒であるが、部分的に自己集積し信号がブロードになることもある（図 **5-4**）。

5-2-4　振動分光法

　溶液状態でも固体状態でも測定ができるので、振動分光法は分子の同定に役立つ。赤外分光法は、カルボニル基の存在を確認するのには大いに役立つ。また、中心金属に対する配位状況を確認するのにも役立つことが多い。3000 cm^{-1} 以上の高波数側での N−H や O−H に基づく吸収帯も役立つことがあるが、幅広である場合も多く、系内に存在する H_2O などによって誤認識や妨害されることもあるので注意を要する。共鳴ラマン分光法では、クロロフィルの選択的光励起によって測定できるので、タンパク質内や混合物中でのクロロフィル分子からの情報を得ることができ、有用である。クロロフィル π 骨格とそれに共役している官能基からの情報のみが得られることになるので、17^2 位や 13^2 位上のエステルカルボニル基のピークは通常見られない。励起波長に依存して得られるピークの相対強度が変化するが、それは励起した吸収帯がどの電子遷移モーメントに対応しているのかとその遷移モーメントと注目している官能基の振動とがどう相互作用しているのかに依存しているためである。

　顕微鏡と組み合わせれば、微小領域での振動分光を行うことも可能であり、特徴的な振動モードを使って、サンプル中での空間分解能の高いクロロフィル

の存在位置の検出も可能である。装置は市販されている。

5-3 定量法

クロロフィル類の定量には、色素の抽出、必要に応じて溶媒の交換などの処理、機器分析という三つのステップを踏むことが必要である。それぞれについての方法、注意点などについて知識を得て、再現性の高い実験ができることが望ましい。

5-3-1 生物試料からの抽出法

分光法による色素の定量には、モル吸光係数が正確に求められている溶媒を用いる必要がある。このため、定量時には混合溶媒や溶媒中の水の含量が制御できない溶媒系はできるだけ避けることが望ましい。よく使われる溶媒として、アセトン、メタノール、ジエチルエーテルなどが挙げられる。メタノールはしばしば副産物を生じやすいので注意が必要である。溶媒交換を前提とすれば、抽出時には抽出効果の高い溶媒を使い、定量時には異なる溶媒を使うという選択もある。また、溶媒の選択は対象となる標品にも強く依存する。葉緑体や複合体の場合は溶媒のアクセスが容易なので、様々な溶媒での抽出が可能であるが、細胞壁をもつ細胞などを対象とする場合には、溶媒のアクセスが阻害されるので、抽出効率が高い溶媒が必要とされる。

クロロフィルは抽出された後、光と酸素が共存する環境では様々な反応を起こし、その産物が定量の妨げになる。予防策として、可能な限り光を弱くし、副次的な反応を抑えることである。クロロフィルは酸性条件下では中心金属がはずれてフェオフィチンとなる。Phe a は 515 nm と 540 nm（アセトン中）に特有の吸収帯があるので（図 5-2 参照）、スペクトルを測定することでクロロフィルとは容易に区別できる。フェオフィチンの混在が有意で、かつクロロフィルとフェオフィチンを区別する必要がない場合は、フェオフィチンの定量を行った方が誤差は少ない。

抽出溶媒としては抽出効率が高いアセトンがよく用いられている。一定量の細胞懸濁液や組織断片をガラス遠沈管に取り、試料を遠心沈殿させ上清の水を捨てた後、溶媒を添加して色素を抽出する。このとき、試験管の底にパックされた試料を薬さじなどで懸濁した後に溶媒を添加すると、色素の抽出効率が上

5. クロロフィルの分析法

がる。海産性の藻類の場合は藻体を純水で1、2度洗浄し、塩分を除去することによって、抽出効率が上がることが経験的に知られている。ただし、浸透圧が下がることによって細胞が溶解し、細胞（液胞）中の酸性物質によってクロロフィルがフェオフィチンになる場合もあるので注意を要する。また、試料によっては熱を加えることで抽出効率が上がる場合もある。しかし、熱処理は色素の異性化やクロロフィラーゼ活性を促進するので、処理は必要最小限（溶媒の沸点以下、1～2分）に抑える。また湯浴を用い、突沸にも注意する。藻類の葉状体の場合には、藻体を凍結乾燥後に乳鉢で細胞を断片化し、色素の溶媒抽出を行う（渡辺ら、2002）。

　アセトンでは色素の抽出が困難な場合にはメタノールを用いるとよい。共存する水の含量が高い場合、クロロフィルが会合体を形成したりするので、できるだけ水の含量を下げた条件で抽出する。メタノールは異性化などの反応を起こしやすい溶媒であることに留意する必要がある。抽出が困難な藻類の場合にはアルカリ性メタノールを用いて、クロロフィル異性体として抽出し、定量する方法も報告されている（Porra, 1989）。

　従来よく使われた溶媒としてクロロホルム／メタノールがあった。しかし、現在では塩素系溶媒であるクロロホルムを使うことが制限されているので、できるだけ使用は避けた方がよい。また、使う際には必ずドラフト中で行うことが必要である。

　抽出の後、遠心操作（$1000 \times g$、3分程度）により細胞と溶媒を分離する。抽出は細胞から色素が完全に抽出されるまで複数回繰り返す。抽出液にカロテノイドの混在がある場合でも、測定波長が異なるためクロロフィル定量の妨げにはならない。抽出後は時間をおかず、できるだけ速やかに分光学的測定を行うことが重要である。

5-3-2　分光定量法

　分光定量法には吸収法と蛍光法がある。前者が一般的に広く普及しており、かつ測定の信頼性も高い。後者の検出感度は吸収法に比較して100倍程度まで上げることが可能である。しかし、標準試料を用いた検量線を作成する必要があり、また会合体形成などで蛍光量子収率が著しく変化するために、測定には細心の注意を払う必要がある。吸収法による定量の基本は、特定の溶媒中での色素のモル吸光係数にしたがって、吸光度からその濃度を算出する方法である。

複数の成分が混在する場合でも、成分間の相互作用によって吸収帯に変化が起こらない限り、特定波長での各々の分子の吸光係数を組み合わせ、連立方程式を解くことにより、各々の分子の濃度を求めることができる（付録IV参照）。

5-3-3 分光定量法の実際

　分光光度計としては、スペクトル測定ができる自記分光光度計が望ましい。波長のずれなどに起因する誤差を除くためにはスペクトル測定が必要となる。また、測定の際の分光器のスリット幅は3nmを超えないようにする。スリット幅が広いとシャープな吸収帯の形が平均化され、ピークの測定値が過小評価されることになる。

　測定は次の要領で行う。自記分光光度計の対照側，試料側に測定に用いる溶媒をキュベットに入れ、透過率の0％と100％のレベルを正しく補正する。揮発性の高い溶媒を用いるときには、栓付きのキュベットを使用し、蒸発による測定誤差を防ぐ。600〜750nmの領域で分光光度計のベースラインを記録する。次に、試料側のキュベットに測定対象の溶液を入れ、吸収スペクトルを測定し、特定波長の真の吸光度（本来吸収のない波長での吸光度からの差）を求める。吸収がない波長域は吸光度が一定の小さな値を示すはずであるから、その波長域の値を基準とする。分光光度計のベースライン補正を行った後では、720nmより長波長側の吸光度はほとんどゼロのはずであるが、しばしば有意な値を示すことがある（図5-5）。これは、①細胞残渣が十分に分離できていないこと、②水の存在により色素が高次の会合体やコロイドを形成していること、に由来する。①の場合は遠心分画操作で細胞残渣を取り除くこと、②の場合は有機溶媒を加えて水の濃度を下げること、が必要となる。

　分光光度計の使用に当たっては、波長ずれに十分注意する必要がある。Chl a と Chl b の混合試料の場合には、Chl b の吸収極大波長が、Chl a による吸収帯の勾配の中に隠れるため、分光器の1nm以下の波長ずれでも、Chl a/Chl b 比の測定に大きな誤差をもたらす。このことは特定波長で吸光度を測定しただけでは見逃してしまう。波長がずれている場合は、計算に用いる波長を Chl a のピーク波長位置を基準にして、Chl b または Chl c の吸収極大の波長位置を補正する。

　Chl a、Chl b のモル吸光係数についてはいくつかの報告がある（付録IV参照）。それらの間の差は小さく、定量に実質的な問題を生じることは少ない。それ

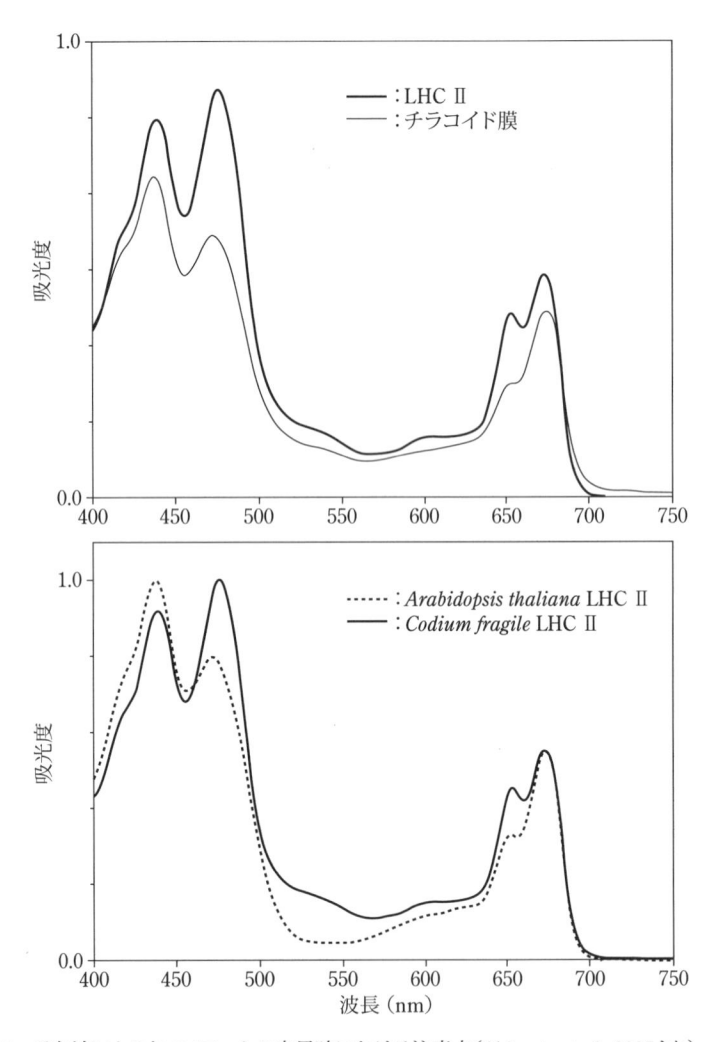

図5-5 吸収法によるクロロフィルの定量時における注意点（Akimoto *et al.*, 2005より）

上：緑藻*Codium fragile*のチラコイド膜と単離LHC IIの室温での吸収スペクトル。チラコイド膜の場合、散乱があるために700 nmを越えてもベースラインが上がったままである。一方LHC IIは界面活性剤の利用で粒子が小さく散乱が抑えられているために、ベースラインが上がるという現象は見られない。こうした小さな差が定量には効果がある。

下：緑藻*Codium fragile*と高等植物*Arabidopsis thaliana*のLHC IIではChl *a/b*比が大きく異なるために、吸収スペクトルが異なる。溶媒で抽出後、色素の定量を行う際には、Chl *b*ピーク位置に注意を払うことが肝要となる。

に比べて、溶媒に依存した変化の方がはるかに大きく、この点を注意することの方が重要である（クロロフィルの混合溶液についての計算に関する情報は付録 V に示す）。Chl c_1、Chl c_2 については文献値が限定されている（Jeffrey and Humphrey, 1975）ので、必要であれば、塩井の方法（Shioi et al., 1995）にしたがって分離をして、自分で決めることも必要である。

クロロフィル、フェオフィチンを始め、それらの派生物を含む抽出液の厳密な定量測定には HPLC による分離が不可欠である。また、カロテノイドを含む場合は後述の方法、および付録 V を参照されたい。

5-3-4 低温吸収スペクトル法

低温では分子の熱運動が抑えられるために吸収帯の幅が狭くなる。したがって、重なっている吸収帯の分離が容易となり、結果として吸収帯の解像度が上がる。クロロフィル溶液では得られる情報量は限定されているが、細胞、組織、色素タンパク質複合体については多くの情報を与える。細胞などでのクロロフィルの状態はいくつかの代表的な吸収帯で表すことができ、それらはクロロフィルフォームと呼ばれている。こうした測定を可能にしているのは低温での吸収スペクトルの測定技術である。

一般には、クライオスタットを使うことで低温での測定が可能となるが、分光器の光学系の配置によってはクライオスタットを装着することが容易でない場合もある。そのときには、デュワー瓶を用いる方法によって測定することになる。問題は、低温でも透明なガラスをつくる溶媒系を考案することである。一般にはクライオスタットを使い、温度を下げるために時間を掛ければ透明な氷をつくることができるが、それ以外の方法では透明な氷をつくることは容易ではない。また、透明な氷を与える溶媒の組成は一般には公開されていない。

測定方法は通常の分光光度計でのスペクトル測定と同じである。低温の特徴を最大限活かすには、スリット幅を広くしないで、分解能をできるだけ確保することである。図 5-6 に測定例を示す。試料はシアノバクテリア Synechocystis sp. PCC 6803 から単離精製した PS II 複合体である。液体窒素温度にまで冷却可能なクライオスタットを使用して測定した。室温では吸収帯が重なっているが、低温では複数の吸収帯に分離し、全体として 4 成分からできていることが判明する。

成分の存在を確認する一つの方法として微分スペクトル法がある。現在市販

5. クロロフィルの分析法

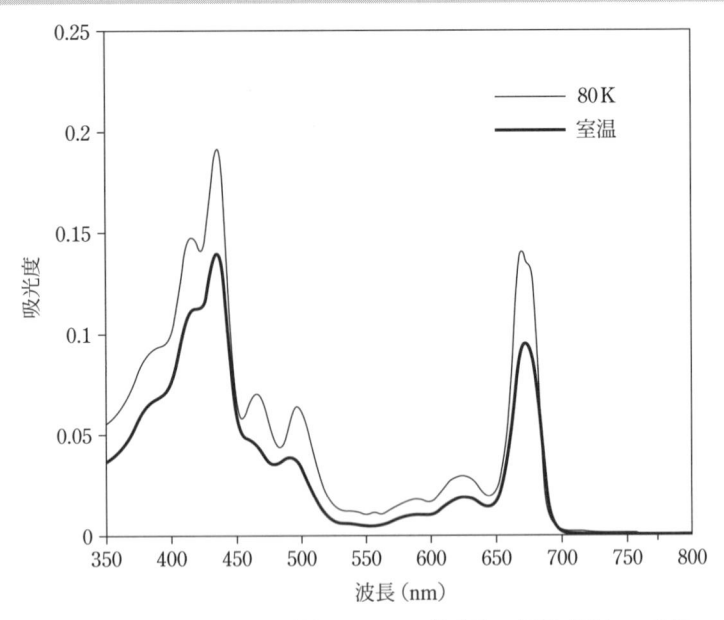

図5-6 シアノバクテリアから単離されたPSII複合体の室温と低温での吸収スペクトルの比較(三室ら,未発表)
Synechocystis sp. PCC 6803から分離されたPSII複合体についての、室温と80Kでのスペクトルを比較すると、低温では吸収帯の分離が明瞭に観測できる。また、カロテノイドの吸収領域(450～500nm)においても、バンドが明瞭になっている。

されている分光光度計にはソフトとして標準的に付加されている機能ではあるが、もし、付属のソフトにない場合や、計算のパラメーターを変えたい場合には自ら計算を行うことも必要となる。必要な情報は文献に記されており(Savitzky and Golay, 1964)、計算は表計算ソフトの代表であるExecl上で可能である。もちろん、自ら計算ソフトを作成することも可能である。この方法を使えば、ノイズの多いデータの平滑化、1次微分から4次微分までの微分スペクトルを容易に得ることができる。

5-4 蛍光測定法

5-4-1 定量法

蛍光測定は吸収分析に比較して高い感度をもつために、微量の定量に適している。しかし、注意を怠ると、間違った情報を得る可能性が高いので、正しい

方法で解析を行うことが重要である（三室ら，2003；Baker, 2008）。

　定量法の基本は、試料に与えた励起光が一定の割合で蛍光となって発せられる現象を使うものである。励起光として青色の光を使い、赤色領域の蛍光を観測することで、散乱光の影響を受けることも最小限に抑制できるために、感度を上げることが可能となる（図 5-7 参照）。蛍光測定では、試料がない場合のバックグラウンドはゼロであるために検出感度を上げることが容易である。定量には抽出した色素溶液を用いる。葉緑体や複合体の場合、厳密な測定条件では吸収光量と蛍光強度との間に直線性が保証される場合もあるが、一般的には保証されないので注意を要する。

　単一の成分、たとえば Chl a のみであれば定量は難しくないが、混合物、たとえば Chl a と Chl b の場合などは、自己吸収を避ける工夫が必要となる。自己吸収とはいったん出された蛍光が再び試料によって吸収され、その分、観測される蛍光強度が減少する現象をいう。Chl b の蛍光の一部は Chl a によって吸収されるので、少なく見積もる可能性がある。一般には蛍光で定量を行う場合、吸光度が 0.02 以下の場合が多いと考えられるので、自己吸収はほとんど問題にはならないが、これ以上の濃度の場合には希釈して定量することが望ましい。吸光度 0.02 は吸収効率に換算すると 5 ％ 程度になり、95 ％ は蛍光として観測されるという条件になる。

　定量に際しては、検量線をあらかじめ得ておくことが必要である。励起波長、観測波長、スリット幅、フィルターの有無などを固定した条件下で、検量線を得る。混合物の場合、励起波長を変えることで、より選択的な励起が可能である。たとえば、Chl b が少ない場合は、励起波長を Chl b の吸収にあわせて 465nm にすれば、Chl b からの蛍光強度が増えることで、定量の精度があがる。この場合は、各々の波長での検量線を得ておくことが必要である。Chl a と Chl c が混在する場合は、450nm 付近の励起波長をうまく選ぶことで、選択励起が可能となる。

5-4-2　蛍光スペクトルの測定法（室温）

　蛍光スペクトルは、光合成器官、色素タンパク質複合体などにおけるクロロフィルの状態を知ることができる重要な情報である。室温では比較的単調なスペクトルを与えるが、低温では様々な情報を与えるために多用される。一般には蛍光スペクトル測定は難しくはなく、誰でも装置（自記蛍光光度計）があれ

5. クロロフィルの分析法

ば簡単に情報を得ることができる。しかし、注意深く測定を行わないと、間違った情報を得る可能性が高い。以下に、室温、続いて低温での測定について記す。

使用する機器としては、市販の自記蛍光光度計を用いる。現在市販されている機器のほとんどは PC 制御で、自分たちでデータ解析が行えるようにディジタルデータファイルがつくられるものであると考えられるが、もしアナログの機器であれば、解析に限度があることを知っておく必要がある。スペクトルを重視したい場合は、分光器（プリズム、回折格子の性能、光電子増倍管の波長特性、など）について、性能の高い機器が求められる。とくに低温での測定にはこうした性能が大きく影響する。

一般に光学素子は波長によって感度が異なっており、測定される蛍光スペクトルは感度補正を行わないと、用いる装置に固有のデータとなり、他のデータとの比較ができない。これは蛍光測定が吸収法とは異なり、対照に対する相対値として測定されているのではなく、発光の絶対値が測定されているからである。この絶対値は装置に固有のものとなるために、感度補正を施すことによって、他のデータとの比較が可能となる。クロロフィル、バクテリオクロロフィルの発光波長領域での感度補正には、黒体輻射を利用し、発光スペクトルが既知の標準（もしくは二次標準）光源を用いることが必要となる。一方、励起スペクトルについては、一般にはローダミン B を用いる光量子計によって補正がなされるが、この場合、590 nm よりも長波長側は補正ができない。そこで、標準（もしくは二次標準）光源を利用した補正が必要となる。

蛍光スペクトルの測定においてもっとも注意を払う必要があるのは試料からの散乱光である。光合成の研究で用いる試料の多くは「懸濁物」で、励起光を散乱することが多い。色素タンパク質複合体の場合、室温での蛍光収率が約 3% であることを考えると、場合によっては散乱光の方が強いと想定される場合も少なくない。そこで、真に透明な試料を使える場合を除いて、散乱光を避けるために、検出側にフィルターを装着し、励起光（散乱光）を除く対策を取る必要がある。一般的には、蛍光は励起光よりも長波長側に観測されるので、短波長側の光を通さないシャープカットフィルターを用いる。波長領域が限定される場合には、特定の波長領域を通すバンドパスフィルターが用いられることもある。

室温の測定でもっとも重要視されるのが、励起波長と観測波長の選択である。複数の色素が存在し、かつその間でエネルギー移動が期待される場合には、い

くつかの波長で励起し、蛍光挙動を注意深く観測することが求められる。また、室温では、有意な熱エネルギーが供給されるために成分間で熱平衡が起こり、短波長側の成分からの蛍光が観測されることもある（図 **5-7(1)B** のグラフ参照）。この現象は蛍光スペクトルの解釈に重要なので、見落としがないようにすることが必要である。さらに、注意深く観測系を設定すれば、熱エネルギーの勾配に逆らうアップヒルのエネルギー移動の観測も可能である（図 **5-8(B)** 参照）。

酸素発生型光合成生物の細胞について室温で観測される蛍光は、蛍光寿命の測定からほとんど PS II Chl *a* またはアンテナ Chl *a* のものであることが知られる。PS I の寄与は最大でも 5％程度である。代謝中間物などからの蛍光が観測されることも原理的には考えられるが、実際に観測されることはほとんどない。また、フィコビリンをもつシアノバクテリア、紅藻、クリプト藻では、強いフィコビリン蛍光が観測される。しばしば Chl *a* 蛍光強度よりも強い場合があるので、Chl *a* 蛍光についての解析には支障をきたすことがある。カロテノイドの蛍光収率は 0.1％よりも低いので、その蛍光は特別に感度を高めた測定を行わない限り観測されることはない。

5-4-3　蛍光スペクトルの測定法（低温）

低温で測定を行うことにより、蛍光帯の幅が狭くなり、成分間の分離が容易になる。また、室温では PS II Chl *a* からの発光が 95％程度で PS I Chl *a* の寄与はほとんど無視することができたが、低温（液体窒素温度）では室温で観測されない新しい蛍光帯が現れるために、情報量が飛躍的に上がる。このことを念頭に置いて測定を行う必要がある。液体窒素温度よりもさらに低温（液体ヘリウム温度）を求める場合には、専用の装置が必要となる。蛍光スペクトルは温度に依存して変化する。室温から液体窒素温度までには PS I 蛍光が観測されるなどの変化も大きいが、液体窒素温度から液体ヘリウム温度までの変化はさらに大きく、蛍光極大のシフト、相対強度の大幅な変化などが起こる（図 **5-7(1)A** 参照）。必要に応じて温度設定を行うことが求められる。また、同時に蛍光の起源などについて十分に注意を払う必要が生じる。

低温での測定で気をつけなければならないことは、散乱光と氷のつくり方である。低温での測定にはクライオスタット、またはデュワー瓶が使われる。いずれにしても室温での測定とは異なり、少なくとも励起光が当たる方向で 2 層、

蛍光が透過する方向で2層のガラスまたは石英板を光が通る。これらはいずれも光を反射する物質であるために、デュワー瓶の中で多重反射が起こり、室温に比べてはるかに強い散乱光が生じる危険性が高い。そこで、励起光を完全に遮断するように蛍光側にフィルターを設置することが必要となる。また、低温の測定では多くの場合、表面反射方式が採られる。この場合、試料を置く角度を調節することにより、励起の反射光を蛍光側に導くことなしに測定が可能となる。しかし、デュワー瓶、試料室内での多重反射には気をつけなければならない。

次に、試料の凍結のさせ方が問題となる。水を含む溶媒を凍結させると氷にむらができ、光の当たる場所によって氷の質が均一でないために、多重反射などを引き起こす事がある。こうした事態を避けるために、試料にはグリセリン（50％程度）を加え、凍らせることがある。グリセリンが入った試料は非常にきめの細かい氷をつくるので、試料全体で一様に多重反射が起こる。同じ効果をポリエチレングリコールでも得ることができる。グリセリンは時としてタンパク質の変性を招くことがあるので、試料によっては使えない場合もある。ポリエチレングリコールは変性を招くことはないが、疎水性が高いので、試料によっては影響が出る可能性もある。

低温では吸収帯の幅が狭くなることと連動して、蛍光帯の幅が狭くなるために、重複しているバンドを区別することが可能となる。一般に、低温では蛍光収率が上がるために分解能を1nm程度にまで上げることは難しくはない。スリット幅を狭くして測定をすることによってその目的は達成される。複数の成分から構成される系では、励起波長を変えることで、得られる情報量が飛躍的に増加する。

5-4-4 蛍光スペクトルの測定例

図 **5-7(1)**〜**(3)** に、様々な光合成生物、単離した LHC II などからの室温および低温蛍光スペクトルを示す。Chl *a* または Chl *b* の励起によって、682〜684 nm 付近に極大が観測される。注目すべきは、主蛍光帯の左右の幅が異なり、短波長側にも十分の強度があることである。一般には、蛍光帯は吸収スペクトルの鏡像となるので、その強度分布は長波長側（低エネルギー側）に大きくなるはずであるが、葉緑体の場合には Chl *b* が存在し、室温では Chl *a* との間に励起平衡が成り立つために、Chl *b* からの有意な強度の発光が観測される。

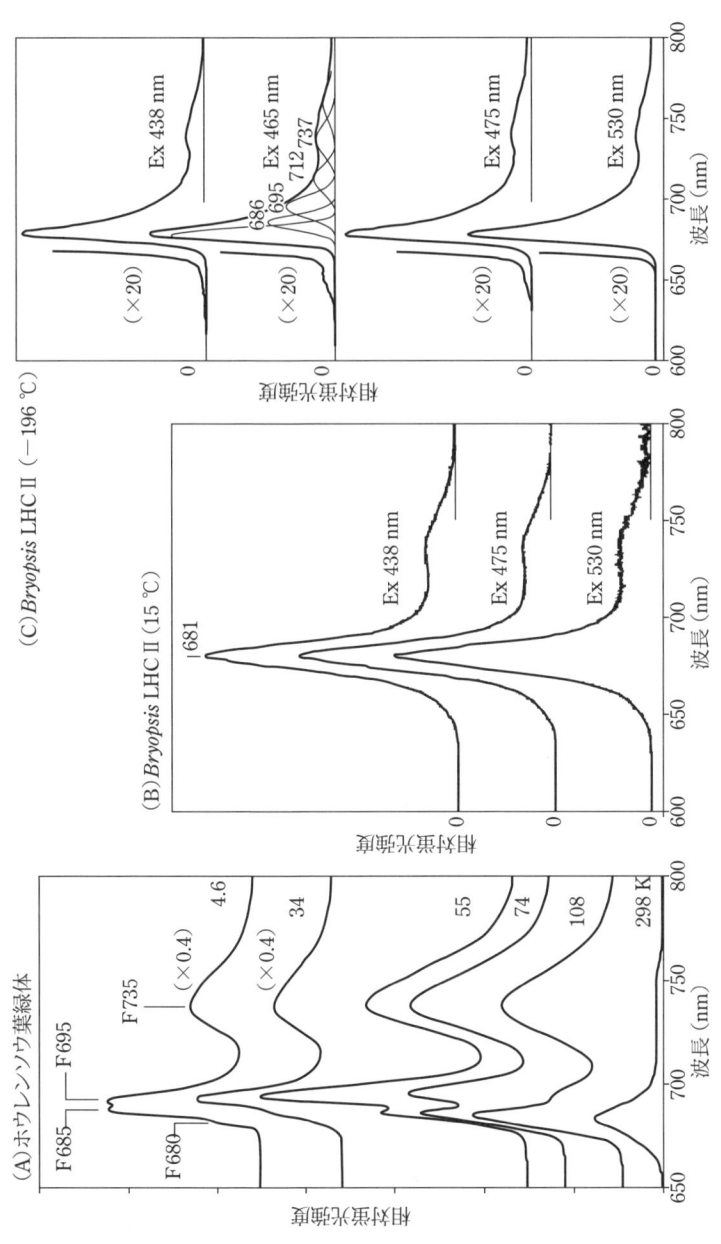

図5-7(1) クロロフィル類の蛍光スペクトル(色素タンパク質中)(左:Satoh, 1983, 中・右:Nakayama and Mimuro, 1994より)
A:ホウレンソウ葉緑体の温度に依存した蛍光スペクトル変化。液体窒素温度よりも低くなると、PS II のバンドの相対強度が上がり、また LHC II からの発光も観測できるようになる。B:緑藻 *Bryopsis maxima* から精製した LHC II の室温での蛍光スペクトル。励起波長に依存せずに、蛍光スペクトルはほぼ同じになる。これは熱平衡に達した状態からの発光であることを示している。C:緑藻 *Bryopsis maxima* から精製した LHC II の液体窒素温度での蛍光スペクトル。励起波長に依存して、蛍光スペクトルが変化する。たとえば、Chl *b* を励起すれば Chl *b* からの発光が650 nm付近に観測される。これは、熱平衡状態にはないことを示している。

5. クロロフィルの分析法

したがって、短波長側の強度が上がる。また、励起波長によって蛍光スペクトルがわずかに変化していることが明らかである。Chl *b* に光が吸収された場合、Chl *b* からの発光が起こるために Chl *a* へ転移後のスペクトルとは異なる。この違いが励起波長に依存した蛍光スペクトルの違いとなって観測される。

多くの場合、蛍光スペクトルを観測することが多いのだが、励起スペクトルを測定しておくことは重要である。励起スペクトルは蛍光の起源やエネルギー移動のときの増感剤を明らかにする上で重要な情報を与える。クロロフィル以

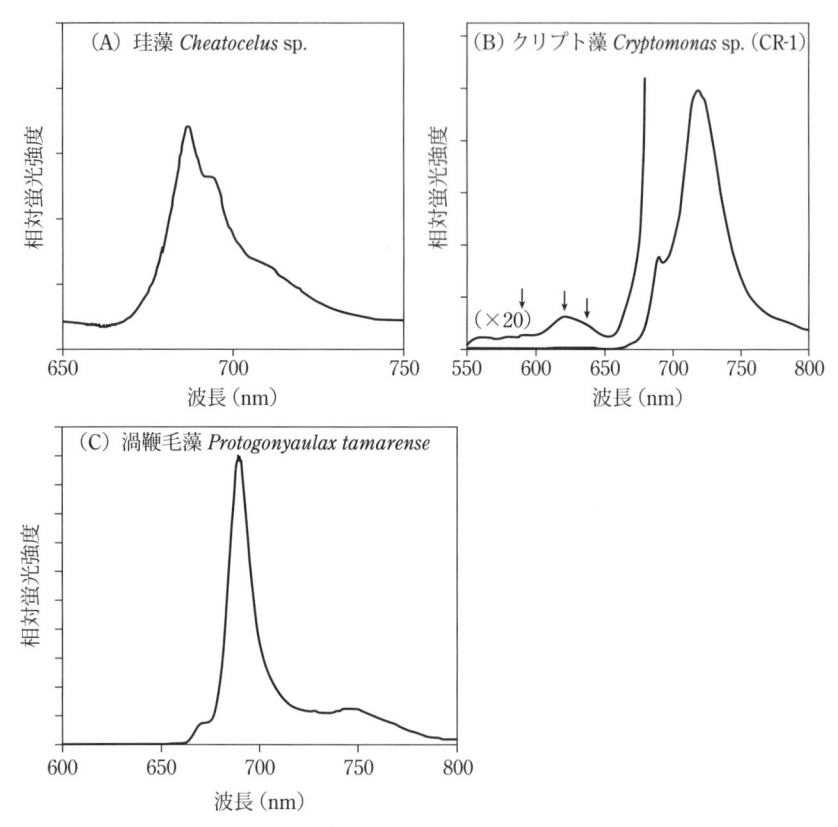

図5-7(2) クロロフィル類の蛍光スペクトル(細胞)(Mimuro, 2005より)
A:珪藻 *Cheatocelus* sp.、B:クリプト藻 *Cryptomonas* sp.(CR-1)、C:渦鞭毛藻 *Protogonyaulax tamarense* の生細胞についての液体窒素温度での蛍光スペクトル。
Chl *a/b* 系とは大きく異なり、蛍光帯の位置、強度が異なっている。共通しているのは685〜690nm付近のPS Ⅱからのバンドである。これが観測されない酸素発生型光合成生物は現時点では知られていない。

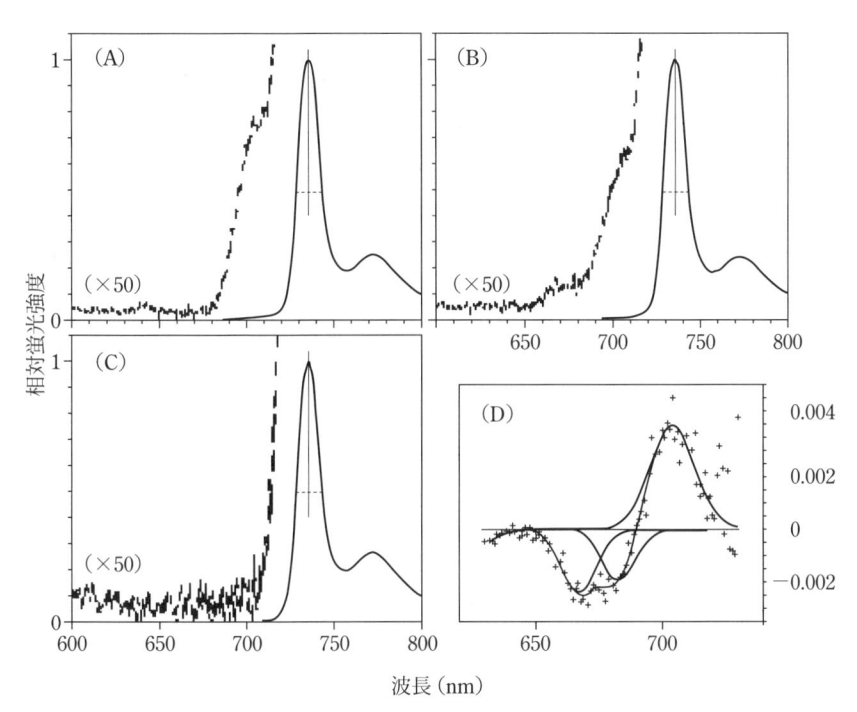

図5-7(3) クロロフィル類の蛍光スペクトル（細胞）(Mimuro *et al.*, 2000より)
Chl *d*を主要な色素としてもつシアノバクテリア*Acaryochloris marina* MBIC 11017の生細胞についての液体窒素温度での蛍光スペクトル。励起波長はA：458 nm、B：435 nm、C：495 nm。DはスペクトルAとスペクトルBの差を示す。
励起波長によってスペクトルが変化している。細胞内に少量存在するChl *a*を励起した場合にはChl *a*からの発光が見られる。Chl *a*励起とChl *d*励起との差を求めると(D)、それぞれの光で励起される蛍光帯が異なっていることが明らかとなる。

外の蛍光物質、たとえばフィコビリン、カロテノイドなどがある場合、蛍光の起源を明確にするためにも励起スペクトルの測定は重要となる。図5-8に室温での励起スペクトルを示す。モニターする波長は、主蛍光帯である685 nmとすると、そのスペクトルはカロテノイドの領域を除いて、吸収スペクトルに似ている。この事実は、Chl *a*、Chl *b*に吸収された光エネルギーはほぼすべて、Chl *a*に転移されることを示している。一方、カロテノイド領域で吸収に比べて強度が低いのは、転移効率が低いことを意味する。

一方、低温（液体窒素温度）ではスペクトルは大きく異なる（図**5-7(1)**～**(3)**）。ホウレンソウ葉緑体の場合、Chl *a*励起、Chl *b*励起ともに類似のスペク

5. クロロフィルの分析法

(A) 蛍光スペクトル　(B) 蛍光励起スペクトル

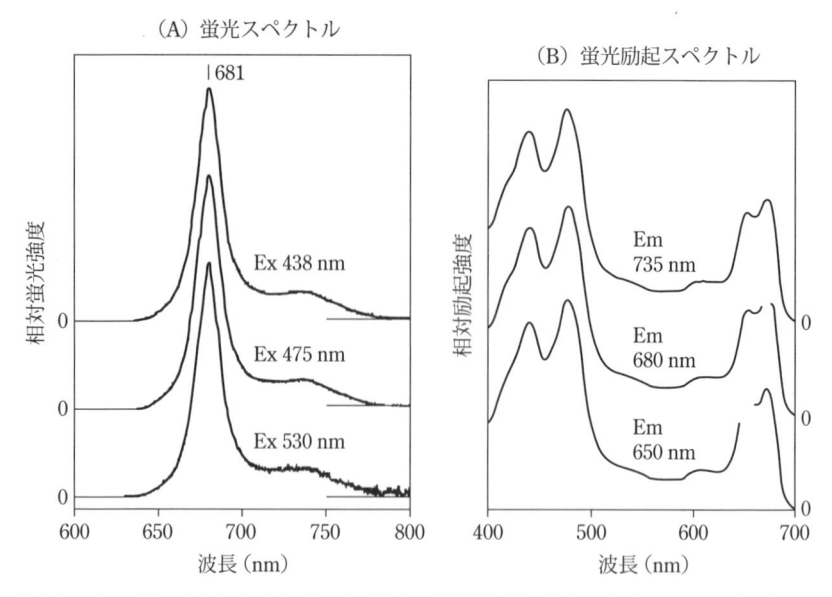

図5-8　クロロフィルを含む色素タンパク質中の蛍光励起スペクトル（Nakayama and Mimuro, 1994より）
A：緑藻 *Bryopsis maxima* から精製した LHC II の室温（15℃）での蛍光スペクトル。B：蛍光スペクトルに対応した励起スペクトル。この系は Chl *a*/Chl *b*/カロテノイドから構成されるが、Chl *a* または Chl *b* の蛍光をモニターしても励起スペクトルは同じである。これは、蛍光スペクトルと同様に熱平衡状態にある系からの発光をモニターしていることを示す。

トルを与える。短波長側から 680 nm、685 nm、695 nm、735 nm に極大が位置する。それぞれは、LHC II、PS II、PS II、PS I に由来することが知られている。室温では観測された Chl *b* からの蛍光は、Chl *a* へのエネルギー移動の結果、観測されない。また、熱平衡にも達しないので、短波長成分が観測される可能性はきわめて低い。励起スペクトルを蛍光極大でモニターしながら測定すると、PS I と PS II では異なるスペクトルが得られる。これはそれぞれの光化学系を構成する色素の比、および色素の吸収位置の違いに起因する。

5-5　蛍光偏光法

5-5-1　原理

偏光を用いる測定により、蛍光から得られる情報の質を上げることができる。蛍光偏光法には、発光側、励起側のそれぞれの偏光特性を調べることがあり、

異なる情報を得ることができる。たとえば発光側の測定からは、一見すると起源は一つと見えるが、偏光度が異なる複数の蛍光帯からできあがっていることや、励起側の測定では、複数の成分間でエネルギー移動が観測されるが、それはエネルギー準位にしたがって起こるのではなく、途中の成分がエネルギー移動に関与していない、などの情報を入手できるのである。その原理について以下に述べていく。

測定には、2枚一組の偏光子が必要である。偏光子としてはフィルムでもよいし、また高額ではあるがプリズム偏光子もある。ただし、後者を使う場合は、プリズムへの入射角などに制限があり、機器によっては光学系を組むのが必ずしも容易ではない場合もあるので、注意を要する。分光光度計に組み込むなどの一般的な用途にはフィルム偏光子を使うことが多い。この場合は、使用できる波長範囲に制限があることがあるので注意を要する。実際には2枚の偏光子を直交させても波長によっては光が漏れてしまう現象が起こるので、その領域では使えないということである。

蛍光偏光法の基本は、直線偏光で最低励起準位に励起された分子からの発光は、励起と同じ方向の偏光を示す、というものである（図 **5-9(1)**）。しかし、様々な条件で偏光解消が起こる。この偏光解消の起こり方を精査することにより情報を得るのである。

直線偏光を試料に照射すると、偏光と同じ方向の双極子モーメントをもつ分子が選択的に励起され、その準位からの発光は、励起と発光の双極子モーメントがほぼ同じ方向をもつために、励起された方向と同じ偏光性を示す。具体的には、測定系で3次元の方向を決めた上で、系に対して縦偏光で励起したときの、縦方向の発光強度を $I_{/\!/}(\lambda)$、横方向の発光強度を $I_{\perp}(\lambda)$ とし、次式で蛍光異方性（r）、もしくは偏光度（p）を定義する。光学系の配置図を図 **5-9(2)** に示す。

$$r(\lambda) = (I_{/\!/}(\lambda) - I_{\perp}(\lambda)) / (I_{/\!/}(\lambda) + 2I_{\perp}(\lambda))$$
$$p(\lambda) = (I_{/\!/}(\lambda) - I_{\perp}(\lambda)) / (I_{/\!/}(\lambda) + I_{\perp}(\lambda))$$

蛍光異方性（r）と偏光度（p）は、互いに次式で相互に変換できる。

$$1/r = (3/2) \times (1/p - 1/3)$$

これらの式において、$r(\lambda)$ の分母は全蛍光強度を示し、分子は縦偏光と横偏光の強度の差を示している。$r(\lambda)$ は -0.2 と 0.4 の間の値を、また $p(\lambda)$ は $-1/3$ と 0.5 の間の値を取る。偏光解消が起こらないとき、各々の値は最大値

5. クロロフィルの分析法

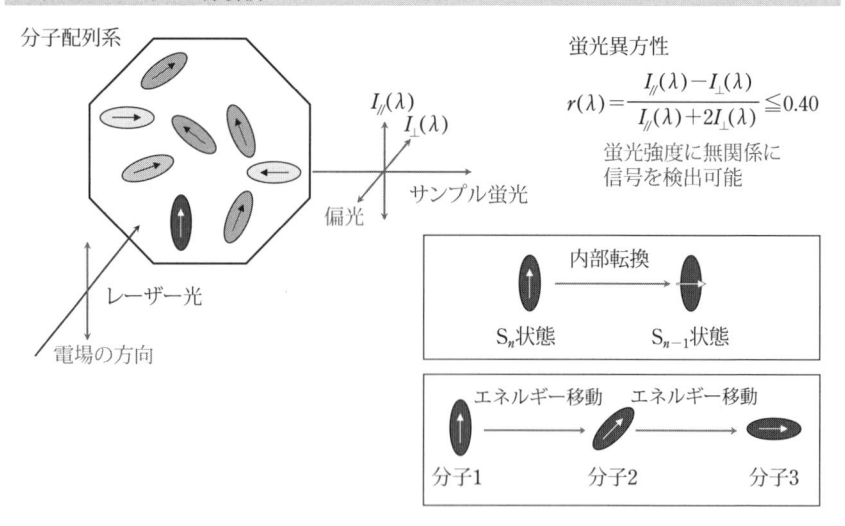

図5-9(1) 蛍光異方性の測定原理
　分散状態にある試料に、電場ベクトルが一定方向をもつ光を照射し、電場に平行と垂直の2方向に偏光子を合わせて、蛍光を観測する。得られた値から、式によって蛍光異方性を見積もる。偏光解消の大きな要因として、エネルギー移動、内部転換がある。蛍光異方性は蛍光強度とは無関係に決まる量であるために、吸収帯や蛍光帯の性質を特異的に調べることができる。矢印は分子の遷移モーメントの方向を示す。

$$r(\lambda) = \frac{I_{//}(\lambda) - I_{\perp}(\lambda)}{I_{//}(\lambda) + 2I_{\perp}(\lambda)} \leq 0.40$$

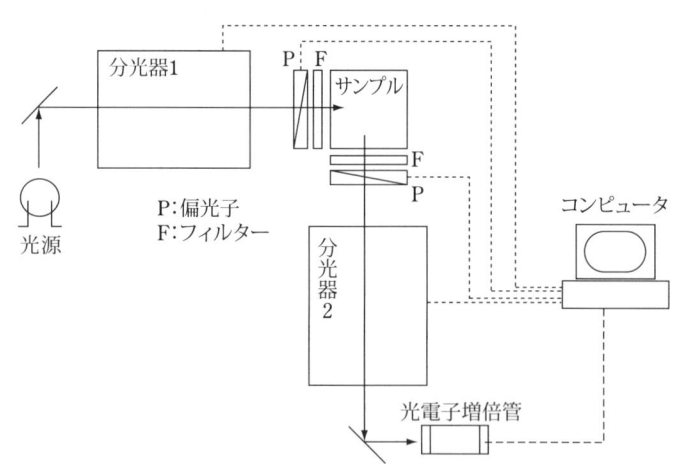

図5-9(2) 蛍光偏光スペクトルの測定方法
　分光蛍光光度計を使った蛍光偏光スペクトルの測定方法を示す。蛍光スペクトル測定と比較すると、励起光側、観測側に偏光子（P）が挿入されるだけである。ただし、分光蛍光光度計で使われている光学素子（分光器、光電子増倍管など）は偏光に対する感度が偏光方向によって異なるために、単に観測された信号強度を使って計算すれば良いのではなく、本文中に記載されたような感度補正を施す必要がある。

(0.4 または 0.5) となるが、様々な条件でこれよりは下がり、完全に解消が起こったときにはゼロとなる。一般的には蛍光異方性（r）が使われることが多い（図 **5-9(1)**）。

偏光解消の原因として、内的要因と外的要因の 2 種類がある（図 **5-9(1)**）。内的要因は、励起後、発光状態に至るまでに、分子そのものの双極子モーメントの方向が変わることに起因するもので、蛍光発光の電子準位（通常は S_1 状態）よりも高い励起状態からの内部転換、もしくは蛍光寿命内での分子のブラウン運動などによる解消が主な原因である。ブラウン運動の大きさは、試料の大きさ、溶媒の粘度、温度などの関数として捉えることができる。光合成膜標品などの場合はこのブラウン運動による偏光解消は実質的に考慮する必要はない。一方、外的要因は励起分子からのエネルギー移動により、光を吸収する分子と発光する分子の双極子モーメントが変化することに対応する。

より具体的に変化する双極子モーメントの方向と蛍光異方性（r）との関連は、次の式で表すことができる。

$$r = r_0(3\cos^2\theta - 1)/2$$

ここで、r は観測する異方性の値、r_0 は観測する現象の直前の状態での異方性の値で、これは複数の原因がある場合はその総和として表される。θ は観測している現象によって引き起こされる双極子モーメントのシフト量を示す。この式から理解できるように、完全に異方性が解消されている場合（$r_0 = 0$）、その後、どのような原因があっても、異方性がゼロ以外の値を取ることはない。

実際の測定においては、さらに注意を払うべき点がある。一般には光学素子が偏光に対して均一な性質をもっていないために、素子に由来する偏光特性を除去する必要がある。そのために、補正係数（G）を求める。

$$G = I_{HV} / I_{HH}$$

ここで、I_{HV} は励起側偏光子を横偏光に、検出側偏光子を縦偏光にしたときの値、I_{HH} は励起側、検出側の偏光子が横偏光のときの値である。これを用いて、蛍光異方性（r）を次式により補正する。

$$r(\lambda) = (I_{VV}(\lambda) - G \cdot I_{VH}(\lambda)) / (I_{VV}(\lambda) + 2G \cdot I_{VH}(\lambda))$$

この補正は必ず施す必要がある。

5-5-2 測定例

図 **5-10A** に、褐藻のアンテナ色素タンパク質であるフコキサンチン-ク

5. クロロフィルの分析法

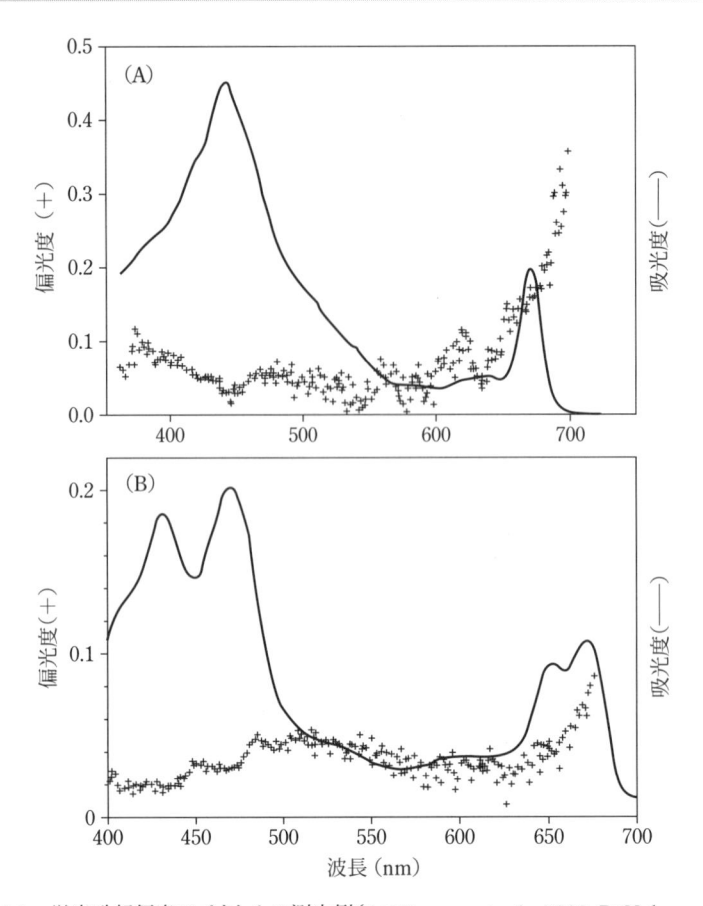

図5-10 蛍光励起偏光スペクトルの測定例（A：Mimuro *et al*., 1990、B：Nakayama and Mimuro, 1994より）

A：褐藻 *Dichtyota dichotoma* から単離精製されたFCP（フコキサンチン－クロロフィルタンパク質複合体）についての室温での測定例。Chl *a*/Chl *c*/フコキサンチンからなる系で、フコキサンチン→Chl *a*、Chl *b*→Chl *a* へのエネルギー移動が起こることを示す。

B：緑藻 *Bryopsis maxima* から精製したLHC IIの室温での蛍光励起偏光スペクトルを示す。この場合、710 nmでモニターされており、それはChl *a* の振動バンドを見ている。したがって、Chl *a* へのエネルギー移動に伴う蛍光偏光度の変化を観測することになる。重要なポイントは、①Chl *a* のソーレ帯では明らかに蛍光偏光度が低く、高い励起順位からの緩和に伴う偏光解消が起こっていること、②640 nm付近のChl *b* 領域の蛍光偏光度が低くなっており、Chl *b* からChl *a* へのエネルギー移動が起こっていること、③Chl *b* 領域の蛍光偏光度がカロテノイド領域（500～550 nm）よりも低いことから、カロテノイドからChl *b* を通してエネルギー移動が起こるのではないこと、である。エネルギー準位としては、カロテノイド、Chl *b*、Chl *a* の順に低くなるが、エネルギー移動ではその順序では起こらないことも偏光スペクトルは示すことが可能である。

244

ロロフィルタンパク質複合体（FCP）での測定例を示す。FCP は *Dictyota dichotoma* から単離精製された標品で、色素として Chl *a*、Chl *c*、さらにカロテノイドであるフコキサンチンを含んでいる。図はこの複合体でのエネルギー移動過程を解析した結果である。

蛍光は Chl *a* からの発光帯でもとくに長波長側の 710 nm でモニターし、全クロロフィルからの発光を検出している。励起偏光スペクトルは、上記の方法で $I_{\parallel}(\lambda)$ と $I_{\perp}(\lambda)$ を独立に測定し、補正を施した後、計算によって $p(\lambda)$ を求めた。その結果と吸収スペクトルを比較すると、いくつかの重要な情報を得ることができる。Chl *a* には不均一性があり、長波長側を励起するほどに理論的限界値 0.50 に近くなるが、吸収がもっとも強い波長領域では $p(\lambda)$ の値は小さくなり、極大波長を異にする複数成分から構成されることが明確に示されている。Chl *c* の波長領域（620〜630 nm）では、$p(\lambda)$ 値は明らかに Chl *a* のソーレー帯やフコキサンチンの主吸収帯（500〜550 nm）での値よりも小さく、Chl *c* がフコキサンチンから Chl *a* へのエネルギー移動過程で、仲介をしているのではないことが明確に示された。したがって、この複合体の中では、Chl *c* から Chl *a* へ、またフコキサンチンから Chl *a* へのエネルギー移動が起こることが判明した。この結果は、従来の予測を完全に覆すもので、珪藻、褐藻でのエネルギー移動過程に新しい道筋を開いたということができる。

同様の解析が緑藻 *Bryopsis maxima* から精製した LHC II についても行われた（図 **5-10B**）。複数存在する成分間でのエネルギー移動過程が、エネルギー準位にしたがって順番に起こるのではなく、途中の成分を経由しないエネルギー移動経路があることが明確に示された。蛍光スペクトルの測定だけではこうした結論を得ることは難しく、偏光スペクトルの測定意義が明確に示されたことになる。

5-6　パルス変調時間分解蛍光法（PAM 法）

5-6-1　原　理

蛍光は様々な情報を含んでいる。そこで、蛍光をモニターすることで光合成系の情報を得ることが行われる。近年、急速に発達した方法の一つが、パルスを当て、その間だけの蛍光強度を測定することによって情報を得ようとするもので、パルス変調時間分解蛍光法（Pulse Amplitude Modulated Fluorometry；

5. クロロフィルの分析法

通称 PAM 蛍光法）と呼ばれる。蛍光をモニターするために照射されるパルスの時間幅は数マイクロ秒であるために、モニター光が光化学反応を誘起する「作用光」になることを防ぐことができる。測定系の時間分解能は機器に依存するが、速いものでは1マイクロ秒以下の情報を得ることができる（図5-11(1)）。

現在市販されている蛍光光度計も、励起光をチョッパーで矩形波（擬似パルス）にして、そのときの信号をロックインアンプで増幅する方法でS/Nの上昇を図っており、その意味ではPAM法も基本的には同じであるが、時間分解能が飛躍的に増大している点が異なる。ただし、PAM法では検出する蛍光はフィルターで透過範囲を決めるために波長分解能がほとんどないので、波長特異的な解析には向かない。波長分解を行いたい場合には、フィルターの組み合わせなど、工夫が必要である。

測定原理は、蛍光のモニター光に、持続時間が数マイクロ秒（半値幅）の弱い励起パルスを与え、その間の蛍光強度を測定し、エンベロープ（包絡線）を表示するものである。個々のパルスによる減衰曲線を示しているのではないこ

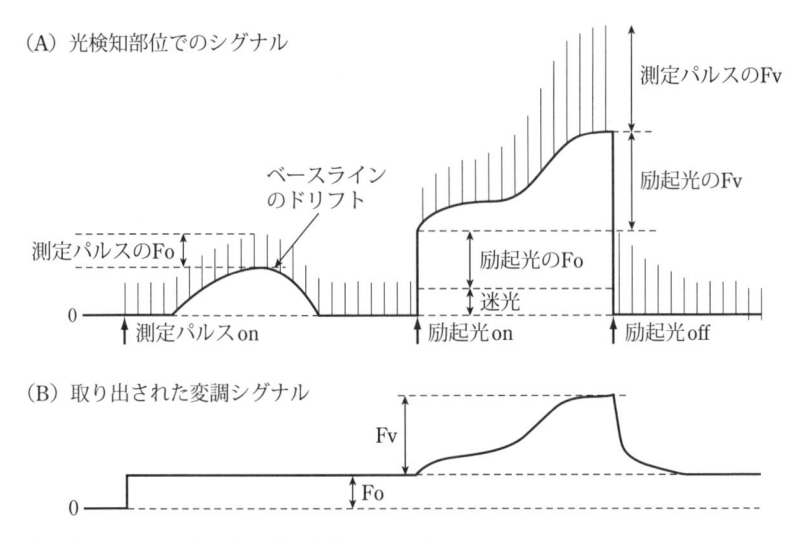

図5-11(1) PAM測定法の原理（園池, 2009より）
パルス励起による実際の蛍光変化と、変調後の出力信号との違いを示している。きわめて短い発光時間をもつパルス光をモニター光として使用し、さらに作用光による電子伝達成分の変化分を上乗せの信号として検出している。蛍光誘導期現象は最初連続光での励起パターンとして記録されたが、連続光では観測時間や条件によっては作用光として作用を始めるので、真の信号変化を記載するのが容易ではなかった。PAM法はこの点が改善されている。

とに注意を払う必要がある。この他に与える強い励起フラッシュ、連続光などの作用光によって、光合成電子伝達系の状態を変化させ、電子伝達系の成分であるキノン分子の酸化還元状態に応じて起こる蛍光強度の変化を観測するものである。観測される蛍光強度変化は厳密には色素の励起緩和過程などの物理学的な状態変化と対応するものでない。観測結果は多くは生理的な実験と組み合わされ、解釈がなされている（園池, 2009）。簡単に測定できるので、多くの生理学的な解析に使われている。しかし、あくまで解釈であり、測定条件次第では一義的に決まらない場合もあることを理解しておく必要がある。

5-6-2 応 用 例
(1) 蛍光の誘導期現象

酸素発生型光合成生物や光化学複合体などの試料を暗中に放置しておくと、電子伝達反応が止まり、PS II の電子受容体である PQ は、Q_A、Q_B を含め酸化された状態になる。ここに光を照射すると電子移動反応が誘起され、Q_A の還元とともに蛍光強度が増加する現象が見られる。これを蛍光の誘導期現象と呼ぶ。実際のパルスのタイミングは、図 **5-11(1)** 示されるように、定常光の照射開始後、わずかの遅延時間を挟んで測定が開始される。これによって、Q_A の還元、Q_A と Q_B との間の電子移動、さらに Q_B と PQ プールとの間の平衡過程などが測定できるとされている。この方法によって、PS II の還元側の挙動、電子伝達成分に異常が起こっている試料の状態などをモニターできる。

図 **5-11(2)A** のグラフは、暗順応したシアノバクテリア生細胞の蛍光誘導期現象を示す（横軸の時間が対数スケールであることに注意）。シアノバクテリアの場合、色素としてフィコビリン色素をもつために照射直後の強度（図中のOに相当）が高い。その後、Q_A の還元状態によって蛍光強度が変化し、いくつかの段階（図中のJ、I、Pに相当）を経ながら、1 秒以内で最高値に到達する。この蛍光強度の変化は基本的には還元された Q_A の量を反映するが、Q_A が Q_B や PQ プールと平衡にあるために、電子伝達系の状態をモニターすることができる。

途中の段階は、電子伝達成分間の平衡過程によって決まる PQ のいくつかの還元状態を反映するとされる。O は測定開始直後の強度で、アンテナ系からの発光であり、Q_A の酸化還元状態とは無関係と考えられる。高等植物ではこの強度は低いが、シアノバクテリアではフィコビリンに由来する強度が高いこ

5. クロロフィルの分析法

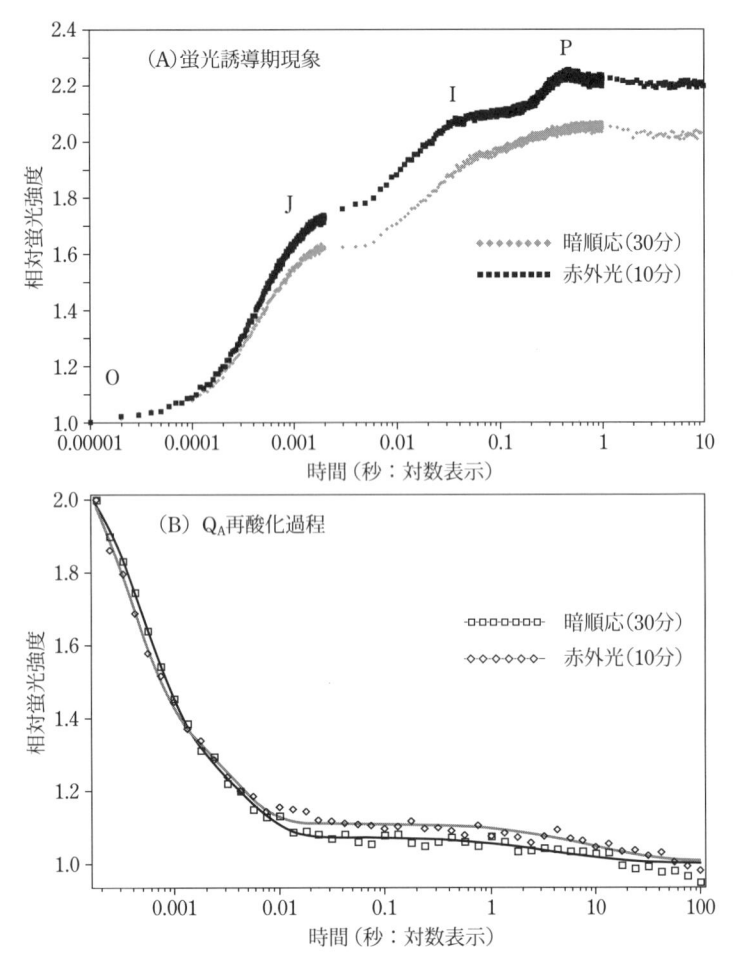

図5-11(2) PAM測定法による蛍光誘導期現象とPQ再酸化過程の測定
シアノバクテリア *Synechocystis* sp. PCC 6803 生細胞についての測定例(三室ら,未発表)。時間軸が対数表示されていることに注意を払う必要がある。縦軸の強度はF_0の値を1とした時の相対強度として表している。
A:暗順応(30分間)させた細胞についての蛍光誘導曲線の測定を行うと、蛍光は O-J-I-P という典型的な上昇パターンを描く。それぞれはPQの還元の程度と関連していると解釈されている。電子伝達系の阻害剤DCMUを加えると、蛍光はJ相で最大強度を示し、それ以上の増加はない。P相以降の増減はステート変化によると解釈されている。
B:強い作用光を照射した時にはPQは完全還元されるので、蛍光強度は最大となる。暗中に置くことによって還元状態は解消され、酸化される成分の割合が増え、それに伴って蛍光強度が減少することと対応している。

とが知られる。この強度は光化学反応の進行とは無関係であるために、これ以降の現象についての考察からは除外される。時間に依存した蛍光強度変化をVariable fluorescence（Fv）と称する。Jは数ミリ秒後に観察されるピークで、Q_Aの還元とQ_Bへの電子移動による再酸化との間の平衡によって現れる。Iは数十ミリ秒後に観測されるピークで、Q_Aの還元とシトクロムb_6fでのPQの再酸化との間の平衡で観測される。Pは数百ミリ秒後に観測されるピークで、Q_Aの還元とシトクロムb_6fよりもさらにPS Iに近い位置でのPQの再酸化との間の平衡で観測される。Q_AとQ_Bの間の電子伝達反応の阻害剤である尿素化合物（3-(3,4-dichlorophenyl)-1,1-dimethylurea；DCMU）を加えるとJで最大強度が観測され、また、シトクロムb_6fのQp部位での電子伝達反応の阻害剤であるキノン化合物（2,5-dibromo-3-methyl-6-isopropyl-1,4-benzoquinone；DBMIB）（$1\mu M$以下）を加えると、Iでの強度変化が観測される。また、図中の薄黒い線で示したカーブは、30分間の暗順応の後、PS Iを励起する遠赤色光を10分以上照射した細胞での測定例である。シアノバクテリアの場合、呼吸系からの電子流入によりPQが還元されるが、PS Iを駆動することによりPQの酸化が起こり、蛍光強度が上昇する。こうした状況証拠の積み重ねとして、蛍光の誘導期現象は解釈されている。

シアノバクテリアの場合は、光合成電子伝達系と呼吸鎖電子伝達系が一部重複しているために、暗順応状態ではPQは一定の割合で還元されている。この点は他の光合成生物とは異なるので、結果の解釈に注意を要する。

(2) Q_Aの再酸化

PS IIを強光で照射すると電子受容体であるQ_Aが瞬時に還元される。その後、Q_AからQ_Bへの電子移動に伴ってQ_Aの再酸化が起こり、蛍光強度が減少する。この過程を詳細に見ることで、二つの光化学反応系をつなぐ電子移動経路の電子伝達活性を知ることができる。一般的に減衰曲線は複数の時定数をもつ成分の和として表現され、計算によって成分に分解し、それぞれの強度、時定数から電子伝達系の活性を論じることができるとされる。

図 **5-11(2)B** のグラフは、シアノバクテリア生細胞での測定例である。暗順応させた細胞に短いパルスを与え、その後、数十マイクロ秒から数十秒までの間の蛍光減衰曲線を得た後、時定数を異にする複数成分の和としてとらえ、各成分の寿命と強度を計算によって求める。結果は通常3成分で近似される。もっとも速い減衰成分の時定数は数百マイクロ秒で、それはQ_AからQ_Bへの電

子移動に伴う成分とされる。2番目は数ミリ秒の時定数をもち、それは作用光の照射時に Q_B 結合部位にキノン分子が結合していない状態の反応中心における PQ 分子による Q_A の再酸化とされている。もっとも遅い成分は数百ミリ秒の時定数で、それは Q_A^- と酸素発生系の S_2 状態との間で起こる電荷再結合によるとされる（暗順応時には、酸素発生系のほとんど（約75％）は S_1 状態にあり、1発の閃光で S_2 状態へと遷移するために、S_2 状態との間の電荷再結合が起こる）。

（3）その他

蛍光誘導現象を詳細に解析することによって、様々な情報が得られるとされている。非光化学的消光（Non-photochemical quenching；NPQ）、水分解系のSステートの変化、光化学系Iの活性などがそうした例として挙げられる。測定装置によっては画像データとして取得が可能である。この場合、葉、個体などのレベルでのデータとなるので、生理状態などの理解が進むと考えられる。しかし、これらの測定はマイクロ秒からミリ秒の範囲での測定であり、電子伝達系の律速段階であるPQの挙動をモニターし、生理学的な指標として使われる中では有効であっても、蛍光発光の基本的な原理に基づくものではないために、解釈には限界がある。今後、生理学的な解釈が拡大されている可能性を十分に内包しているが、慎重になされるべきである。

5-7 円偏光二色性

5-7-1 原理

円偏光とは、光の電気ベクトルの方向が時間によって変化する性質をもつ光のことで、光の進行方向から見て、時間とともに時計方向に回る場合を右円偏光、反時計方向に回り場合を左円偏光という。円偏光二色性（Circular dichroism；CD）は、物質に吸収される右円偏光と左円偏光の吸収の差、$\theta_R - \theta_L$ をいう。CDスペクトルが観測される吸収帯を光学活性な吸収帯と呼ぶ。

これによって、いくつかの情報を得ることができる。もっとも一般的な事項として、不斉炭素が存在する場合は二色性が現れる。さらには、2分子が強い分子間相互作用をする場合、励起子をつくることがある。この場合も二色性が現れる。タンパク質の高次構造に依存して紫外部に吸収がある場合もある。このときには、たとえば α-ヘリックス、β-シート、ランダムコイルの量など

を算出することができる。

円偏光二色性を示す吸収帯は必ず光吸収があるが、光学活性は通常の吸収と強度において異なる。すなわち、ほとんど吸収がなくても光学活性が強い場合、円偏光二色性は強い。その逆もあり、光吸収は強くても光学活性でない場合、円偏光二色性は観測されない。したがって、吸収と円偏光二色性を測定することで吸収帯の性質を知ることができる（Garab, 2009）。

さらには、磁場存在下で測定する磁気円偏光二色性（Magnetic circular dichroism；MCD）もある。この測定からは CD とは質の異なる情報を得ることができる。MCD の起源は分子ならびに分子間の相互作用に依存して、以下の三つの項に分類される。Faraday A 項や C 項は、縮退した電子状態が磁場の中で分裂を起こすことによって生じるもので、ゼーマン分裂が典型例である。Faraday B 項は一つの分子のある特定の電子状態（クロロフィルでは Qy や Qx 状態）が、磁場中でさらにエネルギーの高い電子状態（ソーレー帯、Bx や By 状態）と混合を起こすことで生じるものである（Nozawa *et al.*, 1990）。

この測定には CD 装置に、光の進行方向に平行な磁場を与える磁石を搭載することが必要である。また、信号は磁場の大きさに比例する。したがって、測定精度を上げるためにも、多くの場合は高い磁場を提供できる電磁石が使われるが、永久磁石でも測定は可能である。

5-7-2　測定法

測定には専用の分光器（旋光分散計と呼ばれる場合もある）を用いる。一般的には真空紫外から可視光領域が測定の対象となるので、光源としてはキセノンランプが使われる。赤外域に特化した場合には、ハロゲンランプと赤外領域に高い感度をもつ専用の検出器が使われることもある。

測定に際しては必ず吸収スペクトルを測定しておくことが必要である。円偏光二色性の強度は、モル楕円率で現される。モル濃度を知るためには吸光度が既知であることが必須であるから、吸収を測定しない円偏光二色性測定はあり得ない。

溶媒が凍るような低温での測定は一般には容易ではないが、クライオスタットをもち、光学系を整えることが可能な研究室では測定可能である。CD 信号はきわめて小さな吸光度の差を見ているので、氷の状態による散乱が大きく影響する。

5-7-3 応用例
(1) 反応中心での相互作用

図 5-12(1) は紅色光合成細菌 *Ectothiorhodospira* sp. から単離した反応中心の吸収と CD スペクトルを示している。還元型の標品の吸収スペクトルを見ると、870 nm にスペシャルペア、800 nm 付近にはアクセサリー BChl *a*、

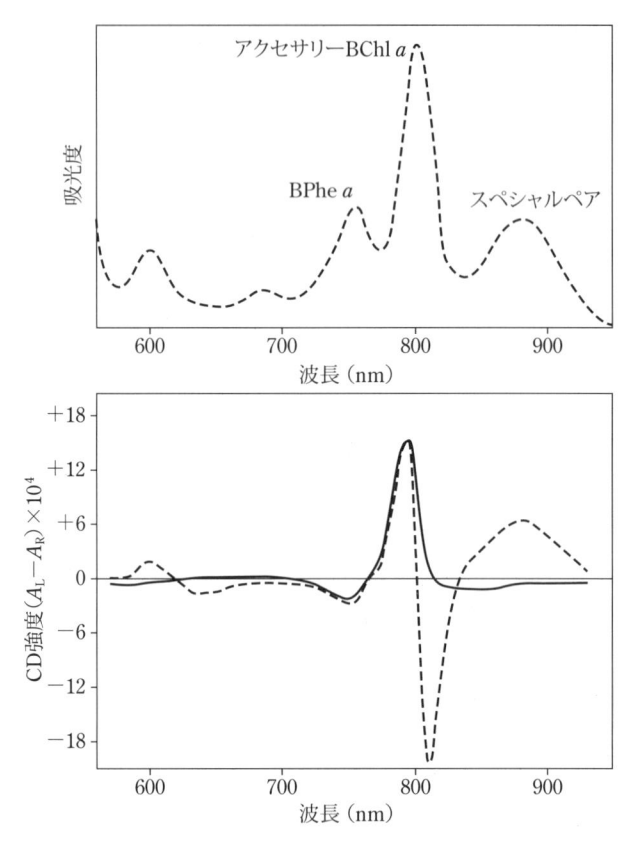

図5-12(1) CDスペクトルの測定例（Mar and Gingras, 1988より）
　紅色細菌 *Ectothiorhodospira* sp. から単離した反応中心複合体についての吸収と CD スペクトルを示す。上の吸収スペクトルでは、短波長側から、BPhe *a*、アクセサリー BChl *a*、スペシャルペアの存在が明らかである。下のCDスペクトルについては、還元条件（破線）では吸収に対応した成分の存在が明瞭であるが、酸化条件（実線）では、スペシャルペアがほぼ褪色するのに対して、アクセサリーBChl *a*では、短波長成分と長波長成分とが異なる挙動を示し、2分子間の相互作用についての情報を与える。

750 nm 付近には BPhe *a* の吸収帯が認められる。CD スペクトルもよい対応を示す。870 nm 付近には正のピークがあり、スペシャルペアの吸収に対応する。800 nm 付近には正負のバンドがあり、それらはアクセサリー BChl *a* に対応する。750 nm 付近には負のバンドがあり、それは BPhe *a* に対応する。信号の正負は吸収スペクトルと異なるものの、各成分はよい対応を示す。酸化剤で標品を酸化すると、吸収スペクトルの中でスペシャルペアに由来する 870 nm 付近の特異的な吸収帯と、800 nm 付近のアクセサリー BChl *a* に由来するバンドの中で、負の信号が特異的に消える。吸収スペクトルでは、吸収帯のブルーシフトが明瞭に観察されるが、これは一方のアクセサリー BChl *a* の褪色と対応しており、長波長側の成分の褪色による CD 強度の変化がよく対応することになる。これによって、2 分子のアクセサリー BChl *a* が強い相互作用（励起子相互作用）の結果として正負の CD バンドを与えていたのではないことが判明した。一方、BPhe *a* のバンドである 750 nm 付近の信号はほとんど変化がない。吸収帯は酸化によりわずかにレッドシフトすることが観測されるが、その変化は顕著ではない。

なお、CD スペクトルの測定の際に、試料を特定の方向に配向させた（配向のさせ方については次節「**5-8　直線二色性**」を参照）後に測定すると、強い相互作用があるバンドでは、その強度が減少することが知られている。この性質を利用して、励起子相互作用によって出現している吸収帯を特定することができる。

(2) 反応中心の MCD スペクトルとその解釈

図 5-12(2) は、紅色光合成細菌 *Chromatium tepidum* の反応中心複合体の MCD スペクトルを示している。CD スペクトルと比較すると、バンドの信号の正負、強度などにおいて大きく異なっており、異なる情報を得ていることが明解に理解できる。スペクトルの解釈として、［MCD］／［Abs］を指標にして、分子間の相互作用の強度を見積もることができる。光合成細菌の反応中心では、バクテリオクロロフィル 2 量体（スペシャルペア）が一次電子供与体として機能していることが知られている。この 2 分子のバクテリオクロロフィルは強い相互作用をしており、そのために単量体の分子（750 nm の吸収）とは大きく異なる分光特性を示し、870 nm に吸収帯をもつ。そこで、この二つの波長での［MCD］／［Abs］を求めてみると、2 量体は単量体の約 1/2 の値をとることが判明した（Nozawa *et al.*, 1990）。この性質は緑色植物の反応中心複合体でも

5. クロロフィルの分析法

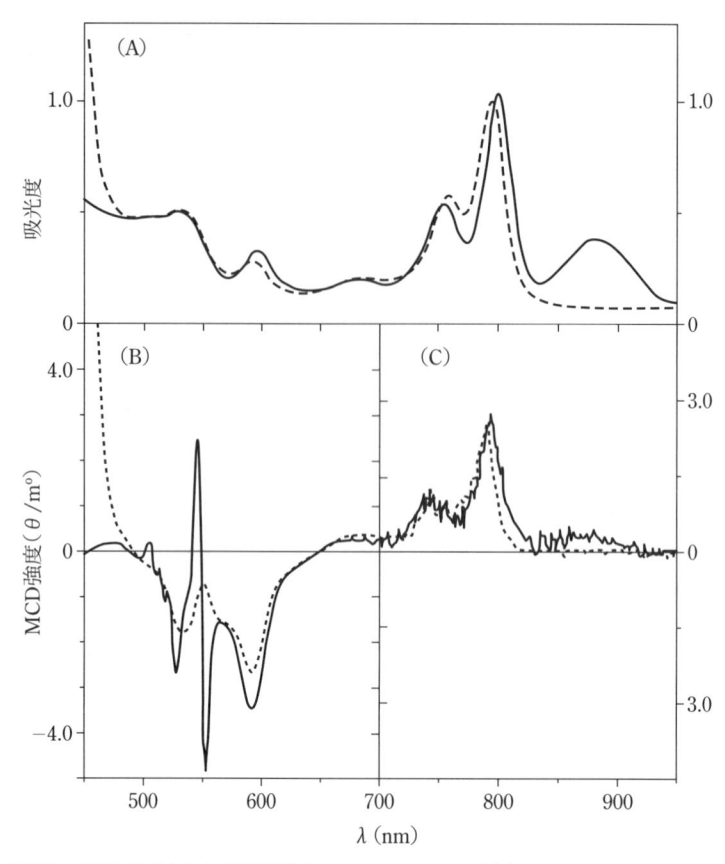

図5-12(2) MCDスペクトルの測定例(Nozawa *et al.*, 1990より)
紅色硫黄細菌 *Chromatium tepidum* から分離した反応中心複合体についての室温での測定例を示す。実線は還元状態、破線は酸化状態でのスペクトルを示す。A：酸化還元状態に応じて吸収スペクトルが変化し、スペシャルペアの状態変化が起こっていることが確認される。B,C：その状態変化に応じてMCDスペクトルも変化するが、とくに870nm付近のスペシャルペアが大きな変化を示す。吸収強度とMCD強度を比較すると、スペシャルペアの強度がBPhe *a* (750nm)、アクセサリーBChl *a* (800nm)に比べて小さいことが判明する。

同じであった(Nozawa *et al.*, 1990)。このことの物理学的な意味は不明であるが、現象論的には再現性のある現象として理解されている。

5-8 直線二色性

5-8-1 原理

　直線偏光とは、光の電気ベクトルの方向が時間によって変化しない性質をもつ光のことで、偏光プリズムや薄膜の偏光子を通過した後に得られる。通常の光は進行方向から見ると光の電気ベクトルが360度の中で均等に存在し、まったく偏りのないものであるが、直線偏光はその中の特定の方向だけをもつ光を取りだしたものである。

　直線偏光を物質に照射しても、物質の双極子モーメントの配向がランダムであれば特別の効果はないが、物質の側に配向性があれば、縦偏光と横偏光では吸収量に差（$Abs_{\parallel} - Abs_{\perp}$）が生じ、したがって二色性が観測される。これを直線二色性（Linear dichroism；LD）という。これによって、配向試料中の物質（色素）の配向を考察することが可能となる（図 **5-13(1)**。三室, 1990；Garab and van Amerongen, 2009）。

　配向したタンパク質複合体について、LDの値は、吸収物質の遷移双極子モーメントの方向（φ）と次式により関係づけられる（図 **5-13(1)**）。

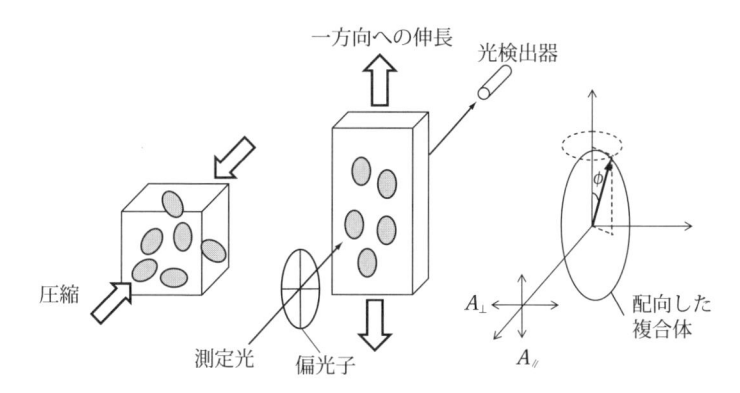

図5-13(1)　LDスペクトル測定法の原理
　媒体（例えばポリビニルアルコール、ポリアクリルアミド）中に分散された試料に、一定方向から力を加えることで、力に対してもっとも抵抗が少なくなる方向に試料が並ぶことを利用して試料を配向させる。次に、測定に際しての軸方向を力の方向と関連させて決め、測定軸に対して垂直、水平の電気ベクトルをもつ直線偏光を当て、それぞれでの吸収特性を測定する。波長を走査すれば吸収スペクトルが測定できる。直線偏光は偏光子を使って作ることができる。

5. クロロフィルの分析法

$$LD = A_{\parallel} - A_{\perp} = (3/2) A (3\cos^2 \phi - 1)$$
$$A = (1/3)(A_{\parallel} + 2A_{\perp})$$

ここで A は吸光度を示す。

時として、二色性比（dichroic ratio；DR）、もしくは Reduced LD（LD_r）が用いられる。定義は、

$$DR = A_{\parallel} / A_{\perp}$$
$$LD_r = LD / A = (A_{\parallel} - A_{\perp}) / A = (3/2)(3\cos^2 \phi - 1)$$

である。これらの指標を使うことで、吸収に関与する物質（群）の遷移双極子モーメントの方向が決められる。とくに後者では、単一成分であれば吸収強度に無関係に一定値を与えるなど、値が直接配向に関連するので、解析が容易である。

5-8-2 測定法

直線偏光を得るには偏光子が必要である。プリズム偏光子を使うともっとも質の高い直線偏光を得ることができるが、ビームの入射角に制限があり、分光器のビームの形状によっては使えない場合もある。一般にはフィルム偏光子が多用される。この場合、ビームの形状には依存しないので、どのような分光器でも使用が可能であるが、材質に依存して有効な波長範囲に制限がある。2枚のフィルムを直交させても特定の波長領域では光が透過する場合があるので、有効波長範囲について慎重に検討することが必要である。

一般には、測定したい波長範囲には吸収のない媒体中に試料を入れ、媒体を機械的に伸張、または圧縮することにより特定の方向への力を掛け、その力に物質が抵抗をもっとも小さくする方向に並ぶことを利用して、試料を配向させる。媒体としてポリビニルアルコール（PVA）を使う場合は、試料を加えた後に引っ張って特定方向に並べる。また、ポリアクリルアミドゲル（PAG）を使う場合、ゲルを圧縮することにより特定方向に並べる。PAG の場合、濃度によって架橋の密度が異なるため、生体高分子や複合体の大きさによって適切な濃度を決めることが望ましい。伸張、圧縮には特別の装置を用いるが、市販品はないので、各自で開発することが必要となる。

ダブルビームの自記分光光度計で測定する場合が多い。観測される吸光度の差（$Abs_{\parallel} - Abs_{\perp}$）は小さいので、アナログのデータしか取り扱えない場合は測定が困難な場合が多い。現在市販されている自記分光光度計の多くは、PC

5-8 直線二色性

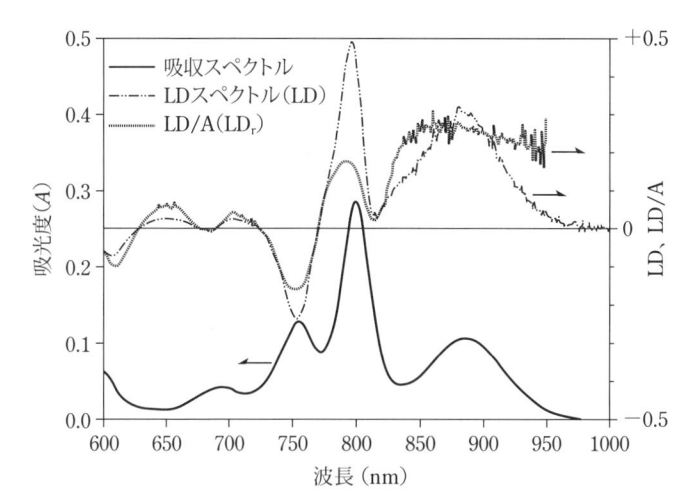

図5-13(2) LDスペクトルの測定例（Nozawa et al., 1990より）
紅色硫黄細菌 *Chromatium tepidum* から分離した反応中心複合体についての室温での測定例を示す。LD 値は波長に依存して強度が変化するのに対して、LD/A（LD$_r$）は波長には依存しない領域（例えば 850～950 nm）があり、吸収の起源が一つの分子（群）に由来することを明確に示している。また Phe *a* の波長領域（750 nm 付近）では LD 値がマイナスの値を示し、その配向が他の成分と比較すると垂直に近い方向を示すことが明らかである。この構造は結晶構造でも支持されている。

により測定データをディジタルデータとして、PC またはメモリー上に保管することができるので、問題はない。分光光度計への試料セルの導入は、試料圧縮装置同様に、各研究室の機器の状況に応じて工夫する必要がある。

　プリズム、回折格子などの分光器で分光された光は、偏光性という観点からすると均質ではなく、かなり偏りがある。これは直線偏光を得たときに、縦偏光と横偏光で光強度が大きく異なることを意味する。この強度は信号の S/N に直接的に影響を与える。また、光を検出する光電子増倍管には一般に偏光特性があり、両方向の偏光に対して同じ感度をもつわけではない。そこで、光電子増倍管に光を入射させる前に偏光性を解消しておくことが望ましい。偏光解消板を用いるとよい。図 **5-13(1)** に光学系の配置図を示す。

　測定を行う内容は、配向させる前の吸光度と配向させた後の吸光度である（$\Delta A / A$）。それを配向の度合いの関数として求める。配向により吸収が増す場合と減少する場合がある。

5. クロロフィルの分析法

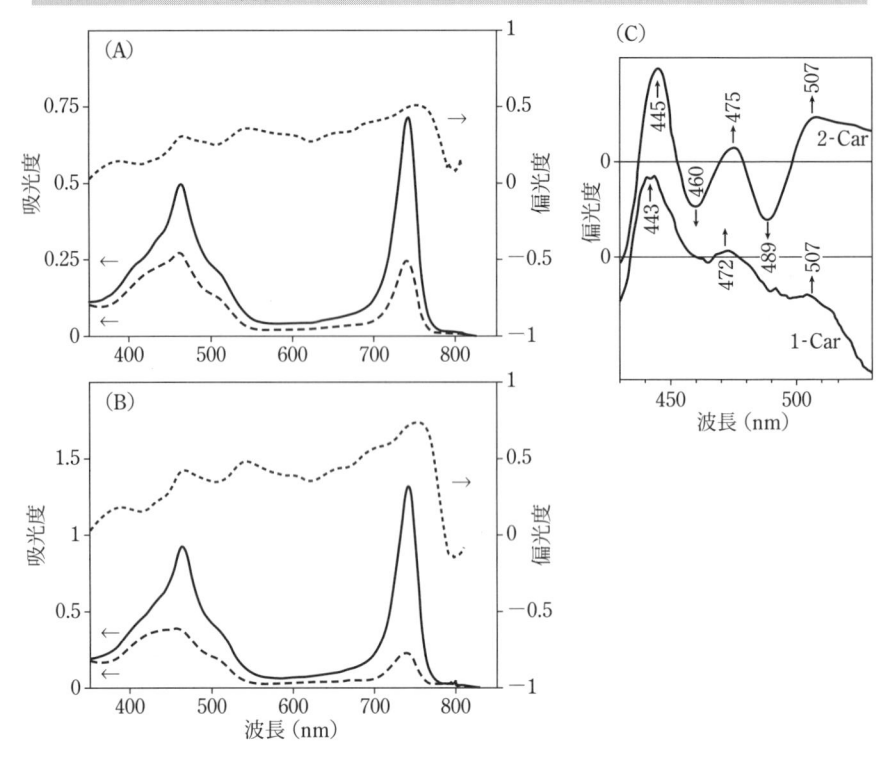

図5-13(3) LDスペクトルの測定例（A: Matsuura *et al.*, 1993、B: Tomo *et al.*, 1997より）

A, B: 緑色糸状性細菌 *Chloroflexus aurantiacus* から分離されたクロロゾームについての測定例を示す。10×10×20 mm (W×D×H) のポリアクリルアミドゲル中に試料を分散させた後、10×5×40 mm (W×D×H) に x 軸方向から力を加えることで変形させ、その後、図 **5-13(1)** に示される x 軸方向と y 軸方向から測定を行った。A: x 軸方向から、B: y 軸方向から、の測定である。スペクトルの端に書かれた矢印は、それぞれの縦軸を示す。いずれの方向からの測定でも、740 nm付近のBChl c 会合体に由来する信号は、縦偏光と横偏光での吸光度が大きく異なっており、試料がゲル中で配向し、吸収物質が特定方向に配向していることを示している。とくに、B図においてはその比が5倍以上あり、結晶に近い配向をしていることを示す。また長波長側（790～810 nm）では、縦偏光の吸光度が横偏光の吸光度を下回り、値の符号が逆転すること、したがってこの吸収帯を与えるベースプレートのBChl a の遷移双極子モーメント方向が BChl c 会合体のものとは大きく異なり、軸に対して垂直に近いことを示す。

C: ホウレンソウから単離した PS II 反応中心複合体についての LD スペクトルを示す。上（2-Car）は2分子の β-カロテンを含む試料、下（1-Car）は生化学的操作によって1分子の β-カロテンを除去し、1分子のみを残した試料。上図では、正（475 nm、507 nm）と負（460 nm、489 nm）にそれぞれ信号をもつ2分子が観測されることから、それぞれの β-カロテンは遷移双極子モーメントの方向が互いに垂直に近い配向をすることが理解できる。さらに、1分子を除去した場合、短波長側に吸収（前述の負の部分）を示す成分が選択的に除去されることが判明する。

5-8-3 応用例
(1) クロロゾームでの色素会合体の配向

緑色光合成細菌 *Chloroflexus aurantiacus* から分離したアンテナ複合体クロロゾーム (chlorosomes) をポリアクリルアミドゲル中に埋め、圧縮することにより配向を促し、その時の吸光度の変化を測定したものが図 **5-13(3)A** である。驚くべきことに 720 nm から 750 nm では、縦偏光では吸収は約 3 倍となり、逆に横偏光ではほとんど吸収が観測されなくなってしまった。このことは、クロロゾーム中で色素 (BChl *c*) は結晶に近い形で配向していることを示している。一方、800 nm 付近では逆に $\Delta A/A$ は負の値を示し、配向が逆転していることを示している。クロロゾームは、約 100 nm × 30 nm × 10 nm という扁平形であることが電子顕微鏡観察により示されている。ゲル中では圧縮にしたがってゲルの伸張方向に、クロロゾームの長軸が平行に並ぶことが期待される。縦偏光はゲルの伸張軸方向、横偏光はそれに垂直方向となる。したがって、この結果が意味することは、BChl *c* はクロロゾームの長軸に対してほぼ平行に配向していること、さらに長波長側の成分 (BChl *a*) は短軸に平行に配向していることである。

(2) 反応中心複合体でのカロテノイドの配向

ホウレンソウから単離精製した PS II RC をゲル中に包埋し、圧縮によって配向させたとき、図 **5-13(3)B** にあるような LD スペクトルを得た。特徴的なことは、450〜550 nm にかけてのカロテノイドの吸収帯である。カロテノイドには特徴的な振動構造があり、この試料中には 2 種類のカロテノイド分子があることが判明した。その振動構造を見ると、1 分子は正の LD を示し、他は負の LD を示すことが明らかとなった。この複合体の結晶構造が 1999 年に明らかにされたが、その構造を見ると、ほぼ直交した 2 分子のカロテノイドの存在が明らかとなり、LD の結果とのよい一致をみた。分光学的に解明された情報は結晶学的に証明され、この方法の有効性が明らかとなった。

5-9 特殊な解析法 (過渡吸収法、時間分解蛍光法)

すべての化学反応は時間依存の現象であるが、光が関与する現象はとくに時間スケールが短くて、フェムト秒からナノ秒の時間範囲で現象が完了する。こうした事象を実時間で観測するには特別な装置が必要であり、特殊装置をもつ

研究者との共同研究によって実現するしか現実的な方法はない。たとえ装置を貸し出すところがあっても操作に習熟が必要であり、経験のない研究者には実施はほとんどできない。さらに、得られたデータを解析し、結果を正しく解釈するには方法論と訓練が必要であり、簡単にデータを入手できるわけではない。

そうした測定法の代表例として、過渡吸収法（図 **5-14(1)** 参照）、時間分解蛍光法（図 **5-15(1)** 参照）などがある。日本でも生物材料を対象として数台の装置が稼働しているので、海外の研究者との共同研究ではなく、日本の中で完了することができる。ただ、レーザーに関しては励起波長、パルス幅、などに制限があり、また時間分解能についても研究室ごとに違いがあり、測定条件次第では十分に目的を達成できない場合もある。装置をもついくつかの研究室と相談しながら策を立てるとよい。

5-9-1 過渡吸収の測定例

過渡吸収法は近年、様々な方法論の発展が図られ、多くの情報を引き出すことのできる解析方法となっている。測定の対象となる時間範囲は、現在では数フェムト秒から秒の単位まで、約15桁にも及ぶものとなっている。測定の基本的な方法は Pump-Probe 法で、Pump 光で物質の性質を変化させ、Probe 光でその状態変化を知るのが一般的なものである。時間分解能を上げるためには、両方の光源ともにパルス光が用いられることが多い。近年の測定装置の例を図 **5-14(1)** に示す（Berera *et al.*, 2009；伊藤, 2009）。

図 **5-14(2)(3)** には測定例を示す。紅色光合成細菌と酸素発生型光合成生物の PS II における第一電子供与体に由来する信号を捉えたものである。特定波長における吸収変化の大きさを測定し、波長に対してプロットすることで成分を同定する。さらには、変化の時間（速度）などから電子授受の供与体と受容体が同定される場合がある。基本的には、供与体と受容体は同じ速度定数をもつことが期待されるからである。

吸収変化は解析が必ずしも容易ではない。複合体など多くの色素、電子伝達成分から構成される系では、Pump 光で励起された分子は、たとえアンテナ色素であっても励起状態になれば吸収特性を変化させるため、観測される信号は多くの物質に由来することが多い。そのために、特異的に信号を検知するには、酸化還元電位などの調節などを組み合わせることが求められる。

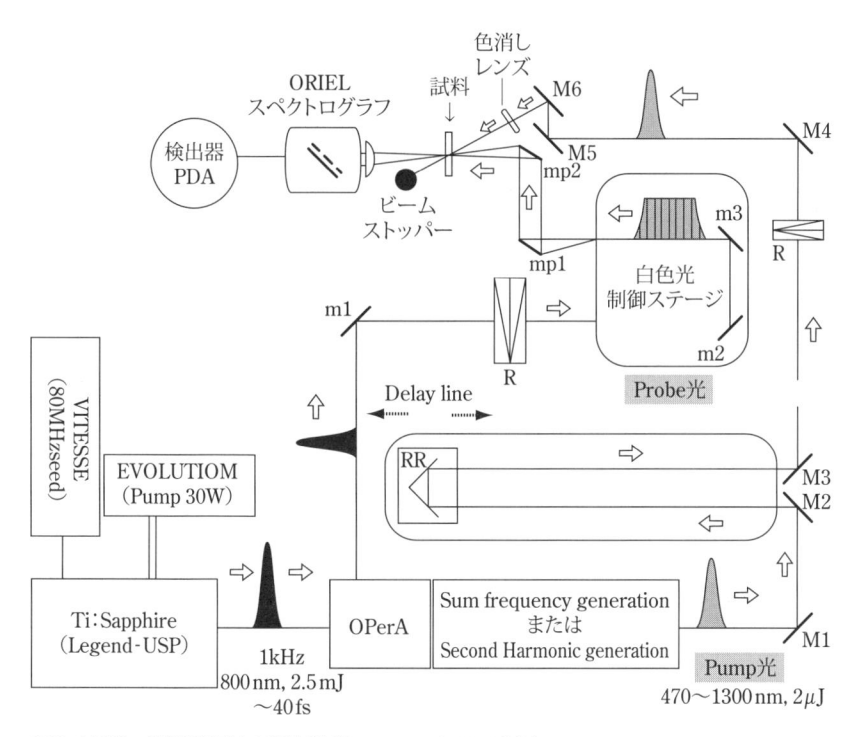

5-9 特殊な解析法（過渡吸収法、時間分解蛍光法）

図5-14(1) 過渡吸収法の測定法（Berera *et al.*, 2009より）
現在使用されているPump-Probe法による測定系のダイアグラムを示す。Pump光とProbe光との間には光学遅延回路が組み込まれ、時間差を生じさせている。時間差の精度は数フェムト秒程度まで達している。この他にも、多光子励起のシステムもあり、付加的な情報を与える。
M：Mirror Pump path、m：Mirror Probe path、mp：parabolic mirror、R：Rotator、RR：Retro reflector。

5. クロロフィルの分析法

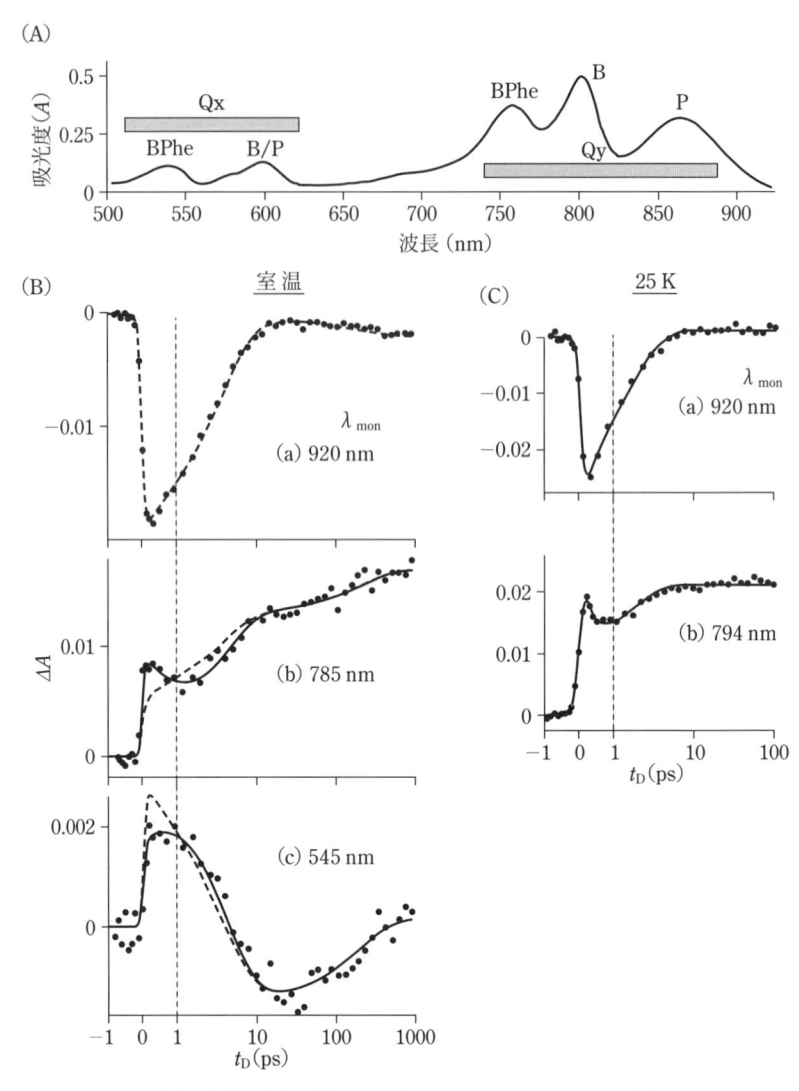

図5-14(2) 過渡吸収法の測定例(その1)(B:Holzapfel *et al*., 1990より、C:Zinth and Kaiser, 1993 より)

(A)は吸収スペクトルを示す。紅色光合成細菌の反応中心複合体での過渡吸収変化による第一電子供与体の同定。閃光照射後の920 nmの褪色は、スペシャルペアの褪色を示し、545 nmの増加と減少は、BPhe *a*への電子移動とQ_Aへの電子移動を示す。

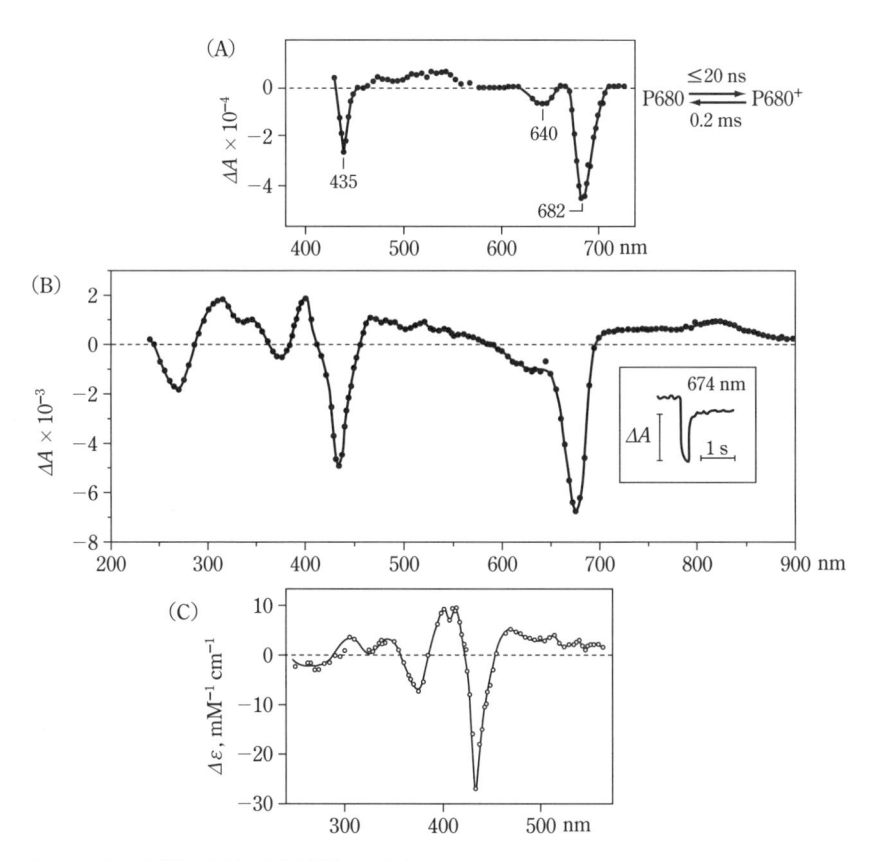

5-9 特殊な解析法（過渡吸収法、時間分解蛍光法）

図5-14(3) 過渡吸収法の測定例（その2）（A：Gerken *et al.*, 1989、B：van Gorkom *et al.*, 1975、C：Döring *et al.*, 1969より）

酸素発生型光合成生物の PS II 複合体での過渡吸収変化による第一電子供与体の同定。(A)は、閃光照射後20ns以内に褪色する成分（スペシャルペア）の差スペクトルを示す。その極小値が682nmであることからP680と呼ばれるようになった。

5-9-2 時間分解蛍光の測定例

時間に依存した反応の中で、蛍光測定はとくに励起状態からの緩和現象を見るという特徴をもつために、過渡吸収法とは異なる情報を導くことができる（三室ら，2003；Noomnarm and Clegg, 2009）。

図 **5-15(1)** には測定装置のブロックダイアグラムを、図 **5-15(2)** には、時間分解蛍光法で見出されたホウレンソウ葉緑体におけるエネルギー移動の例を

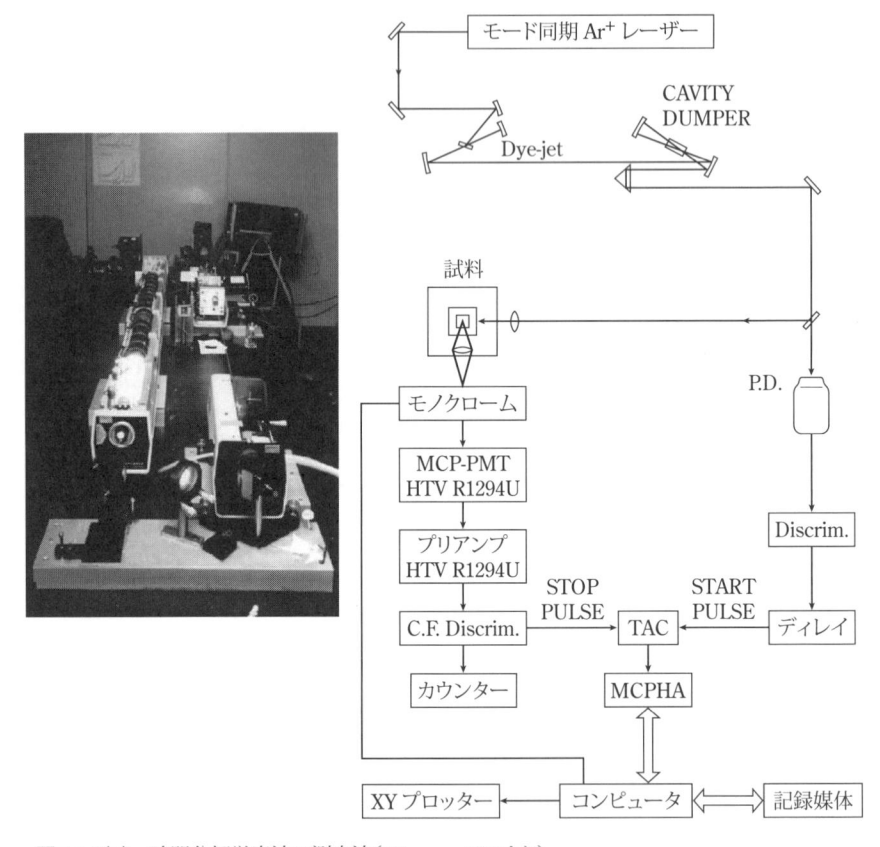

図5-15(1) 時間分解蛍光法の測定法（Mimuro, 2002より）
　時間相関単一光子計数法による時間分解蛍光スペクトル測定のシステムのブロックダイアグラム。このシステムは1982年に分子科学研究所で開発されたシステムで、励起光源にAr$^+$レーザー、色素レーザーを使っている。現在では励起光源にはチタンサファイアレーザーが使われることが多い。開発当初の時間分解能は約30ピコ秒であったが、近年はパルスレーザーの開発と検出系の改良が進み、数ピコ秒の分解能に達している。

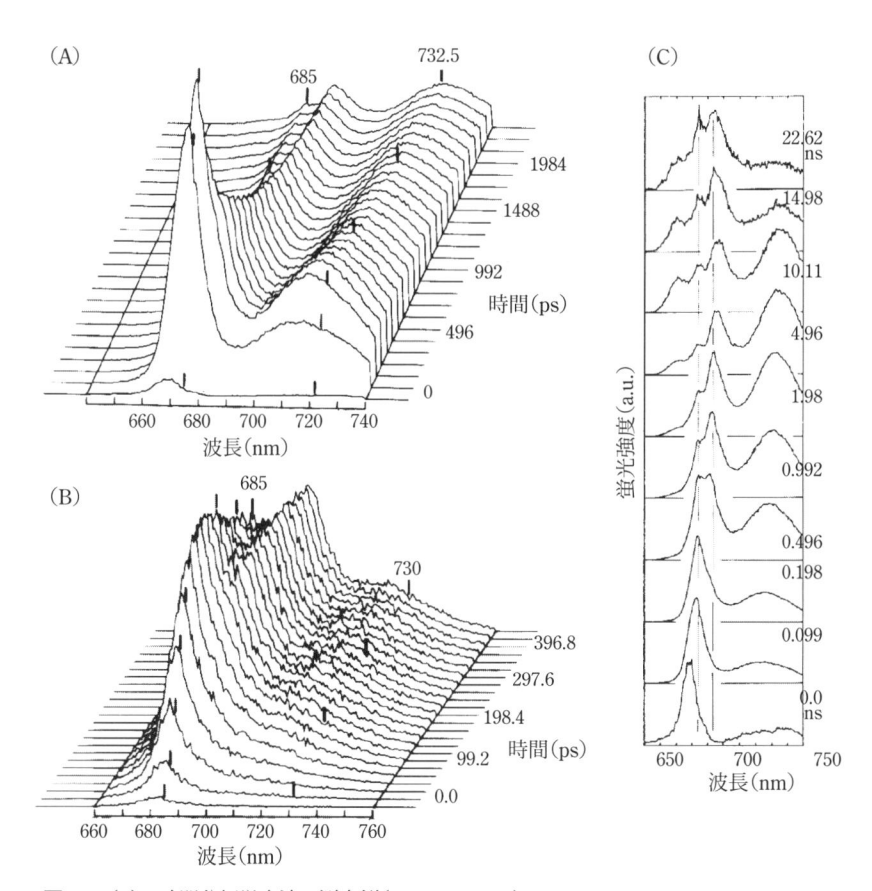

5-9 特殊な解析法（過渡吸収法、時間分解蛍光法）

図5-15(2) 時間分解蛍光法の測定例（Mimuro, 1988）
ホウレンソウ葉緑体についての液体窒素温度でのスペクトル測定例。
Aは長い時間範囲での測定、Bは短時間範囲での測定である。励起直後に、蛍光極大が短波長側から長波長側に移行することが明瞭に観測できる。これは色素間でのエネルギー移動に由来する移行である。Cで示されるナノ秒の時間範囲では遅延蛍光成分が685 nm領域に観測される。遅延蛍光の存在を示すためには、正確には寿命測定が必要であるが、発光の波長範囲を調べるにはスペクトル測定が不可欠である。この測定から遅延蛍光はPS IIに由来することが判明した。

5. クロロフィルの分析法

示す。このスペクトル（C）は各スペクトルの最大強度で規格化されているため、実際の強度は 3 次元表示（A と B）にあるように、この図とは異なる。葉緑体は PS I、PS II をともに含むので、エネルギー移動の様子はやや複雑である。630 nm レーザー光で励起直後には 680 nm に LHC II からの発光が観測され、時間とともに長波長側への極大波長のシフトが観測される。さらに、695 nm に PS II からの蛍光帯が明瞭に観測される。PS I Chl a への移動は 695 nm 蛍光が観測される時間にはすでに明らかに蛍光が観測されているので、アンテナからのエネルギー移動に要する時間は、PS I、PS II ともに類似の時間を要することが判明した。

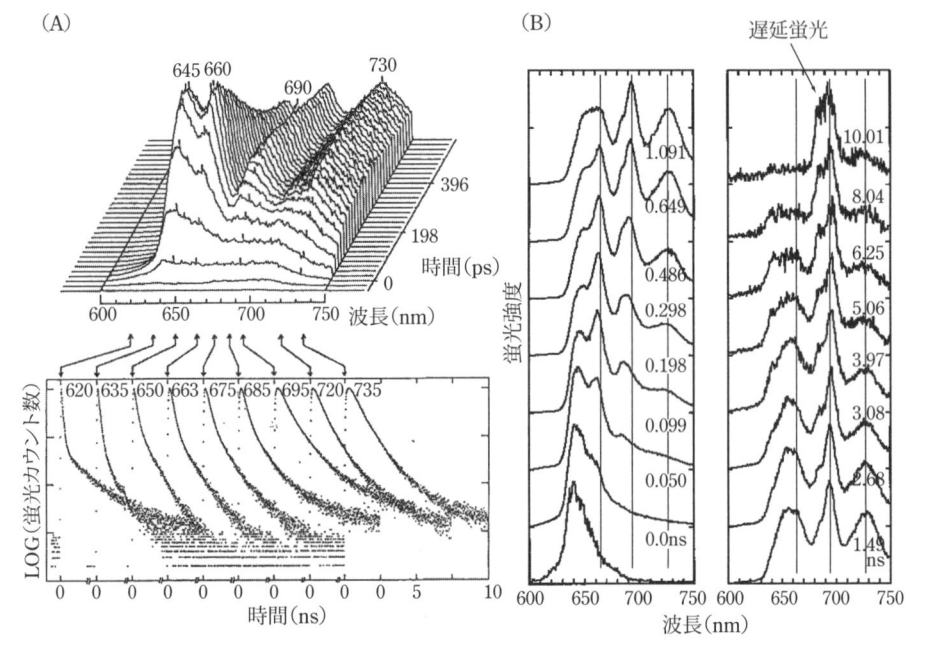

図5-15(3) 時間分解蛍光の測定例（Mimuro, 1990より）

シアノバクテリア *Anabaena variabilis*（M-3）生細胞の液体窒素温度での測定例。フィコビリンを励起した後のエネルギー移動の様子が図示されている。

A：各波長での蛍光減衰曲線（下）とそれを基に作られた時間分解蛍光スペクトル（上）との関連を示す。短波長では短い寿命成分が多く、長波長側では長い寿命成分が増すことが明確に観測される。

B：最大強度で規格化された時間分解蛍光スペクトルを示す。遅い時間帯では、アンテナであるフィコビリンの蛍光が減衰してしまった後に、Chl a からの遅延蛍光が観測されている。

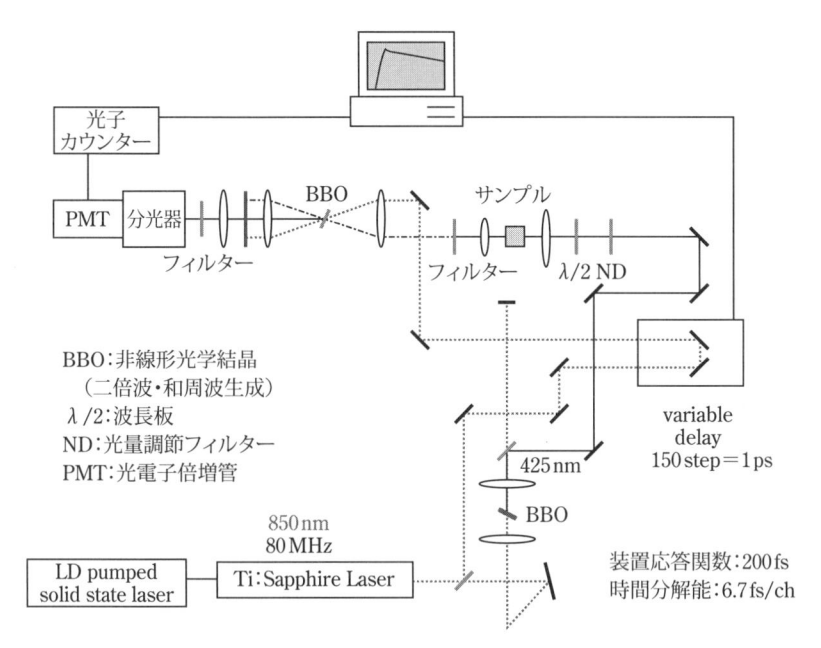

5-9 特殊な解析法（過渡吸収法、時間分解蛍光法）

図5-16(1) 時間分解蛍光法（和周波混合法）の測定法（秋本ら, 2005）
システムのブロックダイアグラム。非線形光学素子（BBO）に蛍光とProbe光を同時に照射することによって、それらの和周波が発生する。それを検出するシステムである。

シアノバクテリアの生細胞についての時間分解蛍光測定例を図 **5-15(3)** に示す。これは世界で初めて測定された時間分解蛍光スペクトルであり、その後のエネルギー移動過程の解析に大きな影響を与えた。

最近では、蛍光測定を過渡吸収法と同じ時間分解能で解析が可能な和周波混合法を用いることによって、数十フェムト秒での蛍光挙動の解析が進められている（秋本ら, 2003；秋本ら, 2005）。その測定装置の概要を図 **5-16(1)** に、緑藻から単離されたクロロフィルタンパク質での蛍光挙動を図 **5-16(2)** に示す。

5-9-3 遅延蛍光

蛍光は、光により励起状態に遷移した分子が直接緩和してくる過程を知る情報である。一方、いったん励起状態から電子移動が起こり、その後、電荷の再結合によって励起状態が生成し、そこからの発光が観測されることがある。これを遅延蛍光と呼ぶ。PS II では、還元側には Phe a、Q_A、Q_B が、酸化側には

267

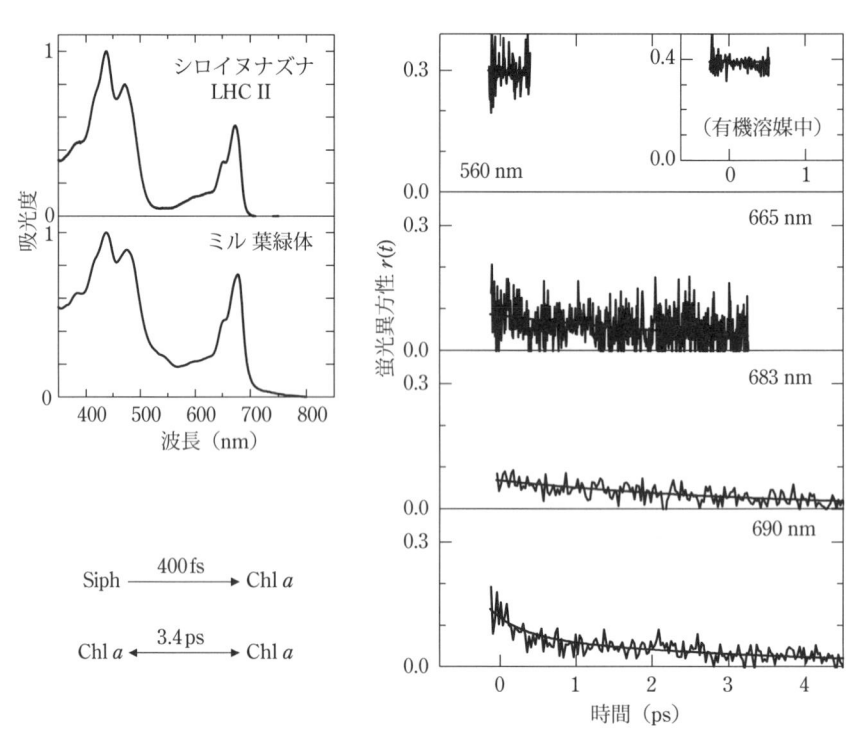

図5-16(2) 時間分解蛍光法（和周波混合法）の測定例（Akimoto *et al.*, 2007より）

緑藻のミル *Codium fragile* から分離したLHC II 複合体には、540 nm 付近にシフォナキサンチン（Siph）に由来する特異な吸収帯がある。その起源、機能について、蛍光和周波混合法によって解析した。

シフォナキサンチンからの蛍光異方性を測定すると、有機溶媒中（右上）では理論的限界の0.4に近い0.39という値を示すが、複合体中では0.30と明らかに小さく、この発光が新しいエネルギー準位からの発光であることを示している。

さらに、シフォナキサンチンと Chl *a* との間でのエネルギー移動を解明するために、時間依存の蛍光異方性を測定し、その減衰の時定数を求めた。その結果、690 nm で観測される400 fs の時定数はシフォナキサンチンから Chl *a* へのエネルギー移動を示し、3.4 ps の遅い時定数は Chl *a* の間でのエネルギーの巡回に対応することが判明した。

マンガンクラスターの四つのS状態があるので、それらの間での多くの電荷再結合反応が起こり、遅延蛍光もかなり複雑な情報をもたらすことになる（先に述べたPAM法によるQ_Aの再酸化過程の解析も遅延蛍光の一種である）。現在、反応中心での電荷再結合過程は未解明の点も多く、今後の大きな課題の一つと考えられる（Goltsev *et al.*, 2009）。遅延蛍光は温度に依存して大きく変化することが知られている。

第5章のまとめ

　この章では、クロロフィルの分析法についての解説を行った。溶液系でのいわゆる化学分析から、タンパク質複合体や細胞などにおける分光分析を多く例示した。クロロフィルの電子状態はタンパク質やそれらが作る物理化学的な環境によって性質が変化し、機能発現に結びつくために、分光学的な変化を正確に観測・解析することが重要であり、そのための方法論を示した。今後、分析はますます精緻になり、誰もが簡単に行うことのできる事項は限定されると思われるが、分析の可能性を知識として習得し、専門家と相談をすることによって、解析能を上げることができる。

第5章の参考文献

秋本誠志・山崎　巖・三室　守（2003）「光合成系カロテノイドの励起緩和ダイナミクス」．レーザー研究，**31**：207-211.
秋本誠志・木場隆之・横野牧生・三室　守・山崎　巖（2005）「アップコンバージョン法によるフェムト秒時間分解蛍光スペクトルの全自動測定」．分光研究「装置と技術」，**54**：18-22.
伊藤　繁（2009）「分光測定法 c. 閃光分光と差スペクトル」．『光合成研究法』（池内昌彦・伊藤　繁・鹿内利治・園池公毅・田中　歩・村岡裕由・三宅親弘 編）北海道大学低温科学研究所 紀要「低温科学」第67巻，465-471. [**Review**]
園池公毅（2009）「パルス変調蛍光 a. クロロフィル蛍光と吸収による光合成測定」．『光合成研究法』（池内昌彦・伊藤　繁・鹿内利治・園池公毅・田中　歩・村岡裕由・三宅親弘 編）北海道大学低温科学研究所 紀要「低温科学」第67巻，507-524. [**Review**]
民秋　均（2007）「光合成における金属錯体の役割とそのモデル錯体」．『金属錯体の光化学』三共出版，pp. 316-342. [**Review**]

5. クロロフィルの分析法

三室　守（1990）「直線二色性」．『分光技法ハンドブック　III 応用編』（南　茂夫・合志陽一編集）朝倉図書，pp. 610-617.［Review］

三室　守・秋本誠志・山崎　巌（2003）「光合成アンテナ系での励起エネルギー転移過程と転移機構－フェムト秒，ピコ秒領域時間分解蛍光スペクトル法による解析－」．レーザー研究，**31**：212-218.［Review］

渡辺　正・仲村亮正・小林正美（2002）光合成分子機構への計測化学的アプローチ－光化学系コアに存在する特異なクロロフィル類の検出．日本化学会誌，**2002**(2)：117-128.

Akimoto, S., Yokono, M., Ohmae, M., Yamazaki, I., Tanaka, A., Higuchi, M., Tsuchiya, T., Miyashita, H. and Mimuro, M.（2005）Ultrafast excitation relaxation dynamics of lutein in solution and in the light-harvesting complexes II isolated from *Arabidopsis thaliana*. *J. Phys. Chem. B*, **109**：12612-12619.

Akimoto, S., Tomo, T., Naito, Y., Otomo, A., Murakami, A. and Mimuro, M.（2007）Identification of a new excited state responsible for the *in vivo* unique absorption band of siphonaxanthin in the green alga *Codium fragile*. *J. Phys. Chem. B Letter*, **111**：9179-9181.

Bachvaroff, T. R., Puerta, M. V. S. and Delwiche, C. F.（2005）Chlorophyll *c*-containing plastid relationships based on analyses of a multigene data set with all four chromalveolate lineages. *Mol. Biol. Evol.*, **22**：1772-1782.

Baker, N. R.（2008）Chlorophyll fluorescence: a probe of photosynthesis *in vivo*. *Annu. Rev. Plant Biol.*, **59**：89-113.［Review］

Berera, R., van Grondelle, R. and Kennis, J. T. M.（2009）Ultrafast transient absorption spectroscopy: principles and application to photosynthetic systems. *Photosynth. Res.*, **101**：105-118.［Review］

Döring, G., Renger, G., Vater, J. and Witt, H. T.（1969）Properties of the photoactive chlorophyll-a_{II} in photosynthesis. *Z. Naturforsch. B*, **24**：1139-1143.

Fawley, M. W.（1989）A new form of chlorophyll *c* involved in light-harvesting. *Plant Physiol.*, **91**：727-732.

Fawley, M. W.（1988）Separation of chlorophylls c_1 and c_2 from pigment extracts of *Pavlova gyrans* by reversed-phase high performance liquid chromatography. *Plant Physiol.*, **86**：76-78.

Garab, G. and van Amerongen, H.（2009）Linear dichroism and circular dichroism in photosynthesis research. *Photosynth. Res.*, **101**：135-146.［Review］

Gerken, S., Dekker, J. P., Schlodder, E. and Witt, H. T.（1989）Studies on the multiphasic charge recombination between chlorophyll-a_{II}^+(P680$^+$) and plastoquinone Q_A^- in photosystem II complexes. Ultraviolet difference spectrum of Chl-a_{II}^+/Chl-a_{II}. *Biochim. Biophys. Acta*, **977**：52-61.

Goltsev, V., Zaharieva, I., Chernev, P. and Strasser, R. J.（2009）Delayed fluorescence in photosynthesis. *Photosynth. Res.*, **101**：217-232.［Review］

van Gorkom, H. J., Pulles, M. P. and Wessels, J. S.（1975）Light-induced changes of absorbance and electron spin resonance in small photosystem II particles. *Biochim. Biophys. Acta*, **408**：331-339.

van Heukelem, L. and Thomas, C. S.（2001）Computer-assisted high-performance liquid chromatography method development with applications to the isolation and analysis of phytoplankton pigments. *J. Chromatogr. A*, **910**：31-49.

第5章の参考文献

Holzapfel, W., Finkele, U., Kaiser, W., Oesterhelt, D., Scheer, H., Stilz, H. U. and Zinth, W.(1990) Initial electron-transfer in the reaction center from *Rhodobacter sphaeroides*. *Proc. Natl. Acad. Sci. USA*, **87**：5168-5172.

Katoh, T., Mimuro, M. and Takaichi, S. (1989) Light harvesting particles isolated from a brown alga *Dictyota dichotoma*: a supramolecular assembly of fucoxanthin-chlorophyll complex. *Biochim. Biophys. Acta*, **976**：233-240.

Mar, T. and Gingras, G. (1988) Circular dichroism spectroscopy of photoreaction centers. In：Photosynthetic Bacterial Reaction Centers, Structure and Dynamics (Breton, J. and Vermeglio, A. eds.), pp. 51-57, Plenum Press, New York.

Matsuura, K., Hirota, M., Shimada, K. and Mimuro, M. (1993) Spectral forms and orientation of bacteriochlorophylls c and a in chlorosomes of the green photosynthetic bacterium *Chloroflexus aurantiacus*. *Photochem. Photobiol.*, **57**：92-97.

Mimuro, M., Lipschultz, C. A. and Gantt, E. (1986) Energy flow in the phycobilisome core of *Nostoc* sp. (MAC): two independent terminal pigments. *Biochim. Biophys. Acta*, **852**：126-132.

Mimuro, M. (1988) Analysis of excitation energy transfer in thylakoid membranes by the time-resolved fluorescence spectra. In：Photosynthetic Light-harvesting Systems; Organization and Function (Scheer, H. and Schneider, W. eds.), pp. 589-600, Walter de Gruyter & Co., Berlin, New York.

Mimuro, M. (1990) Excitation energy flow in the photosynthetic pigment systems: structure and energy transfer mechanism. *Bot. Mag. Tokyo*, **103**：233-253.

Mimuro, M., Katoh, T. and Kawai, H. (1990). Spatial arrangement of pigments and their interaction in the fucoxanthin-chlorophyll a/c protein assembly (FCPA) isolated from the brown alga *Dictyota dichotoma*. Analysis by means of polarized spectroscopy. *Biochim. Biophys. Acta*, **1015**：450-456.

Mimuro, M., Hirayama, K., Uezono, K., Miyashita, H. and Miyachi, S. (2000) Up-hill energy transfer in a chlorophyll d-dominating oxygenic photosynthetic prokaryote, *Acaryochloris marina*. *Biochim. Biophys. Acta*, **1456**：27-34.

Mimuro, M. (2002) Visualization of excitation energy transfer processes in plants and algae: historical review of photosynthesis research millennium issue. *Photosynth. Res.*, **73**：133-138.

Mimuro, M. (2005) Application of fluorescence analysis to the primary processes in photosynthesis. In：Recent Progress of Bio/Chemiluminescence and Fluorescence Analysis in Photosynthesis (Wada, N. and Mimuro, M. eds.), pp. 127-147, Research Signpost, India.

Nakayama, K. and Mimuro, M. (1994) Chlorophyll forms and excitation energy transfer pathways in light-harvesting chlorophyll a/b protein complexes isolated from the siphonous green alga *Bryopsis maxima*. *Biochim. Biophys. Acta*, **1184**：103-110.

Noomnarm, U. and Clegg, R. M. (2009) Fluorescence lifetimes: fundamentals and interpretations. *Photosynth. Res.*, **101**：181-194. [Review]

Nozawa, T., Mimuro, M., Kobayashi, M. and Tanaka,H. (1990) Magnetic circular dichroism and linear dichroism for elucidation of electronic transitions and their orientations in a reaction center isolated from a thermophilic purple sulfur photosynthetic bacterium *Chro-*

matium tepidum. *Chem. Lett.*, **1990**: 2125-2128.

O'Connor, D. V. and Phillips, D. (1984) Time-correlated Single Photon Counting. Academic Press, London.

Patzlaff, J. S. and Barry, B. A. (1996) Pigment quantitation and analysis by HPLC reverse phase chromatography: A characterization of antenna size in oxygen-evolving photosystem II preparations from cyanobacteria and plants. *Biochemistry*, **35**: 7802-7811.

Porra, R. J, Thompson, W. A. and Kriedemann, P. E. (1989) Determination of accurate extinction coefficients and simultaneous equations for assaying chlorophylls *a* and *b* extracted with four different solvents: verification of the concentration of chlorophyll standards by atomic absorption spectroscopy. *Biochim. Biophys. Acta*, **975**: 384-394.

Satoh, K. (1983) Photosystem II reaction center complex purified from higher plants. In: The Oxygen Evolving System of Photosynthesis (Inoue, Y., Crofts, A. R. Govindjee, Murata, N., Renger, G. and Satoh, K. eds.), pp. 27-38, Academic Press, Tokyo.

Savitzky, A. and Golay, M. J. E. (1964) Smoothing and differentiation of data by simplified least squares procedures. *Anal. Chem.*, **36**: 1627-1639.

Shioi, Y., Masuda, T., Takamiya, K. and Shimokawa, K. (1995) Breakdown of chlorophylls by soluble proteins extracted from leaves of *Chenopodium album*. *J. Plant Physiol.*, **145**: 416-421.

Tamiaki, H., Shibata, R. and Mizoguchi, T. (2007) The 17-propionate function of (bacterio) chlorophylls: biological implication of their long esterifying chains in photosynthetic systems. *Photochem. Photobiol.*, **83**: 152-162. [**Review**]

Tomo, T., Mimuro, M., Iwaki, M., Kobayashi, M., Itoh, S. and Satoh, K. (1997) Topology of pigments in the isolated PS II reaction center studied by selective extraction. *Biochim. Biophys. Acta*, **1321**: 21-30.

Zinth, W. and Kaiser, W. (1993) Time-resolved spectroscopy of the primary electron transfer in reaction center in reaction centers of *Rhodobacter sphaeroides* and *Rhodopseudomonas viridis*. In: The Photosynthetic Reacion Center, vol. II (Norris, J. R. and Deisenhofer, J. eds.), pp. 71-88, Academic press.

あとがき

　クロロフィル（葉緑素）の化合物としての種類は、我々が認識している以上に多岐にわたることをこの書を通して感じていただけたと思う。しかし、なぜ、光合成系ではクロロフィルが使われたか、という問に対して、どの程度まで正確に答えることができたであろうか。

　しばしば「生物学的な現象に対して『なぜ』を問うことはできない」、という議論が行われる。しかし、物理学、化学の目を通して特定の化合物を見ると、そこには「必然」と考えることのできる性質が見えてくる。生物が使うことのできる化合物は、単に役立つという指標の他に、合成が可能であり、かつ分解が可能である、というきわめて単純な原理も働いていなければならない。光を受ける色素を安全に、かつ大量に合成し、また分解するためには、多くのくふうやトリックが必要であったことも理解できる。また、地上に降り注ぐ光の波長の中で、もっとも効率よく光化学反応を起こし、エネルギーを獲得できる波長を選択するか、を決めるのは基本的には化合物そのものの性質であり、生物がタンパク質というマトリックス（場）を新たに構築することによって、その機能を増強させていく方針も理解できた。

　本書では基本的に、クロロフィルを光合成という視点から捉えてきた。一部には、癌（がん）などの悪性新生物の治療という観点も加えた。こうした医療面での応用は今後、増えることが予想される。日本人の死亡原因の大きな部分を占めるに至った癌、その治療にクロロフィルを薬品の一種とみなして使うという新しい展開である。一方、街中で時折見かけるクロロフィルを使った美顔法などについては触れることができなかった。我々が十分の知識を有していないためである。今後、急速に利用が進む光増感材（太陽電池の素材）としての、新しい色素の合成法、会合法、など、従来にはなかった点も加えた。

　一つの化合物が様々に利用され、人類の幸福や福祉のために役立つのであれば、それを研究する人間にとっては喜ばしいことである。しかし、そのためには科学的に正しい知識が必要であり、啓蒙活動が必要な場合もあると考える。

あとがき

残念ながら日本においては、光合成や植物生理学の長い歴史の中で、クロロフィルという分子に注目し、それについて多方面からの考察や解説を試みる学術書は出版されたことがなかった。我々3名は、こうした現状を鑑み、歴史に残る教科書となるように、各種のデータを多く付け加え、また現時点で知られている最新の情報を加えて、執筆に当たった。その結果として、この内容を盛り込むことになった。ある章は基礎からの理解を求めた内容となり、ある章は、各論に流されているとのご指摘もあるだろう。また、生命現象の表面的な多様性に引きずられ、本質のみを伝えることができなかったかもしれない。しかし、それらの批判を受け止めた上で、必要に応じて、改訂を重ねることができれば、と考えている。今後も、世界の研究の進展に伴い、新しい情報がもたらされるのは必定であるが、それを速やかに周知するために、裳華房のWebサイト（http://www.shokabo.co.jp/）を使うというアイデアが出され、実行されることになる。こうした執筆者と読者との相互作用が、今後の啓蒙の流れとなることを切に望んでいる。

スペクトルデータの獲得には立命館大学、溝口 正氏の全面的なご協力を得た。その他に、数名の研究者の方には、原稿執筆内容の確認や資料の提供をいただいた。ここに謝意を表したい。

最後に、この本を上梓するまで、忍耐強く待ち、また時々鋭い指摘を投げかけて、進みの遅い筆者等をここまで率いてくださった裳華房編集部の國分利幸氏に心からのお礼を申し上げる。

平成23年1月

執筆者を代表して

三室　守

付　録

　クロロフィルや関連分野の研究には、基本的な知識として知っておくべきことや、知っておくと便利な情報がある。この付録には、そうした知識をまとめておく。

　情報は日々、更新されることが多いので、最新情報は裳華房のWebサイト（http://www.shokabo.co.jp/）に順次掲載する予定である。

Ⅰ．天然に存在するクロロフィル分子種の一覧

Ⅱ．クロロフィルの吸収スペクトル

Ⅲ．クロロフィル類の正確な吸収極大の位置

Ⅳ．クロロフィル類のモル吸光係数

Ⅴ．分光学的手法によるクロロフィルの定量法（文献）

Ⅵ．クロロフィルに関する成書

Ⅶ．光合成生物の入手方法

付録Ⅰ．天然に存在するクロロフィル分子種の一覧

No.	クロロフィル	分子種	コメント
1	Chl a	Chl a_P	
2		Chl a_P'	13^2S-エピマー体（プライム体）
3		Phe a_P	脱マグネシウム体
4		Chl a_{GG}	ゲラニルゲラニルエステル体
5		Chl a_{DHGG}	ジヒドロキシゲラニルゲラニルエステル体
6		Chl a_{THGG}	テトラヒドロキシゲラニルゲラニルエステル体
7		Chl a_{PD}	2,6-フタジエニルエステル体
8		DV-Chl a_P	8-ビニル体
9		DV-Chl a_P'	8-ビニル体
10		DV-Phe a_P	8-ビニル体
11		8^1-OH-Chl a_F	8^1-ヒドロキシ-ファルネシルエステル体
12	Chl b	Chl b_P	
13		DV-Chl b_P	8-ビニル体
14	Chl c	Chl c_1	
15		Chl c_2	エステル体もある
16		Chl c_3	
17		8-Et-Chl c_3	8-エチル体
18	Chl d	Chl d_P	
19		Chl d_P'	13^2S-エピマー体（プライム体）
20	BChl a	BChl a_P	
21		BChl a_P'	13^2S-エピマー体（プライム体）
22		BPhe a_P	脱マグネシウム体
23		BChl a_{GG}	ゲラニルゲラニルエステル体
24		BChl a_{DHGG}	ジヒドロキシゲラニルゲラニルエステル体
25		BChl a_{THGG}	テトラヒドロキシゲラニルゲラニルエステル体
26		Zn-BChl a_P	亜鉛錯体
27	BChl b	BChl b_P	
28		BPhe b_P	脱マグネシウム体
29		BChl b_{PD}	2,10-フタジエニルエステル体
30	BChl c	R[E,M]BChl c_F	3^1R-8-エチル-12-メチル体（他のエステル体もある）
31		S[E,M]BChl c_F	3^1S-8-エチル-12-メチル体（他のエステル体もある）
32		R[E,E]BChl c_F	3^1R-8,12-ジエチル体
33		R[P,E]BChl c_F	3^1R-8-プロピル-12-エチル体
34		S[P,E]BChl c_F	3^1S-8-プロピル-12-エチル体
35		S[I,E]BChl c_F	3^1S-8-イソブチル-12-エチル体

付録Ⅰ．天然に存在するクロロフィル分子種の一覧

36		R[E,M]BChl d_F	3^1R-8-エチル-12-メチル体
37		R[P,M]BChl d_F	3^1R-8-プロピル-12-メチル体
38		S[P,M]BChl d_F	3^1S-8-プロピル-12-メチル体
39	BChl d	S[I,M]BChl d_F	3^1S-8-イソブチル-12-メチル体
40		R[E,E]BChl d_F	3^1R-8,12-ジエチル体
41		R[P,E]BChl d_F	3^1R-8-プロピル-12-エチル体
42		S[P,E]BChl d_F	3^1S-8-プロピル-12-エチル体
43		S[I,E]BChl d_F	3^1S-8-イソブチル-12-エチル体
44		R[E,M]BChl e_F	3^1R-8-エチル-12-メチル体
45		R[E,E]BChl e_F	3^1R-8,12-ジエチル体
46	BChl e	R[P,E]BChl e_F	3^1R-8-プロピル-12-エチル体
47		S[P,E]BChl e_F	3^1S-8-プロピル-12-エチル体
48		S[I,E]BChl e_F	3^1S-8-イソブチル-12-エチル体
49	BChl g	BChl g_F	
50		BChl $g_F{'}$	13^2S-エピマー体（プライム体）
51	PChlide a	PChlide a	＝ PChl a_H
52		DV-PChlide a	8-ビニル体

　側鎖の置換に関しては、R、S は立体異性を、また E：エチル、M：メチル、P：プロピル、I：イソブチル基を示す。

　表はあくまでも現時点でよく見られるものの一覧で、天然のものは上記以外にも存在する。

　この他にも、代謝の中間体や、HPLC 上で分離されるが生体内での機能が明確ではないものなど、多くの種の報告がある。それらについては情報が集積された段階で、自ずと判断されるものと考えられる。

　なお、おもな構造式は 278 〜 281 ページに示した。

付録I. 天然に存在するクロロフィル分子種の一覧

Chl a_P (1)

Chl $a_{P'}$ (2)　　　Phe a_P (3)　　　DV-Chl a_P (8)

付録I．天然に存在するクロロフィル分子種の一覧

Chl b_P (12)　　　Chl c_1 (14)　　　Chl c_2 (15)

Chl c_3 (16)　　　PChl a_H (PChlide a, 51)　　　Chl d_P (18)

付録 I. 天然に存在するクロロフィル分子種の一覧

BChl a_P (20)　　BChl a_P' (21)　　BPhe a_P (22)

フィチル　　フィチル　　フィチル

BChl a_GG (23)　　Zn-BChl a_P (26)　　BChl b_P (27)

フィチル　　フィチル

付録Ⅰ．天然に存在するクロロフィル分子種の一覧

BPhe b_P (28)

R[E,M]BChl c_F (30)
フィチル

R[P,E]BChl d_F (41)
ファルネシル

S[I,E]BChl e_F (48)
ファルネシル

BChl g_F (49)
ファルネシル

BChl $g_F{'}$ (50)
ファルネシル

281

付録II．クロロフィルの吸収スペクトル

現存する生物から分離・精製したクロロフィルの吸収スペクトルを示す。

これらの試料は、すべて立命館大学総合理工学院、民秋研究室で調製され、同じ機器、同じ温度、同じ溶媒を使って測定されたものである。したがって、測定の誤差はほぼ同じと考えることができる。

従来の吸収スペクトルの測定結果は、多くの文献に発表されているが、同一の基準で調製され、さらに測定された例はなかった。したがって、同じ分子種であっても論文によって異なっているのが実情であった（第5章参照）。そこで、今回、そうした人為的なエラーを最小限に抑え、互いに比較するための基準として、同一条件での測定結果の掲載を行った。

これは、それぞれの研究者にとって、既知であろうが、未知であろうが、同じ信頼性が確保されたスペクトルが提供されることを意味する。この意義は大きい。

―― 測定条件 ――
機器：日立分光光度計　U-3500
温度：室温
溶媒：ジエチルエーテル（ナカライテクス、試薬特級）
キュベット：石英
データ取得間隔：0.2 nm
D_2 ランプの 656.1 nm 輝線で補正済み

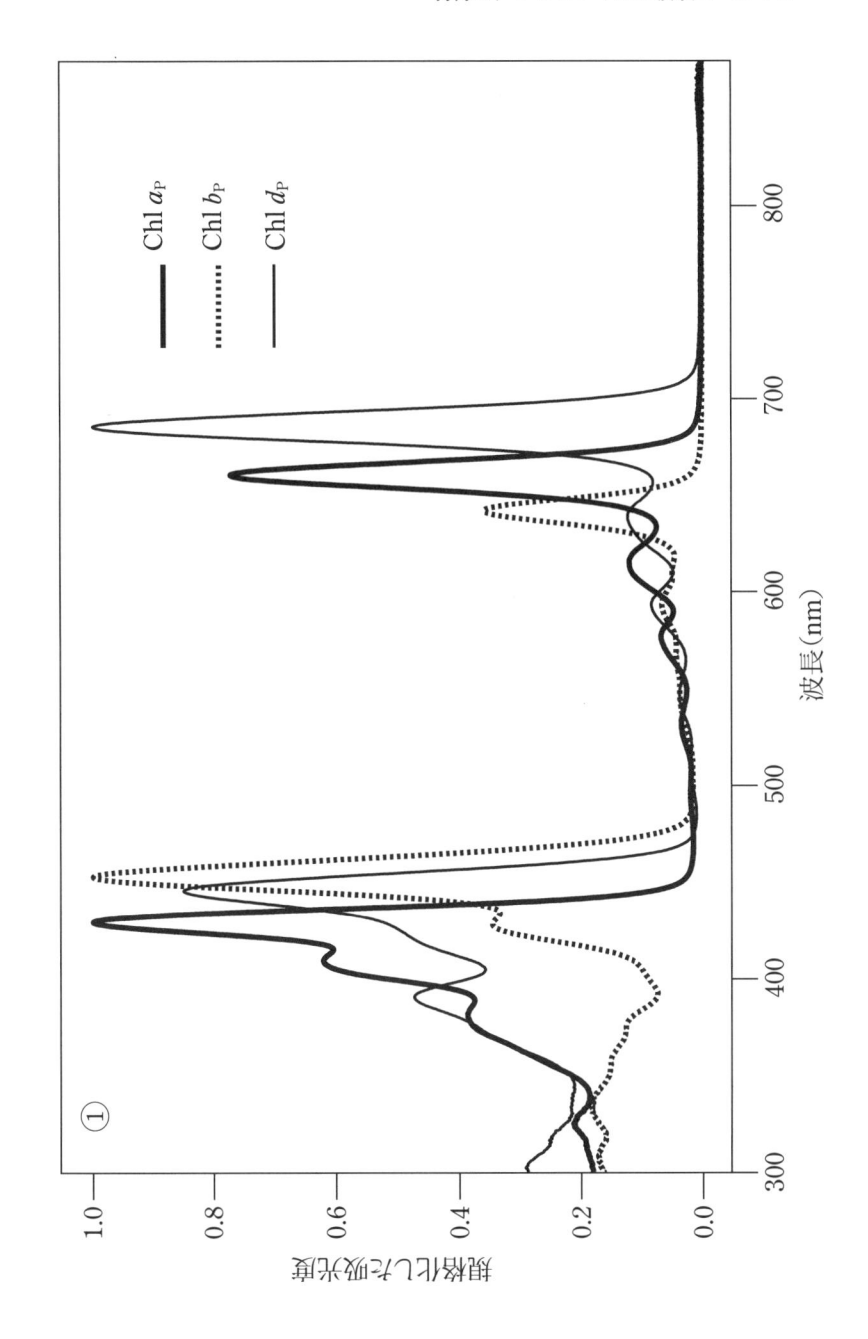

付録 II. クロロフィルの吸収スペクトル

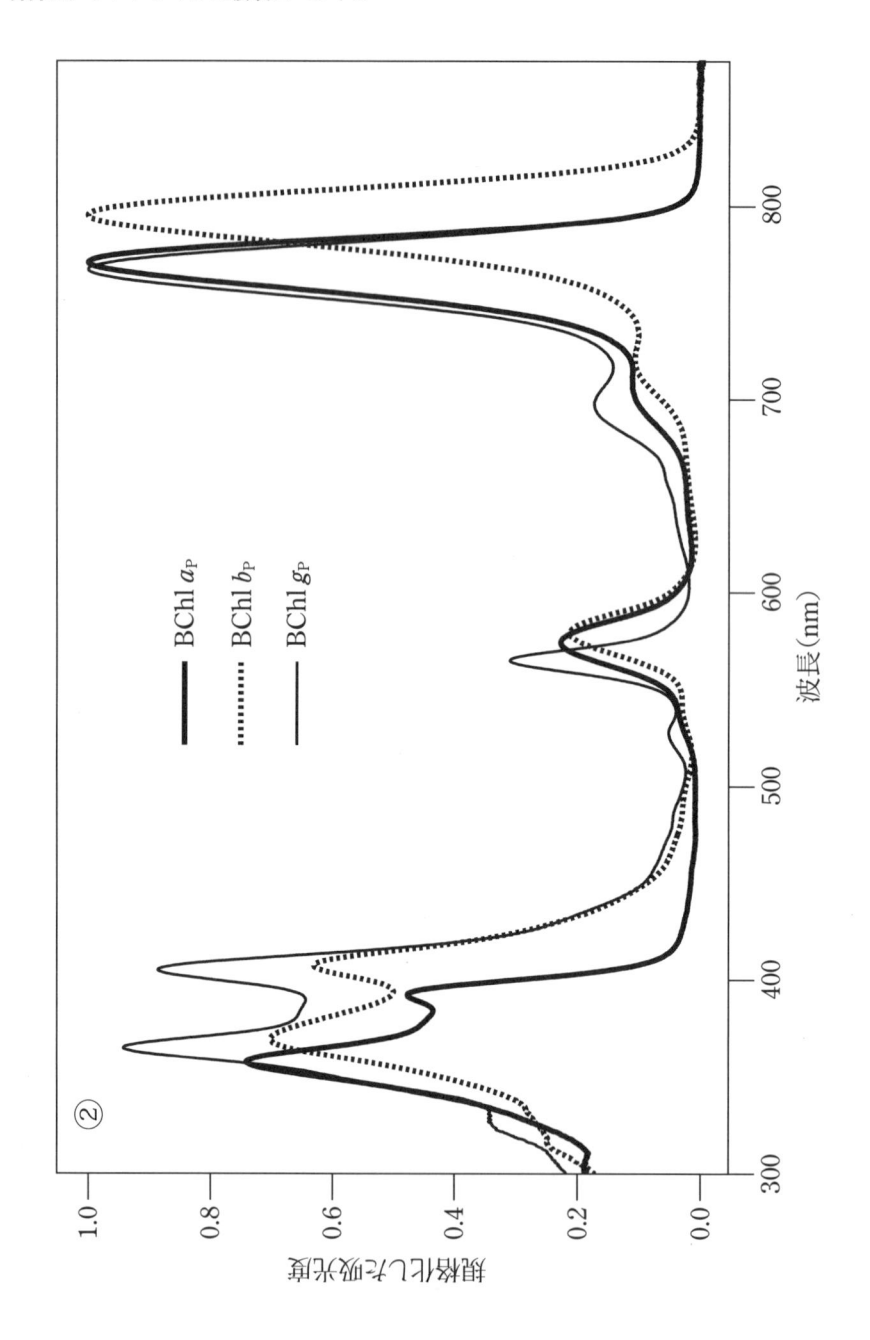

付録Ⅱ．クロロフィルの吸収スペクトル

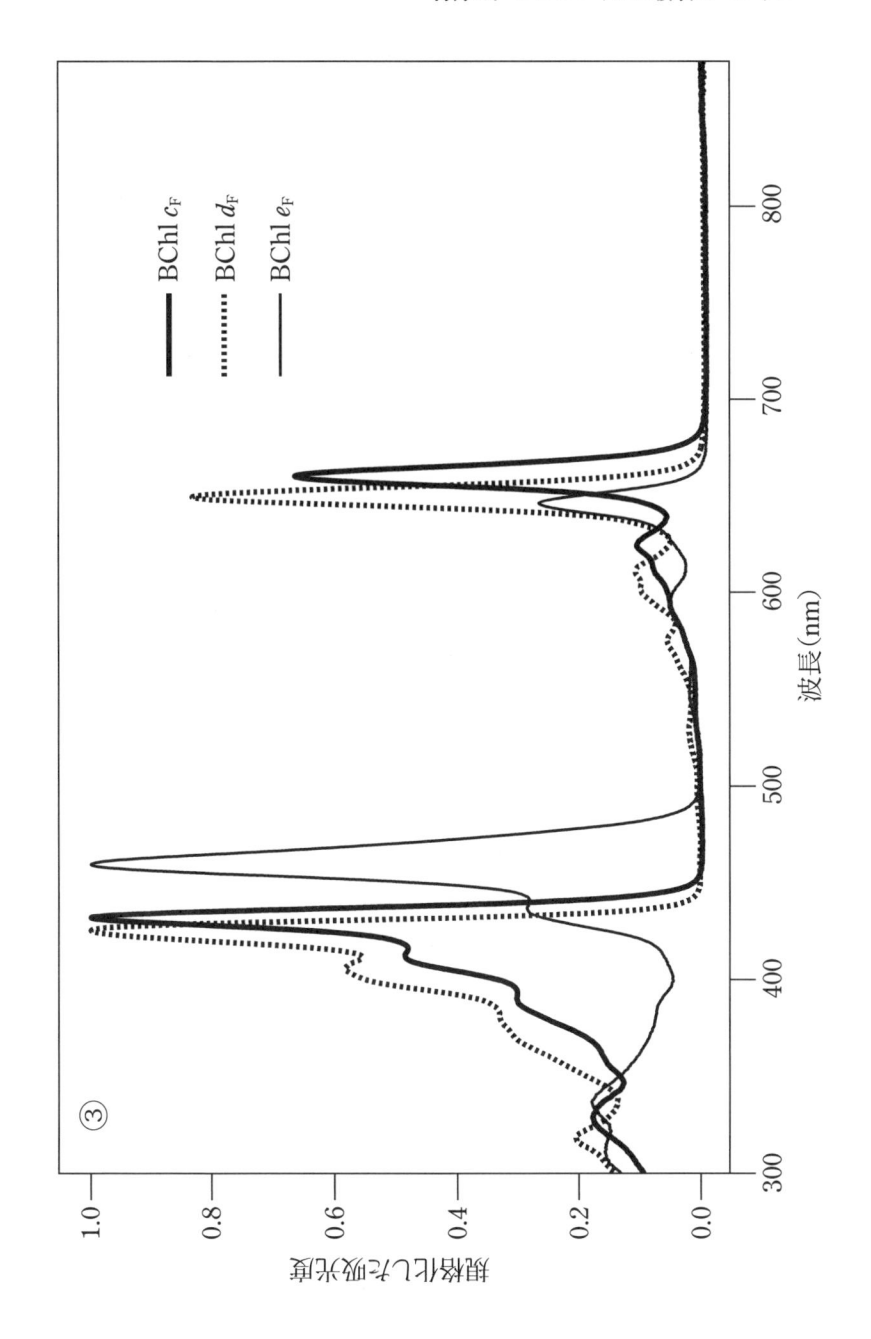

付録II. クロロフィルの吸収スペクトル

③ BChl c_F / BChl d_F / BChl e_F

横軸:波長 (nm), 縦軸:規格化した吸光度

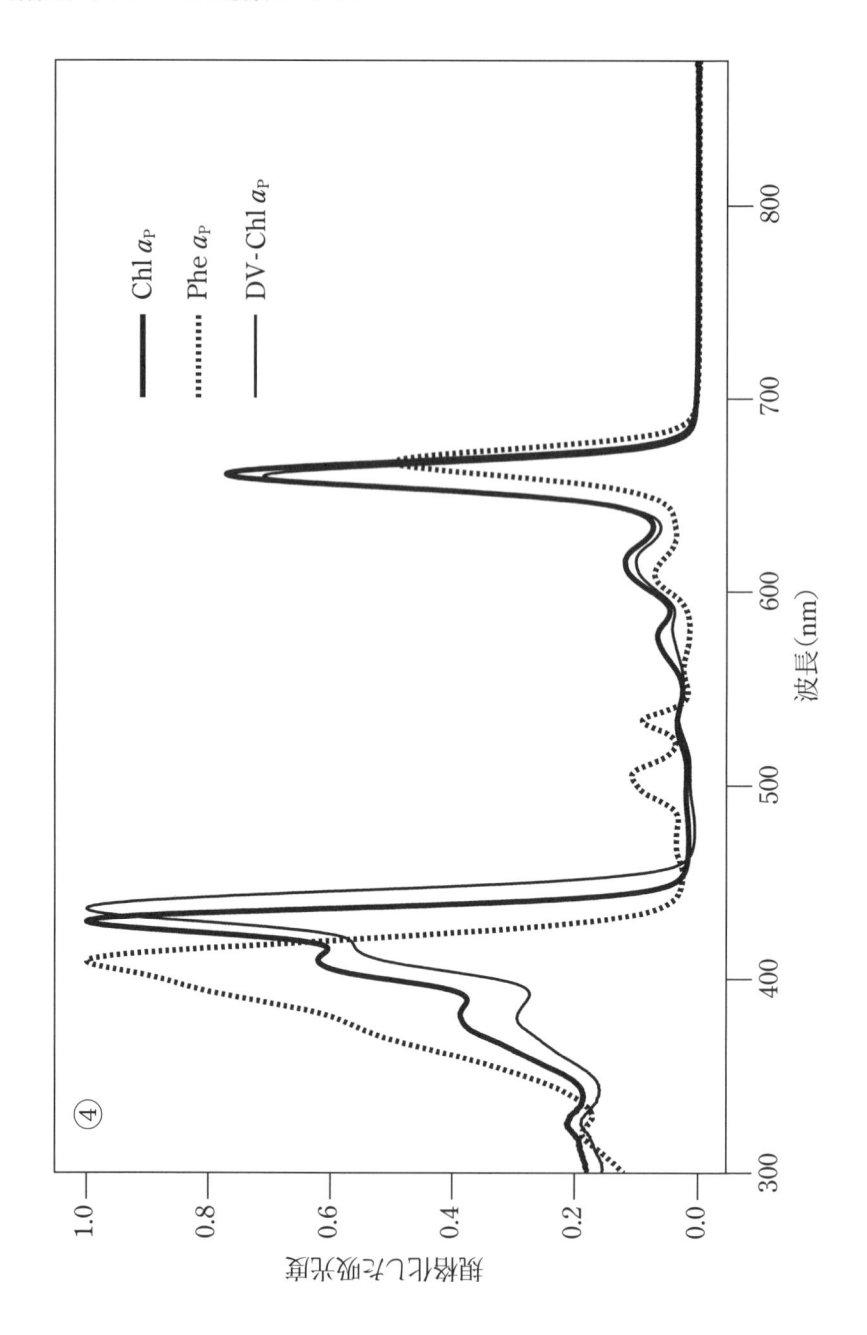

付録Ⅱ．クロロフィルの吸収スペクトル

④

凡例：
- Chl a_P
- Phe a_P
- DV-Chl a_P

横軸：波長 (nm)
縦軸：規格化した吸光度

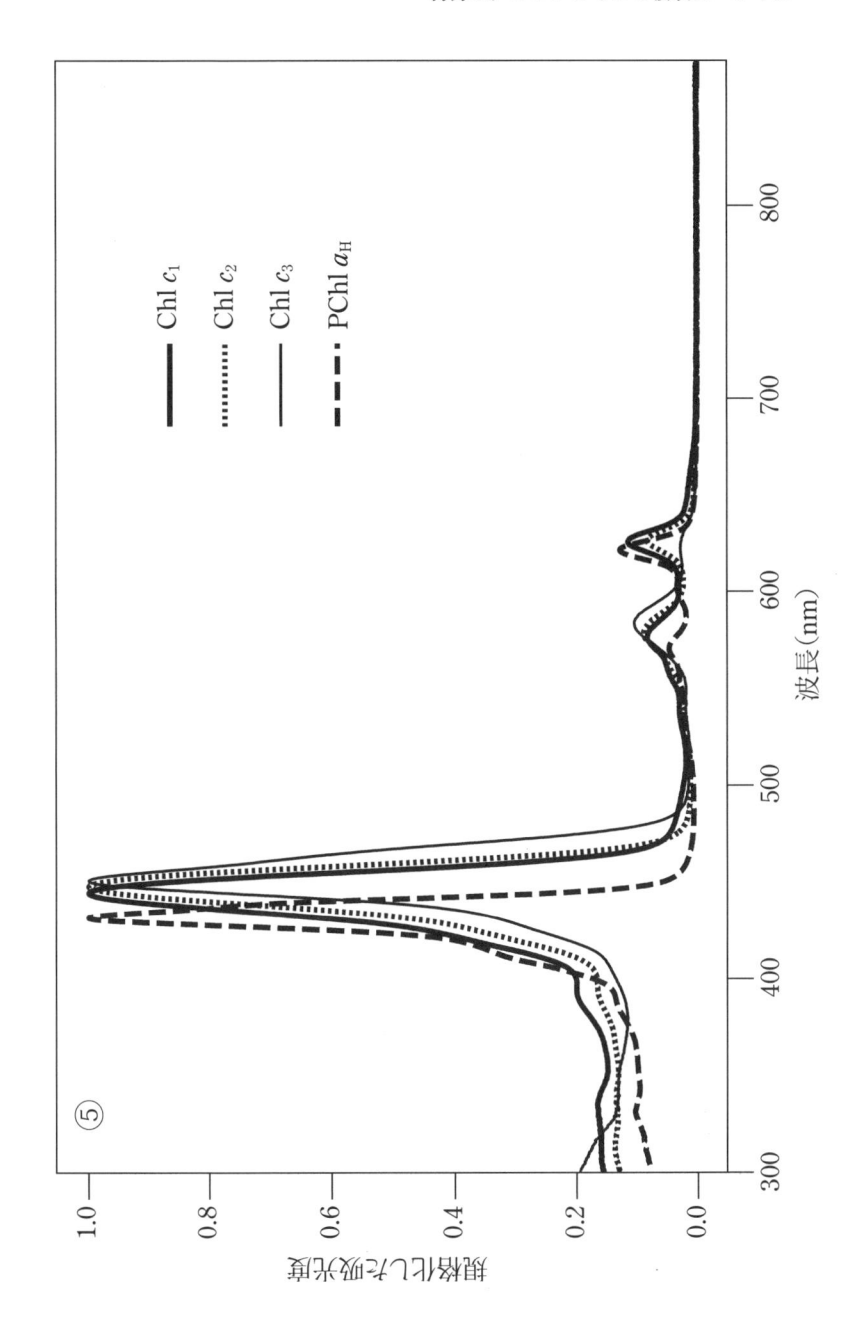

付録Ⅱ．クロロフィルの吸収スペクトル

⑤ Chl c_1 / Chl c_2 / Chl c_3 / PChl a_H

波長 (nm)

規格化した吸光度

287

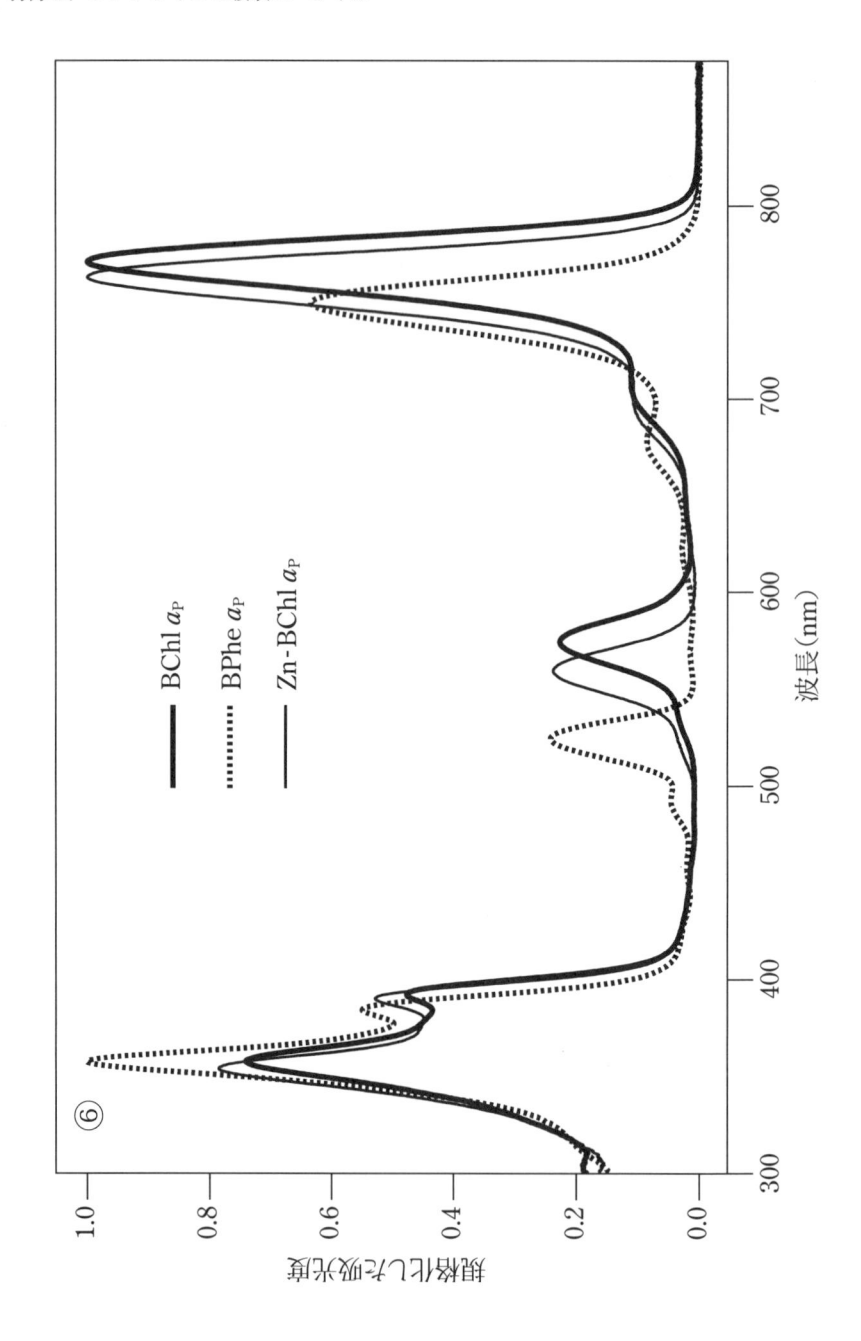

付録Ⅱ．クロロフィルの吸収スペクトル

⑥ BChl a_P ———
BPhe a_P ·······
Zn-BChl a_P ———

横軸：波長 (nm)
縦軸：規格化した吸光度

288

付録Ⅲ. クロロフィル類の正確な吸収極大の位置

　付録Ⅱに示された吸収スペクトルを基に、ジエチルエーテル中（括弧内の値はテトラヒドロフラン中）での吸収極大の位置とそれらの相対強度をまとめたものである。

　ただし、モル吸光係数を求めるのは容易ではなく、過去の報告も含め、統一的に示されたものでもない。地道な仕事ではあるが、モル吸光係数を決定する仕事はどこかで為されなければならない。

　（一覧表は 290 ～ 291 頁）

付録Ⅲ. クロロフィル類の正確な吸収極大の位置

クロロフィル	吸収極大 (nm) Qy	Qx	ソーレー	相対強度 Qy	Qx	ソーレー
Chl a_P	660.8(663.8)	616.2(627.0)*	429.6(436.4)	0.77(0.77)	0.12(0.13)	1.00(1.00)
Chl a_P'	661.0(664.6)	613.6(627.6)*	429.2(436.4)	0.79(0.77)	0.12(0.13)	1.00(1.00)
Phe a_P	667.2(668.0)	533.6(535.8)	408.8(411.6)	0.50(0.47)	0.09(0.09)	1.00(1.00)
DV-Chl a_P	659.8(663.6)	615.6(629.0)*	436.2(444.8)	0.71(0.67)	0.10(0.11)	1.00(1.00)
Chl b_P	642.2(647.4)	593.0(595.8)*	453.0(462.8)	0.36(0.77)	0.07(0.13)	1.00(1.00)
Chl c_1	625.8(632.4)	575.8(584.8)	444.4(454.6)	0.12(0.11)	0.08(0.10)	1.00(1.00)
Chl c_2	626.0(634.4)	579.2(588.0)	447.8(458.4)	0.08(0.08)	0.09(0.11)	1.00(1.00)
Chl c_3	~623(―)	583.8(594.4)	450.8(460.8)	0.07(―)	0.11(0.12)	1.00(1.00)
PChl a_H	621.6(627.8)	569.8(578.8)	431.6(441.4)	0.13(0.13)	0.05(0.06)	1.00(1.00)
Chl d_P	685.8(688.0)	638.2(648.2)*	445.8(454.0)	1.00(1.00)	0.12(0.15)	0.85(0.84)
BChl a_P	770.8(770.8)	574.2(594.2)	357.6(364.6)	1.00(1.00)	0.23(0.23)	0.74(0.73)
BChl a_P'	771.6(772.0)	573.2(596.2)	357.2(365.2)	1.00(1.00)	0.25(0.23)	0.79(0.75)
BPhe a_P	749.8(751.4)	524.2(527.4)	357.2(359.4)	0.64(0.60)	0.24(0.25)	1.00(1.00)
BChl a_{GG}	770.6(771.0)	574.0(594.4)	357.4(364.8)	1.00(1.00)	0.23(0.23)	0.75(0.75)

付録Ⅲ. クロロフィル類の正確な吸収極大の位置

Zn-BChl a_P	763.0(764.6)	559.2(566.0)	353.8(356.4)	1.00(1.00)	0.24(0.24)	0.79(0.79)
BChl b_P	795.4(795.2)	579.4(599.0)	369.4(377.0)	1.00(1.00)	0.21(0.24)	0.70(0.70)
BPhe b_P	778.0(779.6)	528.6(530.6)	368.0(369.8)	0.69(0.63)	0.25(0.25)	1.00(1.00)
BChl c_F	660.4(662.4)	624.4(637.6)*	432.0(437.6)	0.66(0.73)	0.10(0.15)	1.00(1.00)
BChl d_F	649.6(651.6)	611.0(620.4)*	425.4(430.6)	0.83(0.75)	0.11(0.12)	1.00(1.00)
BChl e_F	646.4(650.6)	594.0(601.2)*	459.6(468.0)	0.27(0.25)	0.05(0.07)	1.00(1.00)
BChl g_F	767.4(764.4)	565.0(581.8)	364.8(370.8)	1.00(1.00)	0.31(0.32)	0.94(0.98)
BChl g_F'	766.4(766.2)	564.2(582.0)	364.4(370.8)	1.00(1.00)	0.33(0.33)	0.98(0.99)

* この Qx 帯の帰属については未確定であり、2 番目に大きな Q 帯の吸収極大値を示す。

付録IV. クロロフィル類のモル吸光係数

	Qy 帯		ソーレー帯	
(バクテリオ) クロロフィル				
Chl a	89.8	(660 nm)	115	(428 nm)
Chl b	56.7	(642 nm)	159	(452 nm)
Chl c_1	23.9	(629 nm)	213	(446 nm)
Chl c_2	22.7	(630 nm)	195	(445 nm)
Chl c_3	7.7	(626 nm)	218	(452 nm)
Chl d	98.9	(688 nm)	87.6	(447 nm)
BChl a	97.0	(771 nm)	72.9	(357 nm)
BChl b	106	(791 nm)	77.3	(372 nm)
BChl c	73	(659 nm)	112	(429 nm)
BChl d	88.3	(651 nm)	117	(423 nm)
BChl e	34	(646 nm)	100	(458 nm)
BChl g	96	(767 nm)	90	(364 nm)
Zn-BChl a	67.7	(762 nm)	58.9	(353 nm)
(バクテリオ) フェオフィチン				
Phe a	52.6	(668 nm)	107	(408 nm)
Phe b	34.8	(655 nm)	171	(433 nm)
Phe d	72.4	(692 nm)	85.9	(421 nm)
BPhe a	67.6	(748 nm)	106	(354 nm)
BPhe b	100	(776 nm)	237	(398 nm)

モル吸光係数の単位は $mM^{-1} cm^{-1}$。
溶媒はジエチルエーテル。ただし、Chl c はアセトン-1%ピリジン、BChl e はアセトンを使用。

これらは、小林正美(筑波大学)によってまとめられたもので、『光合成事典』(付録VI参照)と『光合成微生物の機能と応用』(シーエムシー出版, 2006)に掲載されている。

一般に、クロロフィル類のモル吸光係数には誤差があり、3桁の有効数字が保証される場合は必ずしも多くはない。たとえ同じ研究室で得られたデータであっても、統一的な測定として行われたわけではないので、民秋研究室での測定値とは多少の違いがある。

付録V. 分光学的手法によるクロロフィルの定量法（文献）

複数種のクロロフィルを含む溶液について定量を行う場合、一般には連立方程式をたてて、その解を求める方法が採用される。

以下の文献には、そうした方法が詳述されている。

1）Chl a/Chl b の定量法

Porra, R. J., Thompson, W. A. and Kriedemann, P. E.（1989）Determination of accurate extinction coefficients and simultaneous equations for assaying chlorophylls *a* and *b* extracted with four different solvents: verification of the concentration of chlorophyll standards by atomic absorption spectroscopy. *Biochim. Biophys. Acta*, **975**：384-394.

Welburn, A. R.（1994）The spectral determination of chlorophylls *a* and *b*, as well as total carotenoids using various solvents with spectrophotometers of different resolution. *J. Plant Physiol.*, **144**：307-313.

Porra, R. J.（2006）Spectroscopic assays for plant, algal and bacterial chlorophylls. In：Chlorophylls and Bacteriochlorophylls - Biochemistry, Biophysics, Functions and Applications（Grimm, B., Porra, R. J., Rudiger, W. and Scheer, H. eds.）, pp. 95-107, Springer.

三室 守・村上明男（1996）「光合成色素および光化学系反応中心の定量法」「藻類」研究法シリーズ「微細藻類の光合成活性測定法」. 藻類（日本藻類学会誌）, **44**：9-18. [**Review**]

2）Chl a/Chl b とカロテノイドの定量法

Lichtenthaler, H. K. and Wellburn, A. R.（1983）Determination of total carotenoids and chlorophylls *a* and *b* of leaf extracts in different solvents. *Biochem. Soc. Trans.*, **11**：591-592.

Welburn, A. R.（1994）The spectral determination of chlorophylls *a* and *b*, as well as total carotenoids using various solvents with spectrophotometers of different resolution. *J. Plant Physiol.*, **144**：307-313.

付録Ⅴ．分光学的手法によるクロロフィルの定量法（文献）

3) Phe a/Phe b の定量法

Laval-Martin, D. L.（1985）Spectrophotometric method of controlled pheophytinization for determination of both chlorophylls and pheophytins in plant extacts. *Anal. Biochem.*, **149**：121-129.

Lichetenthaler, H. K.（1987）Chlorophylls and carotenoids: pigment of photosynthetic membranes. *Methods Enzymol.*, **148**：350-382. [**Review**]

4) Chl c の定量法

Jeffrey, S.W., Wright, S.W. and Zapata, M.（1999）Recent advances in HPLC pigment analysis of phytoplankton. *Mar. Freshwat. Res.*, **50**：879-896. [**Review**]

Jeffrey, S. W, Montoura, R. F. C. and Wright, S. W.（1997）Phytoplankton Pigments in Oceanography. UNESCO Publishing, Paris.

5) BChl の定量法

Porra, R. J.（2006）Spectroscopic assays for plant, algal and bacterial chlorophylls. In：Chlorophylls and Bacteriochlorophylls - Biochemistry, Biophysics, Functions and Applications（Grimmeds., B., Porra, R. J., Rudiger, W. and Scheer, H.），pp. 95-107，Springer.

6) 酸素発生型光合成生物における反応中心量の定量法

三室　守・村上明男（1996）「光合成色素および光化学系反応中心の定量法」「藻類」研究法シリーズ「微細藻類の光合成活性測定法」．藻類（日本藻類学会誌），**44**：9-18. [**Review**]

付録VI. クロロフィルに関する成書

クロロフィルに関する成書は、日本では出版されたことはない。世界的には大著があるが、高価なことが多く、一般的に普及しているとは言い難い。しかし、あえてそうした著書の存在を認識し、機会があれば参考にすることを薦める。

1) "**Untersuchungen über Chlorophyll**"（1913）
    By Richard Willstatter and Arthur Stoll. Verlag von Julius Springer, Berlin.
2) "**Die Chemie der Pyrrols**"（1940）
    By Hans Fisher and Hans Orth. Akademische Verlagesellschaft, Leipzig.
3) "**The Chlorophylls**"（1966）
    By Leo P. Vernon and Gilbert R. Seeley. Academic Press.
4) "**Chlorophylls**"（1991）
    Edited by Hugo Scheer. CRC Press, Boca Raton.
5) "**Chlorophylls and Bacteriochlorophylls - Biochemistry, Biophysics, Functions and Applications**"（2006）
    Edited by Bernhard Grimm, Robert J. Porra, Wolfhart Rüdiger and Hugo Scheer. Springer.

近年、日本でも光合成に関する学術書が出版されているが、その中で特に下記の2冊を紹介しておく。

6) 『光合成事典』（2003）
    光合成研究会 編集. 日本学会出版センター.
7) 『低温科学 67 巻　光合成研究法』（2008）
    北海道大学低温科学研究所・日本光合成研究会共編. 北海道大学.
    下記の Web サイトより全文がダウンロード可能（無料公開）.
    http://www.lowtem.hokudai.ac.jp/LTS/index.html
                            ※ URL は 2011 年 2 月現在.

付録Ⅶ. 光合成生物の入手方法

クロロフィルを入手したくとも、一般には市販されておらず、また、市販されていたとしても高価である。そうした場合、光合成生物を入手し、培養の後、自ら手に入れることも選択肢のひとつである。

そこで以下に、光合成生物の**カルチャーコレクション**を紹介する。インターネットで各組織にアクセスし、コレクションの内容や入手方法などを吟味することが必要である。

1) **ATCC**：American Type Culture Collection, U.S.A.
   （米国タイプカルチャーコレクション）
   http://www.atcc.org/
2) **CAUP**：Culture Collection of Algae of Charles University of Prague, Czech
   （プラハ カレル大学藻類コレクション）
   http://botany.natur.cuni.cz/algo/caup.html
3) **CCAP**：Culture Collection of Algae and Protozoa, U.K.
   （英国藻類原生動物カルチャーコレクション）
   http://www.ccap.ac.uk/
4) **CCMP**：The Provasoli-Guillard National Center for Culture of Marine Phytoplankton, U.S.A.
   （米国プロバゾーリ・ギラード国立海産プランクトン保存センター）
   https://ccmp.bigelow.org/
5) **CCCM**：The Canadian Center for the Culture of Microorganisms
   http://www3.botany.ubc.ca/cccm/
6) **CGC（CC）**：Chlamydomonas Genetic Centre, U.S.A.（Chlamy Center, at present, U.S.A.）
   （米国クラミセンター）
   http://www.chlamy.org/
7) **CSIRO**：Collection of Living Microalgae, Australia
   http://www.marine.csiro.au/algaedb/default.htm

8) **DSMZ**：Deutsche Sammlung von Mikroorganismen und Zellkulturen GmbH, Germany（German Collection of Microorganisms and Cell Cultures）
http://www.dsmz.de/
9) 香川県水産試験場 赤潮研究所
（Akashiwo Research Institute of Kagawa Prefecture, Japan）
http://www.pref.kagawa.jp/suisanshiken/
10) **KU-MACC**：神戸大学 海藻類系統株コレクション
http://www.research.kobe-u.ac.jp/rcis-ku-macc/
11) **NIES**：独立行政法人 国立環境研究所 微生物系統保存施設
http://mcc.nies.go.jp/
12) **NITE**：独立行政法人 製品評価技術基盤機構
http://www.bio.nite.go.jp/index.html
13) **NIVA**：Norwegian Institute for Water Research, Norway
（ノルウェー水質研究所）
http://www.niva.no/
14) **PCC**：Pasteur Culture Collection of Cyanobacteria, Institute Pasteur, France
（フランスパスツール研究所シアノバクテリアカルチャーコレクション）
http://www.pasteur.fr/ip/easysite/go/03b-000012-00g/collection-of-cyanobacteria-pcc/
15) **SAG**：Culture Collection of Algae at the University of Göttingen, Germany
（ドイツゲッチンゲン大学藻類カルチャーコレクション）
http://epsag.uni-goettingen.de/cgi-bin/epsag/website/cgi/show_page.cgi?id=1
16) **TAC**：国立科学博物館 植物研究部
（Tsukuba Botanical Garden, National Science Museum, Japan）
http://www.kahaku.go.jp/research/department/botany/
17) **TKB**：Graduate School of Life and Environmental Science, University of Tsukuba, Japan
（筑波大学大学院 生命環境科学研究科）
http://www.life.tsukuba.ac.jp/
18) **UTEX**：The Culture Collection of Algae at the University of Texas at Austin, U.S.A.
（米国テキサス大学藻類カルチャーコレクション；前インディアナ大学藻類カルチャー コレクション）
http://web.biosci.utexas.edu/utex/

生物名索引

生物名での索引は、具体的な種について付けられるものであるが、文中にはある一群の生物群を対象とする記述もあるので、厳密さを欠くが、一般的な名称についても索引を付けることとした。

光合成細菌の名称に関しては、変更されることが多いのだが、原著論文が出された段階で使用された名称を索引項目とし、その後の変更は括弧内に示すことにより混乱を避けた。

欧字

Acaryochloris marina 19, 172,212,239
Acaryochloris spp. 19,172, 192,200
Acidiphilium rubrum 174
Amphidinium carterae *iii*,155
Anabaena variabilis（M-3）266
Arabidopsis thaliana 230
Bryopsis maxima 237,240, 244
Cheatocelus sp. 238
Chenopodium album 179
Chlamydomonas 154
Chlorella 154
Chlorobium phaeobacteroides（ただし一部の株は別種に移動）213
Chlorobium tepidum（→ *Chlobaculum tepidu* 属名変更）*ii*,145,213
Chlorobium vibrioforme（→ *Prosthecochloris vibrioformis* 属名変更、ただし一部の株は別種に移動）213
Chloroflexus aurantiacus 168,213,258,259
Chromatium tepidum 253, 254,257
Codium fragile *i*,230,268
Cryptomonas sp.（CR-1）238
Dictyota dichotoma 244,245
Ectothiorhodospira sp. 252
Emiliania huxley 212
Gloeobacter violaceus PCC 7421 159
Lepidium virginicum 179
Mastigocladus laminosus *i*,177
Phaeodactylum tricornutum 156
Prochlorococcus marinum 171
Prochlorococcus spp. 21,192, 200,212
Prochloron spp. 200
Prochlorothrix spp. 200
Protogonyaulax tamarense 238
Rhodobacter capsulatus 168
Rhodobacter molischianum（→ *Phaeospirillum molichianum* 属名変更）*iii*,147
Rhodobacter sphaeroides *ii*,128,167,168,213
Rhodopseudomonas acidophila 10050 *iii*,130,147,148
Rhodopseudomonas palustris *ii*,148,149,213
Rhodopseudomonas viridis（→ *Blastochloris viridis* 属名変更）*ii*,149,166〜168, 173,213
Rhodospirillum molichianum（→ *Phaeospirillum molichianum* 属名変更）130, 147,148
Roseobacter denitrificans 180
Roseiflexus 180
Synechococcus spp. 171
Synechocystis sp. PCC 6803 159,232,248
Thalassiosira pseudonana 156
Thermosynechococcus elongatus 152,168,169

ア 行

アオサ藻（綱） 17
アカザ 178
一次共生藻類 153
渦鞭毛藻（門） 16,144,154, 156
円石藻 212
黄金色藻（綱） 16,153
黄緑藻（綱） 16

カ 行

灰色藻（門） 16,21

生物名索引

カエデ　*i*
褐藻（綱）　16,21,143,153,156
キーウィ　*i*,178
クリプト藻（門）　16,144,154,156,235
グリーンレモン　*i*,178
クロララクニオン藻（門）　16
珪藻（綱）　16,21,143,156
好塩性紅色細菌　9
好気性光合成細菌　23,180
光合成細菌　8,15,38,186
紅色光合成細菌　142,147,173,252,262
紅色細菌　9,13,15,16,38,138,162,213
紅藻（門）　16,19,21,139,143,153,154,235
高等植物　7,139,144,156
コンブ　212

サ 行

サクラ　*i*
サザエ　*i*,24
酸素発生型光合成生物　8,21,163
シアノバクテリア　16,18,138,143,150,190,235
シダ植物　144,156
車軸藻（綱）　17
シロザ　178
真正眼点藻（綱）　16
スピルリナ　211
蘚類　144,156
藻類　153

タ 行, ナ 行

苔類　144,156
トレボウクシア藻（綱）　17
二次共生藻類　153,154

ハ 行

ハプト藻（門）　16
ヒジキ　212
不等毛藻（門）　16,21
プラシノ藻（綱）　17
ヘリオバクテリア　13,15,16,138,141,142,161,166,213
ホウレンソウ　*iii*,157,237,258,259,265

マ行, ヤ行

ミル　*i*,268
無酸素型光合成生物　8
ユーグレナ藻（門）　16

ラ 行

ラフィド藻（綱）　16
藍藻　18
陸上植物（綱）　17,144,156
緑色硫黄細菌　13,15,16,138,141,142,161,166,187
緑色滑走細菌　144
緑色細菌　9,38,45,213
緑色植物（門）　17,193
緑色糸状細菌　144
緑色糸状性細菌　13,15,16,138,142,144,145,162,168,187
緑色非硫黄細菌　144
緑藻（綱）　17,21,138,143,153

ワ 行

ワカメ　212

事項索引

数字・欧字

1分子分光法測定　131
3-hydroxy-propionate 回路　138
43キロダルトン－クロロフィルタンパク質　150
47キロダルトン－クロロフィルタンパク質　150
4回転対称軸　92
680nm 蛍光　157
685nm 蛍光　151
695nm 蛍光　151
A_0　169
A ブランチ　125
B800-850 複合体　149
B800 リング　130
B806-866　146
B850 リング　130
BChl a　9,64,166,213
　──の合成経路　186
BChl a_{663}　187
BChl a'　166
BChl b　9,213
BChl c　10,58,145,213
BChl d　10,145,213
BChl e　10,145,213
BChl f　10,55
BChl g　9,213
BChl g_F　166
BChl g'_F　166
BPhe a　253
B 帯／B バンド　31,88
B ブランチ　129
CAO　193
Chl a　2,64,211
　──と Chl a' の2量体　169
Chl a/b 比　154

Chl a_{PD}　187
Chl a'　5,13,191
Chl b　7,212
Chl c　7,64,200,212
Chl c_1　92
Chl c 合成酵素　192
Chl d　7,19,172,212
Chlide a　6
Chlorophyllide a oxidoreductase　193
CP24　154,199
CP26　154,199
CP29　154,199
CP43　151
CP43′　151
CP47　150,151
cyt c_6　164
D1 タンパク質　169
　──の特異的な分解　198
D2 タンパク質　169
DBMIB　249
DCMU　249
DPOR　190
DPOR 酵素　193
DV-Chl a　7,171,192,212
DV-Chl b　192
sequential 機構　125
FAB　218
Faraday B 項　251
FCP　156,245
Fd-NADP 還元酵素　164
FMO タンパク質　145
GGPP　194
HOMO　50,80
HPLC 分離　212
HPLC　216
H 型　38,106
H サブユニット　168
iPCP　156

J 型　38,45,106
LC-MS　216,218
LD　255
LH1　146
LH2　146
LHC I　153,154
LHC II　154,236,244
LHC ファミリータンパク質　154
LPOR　190
LUMO　50,80
L サブユニット　168
MCD　174,251
Mg キラターゼ　174,182
Mg デキラターゼ　196
Mn クラスター　164
M サブユニット　168
NADH　161
NCCs　196
NMR 分析法　222
NPQ　250
8^1-OH-Chl a_F（8^1-ヒドロキシクロロフィル a）　13,166,187
P700　169,172
P713　172
P740　172
P840　166
P870　168
P960　173
PAM 蛍光法　246
Pcb　151
PDB　147,168
PDT　69
pFCCs　196
Phe a　2,164,227
Protein Data Bank　147,168
PS I　12,240,249
PS II　13,240

300

事項索引

――の励起頻度　199
Pump-Probe 法　260
Q_A の還元　247
Q_B への電子移動　249
Qx 帯／Q_x バンド　32,88
Qy 帯／Q_y バンド　32,88
Q 帯／Q バンド　31,88
RC-LH1　147,149
Red Chlorophyll　158
Reduced LD　256
SCI 励起状態　95
Sepharose　216
Soret バンド／ソーレー帯　31,32,88
sPCP　156
spin polarized triplet　176
superexchange（超交換）機構　114
S ステート　250
TOF-MS　217
up-hill の過程　122
Variable Fluorescence　249
water-insoluble PCP　156
water-soluble PCP　156
x 軸　31
y 軸　31
Zn-BChl a　9,174
Zn キラターゼ　174
Z スキーム　163

ア

赤い太陽　202
アキシアル位　11
アクセサリー BChl a　252
アクセサリークロロフィル　166
アクセプター　111
5-アミノレブリン酸　181
α-ヘリックス　250
アロフィコシアニン　156
アロマー化　47,214
暗順応（状態）　248,249
アンテナ系　137

イ

一次共生　19
一重項酸素　43
一体型　140
一般化フェルスター機構　132
一般化マスター方程式　132
遺伝子の重複　201
陰イオン検出モード　218
インコヒーレント　117
ウロポルフィリノーゲンIII　183

エ, オ

液体クロマトグラフィー－質量分析　217
エチリデン基　9,48
エネルギー移動　41,50,150,243
エネルギーギャップ　112
エネルギー勾配　173
エネルギー散逸　157,176
エピマー化　4,5,46,214
エピマー体　5
エングルマン・ジョルトナーの無輻射遷移のエネルギーギャップ則　110
円偏光二色性　250
オゾン層　202

カ

外圏型電子移動　111
会合体　37,45
化学シフト　218
核因子　111
核磁気共鳴法　218
可視吸収分光法　216
果実　178
花色　178
活性酸素　158,176,181,195
過渡吸収法　260
果皮　178
カラムクロマトグラフィー法　214
カルビン回路　138
カロテノイド　158,176,179,259
環境モニター　70
還元状態　115
還元的 TCA 回路　138
還元的な大気組成　202
還元的ペントースリン酸回路　138
環状の電子伝達系　162
環電流効果　218
感度補正　234

キ

キサントフィルサイクル　158,160
基準座標　81
基準振動数　81
基底状態　40
キノン　183
キノンプール　125
キメラ　161
逆相　216
吸収極大　289
吸収スペクトル　217,282
強結合　105
鏡像　86,236
共鳴条件　82
共鳴相互作用エネルギー　104
共鳴ラマン分光法　226
共役領域　75
局所電場の効果　122
許容（遷移）　106
禁制（遷移）　106

ク

グーターマンの 4 軌道モデル　91
クライオスタット　231
クレイトン　88
クロマトグラフィー法　214
クロリン　14,48,92
クロリン型　32
クロリン骨格　3,190
クロロゾーム　45,144,145,

301

事項索引

259
クロロフィラーゼ 59,196
　——活性 228
クロロフィリド *a*（Chlide *a*）
　6,186,190
クロロフィリド *b*（Chlide *b*）
　193
クロロフィル 1,7
　——の分解 196
　——の分布 16
クロロフィル *a*（Chl *a*） 2,64,
　211
クロロフィル *b*（Chl *b*） 7,
　212
クロロフィル *c*（Chl *c*） 7,64,
　200,212
クロロフィル *d*（Chl *d*） 7,19,
　172,212
クロロフィル合成 181
クロロフィル合成制御 195
クロロフィルサイクル 193
クロロフィルフォーム 231
クロロフィル分子種 276

ケ

蛍光 40,71
　——の誘導期現象 247
　——の量子収率 87
蛍光異方性 241
蛍光スペクトル 86
蛍光測定法 232
蛍光発光検出器 216
蛍光偏光法 240
蛍光量子収率 228
結合型シトクロム 168
結晶化 216
結晶構造 24,25
ゲラニルゲラニルピロフォス
　フェート 194
嫌気呼吸 202
検量線 228,233

コ

コアアンテナ 140
光化学系Ⅰ型反応中心 140

光化学系Ⅱ型反応中心 140
光化学反応中心 137
光学活性 250
光学禁制 98
光学遷移の選択則 105
項間交差 158,175
光合成色素 137
光合成反応中心 121
抗酸化作用 198
光子 82
光線力学療法（PDT） 26,69
高速原子衝撃型 218
光電流 67
光量子計 234
コハク酸 162
コヒーレンス 105
コプロポルフィリノーゲンⅢ
　183
混合 97
コンドン近似 85

サ

サイクリック・ボルタンメト
　リ 116
サイクリック電子伝達系
　164
最高占有軌道／最高被占分子
　軌道（HOMO） 50,80
再沈殿 216
最低空分子軌道／最低非占有
　軌道（LUMO） 50,80
最適化 171,200
最適化条件 127
サイトエネルギー 41
細胞内共生説 153
酸化還元 48,50
酸化還元電位 115,160,163
酸化状態 115
三重項状態 175
三重項励起状態 158
酸素発生型光合成 160
散乱光 234

シ

ジアステレオマー 12

シアノバクテリア 18
紫外線 202
時間相関単一光子計数法
　264
時間飛行型の質量分析法
　217
時間分解蛍光スペクトル
　267
時間分解蛍光法 260
磁気円偏光二色性 174,251
σ結合 75
σ分裂 75
自己会合体 145
自己吸収 233
自然寿命 86
質量分析法 217
シトクロム 202
シトクロム $b_6 f$ 164,176,249
シトクロム bc_1 164
シトクロム *c* 164
ジビニルクロロフィル *a*
　（DV-Chl *a*） 7,171,192,212
ジビニルプロトクロロフィリ
　ド *a* 181,186,192
ジビニルプロトクロロフィリ
　ド *a* 還元酵素 171
シフォナキサンチン 154
弱結合 117
周辺集光装置 140
種分化 200
シュレーディンガー方程式
　78
順相 216
詳細釣り合い 114
シリカゲル 214
シロヘム合成系 186
人工光合成 68
親水的環境 117
浸透圧 228
振動ピーク 84
振動分光法 226

ス

水素結合 36,44
水素発生 68

事項索引

水溶性クロロフィルタンパク質　178
ステート変化　177
ストークスシフト　41,120
ストリックラー・ベルグの式　87
スペシャルペア　38,121,252
スレーター行列式　79

セ

ゼアキサンチン・エポキシデース　158
ゼアキサンチン　153
生合成　181
生産的電子移動　125
生体エネルギー移動　130
生体電子移動反応　120
赤外分光法　226
赤色クロロフィル異化生成物（RCC）　196
ゼーマン分裂　251
遷移双極子相互作用　149
遷移双極子モーメント　83
選択励起　233
線幅　119

ソ

増感剤　141,202
双極子－双極子相互作用　104
双極子モーメント　241,255
疎水的環境　117
ソーレー帯／Soretバンド　31,32,88

タ

大域的特徴　92
第一次生産　180
第一電子供与体　161,162
第一電子受容体　162
大環状共役分子　75
代謝産物　177
対照群 D_{4h}　92
ダイマー　→　二量体
太陽電池　66

多重極子－多重極子相互作用　132
多重反射　236
脱プロトン化ピーク　218
縦偏光　255
多量体　44,107
炭素-13　218
断熱ポテンシャル　79
タンパク質の高次構造　250
単量体　39,49,103

チ

遅延蛍光　173,267
地球磁気圏　202
窒素固定酵素　190
中間結合　117
中間結合励起エネルギー移動　133
抽出　214
抽出分離　211
抽出法　227
中心集光装置　140
長波長型アンテナ　158
直線二色性　255
直線偏光　255
貯蔵物質　179

テ

低温吸収スペクトル法　231
適応過程　194
デュワー瓶　231
電荷の再結合　267
電荷分離反応　166
電子移動　42,51,110
電子移動速度　114
電子移動反応　137
電子因子　111
電子親和力　117
電子相関効果　81
電子伝達系　160

ト

登熱　178
透明なガラス　231
トコフェロール　183

ドナー　111
トンネル効果　110

ナ　行

内部転換　243
二酸化炭素の固定　162
二次標準光源　234
二次共生　19
二次共生生物　200
二色性比　256
二量体　38,43,49,103
ネオキサンチン　154
熱水鉱床　203
熱平衡　235
熱平衡状態　237
濃度消光　45

ハ

配位　36,44
配位金属　202
配位構造　11
バイオマーカー　24
π結合　76
配向性　255
配置間相互作用　80
配置間相互作用エネルギー　97
π電子近似　76
$\pi-\pi$相互作用　37
π分裂　76
薄層クロマトグラフィー法　214
バクテリオクロロリン　9,14,32,92
バクテリオクロロフィリド c　187
バクテリオクロロフィリド d　187
バクテリオクロロフィリド e　187
バクテリオクロロフィル　8
バクテリオクロロフィル a（BChl a）　9,64,213
バクテリオクロロフィル b（BChl b）　9,213

303

事項索引

バクテリオクロロフィル c
　（BChl c）　10,58,148,213
バクテリオクロロフィル d
　（BChl d）　10,145,213
バクテリオクロロフィル e
　（BChl e）　10,145,213
バクテリオクロロフィル f
　（BChl f）　10,55
バクテリオクロロフィル g
　（BChl g）　9,213
バクテリオフェオフィチン
　（BPhe）　8
波長特性　234
発酵　202
パルス変調時間分解蛍光法　245
反応中心複合体　166

ヒ

ビオラキサンチン　154
ビオラキサンチン・デエポキシデース　158
光依存型プロトクロロフィリド還元酵素　190
光吸収　50
光吸収スペクトル　82
　——の帰属　88
光阻害　175,198
光非依存型プロトクロロフィリド還元酵素　190
光捕集色素　137
光誘起電荷分離反応　115
非局在化　76
ピーク系列　85
非蛍光性クロロフィル代謝物（NCC）　196
非光化学的消光（NPQ）　250
非生産的電子移動　126
ビタミン E　183
ビタミン K　183
非断熱演算子　109
3-(1-ヒドロキシエチル)バクテリオクロロフィル a　187

7^1-ヒドロキシクロロフィリド a　193
ヒドロキシメチルビラン　183
3-ビニルバクテリオクロロフィリド a　187
微分スペクトル法　231
標準水素電極　115
ピロール　2

フ

ファンデルワールス接触　122
フィコエリスリン　156
フィコエリスロビリン　181
フィコシアニン　156
フィコシアノビリン　181
フィコビリソーム　150
フィコビリン会合体　156
フィコビリンタンパク質　141
フィトクロモビリン　181
フィトール　182
フィルム偏光子　256
フェオフィチン　227
　——の分布　16
フェオフィチン a（Phe a）　2,227
フェオフィチン化　13,47,214
フェオフォルバイド　24,53
フェオフォルバイド a　6,196
フェオフォルバイド a オキシゲナーゼ　196
フェルスター型の励起エネルギー移動　117
フェルスターのエネルギー移動の公式　119
フェレドキシン　164
フェロキラターゼ　182
フォック方程式　80
フォトダイオードアレイ型の検出器　216
フコキサンチン　200
フコキサンチン－クロロフィルタンパク質（FCP）

156,243
不斉　4,11,39
不斉炭素　3,38,250
プライム体　5,46
フラグメントピーク　218
プラストシアニン　164
フラビン　202
フラボノイド　178
フランク・コンドン因子　85
プロトクロロフィリド　190
プロトクロロフィリド a　7
プロトポルフィリノーゲン IX　186
プロトポルフィリン IX　64,181,186
プロトン化　218
プロトン測定　218
プロピオネート基　4
分解経路　196
分子イオンピーク　218
分子会合体　102
分子間相互作用　250
分子軌道　79
分子軌道法　49
分子吸光係数　→　モル吸光係数
分子系統解析　200
分子内再配置エネルギー　113
分子のブラウン運動　243
分離型　140

ヘ

ベクトル的電子移動　124
ベースプレート　144,145
β-カロテン　154
β-シート　250
ベタレイン　178
ヘテロダイマー　168,169
ヘム合成　181
ペリディニン　156
ペリフェラルアンテナ　140
偏光　38
偏光解消板　257
偏光子　241

偏光度　241

ホ

ポアソン分布　85
放射分散計　251
補正係数　243
ホモダイマー　141,144,166
ポリアクリルアミドゲル　256
ポリエチレングリコール　236
ポリビニルアルコール　256
ホール移動　170
ポルフィリン　7,14,33,92,192
ボルン・オッペンハイマー近似　77

マ 行

マーカスの電子移動のエネルギーギャップ則　113
マグネシウム 13^1-オキソプロトポルフィリンIXモノメチルエステル　186
マグネシウム 13^1-ヒドロキシプロトポルフィリンIXモノメチルエステル　186
マグネシウムプロトポルフィリンIX　186
マグネシウムプロトポルフィリンIXモノメチルエステル　186
マトリックス　218
無酸素型光合成　160
無輻射遷移　109
メトキシカルボニル基　4
モノビニル型のクロロフィル　171
「もやし」　193
モル吸光係数　83,217,229,290

ヤ 行

陽イオン検出モード　218
溶媒和エネルギー　117
葉緑体包膜　153
横偏光　255

ラ 行

ラジカル分子種　181
ランダムコイル　250
ランベルト・ベールの法則　83

立体反転　5,46
リン光　40
ルテイン　154
励起一重項　40
励起エネルギー伝達　135
励起三重項　40,43
励起子　105,250
励起子相互作用　38,39,253
励起平衡　160,236
レドックス状態　176
連続誘電体モデル　112

ワ

和周波混合法　267

編者・執筆者 紹介

三室　守（みむろ　まもる）

1949 年　福岡県に生まれる。東京大学大学院 理学系研究科 博士課程修了。
基礎生物学研究所 助手、同 助教授、山口大学 理学部 教授、京都大学大学院 地球環境学堂 教授を経て、京都大学大学院 人間・環境学研究科 教授、教育研究評議会評議員。理学博士。2011 年 2 月歿。

主　著　『バイオディバーシティ3　藻類の多様性と系統』（分担執筆、裳華房）、『光がもたらす生命と地球の共進化』（共編、弘文社出版）、『シリーズ　ニューバイオフィジックスⅡ 1　電子と生命』（共編、共立出版）、『カロテノイド』（分担執筆、裳華房）、雑誌「ニュートン」監修、"Photobiology in Asia, 34th Meeting of the American Society for Photobiology"（共編）、"Recent progress of bio/chemiluminescence and fluorescence analysis in photosynthesis"（共編、Transworld Research Network）　他

地球の生命維持装置と呼ばれる光合成研究の中で、特に光化学反応を中心に解析をしている。生命の歴史の中で、クロロフィルという部品とそれを結合するタンパク質、さらにそれらの組織化による新しい反応系の誕生を原理から知りたいと、研究を進めている。

垣谷俊昭（かきたに　としあき）

1941 年　大阪府に生まれる。大阪大学大学院 基礎工学研究科 博士課程修了。
京都大学 基礎物理学研究所 助手、名古屋大学 理学部 助手、同 助教授、同 教授、名城大学 理工学部 教授を経て、
現　在　名古屋大学名誉教授、工学博士。

主　著　『光・物質・生命と反応（上・下）』（丸善）、『光がもたらす生命と地球の共進化』（共編、弘文社出版）、『シリーズ　ニューバイオフィジックスⅡ 1　電子と生命』（共編、共立出版）、『生体とエネルギーの物理』（共編、裳華房）　他

すべての活動の源となる光と物質の反応の基礎から出発して、生体内の反応（特にバイオエナジェティックス）を研究している。量子力学・量子化学と熱力学・統計力学を基礎にしつつも、生物、化学、物理の垣根を越えた総合的な科学を目指している。

民秋　均（たみあき　ひとし）

1958 年　京都府に生まれる。京都大学大学院 理学研究科 博士後期課程修了。
京都大学 理学部 助手、立命館大学 理工学部 助教授、同 教授を経て、
現　在　立命館大学 総合理工学院 教授、理学博士。

主　著　『光合成事典』（編集協力／分担執筆、学会出版センター）、『光化学の驚異』（分担執筆、講談社ブルーバックス）、『金属錯体の光化学』（分担執筆、三共出版）、"Handbook of Porphyrin Science, vol.11"（分担執筆、World Scientific）　他

クロロフィルの（光）化学を（超）分子レベルで明かにしつつ、それらの生物科学（代謝や生命進化等）から材料科学（人工光合成や分子センサー開発等）までに至る幅広い展開も行っている。クロロフィル（やその誘導体）の多様な機能発現が、人類が直面しているエネルギー・食糧・環境問題の解決に対して一助になると確信している。

クロロフィル ―構造・反応・機能―

2011年3月25日　第1版1刷発行

執筆者	三室　　守
	垣谷　俊昭
	民秋　　均
発行者	吉野　和浩
発行所	東京都千代田区四番町8番地 電話　　(03)3262-9166(代) 郵便番号　102-0081 株式会社　裳　華　房
印刷所	三美印刷株式会社
製本所	株式会社　青木製本所

検印
省略

定価はカバーに表示してあります。

社団法人
自然科学書協会会員

JCOPY 〈(社)出版者著作権管理機構　委託出版物〉
本書の無断複写は著作権法上での例外を除き禁じられています．複写される場合は，そのつど事前に，(社)出版者著作権管理機構(電話03-3513-6969，FAX 03-3513-6979，e-mail: info@jcopy.or.jp)の許諾を得てください．

ISBN978-4-7853-5844-0

© 三室　守・垣谷俊昭・民秋　均, 2011　　Printed in Japan

カロテノイド －その多様性と生理活性－

高市真一 編集／
三室　守・高市真一・富田純史 執筆
A5 判・288 頁・定価 4200 円　ISBN978-4-7853-5840-2

　自然界を彩る色素の中でカロテノイドが占める割合は非常に多く，多種多様である．本書は，動物，植物，微生物等におけるカロテノイドの様々な機能と生理活性を中心に，基礎的な反応機構や天然での分布，分離・分析方法までをわかりやすく記述したカロテノイド全般にわたる入門書である．本書に出てくるカロテノイドにはすべて統一番号を記載し，巻末にその名称と構造式を一覧にすることで，読者の便宜を図った．また，命名法やおもなカロテノイドの吸収スペクトル，参考書籍や関連 Web サイトの紹介，市販品の一覧など，付録も充実させた．

【主要目次】

1. カロテノイド　（研究の歴史／日本における研究の歴史／研究の現状／カロテノイドの種類／生物界における分布）
2. 植物における機能と生理活性　（光合成系における生理機能／保護作用／二次代謝／植物ホルモン代謝との連関／まとめ）
3. 動物における機能と生理活性　（生理作用／吸収と代謝）
4. 生合成経路とその遺伝子　（生合成の初期段階／原核光合成生物の生合成経路とその遺伝子／真正細菌の生合成経路とその遺伝子／藻類の生合成経路とその遺伝子／陸上植物の生合成経路とその遺伝子／菌類における生合成／動物における代謝経路／代謝工学／まとめ）
5. 分離・分析方法　（抽出・精製方法／同定方法／クロマトグラフィーによる分離方法／吸収スペクトル、分子吸光係数／極性基の化学的な検出方法／質量分析／核磁気共鳴／円偏光二色性／赤外吸収／分析例）

付録　（IUPAC-IUB による半体系的命名法／おもなカロテノイドの吸収スペクトル／参考書籍，雑誌の総説集／WWWサイトの紹介／市販されているおもなカロテノイド）
カロテノイドの名称と構造式／カロテノイド名索引／酵素名（遺伝子名）索引／生物名索引／事項索引

バイオディバーシティ・シリーズ

1 生物の種多様性	岩槻邦男・馬渡峻輔 編	定価 4725 円
2 植物の多様性と系統	加藤雅啓 編	定価 4935 円
3 藻類の多様性と系統	千原光雄 編	定価 5145 円
4 菌類・細菌・ウイルスの多様性と系統	杉山純多 編	定価 7140 円
5 無脊椎動物の多様性と系統	白山義久 編	定価 5355 円
6 節足動物の多様性と系統	石川良輔 編	定価 6615 円
7 脊椎動物の多様性と系統	松井正文 編	定価 5775 円

裳華房ホームページ　http://www.shokabo.co.jp/　　2011 年 3 月現在